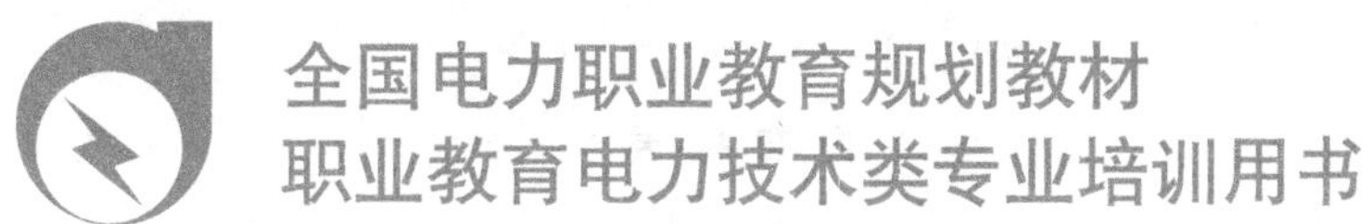

全国电力职业教育规划教材
职业教育电力技术类专业培训用书

变电运行

（第二版）

马振良　编
王连贵　丁　伟　主审

中国电力出版社
CHINA ELECTRIC POWER PRESS

内 容 提 要

本书为全国电力职业教育规划教材。全书共分 6 个模块，19 个单元，84 个课题。本书按照变电站运行人员所需要的知识和技能要求进行阐述。其中：基础知识包括电工基础，安全生产知识和电力系统；专业知识包括变压器与互感器，开关设备，防雷与接地装置，电容器与电抗器，变电站主接线与电源系统，电气仪表，二次回路，直流系统，继电保护与自动装置；实际技能包括设备的巡视检查与验收，设备倒闸操作，变电运行异常与事故的处理等。

本书可作为电力高等职业学校、电力高等专科学校的教材，也可作为职业教育电力技术类专业、供电公司电气运行人员的培训用书，以及有关工程技术人员的参考用书。

图书在版编目（CIP）数据

变电运行/马振良编. —2 版. —北京：中国电力出版社，2019.10（2023.7 重印）
全国电力职业教育规划教材
ISBN 978 - 7 - 5198 - 3100 - 4

Ⅰ. ①变… Ⅱ. ①马… Ⅲ. ①变电所—电力系统运行—职业教育—教材 Ⅳ. ①TM63

中国版本图书馆 CIP 数据核字（2019）第 072137 号

出版发行：中国电力出版社
地　　址：北京市东城区北京站西街 19 号（邮政编码 100005）
网　　址：http：//www. cepp. sgcc. com. cn
责任编辑：牛梦洁（010-63412528）
责任校对：黄　蓓　太兴华
装帧设计：赵姗姗
责任印制：钱兴根

印　　刷：北京天泽润科贸有限公司
版　　次：2008 年 1 月第一版　2019 年 10 月第二版
印　　次：2023 年 7 月北京第十次印刷
开　　本：787 毫米×1092 毫米　16 开本
印　　张：19.5
字　　数：614 千字
定　　价：54.00 元

前 言

随着电力工业的快速发展，变电运行的教学、实训和人才培养都面临全新的挑战，为了使变电运行教材满足这种全新挑战的需要，对《变电运行》一书进行修订。这次修订本着“实用、管用、够用”的原则，在保持原版特色的前提下，着力体现理念先进、结构科学、内容前瞻。修订的主要内容有：

（1）删减掉教材中已换代设备的知识，增补变电智能化等知识，确保教材内容的先进性、针对性和实效性。

（2）按照近年来国家、电网新颁布的法规、章程，对教材中相关内容进行更新，做到有据可依、有章可循、有法可遵。

（3）对电力系统、变电设备、运行操作等内容进行了充实和完善，使教学便易、自学容易、分享简易。

（4）对章节中个别条目进行调整和修订，达到教材中概念准确、表述正确、思路清晰。

本书由吉林供电公司马振良高级工程师编写，由吉林供电公司王连贵高级技师、丁伟工程师审稿。

由于编写水平所限，书中难免有些缺点和错误，恳请广大读者指正。

2019 年 5 月

第一版前言

本书以《中华人民共和国职业技能鉴定·电力行业》和《国家职业标准》为依据，按照中华人民共和国劳动和社会保障部中国就业培训技术指导中心关于国家职业资格培训教程编写的要求进行编写。

本书在内容上体现“以职业活动为导向，以职业技能为核心”的指导思想，紧贴该工种技能鉴定的标准、规范和指导书，突出技能操作，同时适当选编了相关基础知识内容，并以模块、单元、课题的层次结构来安排。本书以实际操作为主线来编写，讲解通俗易懂，强调了“干什么，怎么干，为什么这么干”的原则，其内容符合电力行业相关典型规程和企业现行生产运行规程。

本书以培养电力技术应用型专门人才为目标，着重加强了教学内容的针对性和实用性，并与电力行业相关典型规程和企业现行生产运行规程相结合。在讲解上，本书以模块、单元、课题的层次结构来安排，力求语言通俗易懂，便于自学。

模块一重点介绍了变电站值班员应具备的基本知识；模块二、三介绍了变电设备的作用、原理、构造和特点，强调了其运行的标准与要求；模块四讲解了设备巡视的方法、内容、标准、注意事项以及设备的验收项目和标准；模块五以单一元件和综合操作的方式讲解了设备操作的原则、方法和危险点；模块六讲解了设备异常运行与事故时的现象、特征和处理方法。由模块一到模块六形成了完整的运行岗位理论与实践的体系。

本书由吉林供电公司马振良高级工程师编写，由吉林供电公司焦日升高级技师主审。本书在编写过程中，得到了电力行业相关领导和上述专家所在单位的大力支持，在此一并感谢。

由于编写人员水平所限，书中难免有些缺点和不足之处，恳请广大读者批评指正。

编者

2007年6月

目 录

模块三　二次设备与回路

模块四　设备的巡视检查与验收

模块五　设 备 倒 闸 操 作

模块六　变电运行异常与事故的处理

模块一　基　础　知　识

第一单元　电　工　基　础

课题一　直　流　电　路

电路就是电流所流过的路径，它分实际电路和电路模型两种。图 1 - 1（a）所示为用两节干电池经刀开关向灯泡供电的实际电路，由电源、负荷、控制电器、导线组成。其中，电源是供给电能的设备；负荷是用电设备；控制电器是电路中起控制和保护作用的开关电器；导线将电源负荷和控制电器连接起来。

将电路中的实际器件用理想元件表示后，就得到与实际电路相对应的电路模型，称为电气回路图，简称电路图，如图 1 - 1（b）所示。在电路图中的灯泡视为理想电阻元件，干电池视为理想电压源，流过电路的电流的方向和大小都不随时间而改变，这样的回路称为直流电路。

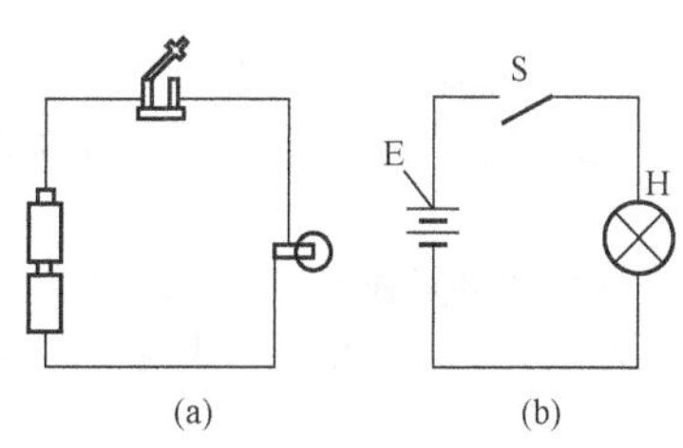

图 1 - 1　电路图

（a）实际电路；（b）电路图

E—电池组；S—刀开关；H—灯泡

一、基本物理量

1. 电流

导体内的自由电子在电场力的作用下作有规则的定向运动，就形成了电流。习惯上规定正电荷的运动方向为电流的方向。

单位时间内流过导体截面的电荷量叫做电流强度，简称电流，用 I 表示，其表达式为

$$I = \frac{Q}{t}\ (\text{A}) \tag{1-1}$$

式中：I 为电流强度，A；Q 为通过导体截面的电荷量，C；t 为通过电荷量 Q 所用的时间，s。

电流的实用单位除安（A）外，还有千安（kA）、毫安（mA）等，其换算关系如下

$$1\text{kA}=10^3\text{A};\ 1\text{A}=10^3\text{mA};\ 1\text{A}=10^{-6}\text{MA}$$

2. 电位与电压

电路中某点的电位，在数值上等于单位正电荷沿任意路径从该点移至无限远处的过程中，电场力所做的功。其单位为伏特，简称伏（V），a 点处的电位，用 φ_a 表示，即

$$\varphi_a = \frac{W_a}{Q}\ (\text{V}) \tag{1-2}$$

式中：φ_a 为 a 点电位，V；Q 为电荷的电荷量，C；W_a 为在 a 点电荷 Q 所具有的电位能，J。

在电路中，电位等于零的点叫做参考点，凡电位高于零电位的点为正电位，凡电位低于零的点，其电位为负。

电路中任意两点之间的电位差，称为电压。用 U 表示。如 φ_a 点到 φ_b 点的电压为 U_{ab}

$$U_{ab} = \varphi_a - \varphi_b$$

电压的单位是伏（V），其实用单位还有千伏（kV）、毫伏（mV）和兆伏（MV）等，其换算关系为

$$1\text{kV}=10^3\text{V};\ 1\text{V}=10^3\text{mV};\ 1\text{V}=10^{-6}\text{MV}$$

电路中各点的电位随着参考点的改变而改变，但是无论参考点如何改变，任意两点间的电位差是不变的，电压的正方向是从高电位点指向低电位点。

3. 电源和电动势

能将其他形式的能量转化为电能的设备称为电源，如发电机、蓄电池，分别可将机械能、化学能转化为电能。

在电场中，将单位正电荷从低电位移动到高电位所做的功，叫电源的电动势，用 E 表示，单位也

是V，即

$$E=\frac{W}{Q}(\text{V}) \tag{1-3}$$

电动势的正方向由低电位端指向高电位端，即电位上升的方向。

4. 导体、绝缘体和电阻

容易通过电流的物体叫导体，不能通过电流的物体叫绝缘体。电流流过导电物体所受到的阻力称为导体的电阻，用R表示，导体电阻的大小由式（1-4）决定

$$R=\rho\frac{L}{S} \tag{1-4}$$

式中：ρ为电阻率，$\Omega\cdot\text{mm}^2/\text{m}$；$L$为导体长度，m；$S$为导体横截面积，$\text{mm}^2$。

电阻的常用单位是欧姆，用Ω表示；实用单位还有千欧（kΩ）和兆欧（MΩ）等，其换算关系为

$$1\text{M}\Omega=10^3\text{k}\Omega=10^6\Omega$$

导体的电阻还与导体的温度有关。一般金属材料的电阻随温度的升高而增加，电解液导体的电阻随温度的升高而降低。考虑温度影响时金属导体的电阻，应为

$$R_2=R_1[1+\alpha(t_2-t_1)] \tag{1-5}$$

式中：α为导体的电阻温度系数，1/℃；R_1、R_2为温度为t_1和t_2时的电阻值，Ω。

常用金属材料的电阻率和电阻温度系数，见表1-1。

表1-1 常用金属材料的电阻率和电阻温度系数

金属材料名称	电阻率（20℃，$\Omega\cdot\text{mm}^2/\text{m}$）	电阻温度系数（10^{-3}/℃）
银	0.0162	3.80
铜	0.0172	3.93
铝	0.0282	3.90
铁	0.100	5.00
镍铬合金	1.09	0.07

各种导体都有一定的导电能力，这种能力称为电导，以G表示，它与电阻都能说明导体的导电能力大小。电导与电阻的关系为$G=1/R$，电导的单位是西门子，简称西，用S表示。

二、欧姆定律

欧姆定律是表示电压（或电动势）、电流和电阻三者关系的基本定律。实验证明，流过电阻的电流，与电阻两端的电压成正比，与电阻值成反比，如图1-2（a）所示，为部分电路欧姆定律，用公式表示为

$$I=\frac{U}{R} \tag{1-6}$$

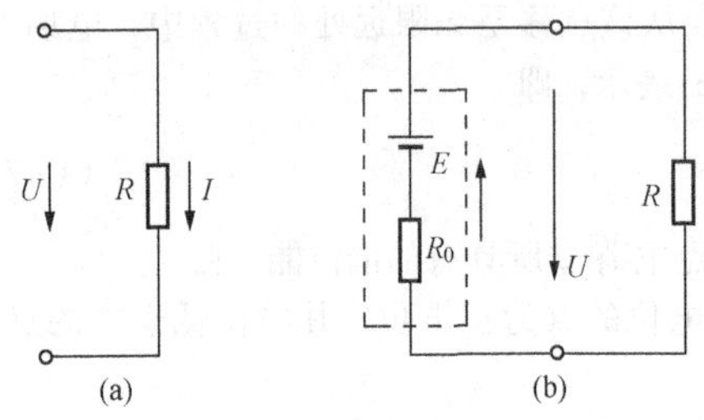

图1-2 欧姆定律的图例
（a）部分电路；（b）全电路

欧姆定律也适用于如图1-2（b）所示的全电路。在这样的闭合电路中，电路中的电流与电源的电动势成正比，与电路中负载电阻及电源内阻之和成反比，称为全电路欧姆定律，即

$$I=\frac{E}{R+R_0} \tag{1-7}$$

式中：E为电源动势，V；R、R_0为负荷电阻和电源内阻，Ω；I为电路中流过的电流，A。

式（1-7）又可变换成

$$E=I(R+R_0)=IR+IR_0=IR_0+U$$

$$U=E-IR_0$$

式中：U为外电路电阻R两端的电压，即电源端电压，V。

【例1-1】 在图1-2（b）中，若$E=12\text{V}$，$R_0=0.1\Omega$，$R=3.9\Omega$，求电路中的电流I、电源内阻

R_0上的电压降U_0及电源端电压U。

解：$I=\dfrac{E}{R+R_0}=\dfrac{12}{3.9+0.1}=3\,(\text{A})$

$U_0=IR_0=3\times0.1=0.3\,(\text{V})$

$U=E-U_0=12-0.3=11.7\,(\text{V})$

三、电路连接

1. 电阻串联

几个电阻头尾依次相接，使电流只有一条通路的接法叫做电阻的串联，如图1-3（a）所示。串联电路有以下特点：

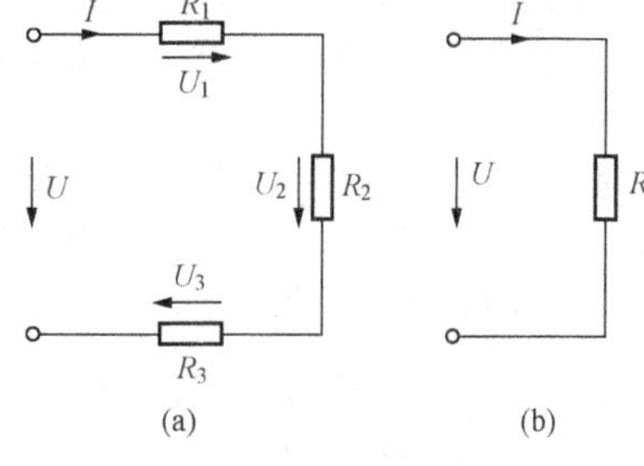

图1-3 电阻的串联

（a）原电路；（b）等效电路

（1）电路各电阻上流过的是同一个电流，即

$$I=I_1+I_2+I_3$$

（2）各个电阻上电压降之和等于总电压，即

$$U=IR_1+IR_2+IR_3=U_1+U_2+U_3$$

（3）总电阻等于各电阻之和，即总电阻为

$$R_\Sigma=R_1+R_2+R_3+\cdots \tag{1-8}$$

（4）各电阻上电压降之比等于其电阻比，即

$$\frac{U_1}{U_2}=\frac{R_1}{R_2}\quad \frac{U_1}{U_3}=\frac{R_1}{R_3}$$

串联电路的总电阻通常也叫等效电阻。图1-3（b）是图1-3（a）的等效电路图。

【例1-2】 在图1-3中，若$U=140\text{V}$，$I=4\text{A}$，$R_1=10\Omega$，$R_2=15\Omega$，求R_3和U_3。

解：$R_\Sigma=\dfrac{U}{I}=\dfrac{140}{4}=35(\Omega)$

$R_3=R_\Sigma-R_1-R_2=35-10-15=10(\Omega)$

$U_3=IR_3=4\times10=40\,(\text{V})$

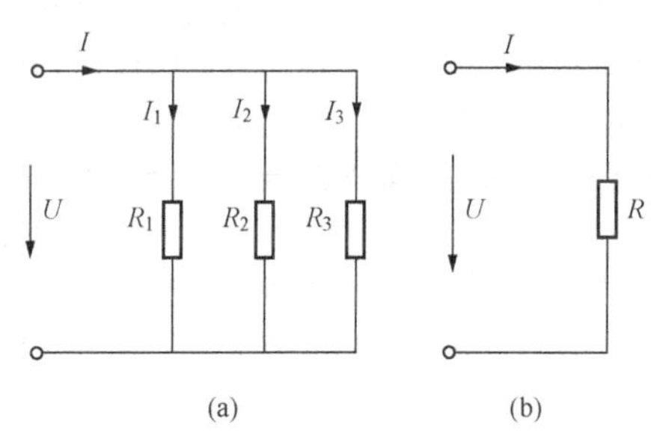

图1-4 电阻的并联

（a）原电路；（b）等效电阻

2. 电阻并联

将几个电阻的头与头接在一起，尾与尾接在一起的连接方式叫做电阻的并联，如图1-4（a）所示。并联电路有以下特点：

（1）各并联电阻两端的电压相等。

（2）电路中的总电流等于各电阻支路电流之和，即

$$I_\Sigma=I_1+I_2+I_3$$

（3）并联电路等效电阻的倒数等于各支路电阻的倒数之和，即

$$\frac{1}{R_\Sigma}=\frac{1}{R_1}+\frac{1}{R_2}+\frac{1}{R_3}\cdots \tag{1-9}$$

（4）通过各支路电流与其电阻成反比，即

$$\frac{I_1}{I_2}=\frac{R_2}{R_1}$$

图1-4（b）是图1-4（a）的等效电路图。

【例1-3】 在图1-4中，若$R_1=20\Omega$，$R_2=30\Omega$，$R_3=60\Omega$，求电路的总电阻R_Σ。

解：$\dfrac{1}{R_\Sigma}=\dfrac{1}{R_1}+\dfrac{1}{R_2}+\dfrac{1}{R_3}=\dfrac{1}{20}+\dfrac{1}{30}+\dfrac{1}{60}=\dfrac{1}{10}$

$R_\Sigma=10(\Omega)$

3. 电阻混联

既有电阻串联，又有电阻并联的电路称为电阻的混联电路，如图1-5（a）所示。分析计算混联的电路的方法如下：

（1）将电路中的串、并联关系搞清楚。应用电阻的串联、并联逐步简化电路，求出电路的等效

电阻。

(2) 由电路的等效电阻和总电压，根据欧姆定律求电路的总电流。

(3) 根据欧姆定律以及分压、分流规律由总电流求各支路的电流和电压。

当电路图中串、并联这些关系不易辨认时，可将电路图改画，使其美观、清楚，如图1-5 (b) 所示。

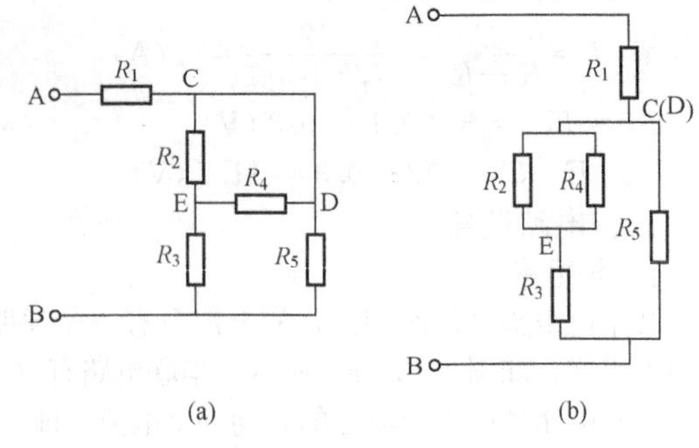

图 1-5 电阻的混联

(a) 混联电路；(b) 改画的混联电路

【例 1-4】 在图 1-6 中，若 $E=120\text{V}$，$R_0=1\Omega$，$R_1=19\Omega$，$R_2=30\Omega$，$R_3=60\Omega$，求内阻 R_0上的电压降 U_{R0}和流过 R_2的电流 I_{R2}。

解： $R_{2,3}=\dfrac{1}{\dfrac{1}{R_2}+\dfrac{1}{R_3}}=\dfrac{1}{\dfrac{1}{30}+\dfrac{1}{60}}=20(\Omega)$

$R_\Sigma=R_0+R_1+R_{2,3}=1+19+20=40(\Omega)$

$I=\dfrac{E}{R_\Sigma}=\dfrac{120}{40}=3\ (\text{A})$

$U_{R0}=IR_0=3\times1=3\ (\text{V})$

$I_{R2}=\dfrac{R_3}{R_2+R_3}\times I=\dfrac{60}{30+60}\times3=2\ (\text{A})$

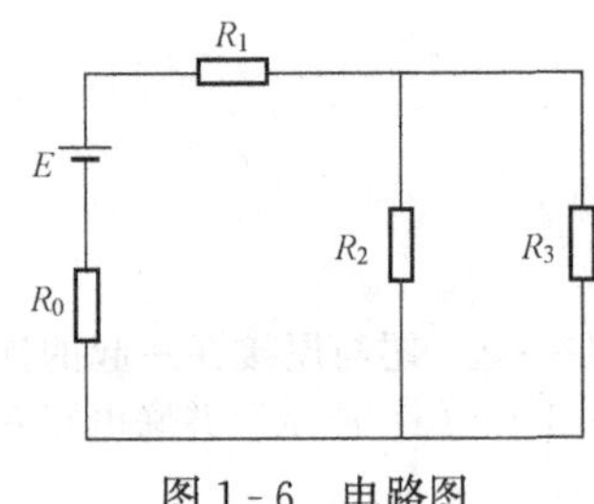

图 1-6 电路图

4. 电源的串、并联

与电阻的串、并联相似，电源也可以经串联、并联后使用。

(1) 电源串联时，等效电动势为各电源电动势的代数和，其等效内阻为各电源内阻之和，而在各电源上流过的电流相同。电源串联的效果是提高电路的总电动势，但使用时应注意：①电源的正负极必须是首尾相连防止接反而使电动势互相抵消；②各电源的内阻应尽量接近，以免工作时内阻高的电源压降过大而发热。

(2) 电动势和内阻相同的电源并联时，其等效电动势仍为单个电动势值，等效总内阻按各电源内阻并联关系算得，而总电流为各个电源的电流之和。电源并联的效果是提高电路的总电流，但使用时应注意：①应将电源的所有正极连在一起，所有负极连在一起，不能接反；②各电源的电动势和内阻应尽量相等，以免造成各电动势之间的环流及电流分配不均。

四、电功、电功率及电流热效应

1. 电功

电流所做的功叫做电功，又叫电能，用 W 表示。其表达式为

$$W=IUt=I^2Rt=\frac{U^2}{R}t \tag{1-10}$$

式中：I 为电路中电流，A；U 为电路两端电压，V；R 为电路电阻，Ω；t 为通电时间，S。

电能的单位是焦耳或千瓦·时，用 J 或 kWh 表示，其换算关系如下

$$1\text{kWh}=3.6\times10^6\text{J}=3.6\text{MJ}$$

2. 电功率

电功率简称功率，即单位时间内电流所做的功，用 P 表示。其表达式为

$$P=\frac{W}{t}=IU=I^2R=\frac{U^2}{R} \tag{1-11}$$

式中：I 为电路中的电流，A；U 为电阻端电压，V；R 为电阻，Ω。

电功率的单位是瓦特，简称瓦，用 W 表示，常用单位还有千瓦 (kW)、兆瓦 (MW)，其换算关系如下

$$1kW=10^3W=10^{-3}MW$$

3. 电流热效应

电流通过电阻时，由于自由电子的碰撞，电能不断地转换成热能，因而使电阻发热。这种电流通过电阻会产生热的现象，称为电流的热效应。

电流热效应产生的热量用 Q 表示，热量 Q 的单位为焦耳，用 J 表示。其表达式为

$$Q = I^2Rt = IUt = \frac{U^2}{R}t \tag{1-12}$$

五、直流复杂电路的计算

不能用串并联方法进行简化求其等效电阻的电路，称为复杂电路。欧姆定律只适用于计算简单电路，如要计算多电源带分支的复杂电路，常常需要运用基尔霍夫定律原理，利用支路电流法、叠加原理、节点电压法求解。

1. 基尔霍夫定律

(1) 基尔霍夫第一定律，也称为电流定律，用 KCL 表示。其内容为：在电路的任一节点上，任一时刻流进节点的电流之和等于同一时刻流出节点的电流之和。如规定流入节点的电流为正值，流出节点的电流为负值，则流进流出节点各电流的代数和为零。如用公式表示，则有

$$\sum I=0$$

(2) 基尔霍夫第二定律也称作电压定律，用 KVL 表示。其内容为：沿着任一闭合电路回路，按任一方向绕行一周，各电源电动势的代数和等于各电阻电压降的代数和，即

$$\sum E=\sum U \tag{1-13}$$

或

$$\sum E=\sum IR \tag{1-14}$$

这一定律体现了能量守恒规律，即单位正电荷沿着回路流动一周时，各电动势的电源力对电荷做功使其获得的能量代数和（即电位升的代数和）与电场力对电荷做功使其失去的能量代数和（即电位降的代数和）相等。应用式（1-14）时应注意以下几点：

1）绕行方向可任意选定（顺时针或逆时针）。

2）绕行方向选定后，与绕行方向一致的电动势取正号，反之取负号。当电流流经电阻时，如电流方向与绕行方向一致，电阻上的电压取正号，反之取负号。

如果把电动势 E 视作负的电压降，即 $E=-U$，则基尔霍夫第二定律也可写成

$$\sum U=0 \tag{1-15}$$

2. 支路电流法

支路电流法是求解复杂电路的常用方法。支路电流法就是以各支路的电流为未知数，应用基尔霍夫定律列出方程式，联立求解计算出各支路电流的方法。其步骤如下：

(1) 选定各支路电流的参考方向。

(2) 若电路有 n 个节点，则可根据 KCL 列出（$n-1$）个节点电流方程。

(3) 若电路有 m 个支路，则待求的电流个数也有 m 个，根据 KVL 可列出（$m-n+1$）个电压方程，从而组成了 m 元一次方程组。

(4) 解联立方程组，求出各支路电流。如求得的电流为正值，表示所设定的电流方向与实际方向相同；如求得电流为负值，则所设电流方向与实际电流方向相反。

【例 1-5】 在图 1-7 中，$E_1=20V$，$E_2=10V$，$R_1=5\Omega$，$R_2=10\Omega$，$R_3=20\Omega$。分别求出三个支路中的电流 I_1、I_2、I_3。

解：在图 1-7 中，有三条支路、两个节点，即 $m=3$，$n=2$。因此，根据 KCL 可列出 $2-1=1$ 个节点电流方程得式（1-16）；根据 KVL 列出 $m-n+1=3-2+1=2$ 个电压方程得式（1-17）和式（1-18），对这三个方程式联立可计算出三个未知数 I_1、I_2、I_3。

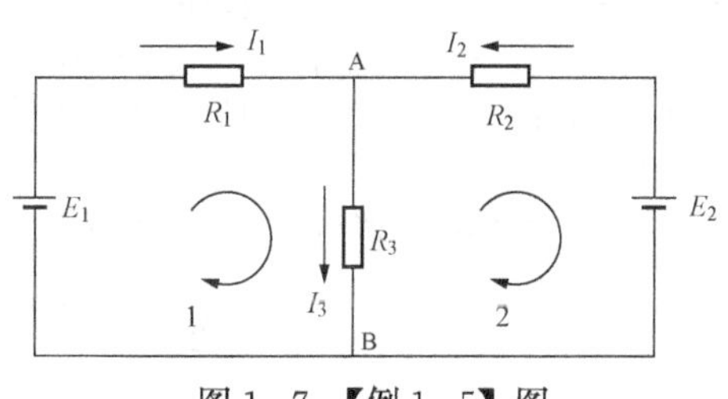

图 1-7 【例 1-5】图

$$\begin{cases} I_1 + I_2 - I_3 = 0 \\ E_1 = I_1R_1 + I_3R_3 \\ -E_2 = -I_3R_3 - I_2R_2 \end{cases} \Rightarrow \begin{cases} I_1 + I_2 - I_3 = 0 & (1-16) \\ 20 = 5I_1 + 20I_3 & (1-17) \\ -10 = -20I_3 - 10I_2 & (1-18) \end{cases}$$

式（1-17）+式（1-18），并代入数字得

$$I_1 = \frac{10 + 10I_2}{5} = 2 + 2I_2 \quad (1-19)$$

将式（1-19）代入式（1-16），得

$$I_3 = 3I_2 + 2 \quad (1-20)$$

将式（1-20）代入式（1-18）得

$$I_2 = -\frac{3}{7}\ (\text{A})$$

将I_2值代入式（1-20）得

$$I_3 = 3\times\left(-\frac{3}{7}\right) + 2 = \frac{5}{7}\ (\text{A})$$

将I_2、I_3值代入式（1-16），得

$$I_1 = \frac{8}{7} = 1\frac{1}{7}\ (\text{A})$$

由于I_2为负值，因此，其实际电流方向与图 1-7 中的I_2箭头方向相反。而I_1、I_3为正值，因此实际电流方向与图中箭头方向相同。

课题二 单相正弦交流电路

交流电是指电动势（电压）、电流的大小和方向都随时间按正弦规律变化的交流电，称为正弦交流电，简称交流电。

一、正弦交流电

交流电的达式为

$$e_m = E_m \sin\alpha \quad (1-21)$$

式中：E_m为电动势的最大值，V；$\sin\alpha$ 为角度为α 的正弦值。

如果发电机的转子在原动机的带动下在时间t内以ω的角速度旋转，则转过的角度$\alpha=\omega t$，因此，正弦交流电动势瞬时值可表达为

$$e = E_m \sin\omega t \quad (1-22)$$

由式（1-21）和式（1-22）比较可知，$\alpha=\omega t$。当$\omega t=0$，则$\alpha=0$。如果研究问题开始的一瞬间，即$t=0$的瞬间，角度不等于零，而是等于φ，则式（1-22）应改写为

$$e = E_m \sin(\omega t + \varphi) \quad (1-23)$$

式中：ω 为角频率；φ 为初相角。

1. 正弦交流电的三要素

正弦交流电的最大值、角频率（即角速度）、初相角称为正弦交流电的三要素。

（1）正弦交流电的最大值、有效值和平均值。交流电某一瞬间的数值是随时间变化的，因此，不能用作测量的依据。为了解决交流电的测量问题，在工程上采用将交流电流的发热量与直流电流的发热等效的方法，这就引出了有效值的概念。

1）有效值。有一交流电流i通过某一电阻R，在一个周期的时间内产生的热量Q_i，与一个恒定直流电流I通过同一电阻，在相同的时间内产生的热量Q_I相等，把这个直流电流的量值I称为交流电流i的有效值。

正弦交流电的有效值与最大值的关系是

$$U = \frac{1}{\sqrt{2}}U_m = 0.707U_m \text{ 或 } U_m = \sqrt{2}U = 1.414U$$

$$I = \frac{1}{\sqrt{2}}I_m = 0.707I_m \text{ 或 } I_m = \sqrt{2}I = 1.414I$$

式中：I、U 为电流、电压的有效值；I_m、U_m 为电流、电压的最大值。

在实际工作中，如果不加说明，通常所说的交流电的数值都是指有效值。

2）平均值。由于正弦交流电在一个周期内的平均值为零，因此，这里所说的平均值是正弦交流电在半个周期内的平均值。交流电流在半周期内，与直流电流在与此半周期相同的时间内，通过电路横截面的电荷量相等时，这个等效直流电流值，叫做交流电流在半周期内的平均值，用 I_{av} 表示。

正弦交流电的平均值与最大值的关系是

$$I_{av} = \frac{2}{\pi} I_m \tag{1-24}$$

因为 $I=\frac{I_m}{\sqrt{2}}$，则可以证明

$$I_{av} = 0.9I \tag{1-25}$$

电压有效值、平均值和最大值三者之间的规律是

$$U = \frac{U_m}{\sqrt{2}} \quad U_{av} = \frac{2}{\pi} \times U_m \quad U_{av} = 0.9U$$

（2）角频率、频率和周期。交流电每秒钟所变化的电角弧度值，称为交流电的角频率（角速度），其单位为 rad/s。角频率、频率和周期都是反映交流电重复变化快慢的物理量，它们之间的关系为

$$\omega = 2\pi f = \frac{2\pi}{T} \tag{1-26}$$

式中：f 为频率，交流 1s（单位时间）内交变的周期数，Hz；T 为周期，交流电每交变一次所需要的时间，s。

周期和频率是互为倒数关系，即

$$T = \frac{1}{f} \text{或} f = \frac{1}{T} \tag{1-27}$$

我国电网交流电的标准频率（简称工频）是 50Hz，其周期是 0.02s。

（3）相位和相位差。在式（1-23）中，（$\omega t+\varphi$）是随时间 t 变化的正弦交流电的电角度，称为正弦交流电的相位，其单位是弧度或度。当 $t=0$ 时，$\omega t+\varphi=\varphi$。φ 称为初相，即 $t=0$ 时的相位。

如果有两个频率的正弦交流电，其初相分别是 φ_1 和 φ_2，则二者之差称为相位差。如相位差用 $\Delta\varphi$ 表示，则 $\Delta\varphi=\varphi_1-\varphi_2$。相位差说明两个同频率交流电随时间变化“步调”上的先后。

2. 正弦交流电的表示方法

交流电常用正弦函数式、曲线法、相量法和符号法等方法表示。

（1）正弦函数式。正弦函数式又叫瞬时值表达式、解析式。其电动势、电压、电流的瞬时值分别用小写字母 e、u、i 表示。

$$\left.\begin{aligned} e &= E_m\sin(\omega t+\varphi_e) = \sqrt{2}E\sin(\omega t+\varphi_e) \\ u &= U_m\sin(\omega t+\varphi_u) = \sqrt{2}U\sin(\omega t+\varphi_u) \\ i &= I_m\sin(\omega t+\varphi_i) = \sqrt{2}I\sin(\omega t+\varphi_i) \end{aligned}\right\} \tag{1-28}$$

（2）正弦交流电的波形图。在平面直角坐标上，用曲线描绘电流、电压、电动势的数值大小随时间的变化情况，称为波形图，如图 1-8（a）所示。在图 1-8（a）中，电动势 e 和电流 i 有一个相位差。其中，电流 i 的初相为零，而电动势 e 的初相为 φ_e。

（3）相量图。相量图也称旋转相量图，就是在平面上用矢量表示电气量的有效值和初相角，如图 1-8（b）所示。图中表示两个相量，即电动势 $\dot{E}_1$ 和 $\dot{E}_2$ 的有效值（按一定长度比例），以及它们各处的初相 φ_1 和 φ_2。

画相量图时需注意：

1）在一个相量图中只能画同一频率的正弦交流电气量。不同频率的不能画在一个图上。

2）在画相量时，考虑到各电气量都是同一频率的，因此它们之间的相位差不会改变，所以作图时，第一个相量的位置确定后，其余相量就必须与第一相量保持既定的相位差，不能随意画。例如图 1-8（b）中，$\dot{E}_2$ 对 $\dot{E}_1$ 的相位差为 $\varphi_2-\varphi_1$。

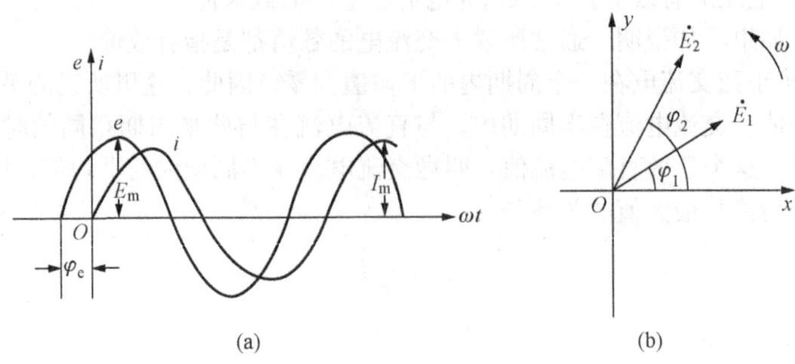

(a) (b)

图 1-8 交流电的表示法

(a) 交流电的波形图；(b) 正弦量的相量图表示法

3）相量图的旋转正方向是逆时针方向。只有这样，当以一定比例用相量的长短表示电气量的最大值时，相量在纵轴上的投影可以表示电气量的瞬时值。

4）在作图时，角频率 ω 和旋转方向都不会有变化，因此省略。相量的电气名称用大写字母上加小黑点，标在相量的箭头处。

二、纯电阻、纯电感和纯电容的交流电路

1. 纯电阻电路

由白炽灯、电炉、电烙铁、变阻器等负荷组成的交流电路，其电感和电容可略去不计，这种电路可看作纯电阻电路，如图 1-9 所示。

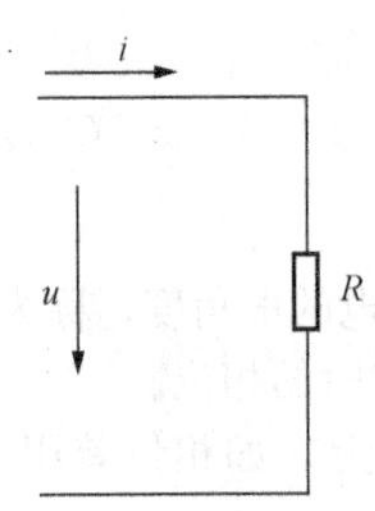

图 1-9 纯电阻电路

（1）电压与电流的关系。在纯电阻电路中，外加正弦交流电压时，电路中有正弦交流电流，电流与电压的频率相同，相位也相同，电压与电流的关系符合欧姆定律。

（2）电路的功率。任一瞬时，电压、电流瞬时值的乘积称为瞬时功率，用 p 表示，$p=ui$，在任一瞬时，电阻 R 上都要消耗电功率，并且所消耗的功率总是大于或等于零。一周期内瞬时功率的平均值叫做平均功率，也叫有功功率，用 P 表示，单位是 W，它等于电压与电流有效值的乘积，计算式为：

$$P = UI = I^2R = \frac{U^2}{R} \tag{1-29}$$

2. 纯电感电路

在由电感线圈组成的交流电路中，若其电阻、电容可忽略不计，便可近似地看成是纯电感电路，如图 1-10 所示。

（1）电路的特性。在纯电感电路中，电路的电压与电流为同频率的交流电时，电流 i 的相位较自感电动势 e_L 超前 90°，电流的相位滞后电压相位 90°。流过电路中的电流称为感性无功电流。电路的电压为直流时，电路相当于短路。

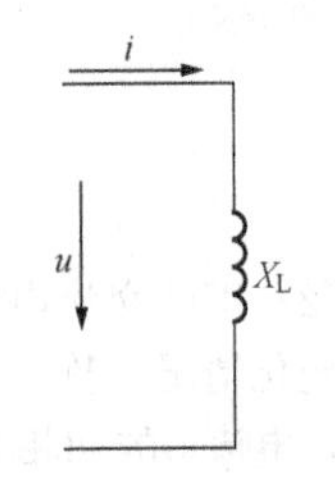

图 1-10 纯电感电路

电压与电流有效值的关系也具有欧姆定律的形式。当电路中的电流为 $i=I_m\sin\omega t$ 时，电感线圈两端的电压（外加电压）为

$$u = \omega LI_m\sin\left(\omega t + \frac{\pi}{2}\right) = U_m\sin\left(\omega t + \frac{\pi}{2}\right)$$

$$U_m = \omega LI_m$$

将电压、电流换算成有效值可表示为

$$U = \omega LI \tag{1-30}$$

由（1-30）可得

$$\frac{U}{I} = \omega L = X_L$$

其中，X_L 称为线圈的电感电抗，简称感抗，参数 X_L 表明了自感电动势对电流所产生的阻碍作用，

单位是Ω，其大小可表示为

$$X_L = \omega L = 2\pi fL \tag{1-31}$$

式中：ω为角频率，rad/s；f为频率，Hz；L为线圈电感，H，1H=1000mH。

（2）电路的功率。在纯电感电路中，一周期内瞬时功率的平均值为零，既有功功率为零，说明电感线圈在交流电路中不消耗电能，仅是与电源之间存在能量的相互交换。电路中，感性无功电流并不为零。为了定量地反映电感线圈与电源之间能量交换的情况，将瞬时功率的最大值称为无功功率，用Q_L表示，单位是var或kvar。其大小可以表示为

$$Q_L = UI = I^2X_L = \frac{U^2}{X_L} \tag{1-32}$$

【例1-6】 在图1-10所示的纯电感电路里，已知L=100mH，$u=220\sqrt{2}\sin\omega t$ V，f=50Hz，求电路中的电流和功率。如果电源改为直流2V，其电流又是多少？

解： 当f=50Hz时，则

$X_L = 2\pi fL = 2\times3.14\times50\times100\times10^{-3} = 31.4$（Ω）

$I = \frac{U}{X_L} = \frac{220}{31.4} = 7$（A）

$i = 7\times\sqrt{2}\sin(314t-90°) = 9.87\sin(314t-90°)$

$p = 0$

$Q_L = IU = 0.7\times220 = 154$（var）

当该线圈接到2V直流电源上，f=0，X_L=0，由于线圈电阻很小，电路中的电阻只有很小的线圈导线电阻及电源内阻，电流将非常大。

3. 纯电容电路

如图1-11所示，将电容器接在交流电源上并略去一切电阻和电感的电路，叫做纯电容电路。

（1）电路的特性。电容器是两个彼此绝缘又互相靠近的导体，是储存电场能的元件。在交流电压的作用下，随着电压的不断交变，在电容元件中不断地进行充电和放电，电路中就会有持续的交流电流流过。电路的电压与电流为同频率的交流电时，电流i的相位较电容器两端电压相位超前90°角。流过电路中的电流称为容性无功电流。电路的电压为直流时，电路相当于断路。

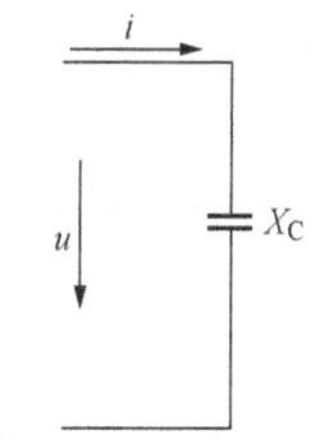

图1-11　纯电容电路

电容器对交流电流具有阻碍作用，这种碍流作用称为电容容抗（简称容抗），用符号X_C表示，容抗的单位是欧姆（Ω）；电容器的容抗X_C与交流电的频率和电容器本身的电容量C成反比，即

$$X_C = \frac{1}{2\pi fC} = \frac{1}{\omega C} \tag{1-33}$$

式中：f为频率，Hz；C为电容量，F，1F=$10^6\mu$F=$10^{12}\rho$F。

（2）电路的功率。充电时，从电流吸取能量并储存在电容元件的电场中；放电时，把储存在电场中的能量又送还给电源，进行着可逆的能量转换而不消耗功率，所以平均功率为零。

为了衡量电源与电容电路间能量交换的情况，将瞬时功率的最大值称为无功功率，用字母Q_C表示，单位为var或kvar，即

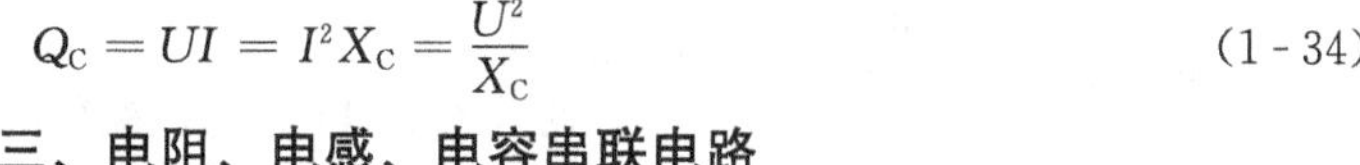

$$Q_C = UI = I^2X_C = \frac{U^2}{X_C} \tag{1-34}$$

三、电阻、电感、电容串联电路

1. 电阻、电感串联电路

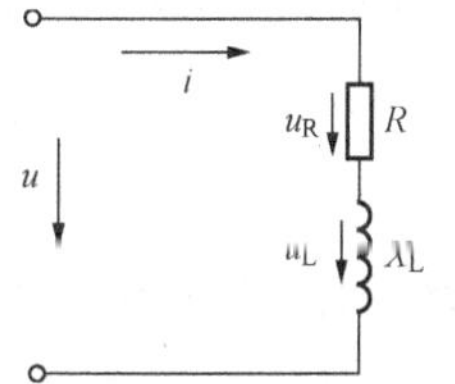

图1-12　电阻、电感串联电路

（1）电压、电流和阻抗之间的关系。图1-12所示为电阻R与感抗X_L串联电路，电源电压为u，电路电流为i。电流i流经电阻R和感抗X_L，在其上分别产生压降u_R与u_L。

为了分析电流与电压之间的关系，画出相量图，如图1-13（a）所示。首先画出电流相量$\dot{I}$，然后与电流同相位按一定比例画出电阻

上的电压 $\dot{U}_R$，接着超前电流 $\dot{I}$ 90°画出电抗上的电压 $\dot{U}_L$ 的相量。从相量起点 0 至 $\dot{U}_L$ 相量箭头处连线即为电源电压相量 $\dot{U}$。

由电压 $\dot{U}_R$、$\dot{U}_L$、$\dot{U}$ 组成的直角三角形称为电压三角形，关系式如下式

$$U = \sqrt{U_R^2 + U_L^2}$$

将电压三角形各边除以电流 $\dot{I}$，分别得到电阻 R，感抗 X_L，和总阻抗 Z 组成的三角形，称为阻抗三角形，如图 1-13（b），三者关系如下

$$Z = \sqrt{R^2 + X_L^2} \qquad (1-35)$$

式中：R 为电阻，Ω；X_L为感抗，Ω；Z 为阻抗，Ω。

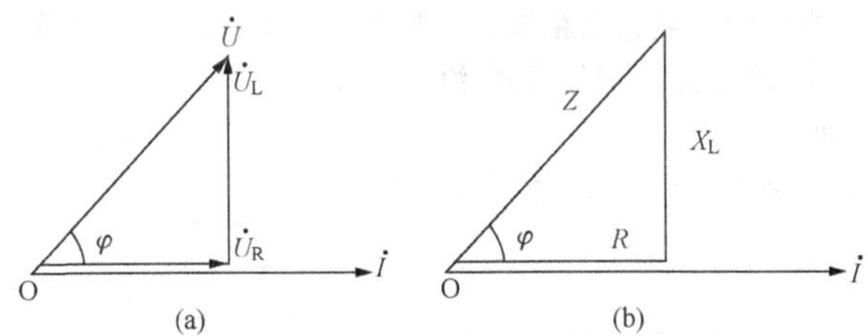

图 1-13　图 1-12 电路的向量图

(a) 电压三角形；(b) 阻抗三角形

电源电压相量 $\dot{U}$ 与电流相量$\dot{I}$的夹角 φ 即为二者之间的相位差。设电流

$$i = I_m \sin\omega t\ (\mathrm{A})$$

则电源电压 u 为

$$u = U_m \sin(\omega t + \varphi)$$

电阻上的压降 u_R为

$$u_R = U_{Rm} \sin\omega t$$

电感上的压降 u_L为

$$u_L = U_{Lm} \sin\left(\omega t + \frac{\pi}{2}\varphi\right)$$

（2）功率。因为功率等于电压乘电流，如果对图 1-13（a）所示电压三角形的各边乘以电流 I，则得功率三角形，如图 1-14 所示。图中各量分别为

$$S=UI, P=U_R I, Q_L=U_L I$$

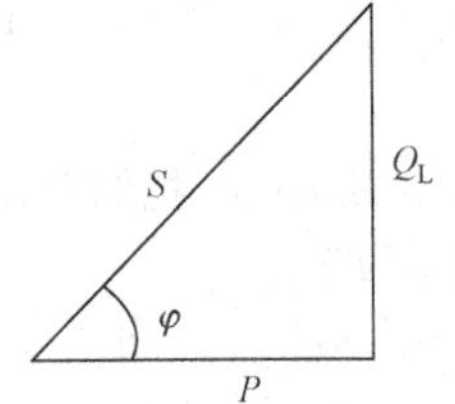

图 1-14　电阻、电感串联电路的功率三角形

从功率三角形还可得出

$$P = S\cos\varphi \qquad (1-36)$$

式中：P 为电阻上的有功功率，W；S 为视在功率，VA；$\cos\varphi$ 为功率因数。

同时可推出

$$Q_L = S\sin\varphi \qquad (1-37)$$

式中：Q_L为无功功率，var；S 为视在功率，VA；$\sin\varphi$ 为功率因数角 φ 的正弦。

通过图 1-14 看出，视在功率 S、有功功率 P、无功功率 Q_L三者之间存在以下关系

$$S = \sqrt{P^2 + Q_L^2} \qquad (1-38)$$

2. 电阻、电容串联电路

（1）电压、电流和阻抗的关系。如图 1-15 所示，电阻 R 与容抗 X_C串联，电源电压为 u，电路电流为 i。电流 i 流经电阻R 和容抗 X_C，在其上分别产生压降 u_R 与 u_C。

同样，可以画出电阻、电容串联电路的相量图，如图 1-16 所示。

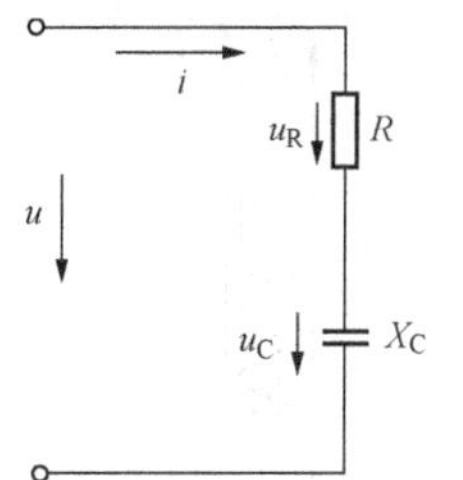

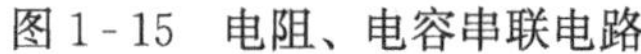

图 1-15 电阻、电容串联电路

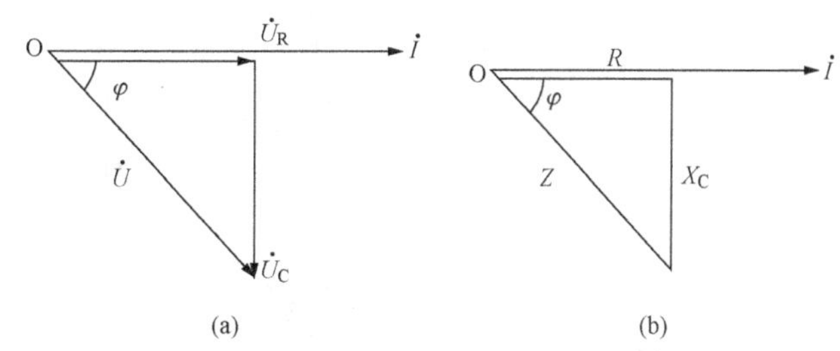

图 1-16 【图 1-15】的向量图

(a) 电压三角形；(b) 阻抗三角形

图中首先画出电流相量 $\dot{I}$，如图 1-16（a）所示，然后与电流同相位，按一定比例画出电阻上的电压 $\dot{U}_R$，接着落后电流 90°画出容抗 X_C上的电压相量 $\dot{U}_C$，从相量图的起点与 $\dot{U}_C$ 的端点连线，得电源电压 u 的相量 $\dot{U}$。

图 1-16（a）称为电阻、电容串联电路的电压三角形。将电压三角形的各边同时除以电流 I，得阻抗三角形，如图 1-16（b）所示。从图 1-16 同样可推出各量的关系式。

设电流为

$$i = I_m \sin\omega t$$

则电压为

$$u = U_m \sin(\omega t - \varphi)$$

电阻上电压为

$$u_R = U_{Rm} \sin\omega t$$

电容上的电压为

$$u_C = U_{Cm} \sin\left(\omega t - \frac{\pi}{2}\right)$$

电阻、电容串联电路的阻抗有如下关系

$$Z = \sqrt{R^2 + X_C^2}$$

电压 U、U_R、U_C也有如下关系

$$U = \sqrt{U_R^2 + U_C^2}$$

（2）功率。对图 1-16（a）电压三角形各边同时乘电流 I，得功率三角形，如图 1-17 所示，图中各分量分别为

$$S=UI, P=U_R I, Q_C=U_C I$$

同样可得

$$P = S\cos(-\varphi) = S\cos\varphi \tag{1-39}$$

其中，Q_C为容性无功功率，式中的负号也反映这一特点，与 Q_L感性无功功率有所区别。

Q_C、P、S 三者之间也具有如下关系

$$S = \sqrt{P^2 + Q_C^2} \tag{1-40}$$

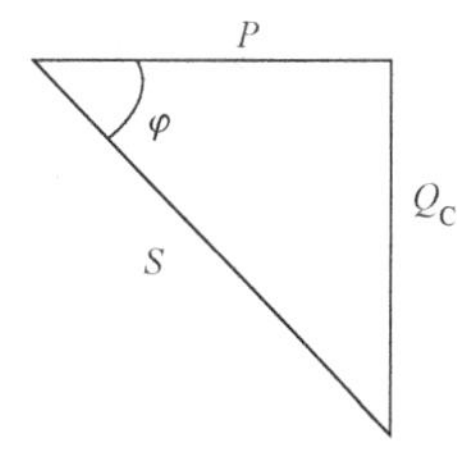

图 1-17 电阻、电容串联电路功率三角形

3. 电阻、电感、电容串联电路

设有图 1-18 所示为电阻、电感、电容串联电路，则可画出图 1-19 所示的电压、电流相量图。

（1）图中假设 $X_L > X_C$，因此相位角 φ 为正值。如果 $X_C > X_L$，则相量 $\dot{U}_C$ 的长度超过 $\dot{U}_L$，φ 角即为负值。从图 1-19（a）中可以看出电压 U 略小于电感上的电压 U_L。

（2）如果 RLC 电路中的电阻 R 很小，而 X_C 与 X_L 接近相等，则电感 L 和电容 C 上的电压可能比电源电压大许多倍，如图 1-19（b）所示。

（3）当 $X_L = X_C$ 时，串联电路中的总阻抗为 R

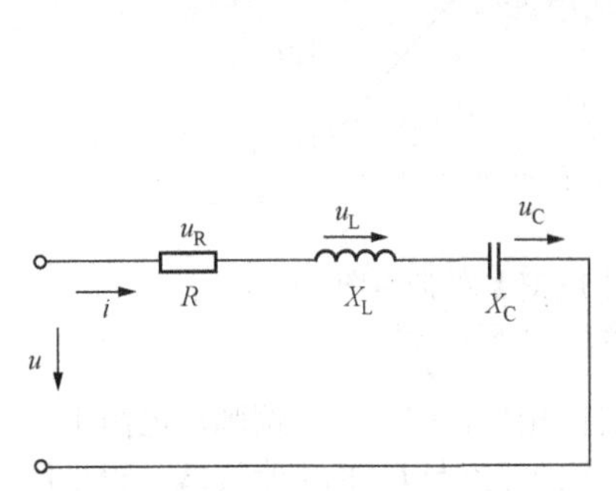

图 1-18 *RLC* 串联电路

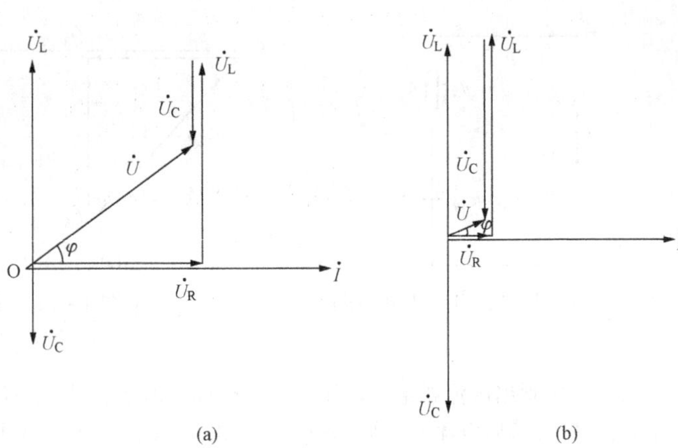

图 1-19 *RLC* 串联电路的向量图

(a) $X_L > X_C$；(b) 当 R 较小，X_L 略大于 X_C 时

$$Z = \sqrt{R^2 + (X_L - X_C)^2} = R$$

如果电阻 R 很小，则电流 $I = U/Z \approx U/R$ 很大。电流流经电感 L、电容 C 上的压降 $U_L = IX_L, U_C = IX_C$ 很大，U_L、U_C 可能比电源电压高出许多倍。称这种现象为串联电路电压谐振，或称作串联谐振。

串联谐振时 $X_L = X_C$，即 $\omega L = \frac{1}{\omega C}$，或 $\omega^2 LC = 1$，则有

$$\omega = \sqrt{\frac{1}{LC}} \tag{1-41}$$

即当电源电动势的角频率符合式（1-41）的关系时，电路发生串联谐振。

四、电阻、电感、电容并联电路

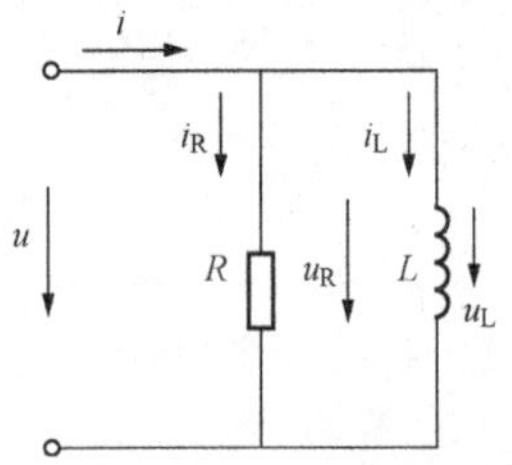

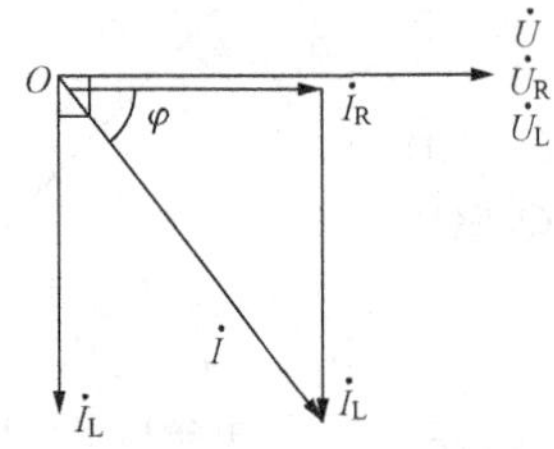

图 1-20 电阻、电感并联电路

（1）电阻、电感并联电路。如图 1-20 所示，电阻、电感并联后接入电源电压 u。画出图 1-21 所示的电压、电流相量图。画并联电路的相量图时，应先画电源电压相量 $\dot{U}$。电阻 R 和电感 L 上的压降即为电源电压 $\dot{U}$，亦即 $\dot{U} = \dot{U}_R = \dot{U}_L$。再画电阻中的电流 $\dot{I}_R$ 相量和电感 L 中的电流 $\dot{I}_L$ 的相量。总电流 $i = i_R + i_L$，$\dot{I}$ 的相量为 $\dot{I}_R$ 和 $\dot{I}_L$ 之和，如图 1-22 所示。总电流 $\dot{I}$ 与电源电压 $\dot{U}$ 之间的相位角为 φ。

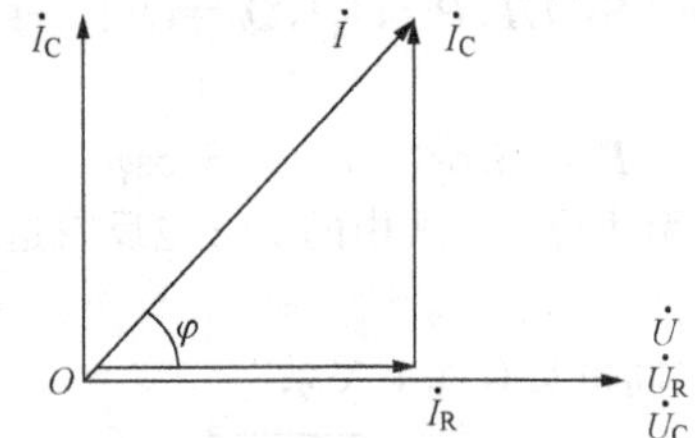

图 1-21 *RL* 并联向量图　　图 1-22 *RC* 并联电路的电流、电压相量图

电路视在功率

$$S = IU$$

有功功率

$$P = S\cos\varphi = I_R U = I_R^2 R$$

无功功率

$$Q_L = I_L U_L$$

总电流

$$I = \sqrt{I_R^2 + I_L^2}, \tan\varphi = \frac{I_L}{I_R}$$

(2) 电阻、电容并联电路。如将图 1-20 中的 L 换成电容 C，则构成 RC 并联电路。这时如要画相量图，则电流 $\dot{I}_C$ 超前电压 $\dot{U}$ 90°，如图 1-22 所示。

对 RC 并联电路，电路总的视在功率

$$S=IU$$

有功功率

$$P = I_R U_R = I_R^2 R$$

电容性无功功率

$$Q_C = I_C U_C = I_C^2 X_C$$

或者

$$P = S\cos\varphi, Q_C = S\sin\varphi$$

同样也有

$$S = \sqrt{P^2 + Q_C^2}$$

(3) 电阻串电感与电容并联电路。如图 1-23 所示，电阻与电感串联和电容并联。可以画出如图 1-24所示的电流电压相量图。

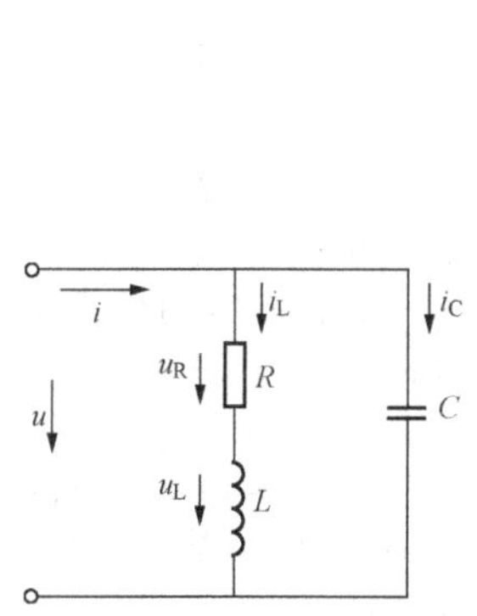

图 1-23 电阻串电感与电容并联电路

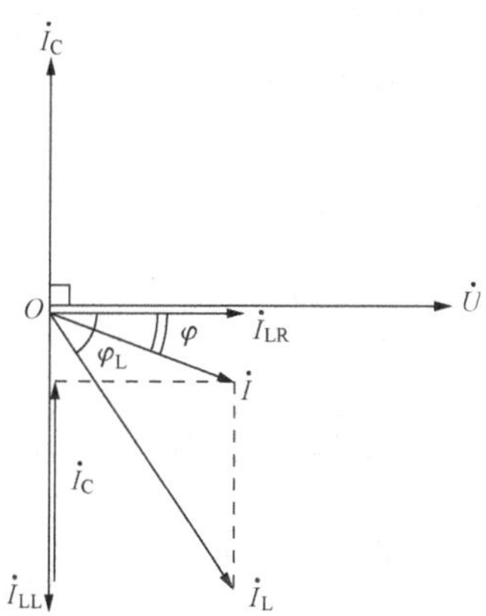

图 1-24 电阻串电感与电容并联电路的向量图

作图时先画电源电压相量 $\dot{U}$，再超前 $\dot{U}$ 90°画出电容电流 $\dot{I}_C$，根据 R、X_L的数值大小算出电感回路电流 $\dot{I}_L$ 与电压 $\dot{U}$ 之间的相位角 φ_L：$\tan\varphi_L = \frac{X_L}{R}$ [参看图 1-13 (b)]。画出电感回路电流 $\dot{I}_L$ 的相量，与电源电压 $\dot{U}$ 的相位差为 $-\varphi_L$。作 $\dot{I}_L$ 与 $\dot{I}_C$ 的合成电流 $\dot{I}$。$\dot{I}$ 与 $\dot{U}$ 间的相位差即为该电路总电流与电源电压的功率因数角。由于 $\dot{I}$ 落后 $\dot{U}$，所以总电路仍为感性负荷。

如果在图 1-23 中只有 RL 电路，而没有电容电路，则功率因数 $\cos\varphi_L$，功率因数较低。当并上电容回路后，虽然电感回路的功率因数仍为 $\cos\varphi_L$，但总电路的功率因数为 $\cos\varphi$。因为 $\varphi_L \gg \varphi$，所以，$\cos\varphi \gg \cos\varphi_L$。由此可见，在电感性负荷旁并联电容回路，能使总电路的功率因数大为提高，同时减少了总电路的电流。如果在图 1-23 中，没有并联电容回路，则电源通过的电流为 I_L，并联电容回路后，通过电流的电流为 I。显然 $I \ll I_L$。

在图 1-24 中，电感回路电流 $\dot{I}_L$ 可以分解成两个分量，其中一个分量与电源电压 $\dot{U}$ 同相位，称为有功分量，用 $\dot{I}_{LR}$ 表示；另一个分量落后电源电压 90°，称为无功量，用 $\dot{I}_{LL}$ 表示。如果电感回路电流的无功分量 $\dot{I}_{LL}$，与电容回路的电流 $\dot{I}_C$ 大小相等相位相反而抵消，则总电流 $\dot{I}$ 等于电感回路电流的有功率分量 $\dot{I}_{LR}$，即与电源电压同相位，相位角 $\varphi=0$，$\cos\varphi=1$。这种现象称为并联谐振。

发生并联谐振时，支路电流相等，并联支路中的电流可能大大超过总电流，所以并联谐振也称电流谐振。在图 1-24 中，支路电流 $\dot{I}_L$ 和 $\dot{I}_C$ 都远大于总电流 $\dot{I}$。由于电路的总电流最小，因此，总阻抗

最大。

在并联支路中，电容支路有电场能量的交换；电感支路中有磁场能量的交换。当发生谐振时，电源不与支路发生电场和磁场能量交换，这种能量交换只发生在两个支路之间。

课题三 三 相 交 流 电 路

最大值相等、频率相同、相位互差120°的三个正弦交流电动势称为三相对称电动势。由三相对称电动势所组成的电源称为三相对称交流电源。每一个电动势便是电源的一相，分别用U、V、W表示。

采用三相制的供电系统，在输电距离、输送功率、功率因数、电压损失和功率损失都相同的条件下，比单相输电经济得多，大大节约了材料消耗；三相电动机的性能也比单相的稳定，结构也简单，便于维护，所以得到广泛应用。

一、三相交流电

三相交流发电机在转子上放置着三个完全相同的绕组U_1U_2、V_1V_2、W_1W_2。U_1、V_1、W_1代表各相绕组的首端，称为相头；U_2、V_2、W_2代表各绕组末端，称为相尾。三绕组在空间彼此相差120°，当转子在按正弦分布的磁场中以恒定速度旋转时，根据电磁感应原理，则在三个绕组中会产生三相对称的正弦电动势。其表达方法如下。

(1) 三相交流电的瞬时值表达式。三相交流电发动机发出的三相电动势是平衡对称的，用U、V、W表示。其电动势瞬时值表达式为

$$\left.\begin{aligned} e_U &= E_m\sin\omega t \\ e_V &= E_m\sin(\omega t - 120°) \\ e_W &= E_m\sin(\omega t - 240°) = E_m\sin(\omega t + 120°) \end{aligned}\right\} \quad (1-42)$$

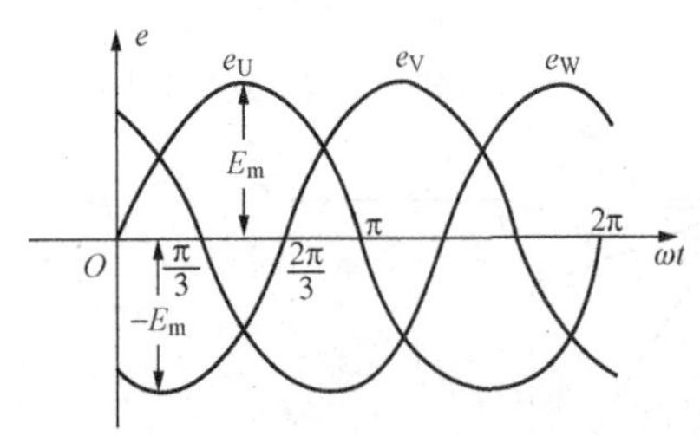

图1-25 三相电动势波形图

(2) 三相电动势的波形图如图1-25所示。

(3) 三相电动势相量图。三相电动势有效值大小相等，相位互差120°。即以$\dot{E}_U$为初相等于零度，则$\dot{E}_V$落后$\dot{E}_U$ 120°，$\dot{E}_W$超前$\dot{E}_U$ 120°。向量图如图1-26所示。

(4) 三相电动势相序。通常把三相电动势中各相电动势到达最大值（或零值）的先后顺序叫做相序。从图1-25的波形可见，图中三相电动势的相序为$\dot{E}_U \to \dot{E}_V \to \dot{E}_W$。在图1-26中，三相的顺序可是$\dot{E}_U \to \dot{E}_V \to \dot{E}_W$。把相量图中逆时针旋转的相序称为正相序，因此，在图1-26中，U、V、W相序为正相序。

(5) 在三相电源中，每相绕组的电动势称为相电动势，每相绕组两端的电压称为相电压，通常规定从始端指向末端为电压的正方向。在任何瞬时，三相对称正弦电动势之和都等于零。

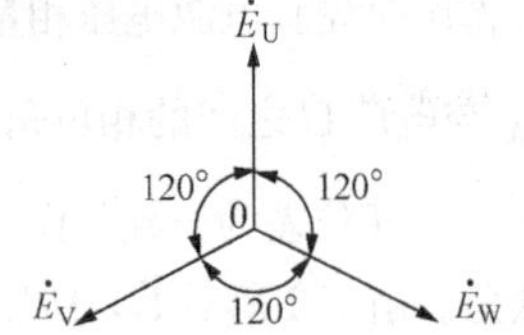

图1-26 三相平衡对称电动势相量图

二、三相电路的连接

1. 三相电源的连接

(1) 三相电源的星形连接。星形连接是将三相绕组的尾端U_2、V_2、W_2连接成一点，从各相首端U_1、V_1、W_1引出导线接到负荷上去，又叫Y连接，如图1-27所示。三相绕组末端所连成的公共点叫电源的中性点，用N表示。从中性点引出的导线叫中性线，当中性线直接接地时称为零线，从各相首端引出的导线叫相线。

有中性线的三相供电方式称为三相四线制，常用于低压配电系统；不引出中性线的三相供电方式叫三相三线制，一般用于高压输电系统。

在星形连接的三相电源中可以获得两种电压，即相电压和线电压。相线和中性线（相头和相尾）之间的电压为相电压。规定相电动势的方向是从相尾到相首，而相电压的方向则是从相首到相尾。当电源开路时，相电压的大小等于相电动势。由于三相电源是对称的，因而三个相电压也是对称的。相电压用U_{ph}表示。

任意两相线之间的电压叫线电压。在图1-27中，u_{UV}、u_{VW}、u_{WU}分别表示了从U到V、从V到

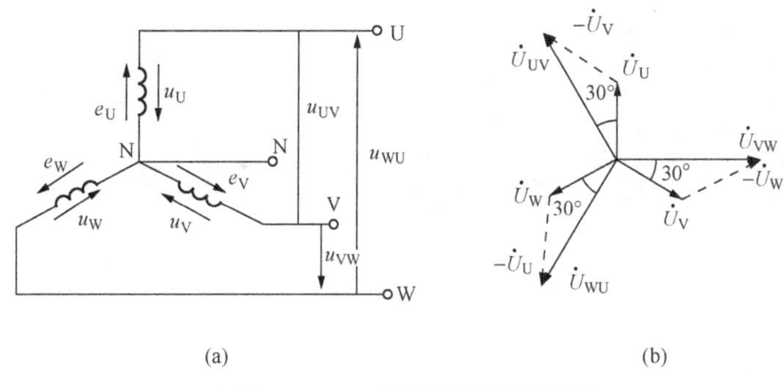

图 1-27　三相电源的星形连接
（a）接线图；（b）相量图

W、从 W 到 U 端的线电压。对于三相对称电源，线电压与相电压间的数值关系是

$$U_l=\sqrt{3}U_{ph} \tag{1-43}$$

且 U_{UV} 比 U_U、U_{VW} 比 U_V、U_{WU} 比 U_W 分别超前 30°。三个线电压 U_{UV}、U_{VW}、U_{WU} 仍为对称电压。

（2）三相电源三角形连接。三相电源的绕组依次首尾相连构成闭合回路，再从首端 U_1、V_1、W_1 引出导线（相线）接至负荷，称为三角形连接，或称△连接，如图 1-28 所示。这种连接的供电方式只能是三相三线制，线电压等于相电压，即

$$U_l=U_{ph} \tag{1-44}$$

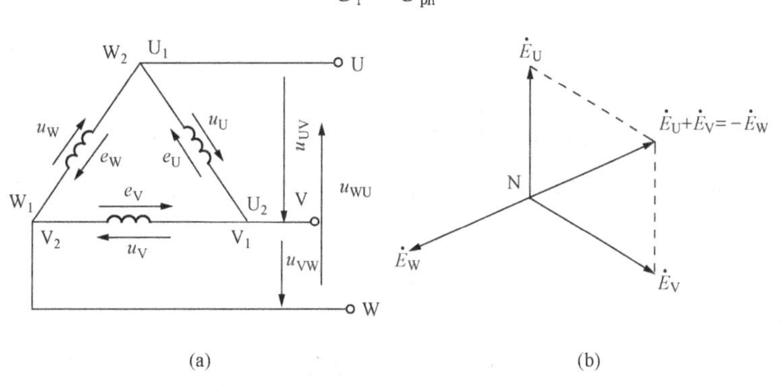

图 1-28　三相电源的三角形连接连接图
（a）接线图；（b）相量图

2. 三相负荷连接

按用电设备的不同电路，电力系统的负荷可分为单相负荷（如电灯、电视机）和三相负荷（如三相电动机）两种。在三相负荷中，如各相负荷的阻抗值和阻抗角都相同，则称为三相对称负荷。由三相对称电源和三相对称负荷组成的系统，叫做三相对称系统。

三相负荷的连接方式分为星形和三角形两种。当负荷的额定电压等于电源的相电压时，负荷应接成星形；当额定电压等于电源的线电压时，应接成三角形。

（1）三相负荷星形连接。将三相负荷的末端连成一点（此点叫中性点，用 N′表示），负荷的首端分别接在三相电源的三根相线上，这种连接方式称为三相负荷的星形连接。电源中性点 N 和负荷中性点 N′的连接线 NN′称为中性线，具有中性线的三相供电方式称为三相四线制。其连接图和电流的流向如图 1-29 所示。

（2）三相负荷三角形连接。把三相负载依次首尾相连，构成一闭合回路，再把三个连接点与电源的三根相线连接，就构成了负荷的三角形连接。图 1-30 中画出了这种接法，并标出了电压、电流的方向。三角形连接的负荷，其相电压等于线电压，即

$$U_{ph}=U_l \tag{1-45}$$

当三相负荷对称时，三相电流也是对称的，各相电压和电流的相位差也相等。

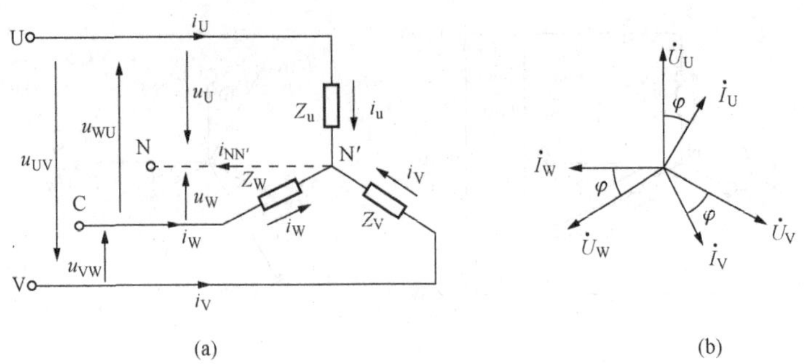

图 1-29　对称三相负荷星形连接接线

（a）接线图；（b）电压电流向量图

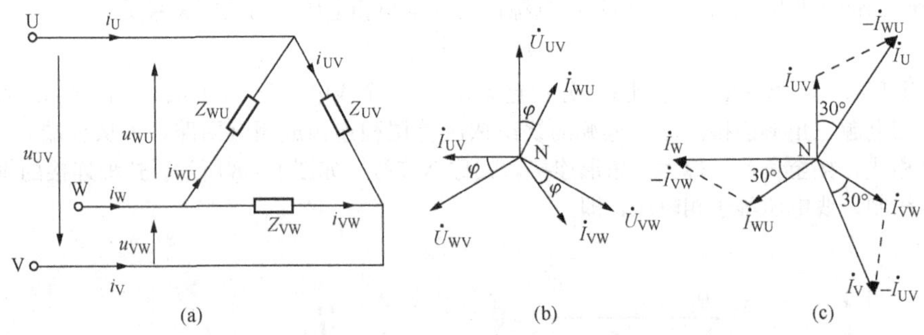

图 1-30　对称三相负荷的三角形接法接线图

（a）接线图；（b）相电压和相电流向量图；（c）线电压和相电流向量图

三角形接法时各线电流也是对称的，而且线电流滞后于对应相电流 30°。其有效值是相电流有效值的 $\sqrt{3}$ 倍，即

$$I_l = \sqrt{3} I_p \tag{1-46}$$

三、三相电路的功率

在三相电路中，三相负荷的总有功功率和总无功功率应分别等于各相负荷有功功率和无功功率之和，而视在功率、有功功率和无功功率组成三角形关系，即

$$\left.\begin{aligned} P &= P_U + P_V + P_W \\ Q &= Q_U + Q_V + Q_W \\ S &= \sqrt{P^2 + Q^2} \end{aligned}\right\} \tag{1-47}$$

在三相对称系统中，各相有功功率都相等，则总有功功率

$$P = 3P_{ph} = 3I_{ph}U_{ph}\cos\varphi_{ph} \tag{1-48}$$

根据负荷在星形连接和三角形连接中线电压与相电压、线电流与相电流的关系，不论在何种连接中，都有

$$\left.\begin{aligned} P &= \sqrt{3} IU\cos\varphi \\ Q &= \sqrt{3} IU\sin\varphi \\ S &= \sqrt{P^2 + Q^2} = \sqrt{3} IU \end{aligned}\right\} \tag{1-49}$$

【例 1-7】　有一台三角形接法的三相异步电动机，额定功率 P_N 为 1kW，接在电压为 380V 的电源上。已知电动机在额定功率运转时的功率因数 $\cos\varphi$ 为 0.8，效率 η 为 89.5%，试计算电动机在额定功率运转时的电流、有功功率、无功功率、视在功率。

解：

输入有功功率

$$P = \frac{P_N}{\eta} = \frac{1}{0.895} = 1.117\ (\text{kW})$$

线电流

$$I = \frac{P}{\sqrt{3}U\cos\varphi} = \frac{1.117 \times 10^3}{\sqrt{3} \times 380 \times 0.8} = 2.12\ (\text{A})$$

输入无功功率

$$Q = \sqrt{3}UI\sin\varphi = \sqrt{3}UI\ \sqrt{1-\cos^2\varphi}$$
$$= \sqrt{3} \times 380 \times 2.12 \times \sqrt{1-0.8^2} = 837(\text{var}) = 0.873\ (\text{kvar})$$

输入视在功率

$$S = \sqrt{3}IU = \sqrt{3} \times 2.12 \times 380 = 1395(\text{VA}) = 1.395\ (\text{kVA})$$

四、三相不对称交流电路

三相发电设备的输出电压一般情况下都是对称的，因此，三相交流电路不对称主要是由负荷不对称引起的。

(1) 三相四线制接线，如负荷不对称，如图 1 - 31 所示。

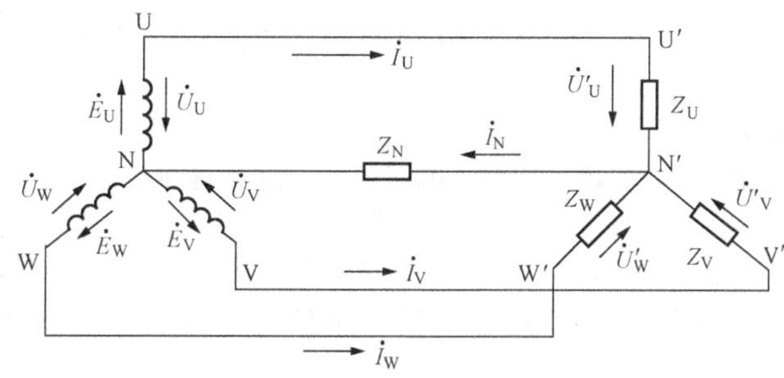

图 1 - 31 三相四线制接线

在图 1 - 31 中，因电源对称，则 $\dot{E}_U$、$\dot{E}_V$、$\dot{E}_W$ 三相电动势的有效值相等，相位角互差 120°。

1) 如果负载 $Z_U=Z_V=Z_W$，即是对称的，则电流 $\dot{I}_U$、$\dot{I}_V$、$\dot{I}_W$ 的有效值相等，相位互差 120°。因此，$\dot{I}_U+\dot{I}_V+\dot{I}_W=0$，则$\dot{I}_N=0$。即中性线 NN' 中无电流流过，电压 $U_{NN'}=0$。

2) 如果负荷不对称，即 $Z_U \neq Z_V \neq Z_W$，则电流 $\dot{I}_U$、$\dot{I}_V$、$\dot{I}_W$ 的有效值和相位差也不会相等。这时中线电流$\dot{I}_N \neq 0$。

3) 如果中性线的阻抗很小，可认为 $Z_N=0$，则三相负荷上的电压是对称的，电源电压和负荷阻抗可算出各相电流$\dot{I}_U$、$\dot{I}_V$、$\dot{I}_W$。三个电流相量相加即得中性线电流$\dot{I}_N$。

4) 如果三相负荷不对称，中性线的阻抗 $Z_N \neq 0$，则中性线流过电流后，会产生压降。即电源中性点 N 与负荷中性点 N' 之间有电压存在：$U_{NN'} = I'_N Z_N$，

5) 如果三相负荷对称，但发生一相断线，这时若有中性线，且中性线的阻抗很小，所计算出的中性点电压 $\dot{U}'_{NN'}$ 也就很小。因此，另外两个非故障相负荷上承受的电压变化不大，不影响正常使用。

(2) 三相三线制负荷出现一相断线情况。对于三相三线制电路，如果出现一相断线，则断线相的负荷所承受的电压为零。另外，两个非故障相承受的电压为线电压的 1/2。这个电压相当于正常相电压的 $\sqrt{3}/2 = 0.866$ 倍。

五、三相电路线电流之和与线电压之和的特点

(1) 三相电路线电流之和。对于三相三线制电路，因为没有中性线，如果把负荷看作是一个大的节点，则根据基尔霍夫电流定律有，三相电流之和等于零，即

$$\dot{I}_U + \dot{I}_V + \dot{I}_W = 0$$

对于三相四线电路，设中性线电流相量为$\dot{I}_N$，则

$$\dot{I}_U + \dot{I}_V + \dot{I}_W + \dot{I}_N = 0$$

(2) 三相电路线电压之和。不管三相电路的连接方法怎样，三相导线线电压在任一瞬间的瞬时值，

电压之和恒等于零，即

$$\dot{U}_{UV}+\dot{U}_{VW}+\dot{U}_{WU}=0$$

课题四 电磁和电磁感应

一、磁场和磁力线

能够吸引铁屑或铁块的物体称为磁体，俗称磁铁。磁体之间以及磁体与铁磁材料之间的相互作用的力，称为磁力；磁体周围磁力作用的空间称为磁场。

磁场也是能量存在的一种形式，是看不见的一种物质，有强弱（大小）和方向，通常用磁力线来描绘，如图 1-32 所示。

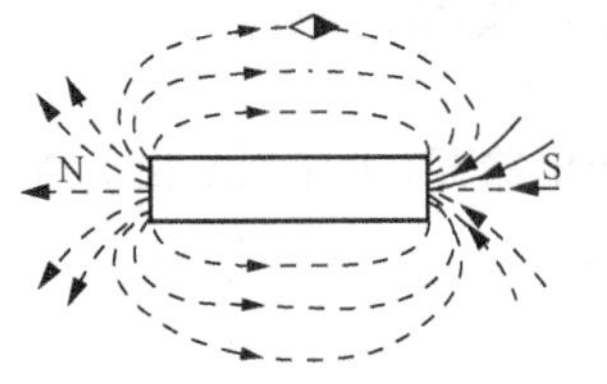

图 1-32 条形磁铁的磁场

磁力线的性质有如下几点：

(1) 磁力线是由磁铁的 N 极出发，经外部空间进入磁铁的 S 极；在磁铁内部由 S 极回到 N 极，形成闭合曲线。

(2) 磁力线不能相交，磁力线上任一点的切线方向都与放在该点的磁针所指的方向一致。

(3) 磁力线的疏密程度表示该点磁场的强弱。强弱相同、方向一致的磁场称为均匀磁场。

二、载流导体的磁场

实验表明，载流导线周围存在着磁场，而且电流越大，磁场越强。电流能产生磁场，说明电流有磁效应。通电导线周围的磁场方向可以用右手螺旋定则（也叫安培定则）判定。如图 1-33 (a) 所示，右手螺旋定则叙述为：用右手握导线，大拇指伸直，指向电流的方向，其余四指的方向就是磁力线的方向。图 1-33 (b) 所示为用导线断面图表示的磁场，其中⊗号表示电流方向进入纸面，⊙号表示电流方向流出纸面。

对于通电的螺旋管线圈，右手螺旋定则可叙述为：右手握螺旋管线圈，让四指和线圈中电流方向一致，伸直的大拇指的方向就是螺线管内部磁力线的方向，如图 1-34 所示。显然，如果事先知道磁力线的方向，也可用右手螺旋定则判定出线圈电流的方向。

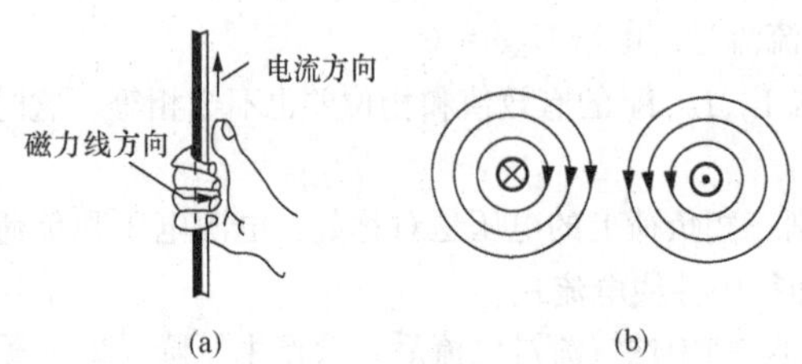

图 1-33 单根通电导线周围的磁场

(a) 右手螺旋定则示意图；(b) 导线断面图

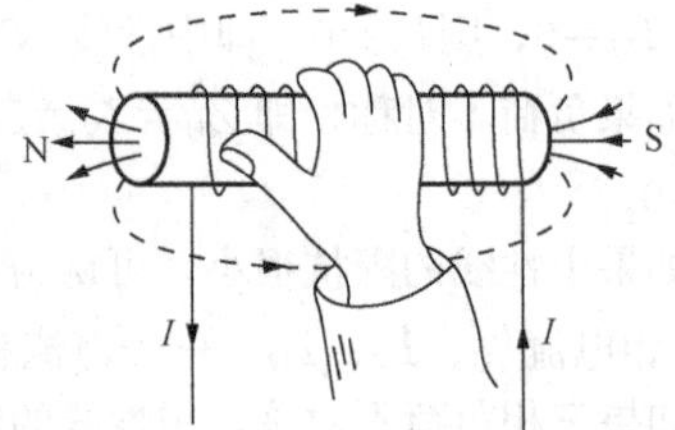

图 1-34 通电螺旋管线圈磁场的判断

三、电磁力

磁场对载流导线会产生作用力，这个作用力叫电磁力（安培力），用 F 表示。当电流方向与磁场方向垂直时，磁场、电磁力和电流三者之间遵循左手定则。该定则可以叙述为：平伸左手，让大拇指和其余四指垂直，磁力线垂直穿入掌心，四指指向电流方向，则大拇指的指向就是电磁力的方向，如图 1-35 所示。

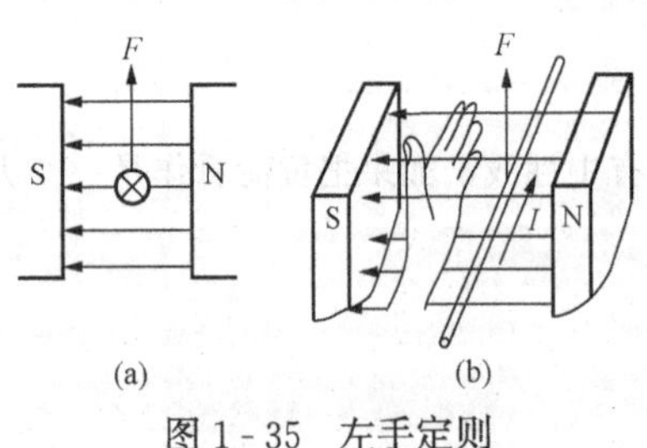

图 1-35 左手定则

(a) 原理图；(b) 判断示意图

四、电磁感应

导体中通过电流可以产生磁场；在一定条件下，磁场中的导体也会产生感应电动势，从而产生电流。实验证明，当导体切割磁力线运动或者穿过线圈的磁力线发生变化时，连接于导体或线圈的检流计就会发生偏转，说明在检流计中有电流流过，如图 1-36（a）所示。这个电流是由导体或线圈两端产生的感应电动势作用产生的，这种现象称为电磁感应现象，所产生的电流叫感应电流。

直线导体中，感应电动势的方向可用右手定则判断，该定则叙述为：右手平伸，大拇指和其他四指垂直，让磁力线垂直穿过掌心，且大拇指的指向和导线运动方向一致，则其余四指所指的方向就是感应电动势的方向，如图 1-36（b）所示。

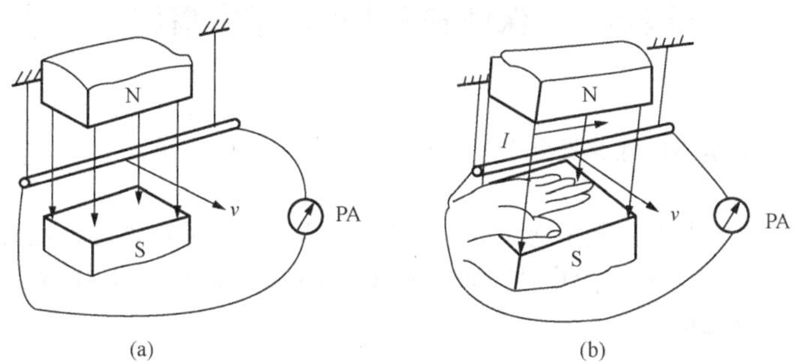

图 1-36　直导体中的感应电动势

（a）电磁感应原理示意图；（b）判断示意图

思　考　题

1. 什么电流、电压、电动势、电功和电功率？
2. 什么是导体和导体电阻？电阻的串并联关系是什么？
3. 怎样用欧姆定律计算简单电路？
4. 什么是基尔霍夫定律？怎样计算复杂电路。
5. 什么是正弦交流电的三要素？它们各代表什么含义？
6. 什么是感抗、容抗、阻抗？
7. 什么是有功、无功、视在功率？
8. 在交、直流电路中，电阻、电感、电容串、并联电路的特点各是什么？
9. 三相对称电路星、角连接，相、线电流和相、线电压各是什么关系？
10. 不对称三相电路有什么特点？
11. 三相电路线电流之和与线电压之和各有什么特点？
12. 右手螺旋定则、左手定则、右手定则的含义各是什么？

安全生产知识

课题一　保证安全生产的基本措施

一、学习目标

掌握保证安全生产的基本措施及安全生产的权利、义务与法律责任。

二、安全用具

在电力生产中的安全用具有：基本绝缘用具，如绝缘操作杆、验电器等；辅助安全用具，如绝缘手套、靴（鞋）、绝缘垫等；防护安全用具，如安全帽、接地线、遮栏、标示牌等。安全用具使用完应妥善保管，定期做安全鉴定试验。

1. 绝缘操作杆

高压绝缘棒也称绝缘操作杆，主要用来安装和拆除接地线，闭合或断开高压隔离开关等工作，要求具有良好的绝缘性能和机械强度。使用要求如下：

（1）选用相应电压等级、试验不超过有效期、无污垢、合格的操作杆。

（2）使用前应先检查表面是否完好，各部分的连接是否可靠。

（3）使用时，操作者的手握部位不得越过护环。

（4）在使用绝缘棒时，均应戴绝缘手套。

（5）雨天时，在绝缘部分安装一定数量的防雨罩，并穿绝缘靴。当接地网接地电阻不符合要求时，晴天操作也应穿绝缘靴。

2. 高压验电器

高压验电器是检验高压电气设备、导线上是否有电的安全用具。目前常用的有：①声、光型验电器。当验电器的金属电极接触带电体时，验电器流过的电容电流会发出声、光报警信号；②回转带声、光型验电器，它是利用带电导体尖端放电产生的电风来驱使指示器叶片旋转，同时发出声、光信号。使用要求如下：

（1）选用相应电压等级、试验不超过有效期、无污垢、合格的验电器。

（2）验电前，先在有电设备上进行试验，确证验电器良好；或利用验电器的自检装置，检查指示器叶片是否旋转以及声、光信号是否正常。

（3）验电时，验电器的伸缩式绝缘棒长度必须拉足，手必须握在手柄处，且不得超过护环。

（4）操作人员必须戴绝缘手套，穿绝缘鞋（靴）。

（5）雨雪天气时不得进行室外直接验电。

3. 绝缘手套、绝缘靴（鞋）

绝缘手套和靴（鞋）是高压操作时用来与地保持绝缘的辅助安全用具，使用要求如下：

（1）使用前应检查：①是否超过有效试验期；②外部完好，无损伤、破漏、划痕等。

（2）戴绝缘手套时，应将外衣袖口放入手套的伸长部分里。

（3）非绝缘水套、靴（鞋）不能代替使用，同时也不将其作其他用途。

4. 绝缘垫

绝缘垫一般铺在配电室地面上以及控制屏、保护屏两侧。其作用与绝缘靴相同，起到绝缘作用。使用要求如下：

（1）在使用过程中，一是要保持绝缘垫干燥、清洁，防止与酸、碱及油类物质接触老化降低绝缘性能。二是要经常检查，发现有龟裂等问题时要及时更换。

（2）绝缘垫脏污时用低温肥皂水清洗，再用滑石粉让其干燥。

5. 安全帽

安全帽是对人体头部受外力伤害起防护作用的安全用具，进入设备现场必须戴安全帽。

6. 接地线

成套接地线应用有透明护套的多股软铜线和专用线夹组成。接地线截面积不得小于 $25mm^2$，应满足装设地点短路电流的要求；用专用线夹固定在接地导体上。

装设接地线应先接接地端，后接导体端；接地线应连接可靠，禁止用缠绕的方法进行接地或短路。拆接地线的顺序与此相反。装、拆接地线导体端均应使用绝缘棒和戴绝缘手套。人体不得碰触接地线或未接地的导线，以防触电。带接地线拆设备接头时，应采取防止接地线脱落的措施。

7. 标示牌

标示牌由安全色、几何图形和图形符号构成，用以表达特定的安全信息。这些信息主要表达：警告作业人员不得接近设备的带电部分；提醒作业人员在工作地点采取的安全措施；指明应检修的工作地点以及警示值班人员禁止向某设备合闸送电等。

8. 临时遮栏

临时遮栏由橡胶或其他坚韧绝缘材料等制成。用以限制作业人员活动范围保证安全距离；防止工作人员误入带电间隔、误登带电设备；同时也是防止非检修人员进入检修区受到伤害的明显标志。

三、安全距离

安全距离分两部分，一部分是设备不停电时的安全距离，另一部分是作业人员工作中正常活动范围与设备带电体之间的安全距离，如表 2-1 所示。

表 2-1　　安全距离

电压等级（kV）	设备不停电时的安全距离（m）	作业人员工作中正常活动范围与设备带电部分的安全距离（m）	备注
10 及以下	0.70	0.35	（1）750kV 数据是按海拔 2000m 校正的，其他等级数据按海拔 1000m 校正。 （2）±400kV 数据是按海拔 3000m 校正的。 （3）表中未列电压等级按高一挡电压等级安全距离
20、35	1.00	0.60	
66、110	1.50	1.50	
220	3.00	3.00	
330	4.00	4.00	
500	5.00	5.00	
750	7.20	8.00	
1000	8.70	9.50	
±50 及以下	1.50	1.50	
±400	5.90	6.70	
±500	6.00	6.80	
±660	8.40	9.00	
±800	9.30	10.10	

四、保证安全的基本措施

保证安全的组织措施和技术措施是防止工作人员在工作中遭受触电伤害的基本措施，是长期电业生产实践经验教训的结晶。

1. 保证安全的组织措施

保证安全的组织措施包括现场勘察制度，工作票制度，工作许可制度，工作监护制度，工作间断、转移和终结制度。这五个制度是一个有机的整体，彼此相辅相成，执行顺序不可颠倒。

（1）现场勘察制度。变电检修（施工）作业，工作票签发人或工作负责人认为有必要现场勘察的，检修（施工）单位应根据工作任务组织现场勘察，并填写现场勘察记录。现场勘察由工作票签发人或工作负责人组织。

（2）工作票制度。工作票是准许在电气设备上工作的书面命令书，也是明确安全责任、向工作人员交底，并实施安全技术措施的书面依据。变电站的工作票根据不同的工作条件，采取的安全措施也不一致，分为变电站、电力电缆第一、二种工作票，变电站带电作业工作票，变电站事故紧急抢修单。

运维人员实施不需高压设备停电或做安全措施的变电运维一体化业务项目时，可不使用工作票，但应以书面形式记录相应的操作和工作等内容。

(3) 工作许可制度。工作许可制度是在完成安全措施之后，为进一步加强安全工作责任感，确保工作安全，变电站值班员发出的准许工作的通行证。许可工作的条件是：①会同工作负责人到现场再次检查所做的安全措施，对具体的设备指明实际的隔离措施，证明检修设备确无电压。②对工作负责人指明带电设备的位置和注意事项，并在工作票上分别确认、签名。

变电站第二种工作票可采取电话许可方式，但应录音，并各自做好记录。采取电话许可的工作票，工作所需安全措施可由工作人员自行布置，工作结束后应汇报工作许可人。

(4) 工作监护制度。设置监护人监护施工人员正确施工的制度。监护的内容有：①专责监护人应向工作班成员交代工作内容、人员分工、带电部位和现场安全措施，进行危险点告知，并履行确认手续。②工作负责人、专责监护人应始终在工作现场，对工作班人员的安全认真监护，及时纠正不安全的行为。③所有工作人员（包括工作负责人）不许单独进入、滞留在高压室、阀厅和室外高压设备区内。

(5) 工作间断、转移和终结制度。在工作发生中断、工作位置发生了改变、工作结束时如何履行安全手续的制度叫工作间断、转移和终结制度。其主要的内容包括：①在未办理工作票终结手续以前，任何人员不准将停电设备合闸送电。在工作间断期间，若有紧急需要，运行人员可在工作票未交回的情况下合闸送电，但必须执行安全工作规程的条款。②在同一电气连接部分用同一工作票依次在几个工作地点转移工作时，全部安全措施由运行人员在开工前一次做完，不需再办理转移手续。③只有在同一停电系统的所有工作票都已终结，并得到值班调度员或运行值班负责人的许可指令后，方可合闸送电。

2. 保证安全的技术措施

保证安全的技术措施有：停电、验电、接地、悬挂标示牌和装设遮栏（围栏）。

(1) 停电。停电包含工作地点哪些设备应停电和检修设备停电的标准。

1) 工作地点应停电的设备如下：①检修的设备。②安全距离小于正常工作所需活动范围的设备。③在35kV及以下的设备处工作，安全距离虽大于活动范围的距离，但小于带电设备的距离，同时又无绝缘隔板、安全遮栏措施的设备。④带电部分在作业人员后面、两侧、上下，且无可靠安全措施的设备。

2) 检修设备停电，应把各方面的电源完全断开（任何运行中的星形接线设备的中性点，均应视为带电设备）。并应使各方面有一个明显的断开点，或能够反映设备运行状态的电气和机械等指示。应将与停电设备相连的变压器和电压互感器断开，防止向检修设备反送电。

(2) 验电。在装设接地线或合接地开关（装置）处对各相分别验电。对无法进行直接验电的设备、高压直流输电设备和雨雪天气时的户外设备，可以进行间接验电，即通过设备的机械指示位置、电气指示、带电显示装置、仪表及各种遥测、遥信等信号的变化来判断。判断时，至少应有两个非同样原理或非同源的指示发生对应变化，且所有这些确定的指示均已同时发生对应变化，才能确认该设备已无电。以上检查项目应填写在操作票中作为检查项。检查中若发现其他任何信号有异常，均应停止操作，查明原因。若进行遥控操作，可采用上述的间接方法或其他可靠的方法进行间接验电。330kV及以上的电气设备，可采用间接验电方法进行验电。

(3) 挂接地线。将可能来电的两侧三相短路接地，其作用是使工作地点始终处于“地电位”的保护之中。

1) 当验明设备确已无电压后，应立即将检修设备接地并三相短路。

2) 电缆及电容器接地前应逐相充分放电，星形接线电容器的中性点应接地、串联电容器及与整组电容器脱离的电容器应逐个多次放电，装在绝缘支架上的电容器外壳也应放电。

3) 对于可能送电至停电设备的各方面都应装设接地线或合上接地开关（装置），所装接地线应考虑摆动时符合与带电部分安全距离的要求。

（4）悬挂标示牌和装设遮栏（围栏）。

1）在一经合闸即可送电到工作地点的断路器和隔离开关的操作把手上，均应悬挂“禁止合闸，有人工作!”的标示牌。若是显示屏，应做出相应的标记。

2）在工作地点设置“在此工作!”的标示牌；在工作地点附近，可能发生误登误碰的地方悬挂“止步，高压危险!”“禁止攀登，高压危险!”的标示牌；在指定攀登的地方，悬挂“从此上下!”的标示牌。

3）需要禁止通行的地方，应装设临时遮栏，并悬挂“止步，高压危险!”的标示牌。

4）直流换流站单极停电工作，应在双极公共区域设备与停电区域之间设置围栏，在围栏面向停电设备及运行阀厅门口悬挂“止步，高压危险!”标示牌。

五、进行危险点控制

（1）工作票签发人、工作负责人必须认真学习、理解和掌握安全工作规程和相关规定，提高工作能力，增强安全的责任感；深入现场，每项工作均应制订符合实际、有针对性、全面、准确的危险点控制措施，且不可照抄照搬、面面俱到进行罗列，而没有针对性。

（2）工作班成员必须进行安全教育和安全知识的培训，经安全工作规程考试合格方可上岗工作，掌握和认真执行工作中的安全有关规定和技术要求；精神状态饱满。

六、从业人员的安全生产权利义务与法律责任

为了加强安全生产工作，防止和减少生产安全事故，保障人民群众生命和财产安全，促进经济社会持续健康发展，修改的《中华人民共和国安全生产法》已于2014年12月1日起施行。对从业人员的安全生产权利义务与法律责任摘录如下：

1．安全生产权利义务

（1）生产经营单位与从业人员订立的劳动合同，应当载明有关保障从业人员劳动安全、防止职业危害的事项，以及依法为从业人员办理工伤保险的事项。

（2）生产经营单位不得以任何形式与从业人员订立协议，免除或者减轻其对从业人员因生产安全事故伤亡依法应承担的责任。

（3）生产经营单位的从业人员有权了解其作业场所和工作岗位存在的危险因素、防范措施及事故应急措施，有权对本单位的安全生产工作提出建议。

（4）从业人员有权对本单位安全生产工作中存在的问题提出批评、检举、控告；有权拒绝违章指挥和强令冒险作业。

生产经营单位不得因从业人员对本单位安全生产工作提出批评、检举、控告或者拒绝违章指挥、强令冒险作业而降低其工资、福利等待遇或者解除与其订立的劳动合同。

（5）从业人员发现直接危及人身安全的紧急情况时，有权停止作业或者在采取可能的应急措施后撤离作业场所。

生产经营单位不得因从业人员在前款紧急情况下停止作业或者采取紧急撤离措施而降低其工资、福利等待遇或者解除与其订立的劳动合同。

（6）因生产安全事故受到损害的从业人员，除依法享有工伤保险外，依照有关民事法律尚有获得赔偿的权利的，有权向本单位提出赔偿要求。

（7）从业人员在作业过程中，应当严格遵守本单位的安全生产规章制度和操作规程，服从管理，正确佩戴和使用劳动防护用品。

（8）从业人员应当接受安全生产教育和培训，掌握本职工作所需的安全生产知识，提高安全生产技能，增强事故预防和应急处理能力。

（9）从业人员发现事故隐患或者其他不安全因素，应当立即向现场安全生产管理人员或者本单位负责人报告；接到报告的人员应当及时予以处理。

2．法律责任

（1）生产经营单位的安全生产管理人员未履行《安全法》规定的安全生产管理职责的，责令限期改正；导致发生生产安全事故的，暂停或者撤销其与安全生产有关的资格；构成犯罪的，依照刑法有关规定追究刑事责任。

(2) 生产经营单位未为从业人员提供符合国家标准或者行业标准的劳动防护用品的或使用应当淘汰的危及生产安全的工艺、设备的，责令限期改正或停产整顿，并进行处罚；构成犯罪的，依照刑法有关规定追究刑事责任。

(3) 生产经营单位发生生产安全事故造成人员伤亡、他人财产损失的，应当依法承担赔偿责任；拒不承担或者其负责人逃匿的，由人民法院依法强制执行。

(4) 生产经营单位的从业人员不服从管理，违反安全生产规章制度或者操作规程的，由生产经营单位给予批评教育，依照有关规章制度给予处分；构成犯罪的，依照刑法有关规定追究刑事责任。

3. 安全生产责任制

安全生产责任制是一种制度，它规定了企业各级领导、职能部门、有关工程技术人员和生产工人在劳动生产过程中应负的安全责任。其意义是：提高各级人员主动搞好安全生产的积极性和责任心，强化正常的安全生产管理秩序，保证贯彻“安全第一，预防为主”的方针。

课题二 触 电 急 救

一、学习目标

掌握对触电者脱离电源的注意事项、触电程度的判别方法与现场急救。

二、相关知识

1. 电击和电伤

电对人体的伤害有电击和电伤两种。电击是电流通过人体内部所造成的伤害，所以也称内伤。电伤也叫电灼伤，是一种外伤。外伤包括电弧灼伤、电烙印、皮肤金属化及电伤引起的跌伤、骨折等二次伤害。

2. 电流对人体的伤害

电流通过人体内部，对人体伤害的严重程度与通过电流的大小、通过电流持续时间、电流通过人体的途径、电流的频率以及人体状况及外部环境等多种因素有关。

3. 常见的触电形式

按照人体触及带电体的方式和电流通过人体的途径，人体触电情况按造成触电的电源形式不同，可分为以下几种类型：

(1) 直接触电。直接触电是指直接触及运行中的带电设备，可分为单相触电和两相触电。

(2) 跨步电压触电。当电气设备发生接地故障时，故障电流流过接地点向大地流散，并在地面产生不同的电位，这时有人在接地短路点周围行走，两脚之间（人的跨步一般按 0.8m 虑）的电位差，叫跨步电压。由此所造成的触电叫跨步电压触电。

(3) 接触电压触电。接触电压是指人站在发生接地短路故障的设备旁边，距设备水平距离 0.8m，这时人手触及设备外壳（距地面 1.8m 的高处），手与脚之间呈现的电位差叫接触电压。由此所造成的触电叫接触电压触电。

(4) 感应电压触电。由于带电设备的电磁感应和静电感应作用，将会在附近停设备上感应出一定的电位。由此电位所造成的触电叫感应电压触电。

(5) 残余电荷触电。由于电气设备的电容效应，当断开电源时，尚保留一定的电荷，就是所谓的残余电荷。当人体触及时，残余电荷通过人体放电，形成触电。

(6) 雷电触电。雷电对设备和人身的危害主要危险来自落地雷，首先，雷对地放电时直接遭受雷击；其次，多数雷电伤害事故，是由于雷电流引入大地后，在地面产生很高的冲击电流，使人体遭受跨步电压或接触电压的伤害。

(7) 静电触电。由于物体互相摩擦而产生的电荷称为静电电荷。静电电荷大量积聚形成较高电位，此电位对人体放电会对人体造成电击。

三、脱离电源

脱离电源就是要把触电者接触的那一部分带电设备的断路器、隔离开关或其他断路设备断开；设法将触电者与带电设备脱离。脱离电源的注意事项如下：

(1) 当发现有人触电时，不要过度慌张，要设法尽快将触电人所接触带电设备断开。

(2) 如果触电人所处的位置较高，需预防断电后人从高处摔下造成二次伤害的危险。

(3) 如果因事故失去照明，需迅速准备抢救地点照明，不得影响紧急救护工作。

(4) 千万不能用手直接去拉触电人，防止发生救护人触电。

四、对触电者的判别

对触电者触电轻重程度的判断，是准确地对症救治触电者的前提。

(1) 判定触电者有无意识。伤者脱离电源后，可立即进行呼唤判定神志是否清醒；若神志不清，应就地仰面躺平，且确保气道通畅，呼叫伤员或轻拍其肩部，判定伤员是否意识丧失。禁止摇动伤员头部呼叫伤员。

(2) 呼吸、心跳情况的判定。伤员若意识丧失，应用看、听、试的方法，判断触电者呼吸心跳情况。看触电者的胸部、腹部有无起伏动作；听触电者的口鼻处听有无呼气声；试口鼻有无呼气流，及用两手指轻试一侧喉结旁凹陷处的颈动脉有无搏动。

若看、听、试结果，既无呼吸又无颈动脉搏动，可判定触电者呼吸、心跳停止。

五、现场急救

对触电者急救的关键是一个“快”字，越快越好，在使触电者脱离电源后就应立即就地抢救。

1. 对触电后神志清醒的现场急救

如果触电者伤势不重、神志清醒，但有些心慌、四肢发麻、全身无力；或者触电者在触电过程中曾一度昏迷，但已清醒过来，应使触电者安静休息，不要走动、严密观察，并请医生前来诊治或送往医院。

2. 对触电后神志不清，失去知觉，但心脏跳动和呼吸存在者的现场急救

如果触电者伤势较重，已失去知觉，但心脏跳动和呼吸还存在，应使触电者安静地平卧；疏散人群，使空气流通，解开衣服以利于呼吸。如天气寒冷，要注意保暖，并速请医生诊治或送往医院。如果发现触电者呼吸困难、稀少或发生痉挛，应准备立即进行人工呼吸，切记不能进行心脏按压。

3. 对呼吸停止，心脏跳动停止，或二者都已停止的现场急救

呼吸停止，心脏跳动停止，或呼吸、心跳均停止是触电后的三种严重情况，应对症急救。

(1) 当触电者呼吸停止而心脏跳动时，应立即施行人工呼吸，进行救治。

(2) 当触电者有呼吸而心脏停止跳动时，应立即施行胸外按压。

(3) 当触电者呼吸、心跳均停止时，应立即同时施行人工呼吸和胸外按压法进行救治。

在进行上述救治的同时，应速请医生到现场抢救。在送往医院的途中，也不能中止急救。

4. 实施心肺复苏法的注意事项

实施心肺复苏法的三项基本措施是畅通气道、口对口人工呼吸、胸外按压。在进行中应注意以下几个方面：

(1) 畅通气道时严禁用枕头或其他物品垫在伤员头下以防气道阻塞。

(2) 口对口人工呼吸。对成年人每分钟吹气 6～16 次，对幼小儿童每分钟吹 18～24 次，要注意不要使儿童的胸部过分膨胀，防止肺泡破裂。

(3) 胸外按压要以均匀速度进行，每分钟 100 次左右，每次按压和放松时间相等。胸外按压与口对口人工呼吸同时进行，其节奏为：单人抢救时，每按压 15 次后吹气 2 次（15∶2）反复进行；双人抢救时，每按压 5 次后由另一人吹气 1 次（5∶1）反复进行。

课题三 电 气 防 火

一、学习目标

掌握电气火灾的扑救方法与变电站消防的规定。

二、灭火的基本方法

(1) 隔离法。隔离法就是使燃烧物和未燃烧物隔离，将正在燃烧的物质与未燃烧物质隔开，使火势孤立，不能蔓延，从而限制火灾范围。

(2) 窒息法。窒息法是减少燃烧区氧量，即隔绝空气，使可燃物质无法获得氧气助燃而停止燃烧。如向燃烧物上喷射氮气、二氧化碳，用沙土埋没燃烧物等。

(3) 冷却法。冷却法就是降低燃烧物的温度，使之降到燃点以下停止燃烧。如用水直接喷射燃烧物，喷射二氧化碳、泡沫等。

(4) 抑制法。抑制法就是中断燃烧的连锁反应，使灭火剂参与到燃烧反应过程，阻断燃烧的连锁反应。如往燃烧物上喷射干粉、1211 干粉灭火剂覆盖火焰，从而中断燃烧。

三、电气火灾的扑救方法

(1) 应尽可能先切断电源再扑救，以防止人身触电。采用工具切断电源时，应使用绝缘工具，戴绝缘手套，穿绝缘靴。夜间扑救还应注意照明。

(2) 发生电气火灾后，因情况危急需带电灭火时，应注意灭火的有效性及对设备、人体的影响。应注意事项如下：

1) 电气设备发生火灾时，严禁使用能导电的灭火剂进行灭火。

2) 扑救时应戴绝缘手套、与带电部分保持足够的安全距离。

3) 当高压电气设备或线路发生接地时，室内扑救人员距离接地点不得小于 4m，室外不得小于 8m，进入上述范围应穿绝缘靴、戴绝缘手套。

4) 扑救架空线路火灾时人体与带电导线仰角应不大于 45°。

(3) 充油设备发生火灾时首先要切断电源，再用干燥黄沙盖住火焰或用干粉灭火器灭火。

(4) 电气设备灭火时，仅准许在熟悉该设备人员的指挥下进行灭火，消防人员到达现场后，临时指挥人员应立即与消防负责人取得联系，并交代着火设备现状和运行情况，然后协助其指挥灭火。参加灭火的人员，在灭火时应防止被火烧伤，避免燃烧物所产生的有毒气体导致中毒、窒息，以及防止引起爆炸伤人，同时还应防止触电。电力设备火灾扑灭后必须保护火灾现场。

(5) 干粉灭火器应保持干燥、密封，防结块，防止日光暴晒膨胀而漏气，有效期一般为 4～5 年。使用干粉灭火器时，应打开保险销，把喷管喷口对准火源，紧握导杆提环，将定针压下，干粉即可喷出。

四、变电站消防的规定

变电站的重点防火部位有主控制室、电缆室、电缆沟、资料室、变压器、蓄电池室、锅炉房，应遵循以下消防规定：

(1) 运行人员在例行巡检时，均应对防火重点部位或场所认真检查，发生火灾及时报告。

(2) 站内重要通道经常保持畅通，一旦发生火灾，以利于消防工作的进行。

(3) 消防用沙应保持充足和干燥，消防沙箱、消防桶和消防铲、斧把上应染有红色。

(4) 变电站禁止吸烟，并应有明显标志；排水沟、电缆沟、管沟等沟坑内不应有积油。

(5) 生产现场应严禁存放易燃、易爆物品，严禁存放超过规定数量的工作用油；不宜用汽油洗刷设备和机器，以及用汽油、煤油洗手；检修后各类废油应倒入指定容器内，严禁随意倾倒。

(6) 应熟悉常用灭火器材、站内灭火器材的配置情况及使用方法。

思 考 题

1. 保证安全生产的基本措施有哪些？
2. 工作人员工作中正常活动范围与带电设备的安全距离是多少？
3. 设备不停电时的安全距离是多少？
4. 安全生产的权利、义务与法律责任是什么？
5. 发现触电如何进行触电急救？
6. 电气火灾的扑救方法与变电站消防的规定是什么？

第三单元 电 力 系 统

课题一 电 力 系 统 概 述

一、学习目标

熟知电力系统的基本知识、电能的传输与分配、作用和调度命令、了解电力系统通信与远动知识。

二、电力系统基本知识

1. 电力系统的构成

(1) 动力系统。将各类发电厂的动力部分如发电厂的汽轮机、锅炉，水电厂的水轮机和水库，核电站的核反应堆和汽轮机，以及发电、输电、变电、配电、用电组成的整体称为动力系统。

(2) 电力系统。电力系统中除动力部分外的其余部分构成了电力系统，即电力系统是由发电、输电、变电、配电、用电组成的整体。

(3) 电力网。电力系统中输送和分配电能的部分，叫电力网，包括升、降压变压器和各种电压等级的输配电线路。电力网按其在电力系统中的作用不同，可分为输电网和配电网。输电网是以高压、超高压输电线路将发电厂、变电站连接起来的网络。直接将电能送到客户的网络称为配电网。

动力系统、电力系统和电力网示意图，如图 3-1 所示。

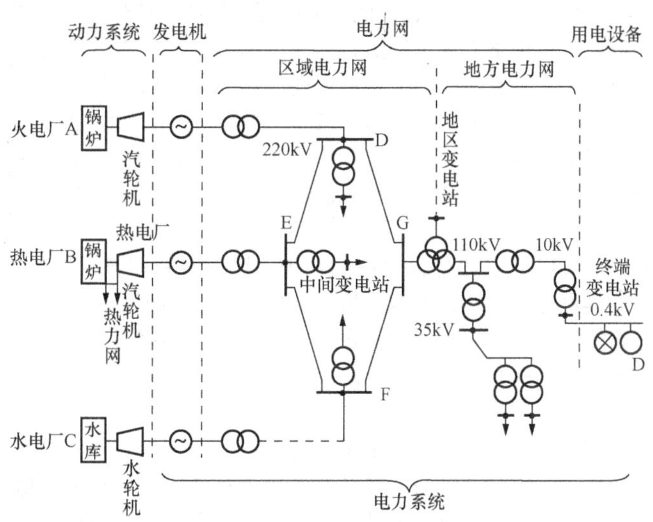

图 3-1 动力系统、电力系统和电力网示意图

2. 电力系统的作用

电能生产的主要特点是电能的生产、输送和使用全过程是同时完成的。电力系统是由发电厂、电力网和用户组成的整体，以实现电能的生产、输送、分配和使用，特别是可以起到以下作用。

(1) 缓和了最低与最高负荷和峰谷差。

(2) 减少备用容量。

(3) 提高供电可靠性和运行经济性。

3. 电力系统的电压等级

在电力系统中考虑各种电压变化的因素，对发电机、变压器、用电设备以及电力系统中的其他输变电设备，都分别规定了相应的额定电压，有的还规定了最高工作电压。

(1) 系统标称电压（系统额定电压）。国家标准规定的系统标称电压为：0.38/0.22、0.66/0.38、3.0、6.0、10、20、35、66、110、220、330、500kV 等。

(2) 发电机电压。电力系统中发电厂发电机的额定电压一般为 10.5、13.8、15.75、18.2、22、

24、26kV 等。

(3) 电气设备的交流额定电压。低压用电设备为 6、12、24、36、48、110、380/220V；高压电气设备为 0.66/0.38、1.0、3.0、6.0、10.0、20、35、66、110、220、330、500、750kV。

(4) 电气设备的交流最高允许电压。在交流电力系统中，由于电容、电感等参数的影响，或者由于其他原因，电气设备上承受的电压可能会高于正常额定电压。因此，对电容器、变压器等所能承受的最高电压都有规定。其他电气设备有的也规定了最高工作电压允许值。

4. 电力系统的负荷

所谓电力系统的负荷，主要指用电负荷，分为三级：

(1) 一级负荷是在中断供电时，将造成人身伤亡或在政治、经济上造成重大损失；或影响供有重大政治、经济意义的用电单位的正常工作。

(2) 二级负荷是在中断供电时，将在政治、经济上造成较大损失，或影响重要用电单位的正常工作。

(3) 不属于一级和二级负荷者称为三级负荷。

当系统发生事故或电源不足时，根据预定的负荷等级进行合理的拉闸限电，以维持电力系统正常运行，保证重要用户的用电。

三、电能的生产、传输、分配与使用

1. 发电

电能属二次能源，发电厂就是把一次能源转换成二次能源的电力生产场所。由于一次能源的不同，如燃料（煤、油、天然气、垃圾等）、水力、核能、太阳能、风能、地热等，构成了不同的发电形式。

(1) 火力发电厂是将燃料的化学能通过锅炉转换成高温的热能，锅炉中的水先被加热成饱和蒸汽再经过热器后加热成过热蒸汽。具有做功功能的高温高压过热蒸汽引入汽轮机后，冲动汽轮机的转子高速转动，拖动发电机同速转动，从而实现了由热能到机械能，再由机械能到电能的转换。

(2) 水力发电厂是把河道上游的水积储在水库中，用拦河坝将水位提高。利用上、下游水位落差产生的压力和流速，冲击水轮机，使之旋转，将水能转变为机械能。水轮机带动发电机转动发电，又将机械能转换为电能。

(3) 原子能发电是以核反应堆来代替火电站的锅炉，以核燃料在核反应堆发生反应，产生热量，加热水并使之变成蒸汽。蒸汽通过管路进入汽轮机，推动汽轮发电机发电。

(4) 新能源发电。新能源主要是利用地下热水和水蒸气蕴含的能量；海洋潮汐、潮流能量、海水温差能量；风力能量；太阳光热和光伏能量以及垃圾、废物等为燃料等能量进行发电。

2. 变电

发电机输出端的电压较低，若直接输送至远距离的用户会在输电线路上造成很大的电能损失，也难以保证用户供电电压的质量。因此，一般需经升压变压器升高电压，经高压输电线路将电能送至远距离的负荷中心。在负荷中心的降压变电站把高压电降低至工农业生产和居民生活直接可使用的电压后，再经配电网络将电能分配给各个用户。

升压与降压主要由变电站来完成。变电站除变换电压，将电能从高压网传送到低压网或从低压网传到高压网外，还有集中电力和分配电力、控制电力流向和调整电压等作用。

变电站按供电范围和作用的不同，可分为区域变电站和地方变电站；枢纽变电站和终端变电站等。

3. 电能的输送与分配

(1) 电能的输送。为了提高电力输送容量及稳定性，减少输送过程中的损耗，发电厂发出的电能经变压器升压后，通过输电网送到大、中城市负荷中心的枢纽变电站。由于输电线路距离都比较长，有的数十、数百千米以上，一般都采用超高压输电网送电。通常采用多回超高压线路、经由不同路径，把若干火电厂、枢纽变电站连接起来，构成输电网架；在大负荷中心地区（特大城市或几个近邻城市）以环形（或双环形）接线把多个枢纽变电站连接起来，形成输电网的受端网架。我国输电网的电压等级有交流 220、330、500kV；特高压 750、1000kV；直流输电±500kV 及以上等。

(2) 电能的分配。电能的分配主要由配电网来完成，配电网是从输电网接受电能，再分配给各用户的电力网。在我国，110、63、35kV 电压等级为高压配电网，10kV（20kV）为中压配电网，380/

220V 为低压配电网。

4. 电能的使用

电能在我们的生活中起到重大的作用，被广泛应用在动力、照明、化学、纺织、通信、广播等各个领域，是科学技术发展、人民经济飞跃的主要动力。

为了维护电力使用者的合法权益，保障电力系统的安全运行，加强供用电管理，推动电气化事业的发展，我国从 1996 年起先后颁发了《中华人民共和国电力法》《中华人民共和国电力供应与使用条例》《供电营业规则》等法规和条例。

四、电力系统调度管理

（1）调度的任务。电力系统调度的主要任务概括来讲就是指挥整个电力系统的运行和操作，向用户提供可靠而经济的合格电能，并能在电力系统发生事故时，尽快切除故障，重新拟定新的运行方式，对停电用户尽快恢复供电。

（2）调度机构。电网调度机构是电网运行的组织、指挥、指导和协调机构，即是生产运行单位，又是电网管理部门的职能机构，代表本级电网管理部门在电网运行中行使调度权。电网调度机构分为五级，依次为：①国家电网调度机构；②跨省、自治区、直辖市电网调度机构；③省、自治区、直辖市级电网调度机构；④地省辖市级电网调度机构；⑤县级电网调度机构。

各级调度机构在电网调度业务活动中是上、下级关系，下级调度机构必须服从上级调度机构的调度。

（3）调度命令。电网值班调度员按照规定的权限对其调度管辖范围内下一级调度机构的值班调度员发布的调度任务和指令，称为调度命令。调度命令是保证系统安全、经济运行和提高电能质量所必须的手段，具有高度的严肃性，发布命令者对命令的正确性负责，接受命令者必须坚决执行。

任何单位和个人不得违反电网调度管理条例，干预调度系统的值班人员发布或执行调度指令。调度系统的值班人员依法执行公务，有权利和义务拒绝各种非法干预。

五、电力系统的继电保护与安全自动装置

（1）电力系统继电保护。电力系统继电保护是指当电力系统中的电气元件（如发电机、线路等）或电力系统本身发生了故障，或发生危及其安全运行的事件时，向运行值班人员及时发出警告信号或直接向所控制的断路器发出跳闸命令，以终止这些事件发展的一种自动化措施和设备，其基本任务如下：

1）当被保护设备发生故障时，能自动地、迅速地、有选择性地动作于断路器，从而将故障设备从电网中切除，保证无故障设备迅速恢复正常运行，并使故障设备免于继续遭受破坏。

2）当被保护设备出现不正常运行状态时，保护装置能发出信号，以便值班人员采取有效措施，及时恢复设备正常运行。

（2）电力系统安全自动装置。电力系统安全自动装置是为了防止电力系统失去稳定和避免电力系统发生大面积停电事故的自动装置，包括输配电线路自动重合闸装置、发电机自动解列装置、火电机组快关汽门、切集中负荷、投入制动电阻、发电机快速励磁装置、电力系统自动解列装置、自动低频减负荷装置和自动低压减负荷装置等。

六、电力系统通信与远动技术

（1）电力系统通信。在电力系统中，为了使系统能稳定和经济地运行，需要传送大量的语音、数据、图像和其他信息。为此，电力系统必须设置独立的自成体系的通信系统。主要有载波通信、微波通信、光纤通信等。

（2）电力系统远动技术。远动技术是指从调度控制端（调度所）经通道对被控制端（厂、所）的对象实行遥信、遥测、遥控和遥调（简称“四遥”）的一种技术。

通过远动系统可以把电力系统潮流、发电机功率、母线电压等运行参数以及发电厂、变电站的断路器位置变化等运行信号，实时地传送到调度所，使调度员得以集中监视和分析电力系统的运行情况。在事故时，远动技术能使运行人员及时了解事故的发生和判断事故的影响范围，并加快处理速度。

1）遥信。遥信的作用是将被监视发电厂、变电站的主要设备及线路的断路器的位置信号及其他用途的信号（如何护动作信号等）传送给调度所，在调度所模拟盘上用灯光信号直接反映出来。

2）遥测。遥测的作用是将被监视发电厂、变电站某些运行参数（如功率、电流、电压等）转换加工成特殊音频信号，由发信机调制成高频信号，经通道传输给调度端。调度所的收信机将收到的高频信号进行解调，还原成音频信号后，送到装设在调度所的远动装置接收端。接收端将收到的特殊音频信号进行解调和译码，还原成可靠的信息数据，便可以模拟量或数字量显示出来。

3）遥控。遥控的作用是调度所值班人员通过远动装置对发电厂、变电站某些设备进行控制（如水轮发电机组的远方起动和停止、断路器的操作等）

4）遥调。遥调的作用是调度所调度人员发出的调节命令信号传送到发电厂、变电站端的接收装置，由接收装置自动调节发电厂、变电站的对应部件和参数，如有功或无功出力、有载调压变压器的分接头等。

课题二　电力系统运行的特点

一、学习目标

掌握电力系统运行的基本要求、中性点的运行特点。

二、电力系统的非正常运行

1. 短路故障

短路是指正常运行以外的一切相与相之间或相与地之间的短接。短路对电力系统的危害如下：

(1) 短路电流高达额定电流的几倍至几十倍，产生的热效应和电动力会使故障支路内的电气设备遭受破坏或使用寿命缩短。

(2) 短路电流引起的强烈电弧可能烧毁故障元件及其周围设备。

(3) 短路时，系统电压大幅度下降，使用户的正常工作遭到破坏。严重时，可能引起电压崩溃，造成大面积停电。

(4) 短路故障可能破坏发电机并联运行的稳定性，使系统产生振荡，甚至造成整个系统的瓦解。

(5) 发生不对称短路时的负序电流，在发电机气隙中产生反向旋转磁场，在发电机转子回路内引起 2 倍额定频率的额外电流，可能造成转子的局部烧伤，影响发电机的正常运行。

(6) 发生接地短路时的零序电流还会对邻近的通信线路及铁路自动信号系统产生干扰。

2. 不正常工作状态

不正常工作状态通常是指由于各种原因，使电气设备或系统运行参数偏离规定容许值，正常运行状态遭破坏的情况。如电机及变压器的过负荷、水轮发电机突然甩负荷引起的过电压，以及当电力系统中发生有功功率缺额时所引起的频率下降等。不正常工作状态不同于故障，但如不及时发现和处理，就可能发展成故障。

三、电力系统中性点运行方式

电力系统的中性点运行方式是指三相系统中星形连接的发电机和变压器的中性点运行方式，主要有三种，即中性点不接地、中性点经消弧线圈接地和中性点直接接地。

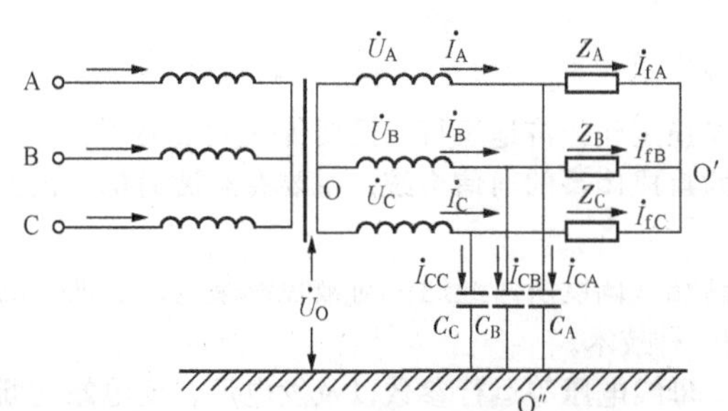

图 3-2　中性点不接地系统正常运行示意图

（一）中性点不接地系统

中性点不接地系统也称为中性点绝缘系统，如图 3-2 所示，多用在 63kV 及以下的电力系统。这种运行方式的优点是当发生单相接地故障时，仍可继续短时间运行，而不致立即中断供电。

1. 中性点不接地系统的正常运行

中性点不接地系统的正常运行如图 3-2 所示。正常运行时，如变压器输出电压三相对称，则三相负荷 Z_A、Z_B、Z_C 也完全对称，三相对地电容如果各相之间也相等，则三相电压、电流都对称。这时，变压器的中性点 O、负荷的中性点 O′和大地 O″三者电位相等，亦即等电位。

如果三相电源、三相负荷、三相对地电容不对称，则 O、O′和 O″三者之间会出现电位差，这种情况称为中性点位移。

当中性点出现位移时，各相对地电压不相等，亦即三相的相电压不相等。但是三相的线电压不受中性点位移的影响。

在一般情况下，各相对地电容会有差异，各相负荷也有不同，但是由于相差不太大，因此，三相相电压的差别不会很大。

2. 中性点不接地系统出现单相接地故障

在中性点不接地系统中，任一相绝缘受到破坏而接地时，各相之间的线电压不变，可以继续带病运行；而各相的对地电压及对地电容电流均发生变化，中性点的电位远远偏离大地电位。

（1）故障相完全接地。如图 3-3 所示，C 相金属性接地，C 相的对地电压降为零。这时中性点 O 的对地电压升高为相电压。两个非故障相，即 A 相和 B 相的对地电压等于对 C 相的线电压，即比原来升高了$\sqrt{3}$倍。

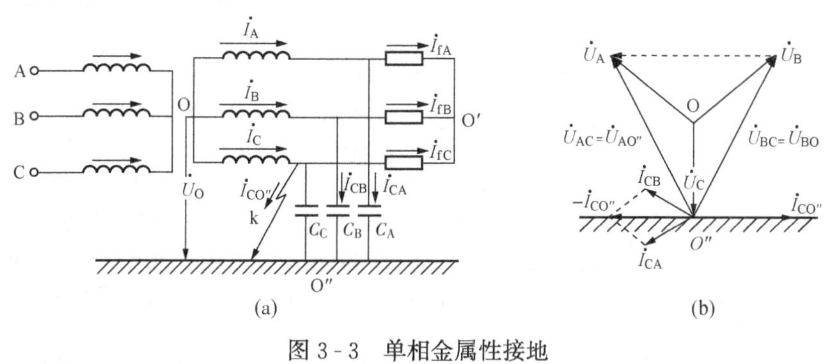

图 3-3　单相金属性接地

（a）示意图；（b）相量图

中性点不接地系统发生单相接地时，其他两健全相的对地电压升高$\sqrt{3}$倍，发生绝缘事故的概率增大。如果它们中某一相因此而发生对地绝缘击穿事故，将构成两相接地短路事故。因此，应尽量减少中性点不接地系统中发生单相接地故障时带病运行的时间，有关规程中规定，至多不超过 2h。

（2）故障相不完全接地。非金属性接地故障称为故障相不完全接地。发生非金属性接地故障时，故障相对地电压将小于相电压，而大于零；两健全相的对地电压则大于相电压，小于线电压。

（3）单相接地故障对电网安全运行的威胁。

1）产生间隙性弧光过电压。对于中性点不接地系统的单相接地故障，一般继电保护不动作于跳闸。如果接地故障不是瞬间发生后立即消失，则在故障点处会产生电弧。单相接地电弧可能是稳定燃烧的，也可能是间隙性发作的，不管是哪种，对电力系统的安全运行都会构成严重威胁。

2）激发分频谐振过电压。电力系统是由许多电气线路和电气设备构成的。这些线路和设备存在电阻、电感和电容，因此具有电场能量和磁场能量的分布。当发生单相接地时，由于各相对地电压的突然变化，引起电场能量和磁场能量的突然变化。当接地突然消失时，各相对地电压又一次变化（恢复正常的对电压），电场能量和磁场能量相互之间又出现突然转移。发生单相接地时的这种能量转换，不同于正常运行时电力系统中有规律的电磁场能量转换。这种由故障引起的非正常能量转换，在其过渡过程中可能会出现谐振过电压。

（二）中性点经消弧线圈接地系统

在变压器中性点与在地之间接入一个电抗器，为中性点经消弧线圈接地系统，如图 3-4 所示。

（1）正常运行时。三相对称中性点对地电压为零，消弧线圈上无电流。

（2）当发生单相接地故障时。接地点与消弧线圈构成另一短路回路，中性点电位升高为相电压，作用在消弧线圈上，使接地点增加感性电流分量，电感电流方向与电容电流的相反，电感电流方向抵消，既补偿了电容电流，从而减小接地故障点处的电流，使电弧易于熄灭，防止发生间歇性弧光过电压。

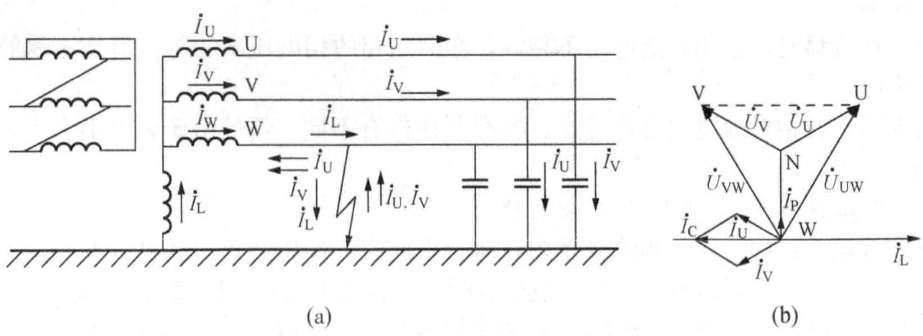

(a)　　　　　　(b)

图 3-4　中性点经消弧线圈接地系统

(a) 消弧线圈接线系统图；(b) 向量图

$\dot{I}_U$、$\dot{I}_V$ —U、V 相的电容电流；$\dot{I}_L$ —电感电流；$\dot{I}_P$ —与 W 相电压同相位的电晕线损电流

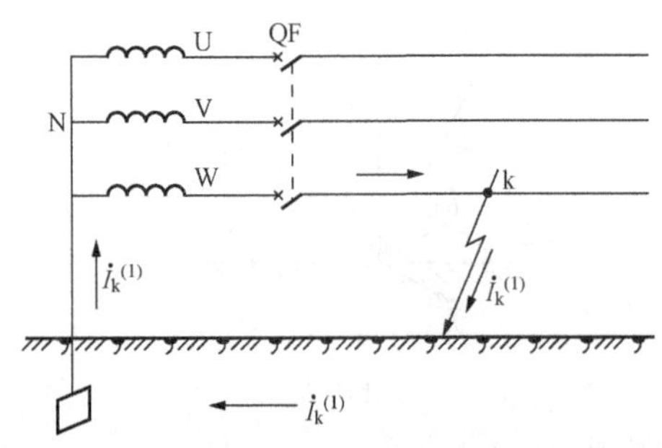

图 3-5　中性点直接接地系统发生单相接地示意图

(三) 中性点直接接地系统

在中性点直接接地的电网中，当发生单相接地时，如图 3-5 所示。故障相直接经过大地形成单相短路，继电保护立即动作，开关跳闸，因此不会产生间隙性电弧。

此外，由于中性点直接接地后，中性点电位是接地体所固定，不会产生中性点位移。因此，发生单相接地时，其他两相也不会出现对地电压升高的现象。电力网中各设备的对地电压可以按相电压考虑，这就降低了电网造价。

中性点直接接地系统发生单相接地时，流过很大的单相接地短路电流，产生一个很强的磁场，在附近的弱电线路上感应产生一个很大的电动势，轻则引起噪声、妨碍通信；重则引起通信设备损坏，甚至使铁路信号误动作，造成事故。因此，大接地电流输电线路要与弱电线路保持足够的距离。

四、电力系统运行的基本要求

根据电能生产、输送、消耗的特殊性，对电力系统运行有如下要求。

1. 可靠性

供电可靠性是指供电系统对用户持续供电的能力，是通过一系列指标衡量的，通常以百分率或平均用户年停电时间（小时或分钟）表示，即供电可靠率

$$RS-1=\left(1-\frac{\text{用户平均停电时间}}{\text{统计期间时间}}\right)100\%$$

近年来，由于电网企业对供电可靠性的高度重视，对电网的投资不断增加，应用先进的技术和管理手段，最大限度地降低了用户的停电时间，使用户供电可靠性水平得到稳步提高，目前，一般城市地区供电可靠率达到了 99.9%以上，用户年平均停电时间≤8.76h；重要城市中心地区供电可靠率达到了 99.99%以上，用户年平均停电时间≤53min。

2. 电能质量

电能质量是由一系列指标来衡量的。按照我国颁布的电能质量标准，电能质量指标包含频率偏差、电压偏差、电压波动与闪变、谐波、三相不平衡、电压骤降六个方面。

(1) 频率偏差。频率偏差指电力系统实际频率与额定频率的差值或其差值与额定值的百分比，即

$$\Delta f=f-f_N$$

或

$$\Delta f=\frac{f-f_N}{f_N}$$

式中：f 为电力系统运行实际频率值，Hz；f_N为额定频率，Hz。

《供电营业规则》规定，供电频率的允许偏差：①电网装机容量在 300 万 kW 及以上的，为

±0.2Hz；②电网装机容量在300万kW以下的，为±0.5Hz。在电力系统非正常情况下，供电频率允许偏差不应超过±1.0Hz。

当电力系统在低频率下运行时，会对客户及系统本身造成严重的危害，主要如下：

1）汽轮机低压级叶片将由于振动加大而产生裂纹，甚至发生断裂事故。

2）使发电厂内的给水泵、风机、磨煤机等辅助设备的出力降低，影响发电机的出力，严重时可能造成发电厂停机。

3）用户的交流电动机的转速降低，因而使许多工农业的产品质量和产量都有不同程度的降低。

（2）电压偏差。电压偏差指某一时段内，电压幅值（指电压有效值）缓慢变化而偏离额定值的程度，以电压实际值与额定值之差或其百分值来表示，即

$$\Delta U = U - U_N$$

或

$$\Delta U = \frac{U - U_N}{U_N} \times 100\%$$

式中：U为监测点的电压实际值，V；U_N为监测点系统电压额定值，V。

《供电营业规则》规定，在电力系统正常状况下，供电企业供到用户受电端的供电电压允许偏差为：①35kV及以上电压供电的，电压正、负偏差的绝对值之和不超过额定值的10%；②10kV及以下三相供电的，为额定的±7%；③220V单相供电的，为额定值的7%，−10%。

当设备在低电压下运行时，造成的危害如下：

1）烧坏电动机。

2）电灯不亮。

3）增大线损。

4）降低系统的稳定性。

5）降低输、变电设备出力。

（3）电压波动与闪变。电压波动指某一段时间内，电压急剧变化而偏离额定值的现象。通常电压变化速率大于1%/s时，即为电压急剧变化。电压波动以电压急剧变化过程中相继出现的电压最大值与最小值之差或其与额定值的百分比来表示，即

$$\Delta U = U_{max} - U_{min}$$

或

$$\Delta U = \frac{U_{max} - U_{min}}{U_N}$$

式中：U_N为额定电压，V；U_{max}、U_{min}为某段时间内电压波动的最大值和最小值，V。

电压波动与电压偏差概念不一样，电压偏差主要指电压有效值的缓慢变化，而电压波动反映的是电压有效值的快速变化。电压波动通常是由配电网中冲击性大负荷引起的。国家标准规定电压波动允许值$\Delta U\%$：10kV以下系统为2.5%，35～110kV系统为2%。

如果电压有效值波动呈周期性，将会引起白炽灯、电视机闪烁，造成视觉不舒适的现象，称为闪变。因为闪变是人对照度波动的主观视觉，因此，闪变对不同的人的危害各不相同。

（4）电网谐波。在理想情况下，电力系统供电电压波形应是正弦波形，但由于配电系统中存在大量的具有铁芯结构的电气设备、电力电子设备和整流装置或电弧炉等，即存在大量的谐波源，实际供电波形已不再是理想的正弦波，这种现象称为电压正弦波形畸变。根据傅立叶分析原理，一个畸变的正弦波形可以分解为基波和若干个频率是基波频率整数倍的谐波之和。电压正弦波形畸变的程度以电压正弦波形的畸变率DFU表示。DFU为各次谐波电压的均方根值与基波电压有效值之比的百分数，即

$$DFU = \frac{\sqrt{\sum_{n=2}^{\infty} U_n^2}}{U_1} \times 100\%$$

式中：U_n为第n次谐波的电压有效值，V；U_1为基波电压有效值，V。

谐波的存在将使配电系统中的功率损耗增加，配电设备过热、寿命缩短；会引起系统内某些继电保护误动，造成供电中断；使电动机损耗增加、效率下降、运转发生振动，从而影响工业品的质量。此外，它还影响电能表（主要是感应式电能表）的准确计量。我国国家标准规定的公用电网谐波电压（相电压）限值如表 3-1 所示。

表 3-1　　电网谐波电压（相电压）限值表

电网额定电压（kV）	电压总谐波畸变率（%）	各次谐波电压含有率（%）	
		奇次	偶次
0.38	5.0	4.0	2.0
6～10	4.0	3.2	16
35～66	3.0	2.4	1.2
110	2.0	1.6	0.8

谐波对电网的主要影响如下：

1）谐波对旋转设备和变压器的主要危害是引起附加损耗和发热增加。此外，谐波还会引起旋转设备和变压器振动并发出噪声，长时间的振动会造成金属疲劳和机械损坏。

2）谐波对线路的主要危害是引起附加损耗。

3）谐波可引起系统的电感、电容发生谐振。当谐波引起系统谐振时，谐波电压升高，谐波电流增加，引起继电保护及自动装置误动，损坏系统设备（如电力电容器、电缆、电动机等），引起系统事故，威胁电力系统的安全运行。

4）谐波可干扰通信设备，增加电力系统的功率损耗（如线损）；使无功补偿设备不能正常运行等，给系统和用户带来危害。

（5）三相电压不平衡度。在理想的三相交流系统中，三相电压应有同样的数值，且相位按 U、V、W 相的顺序互成 120°，这样的系统叫做三相平衡（或对称）系统。但由于故障（如断线）、负荷不对称等因素的影响，实际电力系统并不是完全平衡的。

电力系统三相电压不平衡程度用不平衡度来表示，其值用电压负序分量与正序分量的均方根值之比的百分数 εU 表示，即

$$\varepsilon U=\frac{U_-}{U_+}\times 100\%$$

式中：U_+、U_-为三相电压正序分量和负序分量的均方根值，V。

GB/T 15543—1995《三相电压允许不平衡度》规定：电力系统公共连接点正常电压不平衡度允许值为 2%，短时不得超过 4%。每个用户电压不平衡度一般限值为 1.3%。

三相电压不平衡将对负载、变压器和线损产生影响。

1）三相电压不平衡对于负载：①意味着存在负序分量，它使电动机产生振动力矩和发热，机效率降低，损失增加，严重时会引起继电保护误动；②导致达数倍的电流不平衡的发生，中性线中流入过大的不平衡电流。

2）三相电压不平衡运行时：①将增加变压器的损耗；②会造成变压器零序电流过大，局部金属件温升增高。

3）采用三相四线制供电方式，三相负荷不平衡将增加线路的电能损耗。

（6）电压骤降。电压骤降指供电电压的有效值短时间暂时下降的现象，也称电压暂降。供电交流电压有效值突然降至额定电压的 90%～10%，然后又恢复至正常电压，这一过程的持续时间为 10ms～60s 称为电压骤降。

引起电压骤降的原因主要是电网或用电设备发生短路故障。供电可靠性反映的是供电中断程度，一般只考虑持续时间 1～3min 以上的电压中断问题，而短时的供电中断，在系统中是经常发生的，如一些用电设备（如电动机）起动或突然加荷，也会造成电网电压短时下降；当线路发生瞬时性故

障时，从断路器跳闸到重合成功这段时间内，线路上用电设备将失去电源；系统的倒闸操作、线路故障区段的自动隔离等也会引起供电的瞬时中断。与长时间供电中断事故相比，电压骤降具有发生频度高、经历时间短、事故原因不易觉察的特点。

电压骤降会引起敏感控制器不必要的跳闸，造成计算机系统失灵、自动化控制装置停顿或误动、变频调速器停顿等；引起接触器跳开或低压保护启动，造成电动机、电梯等停顿；引起金属卤化物类光源熄灭等。因此，电压骤降会给工商业带来很大的经济损失，甚至会危害人身及社会安全。

3. 经济性

电力系统经济运行的基本要求是：在保证整个系统安全可靠和电能质量符合标准的前提下，努力提高电能生产和输送的效率，尽量降低供电的燃料消耗或供电成本。

（1）电力系统的经济运行主要经济指标。

1）标准煤耗量。即生产 1kWh 电能所消耗的标准煤量（按发热量为 7000kJ/kg 的标准煤）。

2）厂用电率。发电厂在电力生产过程中耗用的电量占发电量的百分比。

3）线路损耗率。电能在各级电网输送中的损耗量占供电量的百分比。

（2）经济运行的主要措施。

1）经济负荷分配。经济负荷分配包括系统内发电厂之间及厂内机组之间的负荷分配，应使火电厂高效率的机组多带负荷，并尽量减少不必要的开、停机次数。在丰水期使水电厂尽量多发电，有条件时，可按机组的经济特性分配负荷。

2）降低线损。主要措施有：①做好供电的技术管理、计量管理和用电管理等工作。②减少变压级数。③就地平衡无功功率，减少线路输送无功功率的数量。④适当改变某些不合理的送、配电线路。⑤提高电网运行的电压水平。⑥最佳潮流分配。

课题三　电力系统过电压及限制措施

一、学习目标

掌握过电压的分类及其概念，了解其形成的原因及控制措施。

二、过电压的分类

在电力系统正常运行时，电气设备的绝缘处于电网的额定电压下，但是，由于雷击、操作、故障或参数配合不当等原因，电力系统中某些部分的电压可能升高，有时会大大超过正常状态下的数值，此种电压升高称为过电压。其分类如下：

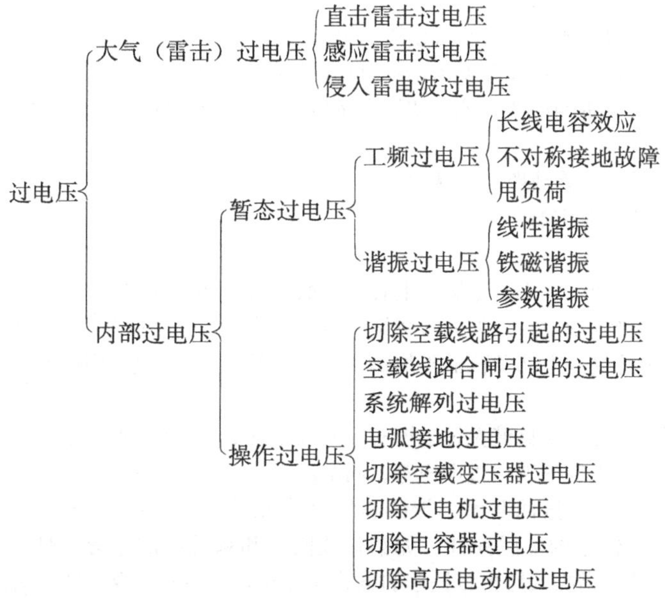

三、大气过电压

雷电引起的过电压叫做大气过电压。设备遭受大气过电压可产生的机械效应、热效应和电磁效应使设备闪络、跳闸，击毁电气设备。大气过电压分为直击雷、感应雷和侵入波过电压。

(1) 直击雷过电压。雷电直接对电线或杆塔放电而产生的过电压这叫做直击雷过电压。为了防止直击雷对变电站设备的侵害，变电站装有避雷针、避雷器，并有良好的接地网。

(2) 感应雷过电压。当雷云出现在架空线路上方时，线路导线由于静电感应而积聚大量被束缚的异性电荷。在雷云向其他地方放电后，线路导线上的束缚电荷被释放，形成了向线路两端流动的自由电荷，从而产生感应雷过电压。

(3) 侵入雷电波过电压。线路的导线上受到雷电直击或产生感应时，电磁波沿着导线以光速向发电厂升压站或变电站传递，从而使发电厂或变电站的设备上出现过电压，这种过电压就称为侵入雷电波过电压。

为防止大气过电压，通常采取装设避雷针、避雷线、避雷器，合理提高线路绝缘水平，采用自动重合闸装置等措施。

四、内部过电压

由于操作（合闸、拉闸）、事故（接地、短路、断线等）、设备故障或其他原因，引起电力系统的状态发生突然变化，使得电压升高叫做内部过电压。内部过电压可分为暂态过电压和操作过电压。

（一）暂态过电压

暂态过电压又分为工频过电压和谐振过电压。

1. 工频过电压

在电力系统中，正常或故障时可能出现幅值超过最大工作电压（相电压）、频率为工频或接近工频的电压升高，统称为工频过电压。

(1) 工频电压升高本身对系统中绝缘正常的电气设备一般是没有危险的，但在超高压、远距离输电中确定绝缘水平时有重要的影响，主要有：

1）操作过电压的高频部分通常叠加在工频过电压之上，从而使操作过电压能达到很高的幅值。

2）工频电压升高的大小将影响过电压保护电器的工作条件和保护效果。如避雷器的额定电压是由工频电压升高决定的，若要求避雷器最大允许工作电压较高，则其残压也将提高，相应地被保护的绝缘设备强度亦相应提高。

3）工频电压升高持续时间长，对设备绝缘及其运行性能有重大影响。如空载长线路电容效应引起的工频过电压；不对称短路时正常相上的工频过电压；突然甩负荷引起的工频电压升高。

(2) 工频过电压的限制措施。

1）在线路末端并联电抗器，补偿空载线路的电容效应。

2）变压器中性点直接接地可能降低由于不对称接地故障引起的工频电压升高。

3）发电机配置反应灵敏的调速系统，使得突然甩负荷时能有效限制发电机转速上升造成的工频过电压。

4）线路中增设开关站，将线路长度减短。

5）线路上装设氧化锌避雷器。

2. 谐振过电压

电力系统各设备的构成元件都有电感、电容，从而组成了极为复杂的振荡回路，正常运行情况下一般不发生振荡现象；受到激发后，如电力系统发生故障或进行某种操作时，局部网络发生振荡现象，造成过电压。谐振过电压受到有功负荷的阻尼作用能自动消失，但有些谐振直至谐振条件遭到破坏才能消失。

(1) 谐振过电压的分类。常见谐振过电压有：断线谐振、定相引起的谐振、电压互感器与断路器均压电容或网络对地电容引起的谐振过电压等。归纳起来可分以下三种情况：

1）线性谐振过电压。谐振回路由不带铁芯的电感元件（如输电线路的电感、变压器的电感）或励磁特性接近线性带铁芯的电感元件（如消弧线圈）和系统中的电容元件组成。

2）铁磁谐振过电压。谐振回路由带铁芯的电感元件和系统中的电容元件组成。因铁芯电感元件的饱和现象，回路的电感参数是非线性的，这种含有非线性电感元件的回路在满足一定的谐振条件时，会产生铁磁谐振。

3）参数谐振过电压。由电感参数作周期性变化的电感元件和系统中的电容元件（如空载线路）组成回路，当参数配合时，通过电感的周期性变化，不断向谐振系统输送能量，造成参数谐振过电压。

（2）限制谐振过电压的主要措施。

1）提高断路器动作的同期性，防止非全相运行。

2）在并联高压电抗器中性点加装小电抗，阻断非全相运行工频电压传递及串联谐振。

3）破坏发电机产生自励磁的条件，阻止参数谐振过电压。

4）在电磁式电压互感器的开口三角形接线绕组中加装一定的电阻。

5）使用消谐电压互感器或在电容式电压互感器二次绕组中加速饱和型阻尼器。

6）投入消弧线圈，选择消弧线圈位置适当。

7）采取临时倒闸操作措施，如投入事先规定的某些线路或设备。

（二）操作过电压

由于操作引起的过电压叫操作过电压。常见的有：电弧接地过电压、开断感性或容性负载时产生过电压等。

1. 产生的原因

（1）切除空载线路时断路器电弧重燃。

（2）合空载线路时电路发生高频振荡。

（3）在中性点绝缘的电力系统中发生不稳定的电弧接地。

（4）切除空载变压器等因电感电流突变产生过电压。

（5）真空断路器开断空载变压器、空载电动机时可能发生截流现象，形成过电压。

（6）开断三相中性点不接地的电容器时，会在电容器及其中性点上出现较高的过电压。

（7）电网解列引起的操作过电压。

2. 限制操作过电压的措施

（1）增大电力系统容量，降低过电压倍数。

（2）提高高压断路器的开断能力和动作的同期性。

（3）采用性能好的避雷器。

（4）不接地系统的变压器中性点装消弧线圈或接地变压器等。

课题四 智能变电站简介

一、学习目标

熟知智能变电站的概念，了解智能变电站的基本结构和功能。

二、智能变电站的发展过程

变电站随着科学技术的提高而不断的发展，在 20 世纪 80 年代，变电站保护设备以晶体管、集成电路为主，二次设备均按照传统的方式布置，各部分独立运行。由于微处理器和通信技术的发展，远动装置的性能得到很大的提高，传统变电站逐步增加了“遥测”“遥信”“遥控”“遥调”的四遥功能。

到了 20 世纪 90 年代，随着微机保护技术的广泛应用，变电站自动化取得了实质性的发展。利用计算机技术、现代电子技术、通信技术和信息处理技术对变电站二次设备的功能进行重新组合、优化设计，建成了变电站综合自动化系统，实现了对变电站设备运行情况进行监视、测量、控制和协调的功能。使得变电站设计更合理，运行更可靠。

近年来，随着数字技术的不断进步和 IEC 61850 标准的广泛应用，出现了信息数字化、通信平台网络化、信息共享标准化、高级应用互动化的数字化变电站。而且设备检修逐步有定期检修过渡到以状态检修为主的管理模式。

智能变电站是在数字变电站的基础上，采用先进、可靠、集成、低碳、环保的智能设备，以全站信息数字化、通信平台网络化、信息共享标准化为基本要求，自动完成信息采集、测量、控制、保护、计量和监测等基本功能，并可根据需要支持电网实时自动控制、智能调节、在线分析决策、协同互动等高级功能的变电站。

三、智能变电站的结构

智能变电站由“三层”“两网”构成，即过程层、间隔层、站控层和过程层网络、站控层网络。如图 3-6 所示。

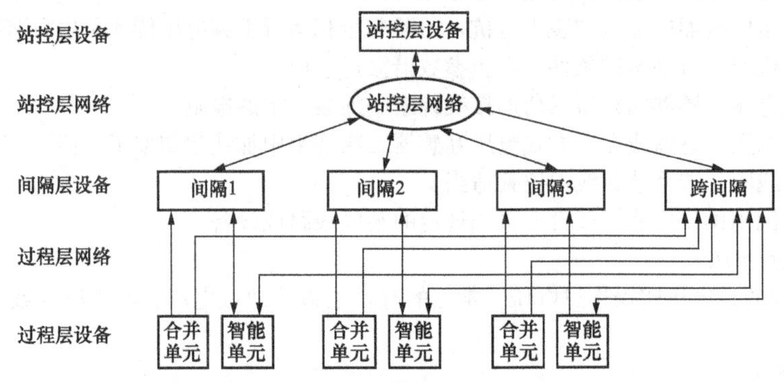

图 3-6 智能变电站结构图

(1) 过程层。过程层包含智能一次设备、合并单元和智能终端设备，完成变电站电能分配、变换、传输及其测量、控制、保护、计量、状态监测等相关功能。

1) 智能一次设备：由变压器、断路器、隔离开关、互感器与智能组件构成，智能组件是灵活配置的物理设备，可包含测量单元、控制单元、保护单元、计量单元、状态监测单元中的一个或几个。

2) 合并单元：实现交流二次电流电压模拟量到数字量之间的转换，或者说从模拟量输入到数字量的输出。

3) 智能终端：智能终端由电源、CPU、智能开入开出、智能操作，以及模拟量采集模块组成。

CPU 模块负责 GOOSE 通信、逻辑运算。

开入模块用于采集断路器、隔离开关等一次设备开关量的信息。

开出模块用于驱动隔离开关、地刀分合控制的出口继电器。

智能操作回路模块用于驱动断路器的跳合闸出口继电器。

模拟量采集模块用于温湿度模拟量到数字量的转换。

(2) 间隔层。间隔层一般指继电保护装置、测控装置、故障录波器等二次设备，实现使用一个间隔的数据并且作用于该间隔一次设备的功能，即与各种远方输入/输出、智能传感器和控制器通信。

(3) 站控层。站控层包含自动化系统、站域控制系统、通信系统、对时系统等子系统，实现面向全站或一个以上一次设备的测量和控制功能，完成数据采集和监视控制、操作闭锁以及同步相量采集、电能量采集、保护信息管理等相关功能。

(4) 过程层网络。过程层网络用于间隔层设备和过程层设备之间，以及隔离层设备之间的信息传递。

(5) 站控层网络。站控层网络用于站控层与间隔层之间的客户端/服务器端通信传输带时标信号、测量量、文件、定值控制、间隔层五防闭锁等信息。

四、智能变电站的功能

智能变电站主要功能如下：

(1) 具备顺序控制功能。满足无人值班及区域监控中心站管理模式的要求；接收和执行监控中心、调度中心和本地自动化系统发出的控制指令，经安全校核正确后自动完成符合相关运行方式变化要求的设备控制。

(2) 具备站域控制功能，利用对站内信息的集中处理、判断，实现站内装置自动控制；当智能变电站在系统中承担区域集中控制功能时，除本站功能外，还支持区域智能控制防误闭锁，同时满足集控站相关技术标准及规范的要求。

(3) 支持对电网状态估计的应用需求，具备变电站网络通信状态的在线监视和状态评估。

(4) 实现包含谐波、电压闪变、三相不平衡等监测在内的电能质量监测、分析与决策的功能，为电能质量的评估和治理提供依据。

(5) 具备全站防止电气误操作闭锁功能。根据变电站高压设备的网络拓扑结构，对开关、刀闸操作前后不同的分合状态进行高压设备的有电、停电、接地三种状态的拓扑变化计算，自动实现防止电气误操作逻辑判断。

(6) 具备设备状态可视化功能。采集主要一次设备状态信息，进行状态可视化展示并发送到上级系统，为实现优化电网运行和设备运行管理提供基础数据支撑，使变电站中主设备的设备状态可以随时得到监视，为实现变电站寿命周期管理提供必要的数据和技术支撑。

(7) 智能告警及分析决策。实现对故障告警信息的分类和过滤，对变电站的运行状态进行在线实时分析和推理，自动报告变电站异常并提出故障处理指导意见。可根据主站需求，为主站提供分层分类的故障告警信息。

(8) 故障信息综合分析决策。故障信息综合分析决策是指在发生电力系统事故或者故障情况下，系统根据获取的各种信息，自动为值班运行人员提供一个事故分析报告并给出事故处理预案，便于迅速判定事故原因和应采取的措施。

(9) 支撑经济运行与优化。根据变电站实时运行情况，利用变压器自动调压、无功补偿设备自动调节等手段，支持变电站及智能电网调度经济运行及优化控制。

(10) 具有同步对时，源端维护的功能，以及具有防御、防止病毒传播的能力，网络设备局部故障不导致系统性问题。

在智能变电站中，由于采用光纤电缆，使用了高集成度且功耗低的电子元件，有效地减少了能源的消耗和浪费，切实地降低了变电站内部的电磁、辐射等污染对人们和环境形成的伤害，具有很好的低碳环保效果。

同时，智能变电站在实现信息的采集和分析功能之后，不但可以将这些信息在内部共享，还可以将其和网内更复杂、高级的系统之间进行良好的互动。这种互动性确保了电网的安全性、系统的稳定性和运行可靠性。

思　考　题

1. 电力系统的构成、作用与运行的基本要求有哪些？具体的含义是什么？
2. 电力系统中性点运行的方式有哪些？不同的方式对电力系统有哪些影响？
3. 电力系统自动化装置的作用和调度管理的基本内容是什么？
4. 电力系统非正常运行有哪些方式？中性点有哪些运行方式？
5. 电力系统的基本要求有哪些？具体的含义是什么？
6. 过电压种类有哪些？产生的原因是什么？如何限制？
7. 什么叫智能变电站？其基本构成、功能与特点有哪些？

第四单元 变压器与互感器

课题一 变 压 器

一、学习目标

掌握变压器工作原理、技术参数、结构、各部件的功能和运行标准。

二、变压器的工作原理

变压器在电力系统中的主要作用是变换电压，以利于功率的传输。电压经升压变压器升压后，可以减少线路损耗，提高送电的经济性，达到远距离送电的目的。而降压变压器则能把高电压变为用户所需要的各级使用电压，满足用户需要。

变压器是根据电磁感应原理制成的，其工作原理如图4-1所示。两个绕组N_1、N_2套在同一个铁芯回路上，在一次绕组匝数加上交流电压u_1后，在一次绕组线圈中就产生交变的电流，在铁芯中引起交变磁通，此磁通绝大部分存在于铁芯回路中，并穿过一、二次绕组，这个磁通叫做主磁通。根据电磁感应原理，当穿过绕组的磁通发生变化时，绕组就要产生感应电动势。所以一、二次绕组中就出现感应电动势e_1和e_2，感应电动势的值E_1和E_2可用下列公式计算

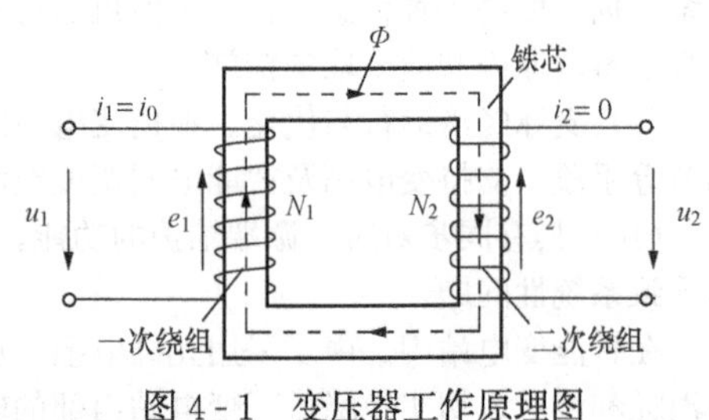

图4-1 变压器工作原理图

$$E_1=4.44fN_1\Phi_m$$
$$E_2=4.44fN_2\Phi_m$$

式中：f为磁通的变化频率，Hz；N_1、N_2为一、二次绕组的匝数；Φ_m为穿过绕组的主磁通的幅值，Wb。

除了沿铁芯穿过一、二次绕组的主磁通外，还有不完全经铁芯穿过绕组的漏磁通，但与主磁通相比，它的数量很小。一次绕组中通过励磁电流，也有一定的电压降，这个电压降和所加一次电压相比，也是很小的。所以一次绕组中感应电动势有效值E_1和一次电压有效值U_1基本相等。由于二次绕组开路，因而二次绕组中的感应电动势有效值E_2就是变压器的空载二次电压有效值U_2，所以

$$U_1=E_1=4.44fN_1\Phi_m \tag{4-1}$$
$$U_2=E_2=4.44fN_2\Phi_m \tag{4-2}$$

由于穿过一、二次绕组中的是同一个主磁通，所以式（4-1）和式（4-2）中的Φ_{mf}是相同的。因此将上两式相除后，得

$$\frac{U_1}{U_2}=\frac{N_1}{N_2}=K$$

或

$$\frac{U_1}{U_2}=\frac{I_2}{I_2}=K$$

式中：I_1、I_2为变压器有负荷时一、二次绕组的电流有效值，A；U_1、U_2为变压器有负荷时一、二次绕组的电压有效值，V。

三、变压器的技术参数

电力变压器的主要技术参数在铭牌上标出。表示方式如下：

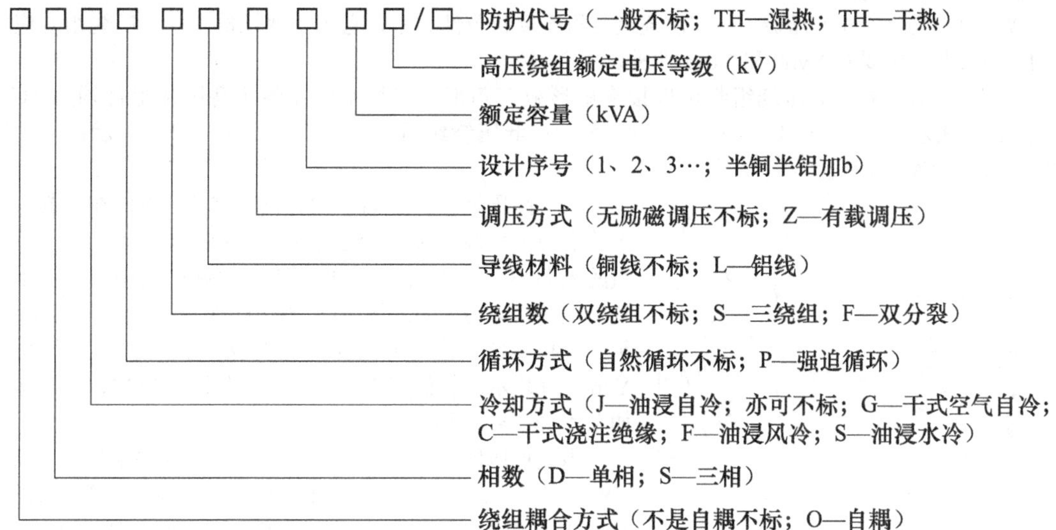

1. 电气参数

(1) 额定容量 S_N，指在制造厂规定条件下长期运行时输出功率的保证值，以视在功率表示，单位是 kVA。

(2) 额定电压 U_N，指变压器额定分接抽头长时间运行时所应承受的正常工作电压，单位是 kV。

(3) 额定电流 I_N，指变压器在额定容量下允许长期通过的工作电流。额定电流也可以用额定容量计算。三相电力变压器的计算公式是

$$I_N = \frac{S_N}{\sqrt{3}U_N}$$

式中：U_N为电力变压器的额定电压，kV；S_N为额定容量（视在功率），kVA。

(4) 变压比，指变压器各侧额定电压之比。

(5) 阻抗电压 U_K，也叫短路电压。将变压器的二次绕组短路，缓慢升高一次侧电压，当一次侧绕组的电流达到额定值时，此时在一次侧所施加的电压 U_K，叫做短路电压。在铭牌上通常用 U_K对一次额定电压 U_N比值的百分数来表示，即

$$U_K\% = \frac{U_K}{U_N} \times 100\%$$

(6) 负荷损耗（铜损）ΔP_L。变压器负荷电流流过一、二次绕组时，绕组上所消耗的功率，称为负荷损耗 ΔP_L，简称铜损。即把变压器的二次绕组短路，在一次绕组额定分接头位置上通入额定电流变压器所消耗的功率。它包括基本损耗和附加损耗两部分。一般标注的负荷损耗数据，都为换算至75℃时的数值，单位为 W 或 kW。

(7) 空载电流 I_0。当变压器一次侧加额定电压，二次侧空载时，在一次侧通过的电流称为空载电流 I_0。因它在变压器中起励磁作用，故又称励磁电流，一般以额定电流的百分数表示，即

$$I_0\% = \frac{I_0}{I_N} \times 100\%$$

空载电流的大小与变压器的容量及铁芯硅钢片的性质有关。

(8) 空载损耗（铁损）ΔP_0。变压器一次侧加额定电压，二次侧空载时，变压器一次侧的有功功率称为空载损耗。空载损耗实为铁芯所产生的损耗，故又称为铁芯损耗（包括励磁损耗和涡流损耗）。空载损耗的单位为 W 或 kW。

(9) 额定频率 f_N指变压器设计时所规定的运行频率，单位 Hz。我国规定额定频率为 50Hz。

2. 绕组接线组别

接线组别是指三相变压器一、二次绕组之间连接和极性关系，它表示变压器一、二次绕组对应之间的相位关系，主要有 Yyn0 和 Yd11 两种。

三相变压器的高、低压绕组都可以接成星形或三角形，三相变压器各相高压绕组首端用 1U1、1V1、1W1 表示；末端用 1U2、1V2、1W2 表示；低压绕组首端用 2U1、2V1、2W1 表示；末端用 2U2、2V2、2W2 表示。

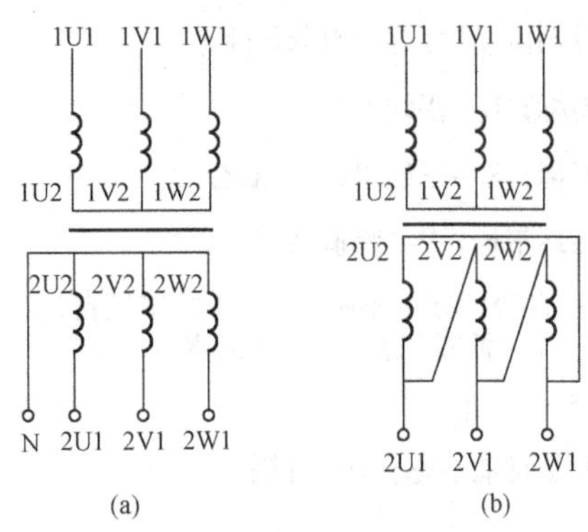

图 4-2 变压器的接线组别
(a) Yyn0；(b) Yd11

当把高压绕组的末端 1U2、1V2、1W2 连接在一起，三个首端引出相线，这种接法叫星形接法，用 Y 表示。低压绕组的末端 2U2、2V2、2W2 连接在一起并引出中线，三个首端引出相线，这种接法是引出中性线的星形接法，用 yn 表示。三相变压器高、低组按上述方法连接时，连接组别为 Yyn0。0 表示高、低压侧对应线电压是同相位的，绕组连接如图 4-2 (a) 所示。

当把低压侧三相绕组依次首尾串接，连接顺序为 2U2-2W1-2W2-2V1-2V2-2U1，由 2U1、2V1、2W1 引出相线，这种接法为三角形接法，则接线组别为 Yd11。11 表示高、低压侧对应线电压间有 30°相位差，且低压侧线电压超前于高压侧对应线电压 30°，绕组连接如图 4-2 (b) 所示。

四、变压器的构造与功能

大型电力变压器外形如图 4-3 所示。

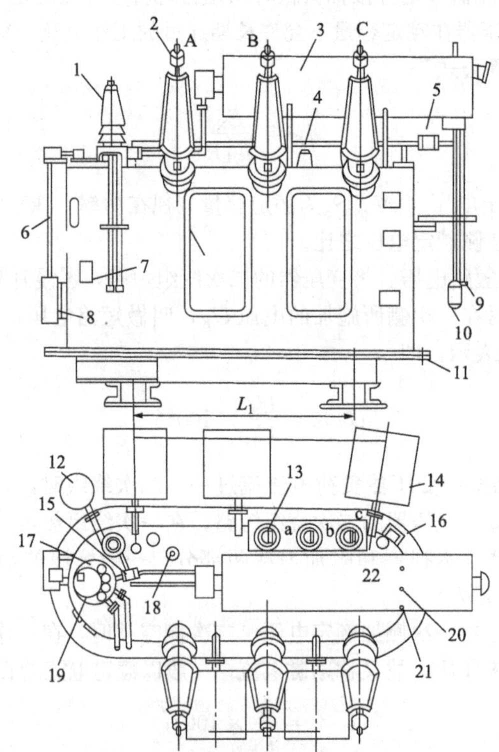

图 4-3 大型有载调压变压器典型结构

1—中性点套管；2—高压套管；3—储油柜；4—导气管；5—本体气体继电器；6—垂直轴；7—铭牌；8—有载分接开关驱动机构；9—放气注油管；10—吸湿器；11—箱沿；12—净油箱；13—低压套管；14—风冷却器；15—有载调压开关气体继电器；16—梯子；17—安全连管；18—接地套管；19—有载分接开关；20—电阻温度计；21—信号温度计；22—水银温度计

1. 铁芯

铁芯由冷轧硅钢片叠加而成，分为铁芯柱和铁轭两部分。铁芯柱上套绕组，铁轭将铁芯连接起来构成变压器的磁路，它把一次电路的电能转换为磁能，又由自己的磁能转变为二次电路的电能，是能量转换的媒介；铁芯又是构成变压器的骨架，在其铁芯柱上套上带有绝缘的绕组，并且牢固地对它们支撑和压紧。

铁芯可分为单相四铁芯柱、单相五铁芯柱、三相三铁芯柱、三相五铁芯柱等。图 4-4 所示为三相三柱式变压器铁芯示意图。

由于变压器在运行时，铁芯及其金属部件都处于强电场中的不同位置，由静电感应的电位也各不相同，使得铁芯和各金属部件之间或对接地体产生电位差，在电位不同的金属部件之间形成断续的火花放电。因此对铁芯及其金属部件（除穿芯螺杆外）都必须进行可靠接地，且只允许一点接地，需要接地的各部件之间只允许单线连接。

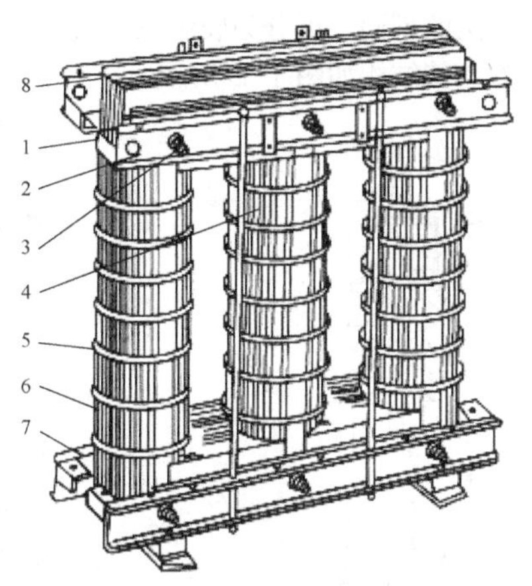

图 4-4 三相三柱式变压器铁芯结构

1—接地片；2—上夹件；3—铁轭螺杆；4—拉螺杆；5—芯柱绑扎；6—铁芯磁导线；7—下夹件；8—上铁轭

2. 绕组

绕组是变压器输入和输出电能的电气回路，是变压器的基本部件。它由铜、铝的圆、扁导线绕制，再配制各种绝缘件组成，套装在变压器的铁芯柱上。接到高压电网的绕组称为高压绕组，接到低压电网的绕组称为低压绕组。

绕组的结构通常分为层式绕组和饼式绕组两种。

(1) 层式绕组。绕组的线匝沿其轴向依次排列连续绕制的，称为层式绕组。一般层式绕组每层如筒状，所以由两层组成的绕组称双层圆筒式，由多层组成的称多层圆筒式。

(2) 饼式绕组。线匝沿其径向连续绕制成一饼（段）状，再由许多饼沿轴向排列组成的绕组称为饼式绕组。它包括连续式、插入电容式和纠结式等。

介于层式和饼式之间的绕组有箔式绕组和螺旋式绕组。箔式绕组的形式也如筒状，线匝是在轴向连续绕制的，故可属于层式绕组。螺旋式绕组各匝沿轴向连续绕制，但形式是由各饼组成，故可属饼式绕组。

3. 变压器绝缘

变压器的绝缘水平是变压器能够承受运行中各种过电压与长期最高工作电压作用的水平，取决于设备的最高电压 U_m。

根据绕组线端与中性点的绝缘水平是否相同，变压器可分为全绝缘和分级绝缘两种绝缘结构：全绝缘是指绕组线端的绝缘水平与中性点的绝缘水平相同；分级绝缘是指绕组中性点的绝缘水平低于线端的绝缘水平。

根据变压器部位的不同，变压器分为外绝缘和内绝缘两类。

(1) 外绝缘是变压器油箱外部的套管间及套管对地部分的空气间隙的绝缘。

(2) 内绝缘是油箱内的各不同电位部件之间的绝缘。相对地之间、不同相之间、同相的不同电压等级之间的绝缘为主绝缘；同一绕组匝与匝之间、线饼与线饼之间的绝缘称纵绝缘。

变压器的主要绝缘材料有：变压器油、电瓷制品、环氧树脂、绝缘纸板等。绝缘材料按照耐热的不同共分为七个等级，如表 4-1 所示。常用的绝缘纸板和变压器油为 A 级；环氧树脂布板为 B 级。

表 4-1　　绝缘材料等级表示符号

绝缘等级	Y	A	E	B	F	H	C
耐热温度（℃）	90	105	120	130	155	180	180 以上

4. 套管与引线

(1) 套管。套管是将变压器绕组的高、低压引出线引出到油箱外部的装置。它不但作为引线对地的绝缘，而且担负着固定引线的作用。套管按作用分为高低压出线套管、铁芯接地套管、中性点套管；按结构分为穿缆套管、充油套管、电容套管等。

电容式套管广泛应用于66kV及以上电压等级的电力系统中，它是在高电位的导电管（杆）与接地的末屏之间，用一个多层紧密配合的绝缘纸和薄铝箔交替卷制而成的电容芯子作为套管的内绝缘。利用电容分压原理来调整电场，使径向和轴向电场分布趋于均匀，从而提高绝缘的击穿电压。根据材质及制造方法的不同，可分为胶纸电容式、油纸电容式和干式套管。目前最常用的电容式套管为油纸电容式套管，其结构如图4-5所示。

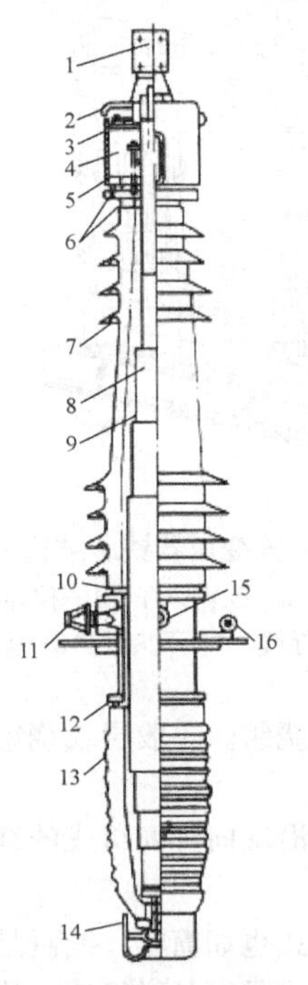

图4-5 油纸电容式套管结构图

1—接线头；2—均压罩；3—压圈；4—螺杆及弹簧；5—储油柜；6、10、12—密封垫圈；7—上瓷套；8—电容芯子；9—变压油；11—接地套管；13—下瓷套；14—均压球；15—取油样塞子；16—吊环

(2) 引线。引线一般分为三种：绕组线端与套管连接的引出线、绕组端头间的连接引线以及绕组分接与开关连接的分接引线。引线有裸线、纸包线、裸母线排、电缆和铜管等形式。各种状态下的引线中的电气性能、机械强度和温升都有规定和要求。

5. 油箱与变压器油

(1) 油箱。油箱是油浸式变压器的外壳，大型变压器一般采用钟罩式油箱。油箱顶部一般带有斜坡，以便泄水和将气体积聚通向气体继电器；油箱底部设有接地的端子，以防变压器外壳带电时，可将漏电电流通过接地装置导入大地；另外，在特大型变压器中，油箱壁内侧采取防磁屏蔽措施，且屏蔽导电良好和接地可靠，避免悬浮放电或影响绕组的介质损耗因数值。

带负荷调压的大型变压器一般有两个油箱：一个为本体油箱，变压器铁芯与绕组置于油箱内；另一个为有载调压油箱，内装有调压开关。这是为防止进行调压操作过程中产生的电弧，会使油的绝缘性能下降而设置的。

(2) 变压器油。油箱内注满变压器油，变压器油的主要作用是绝缘和冷却，同时还有灭弧、测量和保护的作用。

1) 绝缘作用。变压器内的绝缘油可以增加变压器内部各部件的绝缘强度，因为油是易流动的液体，它能够充满变压器内部之间的任何空隙，将空气排除，避免了部件因与空气接触受潮而引起的绝缘能力降低。其次，因为油的绝缘强度比空气高4～7倍，从而增加了变压器内部各部件之间的绝缘强度，使绕组与绕组之间、绕组与铁芯之间、绕组与油箱盖之间均保持良好的绝缘。

2) 冷却作用。因为变压器油有较大的比热容，有很好的导热特性，当变压器在运行中，绕组与铁芯周围的油受热后，温度升高，体积膨胀，相对密度减小而上升，经冷却后，再流入油箱的底部，从而形成了油的循环。这样，油在不断循环的过程中将热量传给冷却装置，从而使绕组和铁芯得到冷却。

3) 灭弧作用。当分接头开关在切换的时候，变压器油作为灭弧介质，有熄弧的作用。

4) 测量作用。一般大型变压器都装有测量上层油温的带电触点的测温装置，它装在变压器油箱外，便于运行人员监视变压器油温情况。

5) 保护作用。保护铁芯和绕组组件，延缓氧对绝缘材料的侵蚀。

6. 储油柜、油位表计和防潮吸湿器

(1) 储油柜。储油柜是变压器油存储、补充及保护的组件，安装在变压器油箱顶部，与变压器油箱相连。当油箱的油随温度升高、体积膨胀时，多余的油通过联管到达储油柜，这样储油柜就完成了存储变压器油的作用；反之，当温度下降时，储油柜中的油通过联管到达油箱，补充变压器油的不足。

储油柜按内部结构分为胶囊式储油柜、隔膜式储油柜和波纹管式储油柜三种。现在使用最多的是胶囊式储油柜，如图 4-6 所示。

胶囊式储油柜是在储油柜的内壁增加了一个胶囊袋（简称胶囊）。胶囊内经过呼吸管及吸湿器与大气相接触，胶囊外和变压器油相接触。阻断变压器油与空气的接触，使变压器油免于被氧化，与储油柜相连的吸湿器吸收进入储油柜的空气中的水分，使其免受潮湿。当变压器油箱中的油膨胀或收缩时，储油柜油面将会上升或下降，使胶囊向外排气或自行充气以平衡袋内外压力，起到呼吸作用。当储油柜的油面变化时，储油柜油位表浮球位置将随储油柜的油面变化，从而引起浮球所带连杆与垂线的夹角发生改变，并通过油位表内部齿轮及磁钢进行传动，带动油位表指针指示出油面高度，当达到上限或下限位置时，通过接点发出相应信号。

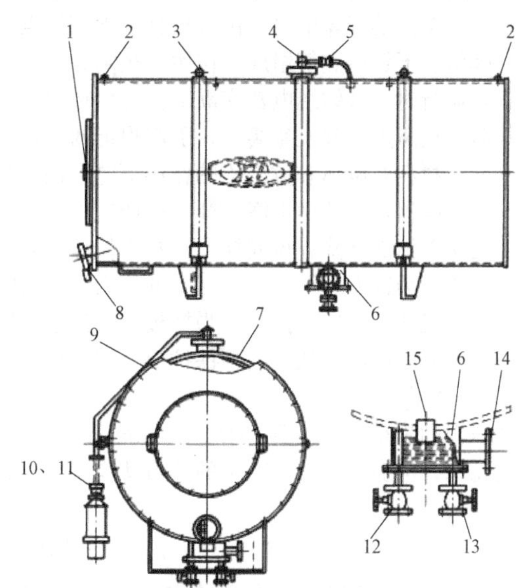

图 4-6　胶囊式储油柜结构

1—人孔；2、4—放气塞；3—吊拌；5—真空阀门（抽真空用）；6—集气排污盒；7—胶囊；8—油位表；9—呼吸管；10—真空阀门；11—吸湿器；12—真空阀门（放气用）；13—真空阀门（放油用）；14—联管（与变压器连接）；15—管子（与储油柜连接）

在图 4-6 中，有集气排污盒 6、管子 15 和储油柜本体相通，联管 14 通过真空阀和变压器本体相通。当变压器油进入集气排污盒 6 内时，再由管子 15 进入储油柜。当集气排污盒 6 上部聚有一定量的气体后，可将真空阀门 12 打开放气；如集气排污盒 6 下部聚有污油时，可将真空阀门 13 打开排放污油。这样起到把变压器油中气体和污油分离的作用。

新变压器在现场安装后有一个抽真空注油的过程。抽真空前，关闭放气塞 2、4 及真空阀门 10、12，打开联管 14 与变压器之间的真空阀及真空阀门 5、13（使储油柜与胶囊内外压力一致），通过真空阀门 13 连接的真空装置向变压器及储油柜实施抽真空。抽真空完毕，保持一段时间后，开始注油并继续抽真空，当油注到储油柜标准油位后，停止抽真空，关闭真空阀门 5、13，拆除真空装置，再逐渐地打开真空阀门 10，使胶囊慢慢充气，直至胶囊停止进气。

（2）油位表计。储油柜的一端一般装有油位表计，用来指示储油柜中的油面。

对于胶囊式储油柜，为了使变压器油面与空气完全相隔绝，通过在储油柜下部独立的小胶囊袋来间接显示油位。当储油柜的油面升高时，压迫小胶囊袋的油柱压力增大，小胶囊袋的体积被缩小，于是在油位表计反映出来的油位也高起来一些，且其高度与储油柜中的油成正比；否则，反应在油位表计中的油面就要降低一些。换句话说，油位表计是通过储油柜油面的高低变化，导致小胶囊袋压力大小发生变化，从而使油面间接地、成正比地反映储油柜油面高低的变化。

对于隔膜式储油柜，可安装磁力式油位计。油位表计连杆机构的滚轮在薄膜上不受任何阻力，能自由、灵活地伸长与缩短。磁力式油位计表上部有接线盒，内部有开关，当储油柜的油面出现在最高或最低位置时，开关自动闭合，发出报警信号。

（3）防潮吸湿器。吸湿器的作用是提供变压器在温度变化时内部气体出入的通道，缓解正常运行中因温度变化产生的对油箱的压力。吸湿器内硅胶的作用是在变压器温度下降时对吸进的气体去潮气；正常干燥时吸湿器硅胶为蓝色（或白色），当硅胶颜色变为粉红色时，表明硅胶已受潮而且失效。油封杯的作用是延长硅胶的使用寿命，把硅胶与大气隔离开，只有进入变压器内的空气才通过硅胶。

7. 气体继电器

气体继电器是变压器内部故障的主要保护元件，安装在储油柜的下部、储油柜与变压器油箱相连的联管上，允许通往储油柜的一端稍高，但其轴线与水平面的倾斜度不得超过 4%。当变压器内部发生绝缘击穿、线匝短路及铁芯烧毁等故障，油分解产生气体或造成油流冲动时，使气体继电器的触点动作，以接通指定的控制回路，并及时发出信号或自动切除变压器。

轻气体保护的气体继电器由开口杯、干簧触点等组成，作用于信号。重气体保护的气体继电器由挡板、弹簧、干簧触点等组成，作用于跳闸。

正常运行时，气体继电器充满油，开口杯浸在油内，处于上浮位置，干簧触点断开。当变压器内部故障时，故障点局部发生高热，引起附近的变压器油膨胀，油内溶解的气体被逐出，气泡上升，同时油和其他材料在电弧和放电等的作用下电离而产生气体。当故障轻微时，排出的气体缓慢地上升并进入气体继电器，使油面下降，开口杯产生以支点为轴的逆时针方向转动，使干簧触点接通，发出信号。若变压器油面下降，也同样发出报警信号（对于进口气体继电器则发出跳闸信号）。

当变压器内部发生严重故障时，油箱内压力瞬时升高，在气体继电器所在的连接管路中产生油的涌浪，冲击气体继电器的挡板，当挡板旋转到某一限定位置时，气体继电器发出跳闸信号，切断与变压器连接的所有电源，从而起到保护变压器的作用。

8. 安全装置

变压器的安全装置主要是指安全气道（防爆管）和压力释放阀。变压器发生故障或穿越性的短路未及时切除，电弧或过电流产生的热量使变压器油发生分解，产生大量高压气体，使油箱承受巨大的压力，严重时可能使油箱变形甚至破裂，并使可燃性油喷洒满地。安全装置在这种情况下可动作排出故障产生的高压气体和油，以减轻和解除油箱所承受的压力，保证油箱的安全。

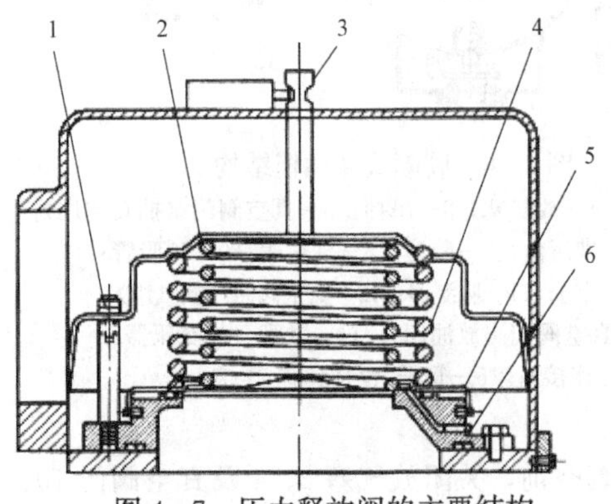

图 4-7　压力释放阀的主要结构
1、2—外罩固定螺栓外罩；3—标志杆；4—弹簧；5—动作盘；6—放气塞

(1) 防爆管。变压器的防爆管又称喷油嘴，安装在变压器的油箱盖上，作为变压器内部发生故障时，防止油箱内产生过高压力的释放保护装置。

(2) 压力释放阀。压力释放阀是一种安全保护阀门，在全密封变压器中用于代替安全气道，作为油箱的防爆保护装置，如图 4-7 所示。

当油浸式变压器内部发生事故时，油箱内的油被气化，产生大量气体，使油箱内部压力急剧升高。当内压力达到一定值时，则弹簧阀打开阀门，将压力释放，同时发报警或跳闸信号。当压力释放到整定值时，压力释放阀又可靠关闭，使油箱内永远保持正压，有效地防止外部空气、水气及其他杂质进入油箱。

9. 冷却装置

变压器冷却装置由冷油器、油管道、潜油泵等组成，作用是散发变压器在运行中由空载和负载损耗所产生的热量。

(1) 容量小于 6300kVA 的变压器一般为油浸式自然空气冷却方式（ONAN），靠绕组和铁芯中的热油上升，油箱壁上或散热器中冷油下降而形成循环冷却；容量在 8000～31500kVA的变压器一般为油浸风冷式（ONAF），以吹风的方式加强散热器的散热能力。

(2) 220kV 以上的大型变压器一般采用强迫油循环冷却，分为：①强迫油循环风冷（OFAF），以强迫风冷却器的油泵使冷油由油箱下部进入绕组间，热油由油箱上部进入冷却器吹风冷却；②强油循环水冷（OFWF），与强油风冷却方式相比，只是冷却介质是水，强油水冷却器常另外放置，在水电厂或水源充分时采用；③强迫导向油循环风冷却（ODAF）或水冷却（ODWF），是用潜油泵将油送入绕组之间或铁芯的油道中，使铁芯和绕组中的热量直接由具有一定流速的冷油带走，而变压器上层的热油用潜油泵抽出，经冷却器冷却后，由潜油泵打入变压器油箱底部，形成变压器油循环。

10. 温度计

一般大型变压器都装有测量上层油温的装置，测温装置有电触点压力式温度计和电阻式温度计。

(1) 电触点压力式温度计。它主要由温包、毛细管、表头组成；温度计温包插入油箱箱盖上的温度计座内，温度计表头则安装在油箱侧壁的适当高度上，便于运行人员监视变压器油温情况。

1）顶层油温的测量。当变压器内部油温升高时，油面温度计温包内的感温介质体积随之增大，这个体积增量通过毛细管传递到仪表头内弹性元件上，使之产生一个相对应的位移，这个位移经放大后便可驱动指针指示被测油面温度，并驱动微动开关，开关信号用于控制冷却系统和变压器二次保护（报警和跳闸）。

2）绕组温度的测量。绕组温度的测量使用间接测量法。图 4-8 所示为绕组温度控制器的工作原理图。绕组热点与油之间的温差 ΔT（铜油温差）决定于绕组电流，而电流互感器二次电流与电抗器绕组电流成正比。将互感器二次电流经匹配器接至温控器的传送器，从而产生的指示值比实测油温高一个温度即为绕组温度，即

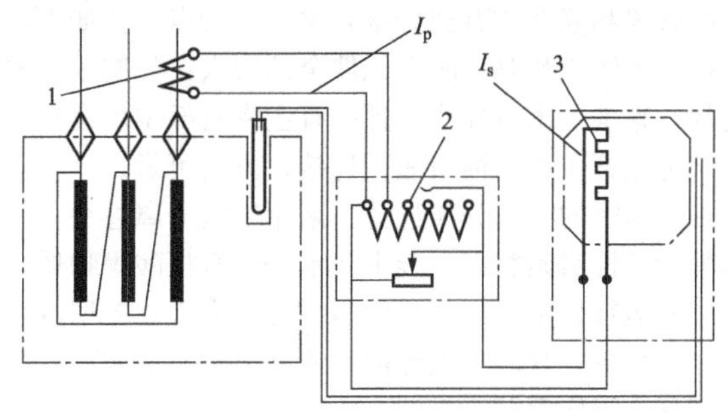

图 4-8　绕组温度控制器的工作原理图
1—主变压器电流互感器；2—匹配器；3—发热元件；
I_p—主变压器电流互感器二次侧电流；
I_s—相应铜油温差 ΔT 所需的电流

$$绕组温度\ T_1 = 顶层油温\ T_2 + \Delta T$$

（2）电阻温度计。电阻温度计由动圈式温度指示仪表和热电阻检测元件组成。运行时，热电阻装在变压器油箱箱盖上的温度计座内，利用电阻的热特性，监视变压器的上层油温；温度指示仪则装在控制室，两者之间通过控制电缆或光缆连接起来，所以可以采用遥测的方式。

11. 净油器

净油器又叫温差过滤器，是一个充有吸附剂（除酸硅胶或活性氧化铝）的金属容器。运行中的变压器因上层油温与下层油温的温差，使油在净油器内循环。油流经吸附剂时，油中水分、游离酸和各种氧化物，都被吸附剂所吸收，使油得到连续的再生，保持在合格状态。如果压力释放阀和全密封储油柜配合使用时，可以不装净油器。

12. 有载调压装置

变压器的调压方式一般分两种：一种是变压器停电不带任何负载，且与电网断开后，变换绕组的分接头，以实现电压调整；另一种是变压器带负载有载调压装置，在不停电情况下，变换绕组分接头，实现变压器电压的调整。

实现变压器有载调压的装置叫有载调压开关。开关中变换绕组分接头的位置是通过切换触头来实现的，在切换过程中，为保证电流的连续性和不产生环流，附有过渡触头和过渡电阻，具体切换过程如图 4-9 所示。例如分接头从 3 切换到 2 位置如下：①主触头接通分接头 3 位置，负荷电流通过主触头输出。②主触头打开，负荷电流转经动弧触头输出。③过渡电阻桥接分接头 3、2 之间，负荷电流通过两个动弧触头输出。④一个动弧触头从分接头断开，分接头的负荷电流通过另一个动弧触头输出。⑤主触头接通分接头 2 位置，负荷电流通过主触头输出。

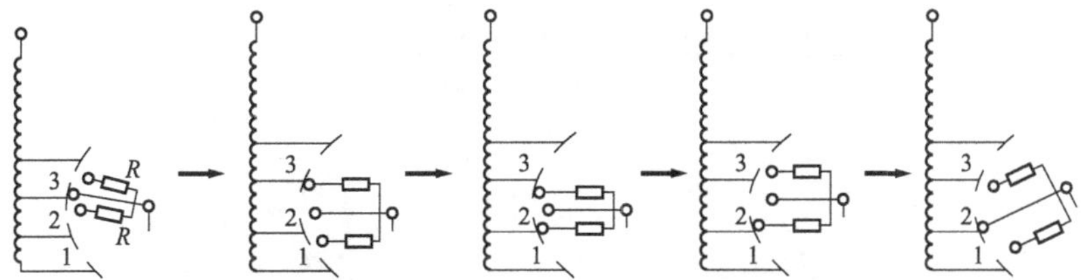

图 4-9　复合型有载分接开关切换动作程序

13. 有载分接开关在线滤油装置

有载分接开关在线滤油装置与分接开关配套使用，能够在变压器正常运行的状态下，有效去除分接开关内绝缘油的游离碳、金属微粒、杂质等颗粒性物质，提高了绝缘油的击穿电压和使用寿命，进而提高分接开关的动作次数和电网的安全运行水准。

有载分接开关在线净油装置主要用于带有载调压变压器的电阻元件过渡、油中切换、各种电压等

级的组合式和复合式有载分接开关。其特点主要如下：

(1) 整体式油路。所有元件全部嵌入在数控成型整体式精密油路中。结构紧凑，内部没有任何管道连接，减少了密封部位，且所有主密封部位均设计为两道密封。采用不锈钢带法兰软管直接与变压器有载分接开关进出油口法兰连接，方便可靠。

(2) 精密的二级分离过滤。采用二级分离过滤，前级除去游离碳等金属微粒杂质，后级滤芯内置有高性能活性吸附材料，能去除水分、有机酸等物质，使绝缘油保持良好耐压特性。

(3) 运行稳定可靠。采用高性能的嵌入式专用数字控制器，强电磁抗干扰设计、运行稳定可靠。

(4) 简单直观的人机界面。液晶显示、中文菜单，方便的常用功能键，人机对话，界面直观易懂，无需记忆，操作简单。

(5) 回路溢流和压力检测多重保护。系统设有溢流阀和压力检测限压功能；当出口压力高于溢流阀开启压力时，油通过溢流阀在内部形成循环。如溢流阀失效，压力检测还能起到限压保护作用，使电动机停机，保护系统。泵的吸油口设有压力传感器，防止进油阀未打开时启动电动机，损坏油泵。

(6) 智能温湿控。当温度低于或高于设定值时（适宜温度设置 0～40℃），系统自动加热或散热，保证系统在环境恶劣的各种温湿度环境下可靠滤油，实现全天候无人监控值守的工作模式。

(7) 气体在线放气。在设备巡检时，巡检人员通过滤油系统自身的气体在线放气机构直接将分接开关内的气体放尽。

(8) 在线补油技术。当有载开关长期工作油位下降时，可通过滤油系统本身的注油机构，将合格的同型号绝缘油补充到有载分接开关本体内。

(9) 远程监控技术。具有 RS485 等多种总线模式，配有远端监控软件，可与自动化保护系统通信，实现无人监控自动工作，接收设备控制系统上位机信号，对绝缘油过滤。工作人员在远端就可以监测系统的运行状态，如有载开关动作总次数、滤油次数、滤油时间、更换滤芯提示、相序出错等维护报警内容。

(10) 电源相序和电压检测闭锁保护功能。电源相序错误、电压高于或低于 $U=380\text{V}$（增/减 10%）时，系统自动闭锁，电动机停止运行。

(11) 自动报警闭锁功能。具有自诊断和维护报警功能。出现报警显示时，系统自动闭锁，不能启动，故障消除后自动恢复正常。如滤芯堵塞，工作人员要及时清洗或更换后才能启动系统滤油。

(12) 掉电保存记忆功能。掉电时，设定参数和运行数据能自动保存和记忆。

14. 变压器排油注氮灭火系统

变压器排油注氮系统主要包括排油系统、断流系统、注氮系统和控制系统四部分。变压器排油注氮灭火系统图如图 4-10 所示，结构图如图 4-11。

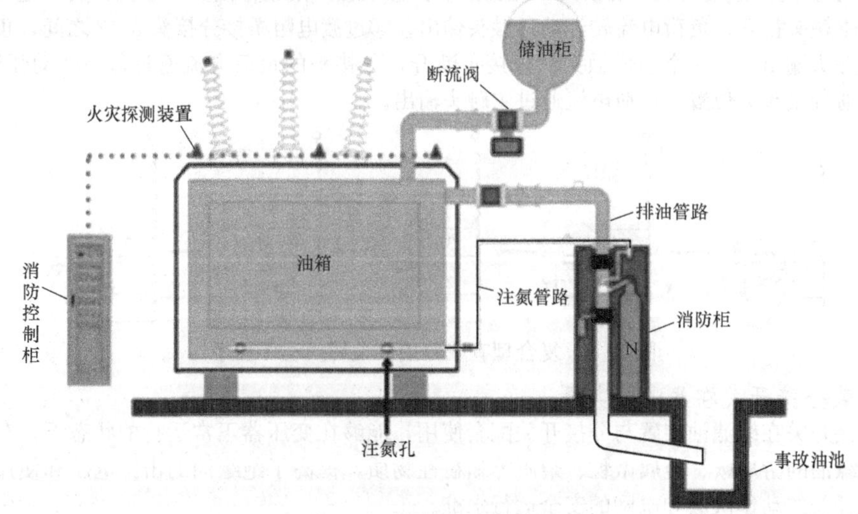

图 4-10 排油注氮系统图

（1）排油系统。排油系统包括排油管路、排油阀、排油机构、排油视窗等主要部件。排油管路的一端连接在变压器上部，另一端接入变压器事故油池。当变压器有发生火灾或爆炸的危险时，排油系统开启，部分变压器油通过排油管路排出，起泄压作用。排油阀安装在排油管路上，用于隔离密封变压器油，是排油系统的控制阀门。排油机构包括重锤、启动杆和电磁脱扣机构，当电磁脱扣机构接到控制中心指令时脱扣，重锤下落，重锤带动启动杆开启排油阀。排油视窗安装在排油管路上，用于观测排油和漏油情况。

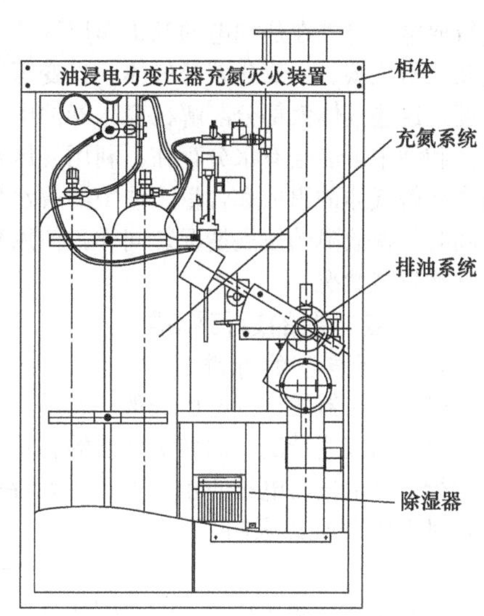

图 4-11 排油注氮系统图结构图

（2）断流系统。断流系统由断流阀构成，安装在变压器储油柜和油箱之间的连接管路上，断流阀平时处于开启状态，当流过阀体的流量达到额定值时自动关闭。当排油注氮系统排油时，断流阀自动切断储油柜与油箱之间的油流，防止“火上浇油”。断流阀上设置有保险机构，当保险机构处于“锁止”状态时，断流阀保持强制开启，只有当保险机构“解除锁止”时，断流阀才恢复自动断流功能，当流过阀体的流量达到额定值时自动关闭。

（3）注氮系统。当变压器有发生火灾或爆炸的危险时，排油系统通过排油管排放部分变压器油，起泄压作用。同时，断流系统切断储油柜向变压器油箱供油，变压器上部形成了一定空隙，这时注氮系统开启（一般情况下注氮比排油延时 3～30s 开启），氮气通过注氮系统的注氮管路从变压器下部充入变压器，冷却变压器油，同时隔离空气。

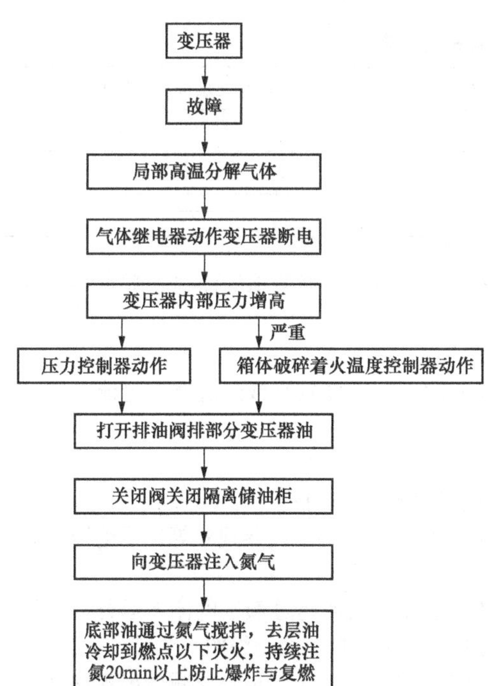

图 4-12 变压器排油注氮灭火系统工作流程图

注氮系统由贮气钢瓶、瓶头控制阀、高压软管、注氮控制阀、注氮管路组成。注氮保险密封阀具备两个功能：一是起二次隔离作用，确保无误动注氮；二是起机械联锁作用，确保排油在先。排油在先非常重要，因为氮气贮存钢瓶氮气贮存压力为 15MPa，而变压器的最大耐压力为 0.1MPa，注氮压力远高于变压器的耐压力，如在注氮前不先排放部分变压器油，则会引起变压器爆裂。

（4）控制系统。变压器排油注氮灭火装置的控制部分为继电器控制，其特点是接收信号为 DC 220V 信号，输出通信信号接点也是可承受 DC 220V 电压的非电量接点，与上位机通信通过非电量接点传递。控制装置能实时监测装置运行，在变压器或灭火装置发生故障时，发出声光报警。所有逻辑控制通过继电器完成，具有抗干扰性好的特点。

综上所述，变压器排油注氮灭火系统工作流程如图 4-12 所示。

15. 变压器监测仪

为了提高变压器运行的可靠性，可在大型变压器上增加一些在线监测设备。目前变压器上采用的在线监测设备分为下面三类：

（1）套管在线监测设备，主要在线监测变压器套管的电容、介质损耗和泄漏电流。

（2）气体（水）在线监测设备，主要监测变压器内部各种气体的成分、含量和水的含量。

（3）局部放电在线监测设备，主要在线监测变压器内部局部放电量的大小及相对位置。

变压器在运行中，由于变压器内部的带电部件在高电场的作用下，可能会对非带电部件（如油箱）

进行放电。另外在热和电的双重作用下，变压器油和绝缘材料会逐渐老化和分解，产生各种低分子烃类及二氧化碳、一氧化碳等气体。当变压器存在潜伏性过热或放电故障时，就会加快这些气体的产生速度，这些气体大部分溶解在变压器油中。另外，由于变压器器身干燥和密封的问题，在变压器绝缘部件和油中可能会有水分存在。利用变压器在线监测设备可在线监测分析变压器内部的局部放电情况、油中溶解气体的组成和含量、油中溶解水分的含量，就能尽早发现变压器内部存在的潜伏性故障，并可随时掌握故障的发展情况。同样，使用套管在线监测仪也能尽早发现套管内部存在的隐患，并可随时掌握发展情况。

五、变压器的运行标准

1. 运行电压的标准

(1) 变压器的运行电压一般不应高于该运行分接电压的105%，且不得超过系统最高运行电压。对于特殊的使用情况（例如变压器的有功功率可以在任何方向流通），允许在不超过110%的额定电压下运行；对电流与电压的相互关系如无特殊要求，当负载电流为额定电流的K($K\leqslant1$)倍时，按以下公式对电压U加以限制

$$U=(110-5K^2)\times100\%$$

(2) 无励磁调压变压器在额定电压±5%范围内更换分接位置运行时，其额定容量不变。如为－7.5%和－10%分接时，其容量按制造厂的规定；如无制造厂规定，则容量应相应降低2.5%和5%。

(3) 有载调压变压器各分接位置的容量按制造厂的规定。

2. 主变压器运行油温的标准

控制大型主变压器的运行油温是确保变压器正常运行和其绝缘强度、防止绝缘油劣化的基本措施。对运行中的油浸式主变压器，运行人员必须认真监视主变压器油温变化，油浸式变压器上层油温一般不应超过表4-2的规定（制造厂有规定的按制造厂规定）。

表4-2 油浸式变压器上层油温一般限值

冷却方式	冷却介质最高温度（℃）	最高上层油温（℃）
自然循环冷却、风冷	40	95
强迫油循环风冷	40	85
强迫油循环水冷	30	70

当冷却介质温度较低时，顶层油温也相应降低。自然循环冷却变压器的顶层油温一般不宜经常超过85℃。

3. 变压器负载下的运行

(1) 正常周期性负载的运行。在周期性负载中，某段时间环境温度较高或超过额定电流，但可以由其他时间内环境温度较低或低于额定电流所补偿。

1) 变压器在额定使用条件下，全年可按额定电流运行。

2) 允许在平均相对老化率不超过1的情况下，周期性超额定电流运行。

3) 当变压器有较严重的缺陷（如冷却系统不正常、严重漏油、有局部过热现象等）或绝缘有弱点时，不宜超额定电流运行。

(2) 长期急救周期性负载的运行。变压器长时间在环境温度较高或超过额定电流下运行，这种运行方式可能持续几个星期或几个月，将导致变压器老化加速，但不直接危及绝缘的安全。

1) 长期急救周期性负载下运行时，将在不同程度上缩短变压器的寿命，应尽量减少出现这种运行方式的机会；必须采用时，就尽量缩短超额定电流运行的时间，降低超额定电流的倍数。有条件时（按制造厂规定）投入备用冷却器。

2) 当变压器有严重缺陷或绝缘有弱点时，不宜超额定电流运行。

3) 长期急救周期性负载下运行时，应有负载电流记录，并计算该运行期间的平均相对老化率。

(3) 短期急救负载的运行。变压器大幅度超额定电流运行，可能导致绕组热点温度达到危险的程度，使绝缘强度暂时下降。

1）短期急救负载下运行，相对老化率远大于1，绕组热点温度可能达到危险程度。在出现这种情况时，应投入包括备用在内的全部冷却器（制造厂另有规定的除外），并尽量压缩负载，减少时间，一般不超过0.5h。当变压器有严重缺陷或绝缘有弱点时，不宜超额定电流运行。

2）在短期急救周期性负载下运行期间，应有详细的负载电流记录，并计算该运行期间的平均相对老化率。

4. 变压器并列运行

并列运行是指两台变压器一次母线并列运行，正常运行时两台变压器通过二次母线联合向负荷供电。变压器并列运行的优点是：保证供电的可靠性、提高变压器的总效率、扩大传输容量、提高资金的利用率。

（1）变压器并列运行的要求如下：

1）联结组标号相同。

2）电压比应相同，差值不得超过±0.5%。

3）阻抗电压值偏差小于10%。

（2）阻抗电压不等或电压比不等的变压器，并列运行绕组的环流应满足制造厂的要求，可适当提高阻抗电压高的变压器的二次电压，使并列运行变压器的容量均能充分利用。

（3）新装或变动过内外连接线的变压器，并列运行前必须核定相位。

5. 变压器的投运和停运

（1）在投运变压器之前，值班人员应仔细检查，确认变压器及其保护装置在良好状态，具备带电运行条件；注意外部有无异物，临时接地线是否已拆除，分接开关位置是否正确，各阀门开闭是否正确。

（2）变压器在低温投运时，应防止呼吸器因结冰被堵。

（3）运行中的备用变压器应随时可以投入运行。长期停运者应定期充电，同时投入冷却装置。强油循环变压器充电后不带负载或带较轻负载运行时，应轮流投入部分冷却器，数量不超过制造厂规定的空载运行时的台数。

（4）变压器投运和停运的操作程序。

1）强油循环变压器投运时应逐台投入冷却器，并按负荷情况控制投入冷却器的台数。水冷却器应先启动油泵，再开启水系统；停电操作应先停水后停油泵。冬季停运时将冷却器中的水放尽。

2）变压器充电应在有保护装置的电源侧用断路器操作，停运时应先停负荷侧，后停电源侧。

6. 冷却装置的运行要求

（1）有人值班的变电站，强油风冷变压器的冷却装置全停，宜投信号回路；无人值班的变电站，条件具备时宜投跳闸回路。

（2）当冷却系统部分故障时应发信号。

（3）强迫油循环风冷变压器应装设冷却器全停保护。当冷却系统全停时，按要求整定出口跳闸。

（4）定期检查是否存在过热、振动、杂音及严重漏油等异常现象。如负压区渗漏油，必须及时处理，防止空气和水分进入变压器。

（5）不允许在带有负荷的情况下将强油冷却器（非片扇）全停，以免产生过大的铜油温差，使线圈绝缘受损伤。

7. 气体继电器的运行

（1）变压器运行时气体继电器应有两副触点，彼此间完全电气隔离。一套用于轻气体报警，另一套用于重气体跳闸。有载分接开关的气体保护应接跳闸。当用一台断路器控制两台变压器时，若其中一台转入备用，则应将备用变压器重气体改接信号。

（2）变压器在运行中滤油、补油、换油泵或更换净油器的吸附剂时，应将其重气体改接信号，此时其他保护装置仍应接跳闸。

（3）已运行的气体继电器应每2～3年开盖一次，进行内部结构和动作可靠性检查。对保护大容量、超高压变压器的气体继电器，更应加强其二次回路维护工作。

（4）当油位计的油面异常升高或呼吸系统有异常现象，需要打开放气或放油阀门时，应先将重气体改接信号。

(5) 在地震预报期间，应根据变压器的具体情况和气体继电器的抗震性能，确定重气体保护的运行方式。地震引起重气体动作停运的变压器，在投运前应对变压器及气体保护进行检查试验，确认无异常后方可投入。

(6) 装有气体继电器的油浸式变压器，无升高坡度者，安装时应使顶盖沿气体继电器油流方向有1%～1.5%的升高坡度（制造厂家不要求的除外）。

8. 突变压力继电器的运行

(1) 当变压器内部发生故障，油室内压力突然上升，压力达到动作值时，油室内隔离波纹管受压变形，气室内的压力升高，波纹管位移，微动开关动作，可发出信号并切断电源使变压器退出运行。突变压力继电器动作压力值一般为25（1±20%）kPa。

(2) 突变压力继电器通过蝶阀安装在变压器油箱侧壁上，与储油柜中油面的距离为1～3m。装有强油循环的变压器，继电器不应装在靠近出油管的区域，以免在启动和停止油泵时，继电器出现误动作。

(3) 突变压力继电器必须垂直安装，放气塞在上端。继电器正确安装后，将放气塞打开，直到有少量油流出，然后将放气塞拧紧。

(4) 突变压力继电器宜投信号回路。

9. 压力释放阀的运行

(1) 变压器的压力释放阀接点宜作用于信号回路。

(2) 定期检查压力释放阀的阀芯、阀盖是否有渗漏油等异常现象。

(3) 定期检查释放阀微动开关的电气性能是否良好，连接是否可靠，避免误发信号。

(4) 采取有效措施防潮防积水。

(5) 结合变压器大修做好压力释放阀的校验工作。

(6) 释放阀的导向装置安装和朝向应正确，确保油的释放通道畅通。

(7) 运行中的压力释放阀动作后，应将释放阀的机械电气信号手动复位。

10. 温度计的运行

(1) 变压器的温度保护。当变压器运行温度过高时，应通过上层油温和绕组温度并联的方式分两级（即低值和高值）动作于信号，且两级信号都能让变电站值班员清晰辨别。

(2) 变压器投入运行后，现场温度计指示的温度、控制室温度显示装置、监控系统的温度三者基本保持一致，误差一般不超过5℃。

(3) 绕组温度计变送器的电流值必须与变压器用来测量绕组温度的套管型电流互感器电流相匹配（由于绕组温度计是间接的测量，在运行中仅作参考）。

(4) 应结合停电，定期校验温度计。

11. 变压器分接开关的运行维护

(1) 无励磁调压变压器在变换分接时，应作多些转动，以便消除触头上的氧化膜和油污。在确认变换分接正确并锁紧后，测量绕组的直流电阻。分接变换情况应做记录。

(2) 变压器有载分接开关的操作应遵守如下规定。

1) 应逐级调压，同时监视分接位置及电压、电流的变化。

2) 单相变压器组和三相变压器分相安装的有载分接开关，其调压操作宜同步或轮流逐级进行。

3) 有载调压变压器并联运行时，其调压操作应轮流逐级或同步进行。

4) 有载调压变压器与无励磁调压变压器并联运行时，其分接电压应尽量靠近无励磁调压变压器的分接位置。

5) 应核对系统电压与分接额定电压间的差值，使其符合额定电压的要求。

(3) 变压器有载分接开关的维护应按制造厂的规定进行，无制造厂规定者可参照以下规定。

1) 运行6～12个月或切换2000～4000次后，应取切换开关箱中的油样做试验。

2) 新投入的分接开关在投运后1～2年或切换5000次后，应将切换开关吊出检查，此后可按实际情况确定检查周期。

3) 运行中的有载分接开关切换5000～10000次后或绝缘油的击穿电压低于25kV时，应更换切换开关箱的绝缘油。

4）操动机构应经常保持良好状态。

5）长期不调和有长期不用的分接位置的有载分接开关，应在有停电机会时，在最高和最低分接间操作几个循环。

(4) 为防止分接开关在严重过负载或系统短路时进行切换，宜在有载分接开关自动控制回路中加装电流闭锁装置，其整定值不超过变压器额定电流的 1.5 倍。

课题二　自耦变压器

一、学习目标

掌握自耦变压器的特点，一、二次侧电压、电流、容量之间的关系，运行中的注意事项。

二、自耦变压器的特点

500kV 变电站的主变压器一般采用自耦方式，原理如图 4-13 所示。它与双绕组变压器的区别是：双绕组变压器的一次绕组和二次绕组都是单独分开的，绕组之间仅有磁的联系，没有电的联系；而自耦变压器二次绕组就是一次绕组的一部分，一、二次绕组之间不仅有磁的联系，还有电的联系。

三、自耦变压器一、二次侧之间的电压、电流、容量的关系

1. 电压关系

自耦变压器空载运行时，忽略漏抗压降时，加在自耦变压器上的电压均分布于一次绕组各匝之间，由图 4-13 (b) 可知，二次绕组的电压为

$$U_2 = E_{ax} = \frac{U_1}{N_{Ax}} N_{az} = U_1 = \frac{N_{ax}}{N_{Ax}} = \frac{U_1}{K_1} \tag{4-3}$$

$$K_A = \frac{N_{Ax}}{N_{ax}}$$

式中：N_{Ax}为一次绕组匝数；N_{ax}为二次绕组匝数；K_A为自耦变压器的变比。

可见，式 (4-3) 与双绕组变压器的电压关系一样。

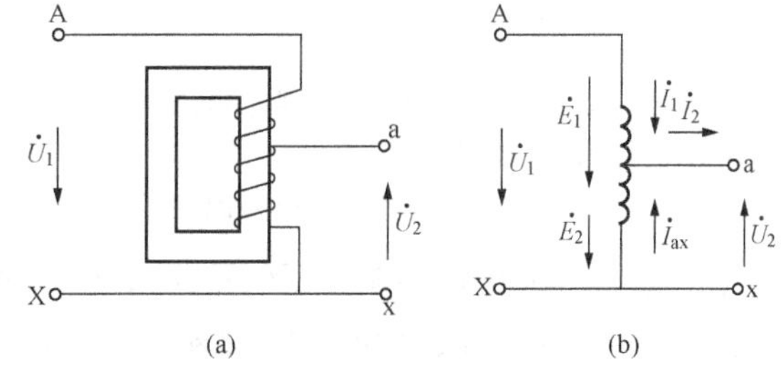

图 4-13　自耦变压器的原理图
(a) 工作原理示意图；(b) 工作原理接线图

2. 电流关系

当自耦变压器二次侧接上负载后，一次绕组中便有电流流过，此时的磁热平衡方程式为

$$I_1 N_{Ax} + I_2 N_{ax} = I_0 N_{Ax} \tag{4-4}$$

式中：I_1、I_2、I_0分别为一次电流、二次电流和励磁电流，A；N_{Ax}、N_{ax}分别为一次绕组和二次绕组匝数。

在额定负载下，I_0比 I_1小得多，为简化计算，忽略 I_0不计，则式 (4-4) 为

$$I_1 N_{Ax} + I_2 N_{ax} = 0 \text{ 或 } \frac{I_1}{I_2} = -\frac{N_{ax}}{N_{Ax}} = -\frac{1}{K_A} \tag{4-5}$$

则一次绕组、二次绕组的电流关系式为

$$I_1 = -\frac{1}{K_A} I_2 \tag{4-6}$$

可见，式 (4-6) 与双绕组变压器的电流关系一样。

由于

$$N_{Ax} - W_{ax} = W_{Ax}$$

$$I_1 + I_2 = I_{ax}$$

故

$$I_1 N_{Ax} + I_2 N_{ax} = 0$$

或

$$I_1 N_{Ax} = - I_{ax} N_{ax} \tag{4-7}$$

从式 (4-7) 可以看出，在绕组的 Aa 段（通常称为串联部分）与绕组的 ax 段（通常称为公共绕

组部分）之间存在着磁动势平衡关系，因而两部分绕组之间可借助电磁感应原理传递能量，公共绕组中的电流为

$$I_{ax}=I_1+I_2=I_2-\frac{1}{K_A}I_2=\left(1-\frac{1}{K_A}\right)I_2 \tag{4-8}$$

由式（4-8）中可知，公共绕组中的电流比二次绕组中的电流小$\frac{1}{K_A}I_2$。也就是说，二次绕组与一次绕组的一部分合并后，其电流反而减小。从另一个角度讲，公共绕组的电流小于二次绕组的电流，二次电流的另一部分直接流到了一次。由此可以看出，自耦变压器的一次和二次存在着电的联系，自耦变压器的优点和缺点也是基于这种电的联系。

3. 容量关系

自耦变压器一次容量为$S_{1N}=I_{1N}U_{1N}$，二次容量为$S_{2N}=I_{2N}U_{2N}$，将一、二次侧的电压、电流关系代入得

$$S_{1N}=I_{1N}U_{1N}=-\frac{1}{K}I_{2N}K_AU_{2N}=-I_{2N}U_{2N}=-S_{2N} \tag{4-9}$$

可见，式（4-9）与双绕组变压器的容量关系一样。双绕组变压器容量从一次侧传到二次侧全靠电磁感应传递，而在自耦变压器中，串联绕组 Aa 段的容量为

$$S_{Aa}=U_{Aa}I_{1N}=U_{1N}\left(\frac{N_{Ax}-N_{ax}}{N_{Ax}}\right)I_{1N}=\left(1-\frac{1}{K_A}\right)S_{1N} \tag{4-10}$$

公共绕组 ax 段的容量为

$$S_{ax}=U_{ax}I_{ax}=U_{2N}I_{2N}\left(1-\frac{1}{K_A}\right)=\left(1-\frac{1}{K_A}\right)S_{2N} \tag{4-11}$$

$$S_{1N}=S_{2N}=S_N \tag{4-12}$$

式（4-9）～式（4-12）中：S_N为自耦变压器标称容量，也称为铭牌容量；S_{Aa}、S_{ax}为自耦变压器的电磁容量，也称为设计容量。

由式（4-9）～式（4-12）可以看出，在自耦变压器的容量为S_N时，则绕组 Aa 段和 ax 段的容量只有$S_N\left(1-\frac{1}{K_A}\right)$，即自耦变压器的电磁容量只有标称容量的$\left(1-\frac{1}{K_A}\right)$倍。又根据磁动势平衡关系，推导出的式（4-7）可以看出，I_1和I_{ax}之间的相角总是相差180°，即可得出$I_2=I_1+I_{ax}$。则二次侧输出功率应

$$S_2=U_2I_2=U_2(I_2+I_{ax})=U_2I_1=U_2I_{ax}=S_{CD}+S_{DC} \tag{4-13}$$

$$S_{CD}=U_2I_1$$

$$S_{DC}=U_2I_{ax}$$

式（4-13）表明，变压器传向负载的功率可以分为两部分，一部分功率S_{DC}是绕组的电磁功率，它是通过电磁感应传递过去的；另一部分功率S_{CD}是传导功率，它是通过电的联系传递过去的，传导功率是需要增加绕组容量的。

四、自耦变压器运行应注意的事项

（1）高压侧向低压侧或低压侧向高压侧送电时，与双绕组变压器完全一样。变压器完全凭借电磁感应传递功率，因此，变压器最大通过容量不能超过电磁容量。

（2）中压侧向低压侧或低压侧向中压侧送电时，同样是仅有电磁感应传递功率，故这种运行方式的最大通过容量也是不得超过自耦变压器的电磁容量。

（3）高压侧向中压侧或中压侧向高压侧送电时，对于作为降压用的自耦变压器，其最大通过容量等于变压器的全部额定容量；对于升压用的自耦变压器，因其低压绕组空载所引起的中、高压绕组之间的漏磁增加，造成大量的附加损耗，其最大通过容量应限制在额定容量的70%～80%。

（4）高压侧同时向中压侧和低压侧或低压侧及中压侧同时向高压侧送电，这是最常见的运行方式，这种运行方式的最大允许通过容量不能超过高压绕组的额定容量，否则绕组会过载。

（5）中压侧同时向高压侧和低压侧或高压侧及低压侧同时向中压侧送电，这样自耦变压器的压绕组（即公共绕组）成为一次侧，所能流过的最大电流不能超过中压侧额定电流的$\left(1-\frac{1}{K_A}\right)$倍。当中压侧向低压侧传输的容量达到中压侧的电磁容量时，中压侧不能再向高压侧传输任何容量；当中压侧

向低压侧传输的容量低于电磁容量时，则中压侧仍可向高压侧传输部分容量。当低压侧和高压侧的电流存在相位差时，则补充传输的这部分容量可以大于电磁容量与传输到低压侧的容量之差。

课题三 电流互感器

一、学习目标

了解电流互感器的工作原理及其内外结构，掌握运行标准和规定。

二、电流互感器的作用

（1）电流互感器能够将电力设备上通过的大电流变换为二次侧标准的小电流5A（或1A），使二次测量仪表和继电器实现标准化和小型化。

（2）电流互感器将测量仪表和继电器等二次设备与高压的一次系统隔离，且二次侧接地，保证了人身安全和设备安全。

（3）电流互感器降低了对二次设备绝缘的要求，所有二次设备可用小电流的电缆连接，可实现远方控制和测量。

（4）二次回路不受一次回路的限制，可采取不同的接线方式。

三、电磁式电流互感器的结构与工作特点

1. 电磁式电流互感器的结构

电磁式电流互感器的基本组成部分是绕组、铁芯、绝缘物和外壳。一台电流互感器常安装有互相间没有磁联系的独立铁芯环和二次绕组，并共用一次绕组，如图4-14所示。图4-14（a）所示为单匝电磁式电流互感器。穿过环形铁芯的一次绕组，其载流导体载流截面可制成圆形、管形、槽形等形式。铁芯上绕有二次绕组，单匝式的特点是一次绕组结构简单，价格较低；但测量准确度不高，常用于大电流回路中。图4-14（b）所示为多匝电流互感器，它的一次绕组绕过铁芯好几匝，通常有两个瓷绝缘套管，二次绕组也绕在铁芯上。多匝式制作时不方便，但测量准确度可以很高。

2. 电磁式电流互感器的工作特点

电磁式电流互感器的工作原理与变压器相似。一次绕组串接在电路中，通过的电流大，匝数少，二次绕组绕在铁芯上，如图4-15所示。其工作特点是：①一次绕组中的工作电流 I_1 等于电力负载的负荷电流。I_1 数值的大小只由电力负荷阻抗、线路阻抗以及电源电压确定，而与电磁式电流互感器的二次绕组负荷阻抗大小无关，因为改变二次绕组中的阻抗大小对一次电路电流 I_1 的数值不会产生什么影响。②电磁式电流互感器的二次侧在正常运行中接近于短路状态。这是因为二次侧所接测量仪表和继电器的电流线圈阻抗很小，二次负荷电流 I_2 所产生的二次磁动势 F_2 对一次磁动势 F_1 有去磁作用，因此合成磁动势 F_0 及铁芯中的合成磁通 Φ 数值都不大，在二次绕组内所感应的电动势 e_2 的数值不超过几十伏。

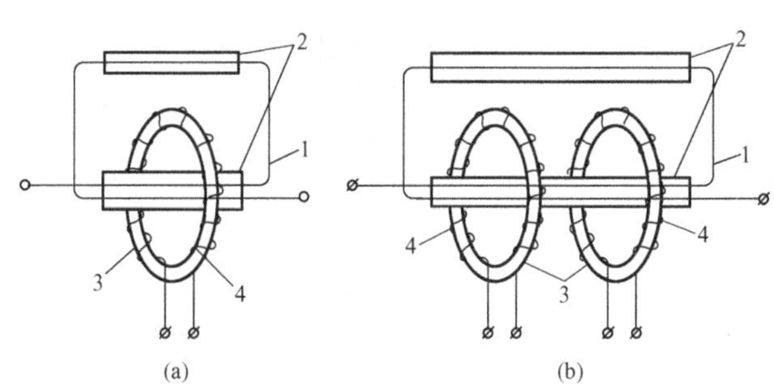

图4-14 电磁式电流互感器结构原理图

（a）单匝式；（b）多匝式

1—一次绕组；2—绝缘；3—铁芯；4—二次绕组

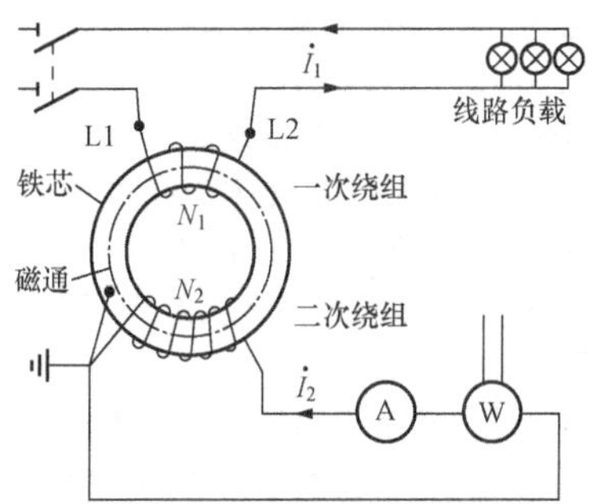

图4-15 电磁式电流互感器结构原理图

为了防止当一、二次绕组间的绝缘被击穿时高压传导到二次绕组及二次回路中，要求电磁式电流互感器的二次电路中至少有一个保安接地点。

运行中的电磁式电流互感器二次回路不允许开路。否则，会在二次回路感应产生高电压，对人身和二次设备产生危险。

(1) LCLWD3-220型电容绝缘电磁式电流互感器，如图4-16所示。此种电流互感器一次绕组成

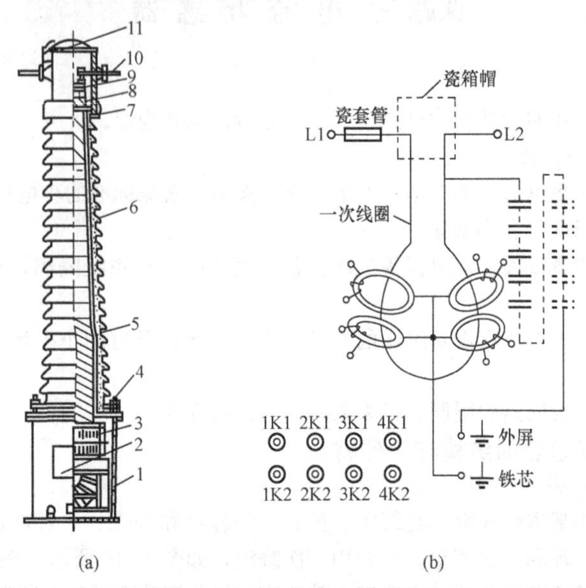

图4-16　LCLWD3-220型瓷箱式电容绝缘电磁式电流互感器

(a) 外形图；(b) 内部电气接线示意图

1—油箱；2—二次接线盒；3—环形铁芯及二次绕组；4—压圈式卡接装置；5—U字形一次绕组；6—瓷套管；7—均压护罩；8—储油柜；9—一次绕组切换装置；10—一次出线端子；11—呼吸器

U字形，端头L1经过瓷套引出，L2直接从帽穿出。在一次绕组上外包有绝缘层和屏蔽层，每包一层铝箔制成的“屏”之后，包一层绝缘，共有10层，最后将铝箔“屏”接地，这种做法能使绝缘中的电场强度分布比较均匀。4个环形铁芯用硅钢片卷制而成，分别套在U型一次绕组的两腿上，二次绕组缠绕在铁芯上。在瓷箱下部用铁板焊接而成的盖内，有10个端钮，其中8个端子是连接二次绕组端子的（1K1，1K2；2K1，2K2；3K1，3K2；4K1，4K2)。另有一个铁芯接地端钮，一个外屏接地端钮。

(2) 独立式SF_6气体绝缘电流互感器。独立式SF_6气体绝缘电流互感器常采用倒立式结构，由头部（金属外壳）、高压绝缘套管和底座组成，如图4-17所示。

其外壳常由铝铸件或锅炉钢板做成，内装有由一、二次绕组及铁芯构成的器身，一次绕组可为1～2匝，一次导杆为直线型，从二次绕组几何中心穿过，处于高电位的头部外壳置于高压绝缘套管的上部。二次绕组绕在环形铁芯上，装入接地的屏蔽外壳中，二次屏蔽外壳由环氧树脂浇注的绝缘柱或盆式绝缘子支撑，二次绕组引出线

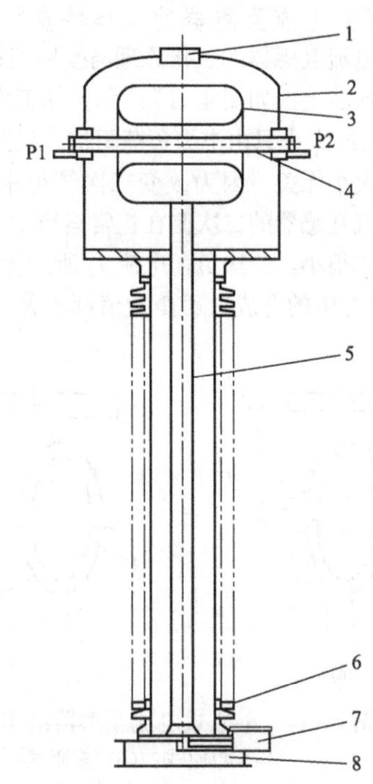

图4-17　独立式SF_6气体绝缘电流互感器的结构

1—防爆片；2—壳体；3—二次绕组及屏蔽筒；4—一次绕组；5—二次出线管；6—套管；7—二次端子盒；8—底座

通过屏蔽金属套管引至互感器底座接线盒的二次端子，二次引线屏蔽管装在高压绝缘套管内。

一次绕组与二次绕组之间，二次绕组与高电位头部外壳之间采用了同轴圆柱体形结构，其间充满了 SF_6气体，电场分布均匀。当一次绕组采用 2 匝时，可接成串联或并联，得到两个电流比。二次绕组铁芯可自由组合，常见为 5～6 个铁芯，根据用户需要而定。为了监视 SF_6气体的压力是否符合技术要求，在底座设有阀门和自动温度补偿（温度变化时压力指示不变）的 SF_6气体压力表及 SF_6密度继电器。当 SF_6漏气达到一定程度、内部压力达到报警压力时，发出补气信号。

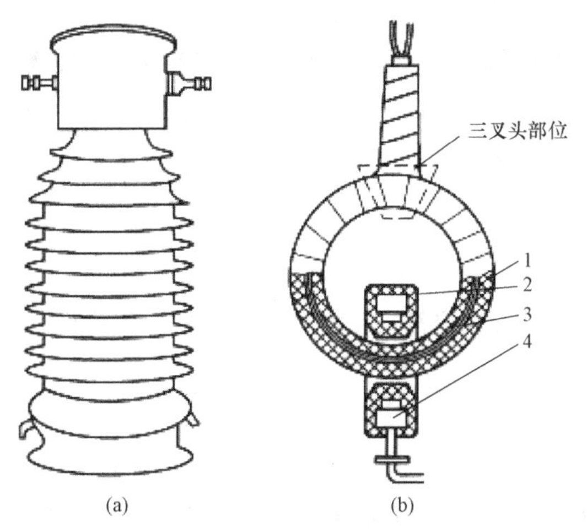

图 4-18 LCWB-110 型电流互感器外形及内部结构图

(a) 外形；(b) 内部结构

1—主绝缘Ⅰ；2—主绝缘Ⅱ；3—一次绕组；4—二次绕组

（3）LCWB-110 型电流互感器。LCWB-110 型电流互感器为多匝油浸瓷绝缘支柱式户外电流互感器，如图 4-18 所示。一次绕组套着环形铁芯、构成“8”字形，装在充有变压器油的瓷外壳内，瓷外壳装在金属底座（或小车）上，上端有储油器，储油器上装有小瓷套管，供一次绕组出线，还装有玻璃油位表计，用来监视油位。二次绕组从底座引出。一次绕组分成匝数相同的两组，可以串联或并联，得到不同的一次额定电流和不同变比。一、二次绕组分别对铁芯绝缘，可以节省绝缘材料和减小尺寸，但电场分布不太均匀，不能制成较高的电压等级。

（4）10kV 电流互感器。常用的有 LDC-10 型、LMC-10 型、LQJ-10 型电流互感器，如图 4-19 所示。

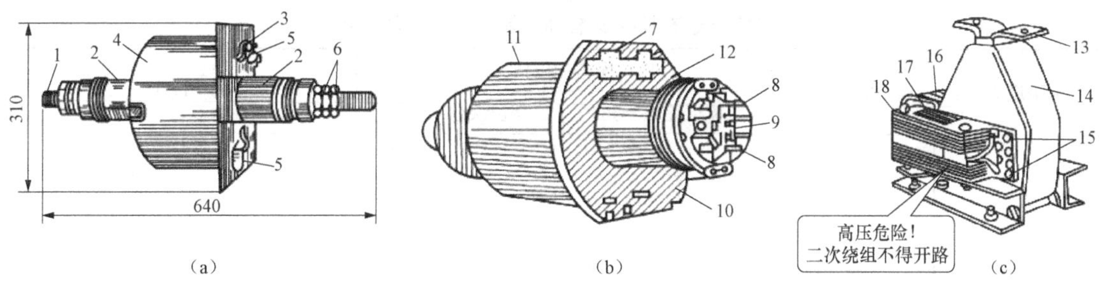

图 4-19 10kV 电流互感器外形结构图

(a) LDC-10 型户内瓷绝缘单匝穿墙式；(b) LMC-10 型母线穿墙瓷绝缘；

(c) LQC-10 型多匝线圈式环氧树脂浇注绝缘

1—一次绕组；2—瓷套；3—法兰盘；4—外壳；5—端子；6—螺母；7—铭牌；8—一次端子；9—一次导体；10—法兰；11—外壳；12—瓷套管；13—一次导体；14—绝缘件；15—二次端子；16—二次绕组；17—铭牌；18—铁芯

四、电流互感器的铭牌与技术参数

1. 电流互感器的铭牌

电流互感器可以通过产品的型号将其特征表达出来，电流互感器型号表示方法如下：

1	2	3	4	5	—	6	/	7

1—类别：L—电流互感器。

2—结构特征：A—穿墙式；B—支持式；C—瓷箱式；D—单匝式；F—复匝式；J—接地保护；M—母线式；Z—支柱式；Q—线绕式；R—装入式；Y—低压式。

3—绝缘特征：A—瓷绝缘；B—改进过的；K—塑料外壳式；L—电缆电容绝缘；M—母线式；P—中频；S—速饱和；Z—浇注式；W—户外式。

4—用途：B—保护级；D—差动保护。

5—设序号：1，2，3…

6—额定电压等级，(kV)。

7—额定电流（A）

2. 技术参数

(1) 额定容量，是指电流互感器在二次额定电流 I_{2N}和二次额定阻抗 Z_{2N}下运行时，二次绕组输出的视在功率 S_{2N}，单位为 VA，即

$$S_{2N}=I_{2N}^2Z_{2N}$$

通常电流互感器二次额定电流为 5A 或 1A，所以

$$S_{2N}=25Z_{2N} \text{ 或 } S_{2N}=Z_{2N}$$

(2) 额定电流比。额定电流比指额定一次电流与二次电流之比，用 K_i 表示。一般不以其比值表示，而写成比式，即

$$K_i=\frac{I_{1N}}{I_{2N}}$$

式中：I_{1N}、I_{2N}为一、二次绕组的额定电流。

测量出的二次电流 I_2再乘以额定电流比，即可计算出一次实际电流 I_1。

(3) 误差和准确度等级。电流互感器的测量误差分为电流误差（又称比差）和相位误差（角差）。它的准确度等级是以最大电流误差和相位误差来区分的，是指在规定的二次负载变化范围内，一次电流为额定电流时允许的最大误差限值。

我国部分测量用电流互感器准确度等级和误差的限值见表 4-3。

表 4-3　测量用电流互感器准确度等级和误差的限值

准确度等级	额定电流（A）	误差的限值		使用条件
		电流误差（±%）	相位误差（±′）	
0.1	120	0.1	5	在规定频率下，二次负载在额定值的 25%～100%范围内
	100	0.1	5	
	20	0.2	8	
	5	0.4	15	
0.2	120	0.2	10	
	100	0.2	10	
	20	0.35	15	
	5	0.75	30	
0.5	120	0.5	30	
	100	0.5	30	
	20	0.75	45	
	5	1.5	90	
1	120	1.0	60	
	100	1.0	60	
	20	1.5	90	
	5	3.0	180	

我国部分稳态保护用电流互感器准确度等级和误差的限值见表 4-4。

表 4-4　稳态保护用电流互感器准确度等级和误差的限值

准确度等级	误差的限值（在额定一次电流下）	
	电流误差（±%）	相位误差（±′）
5P	1.0	60
10P	3.0	—

0.1 级的最大电流误差为±0.1%，0.2 级的最大电流误差为±0.2%，以此类推。

对于保护用的准确度等级和误差，如 5P20，即 20 倍过电流的复合误差不大于±5%。

(4) 10%误差曲线，为满足继电保护灵敏度和选择性的要求，规定电流互感器的最大误差不超过 10%。为此制造厂家给出了电流互感器一次实际电流和额定电流之比的倍数，与二次负载阻抗之间的关系曲线，即 10%误差曲线。

(5) 热稳定及动稳定倍数，表示电流互感器最受短路电流的热作用和电动力（机械力）作用的能力。

1) 热稳定电流，指电流互感器承受短路电流在 1s 内无损坏时，一次电流的有效值。

2) 热稳定倍数，指电流互感器热稳定电流与一次额定电流的比值。

3) 动稳定电流，指一次线路发生短路时，电流互感器承受电动力作用无机械损坏时，最大一次电流的峰值。一般动稳定电流为热稳定电流的 2.55 倍。

4) 动稳定倍数，指电流互感器动稳定电流与一次额定电流的比值。

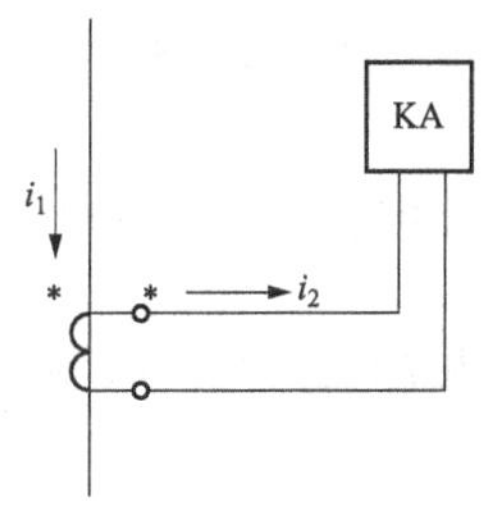

图 4-20　电流互感器极性

五、电流互感器的极性

电流互感器的极性是指铁芯在同一磁通作用下，一次绕组和二次绕组会感应出电动势，其中两个同时达到高电位或低电位的一端称为同极性端。电流互感器的极性一般采用减极性标示法来定。如图 4-20 所示，先任意选定一次绕组的一端作始端，当一次绕组电流 i_1 由始端流入时，二次绕组电流 i_2 流出的那一端就标示为二次绕组的始端，这两端称为同极性端，用“*”表示。

电气装置在安装接线时，同极性端不可接错，否则会造成功率表和继电保护装置运行紊乱。

六、电流互感器的接线

电流互感器常用的接线方式如图 4-21 所示。

图 4-21（a）所示为单台电流互感器单相接线，用于对称三相负荷，测量一相电流。

图 4-21（b）所示为两台电流互感器不完全星形接线，通常将两个互感器装于 A、C 两相，可测量中性点不接地系统的三相电流，公共导线上的电流为 A、C 两相电流的相量和。在继电保护装置中，能反应各种相间短路，但在没有电流互感器的一相发生对地短路时，保护装置将不会动作，此种接线常用于 10kV 和 35kV 中性点不接地系统。

图 4-21（c）所示为两台电流互感器差接线，这种接线适用于三相三线制电路，正常时流过二次负载的电流为 A、C 两相电流之差，当三相电流平衡时，这个电流在数值上等于单相电流的 $\sqrt{3}$ 倍，相位则超前 C 相电流 30°。它能反应各种相间短路，当 A、C 两相短路时，流入继电器的电流是故障电流的两倍，当 A、B 或 B、C 两相短路时，流入继电器的电流等于故障电流，但在没有电流互感器的一相发生短路时，保护装置不会动作。

图 4-21（d）所示为三台电流互感器星形接线，是最常见的接线方式，能测量三相中任何一相电流。在继电保护装置中，不仅能反应相间短路，而且能反应单相接地短路；对大电流接地系统、小电流接地系统或三相四线制低压系统都可采用。

七、电流互感器的误差

由于励磁电流的影响，使得实际一次电流与电流互感器测出的电流在数值上和相位上都有差异，

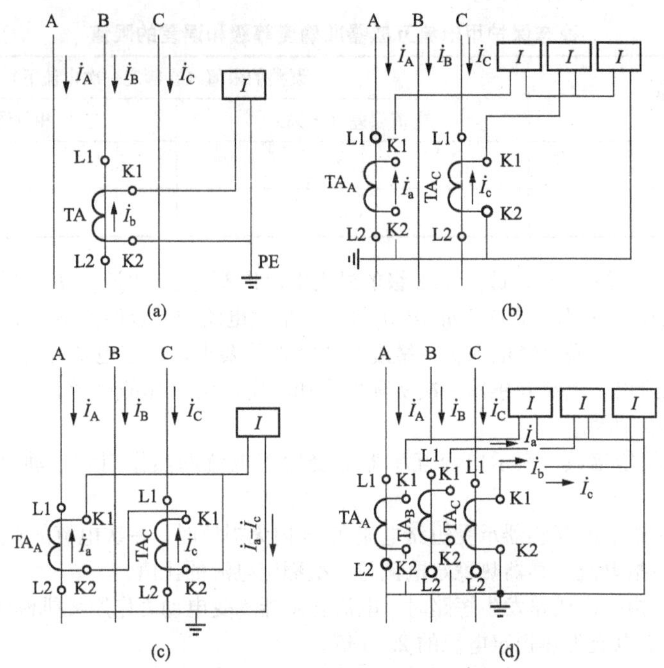

图 4-21　电流互感器常用的接线方式

（a）单台电流互感器单相接线；（b）两台电流互感器不完全星形接线；（c）两台电流互感器差接线；（d）三台电流互感器星形接线

所以测量结果有误差。电流互感器的测量误差，通常用电流误差（又称比差）和相位误差（角差）来表示。

（1）电流误差。电流误差是二次电流的测量值乘以额定电流比所得一次电流的近似值与实际一次电流之差对实际一次电流的百分数，即

$$\Delta I=\frac{K_{\mathrm{i}}I_2-I_1}{I_1}100\%$$

式中：K_{i}为电流互感器的变流比；I_1为电流互感器一次实际电流；I_2为电流互感器二次测量电流。

（2）相位误差。理想情况下，电流互感器一次电流与二次电流的相量应为同相位，但因为内阻抗和磁化电流的影响，实际二次电流相量与一次电流相量之间有一夹角，此夹角称为电流互感器的相位误差，简称角差。

角差的大小和正负，取决于空载电流和负载电流的大小和性质，电流互感器的允许角差为 7°。正常运行时电流互感器角差很小，一般在 2°以下。

（3）影响电流互感器误差的因素。电流互感器的测量误差与下列因素有关系：

1）与一次电流 I_1的大小有关。当一次电流为额定电流的 100%～120%时，误差最小。

2）与二次负载阻抗的大小有关。如果一次电流不变，则二次负载 Z_2及二次功率因数 $\cos\varphi_2$ 直接影响误差的大小。当二次负载阻抗 Z_2 增大时，二次输出电流将减小，即 I_2N_2下降，对一次 I_1N_1的去磁程度减弱，电流误差和相位误差都会增加；当二次功率因数 $\cos\varphi_2$ 变化时，电流误差和相位误差会出现不同的变化。因此，要保证电流互感器的测量误差不超过规定值，应将其二次负载阻抗和二次功率因数限制在相应的范围内。

3）与励磁安匝数 I_0N_1的大小有关，安匝数增大，误差变大。

4）与二次负载感抗有关，感抗增大（即 $\cos\varphi_2$ 减小），电流误差将变大，而角误差将相对变小。

（4）10%误差曲线。10%误差曲线是指在电流误差为 10%的条件下，一次实际电流和一次额定电流之比的倍数 m 与二次负荷阻抗值 Z 之间的关系曲线，如图 4-22 所示。电流互感器的误差与励磁电

流 I_0 的大小有直接关系。当系统发生短路故障时，电流互感器一次电流急剧增加，励磁电流 I_0 也随之增加，使铁芯产生饱和，引起电流互感器的误差迅速增加。为了保证继电保护装置在短路故障时能够可靠动作，要求保护用电流互感器能够比较准确地反映一次电流的情况。因此，在规程中规定了保护用电流互感器最大允许误差值，即电流误差最大不超过10%，角误差最大不超过7°。

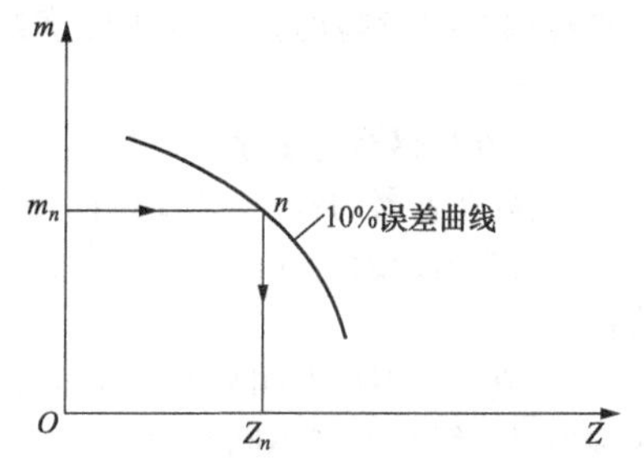

图4-22　电流互感器10%误差曲线

为了满足继电保护灵敏度和选择性的要求，应按电流互感器的10%误差曲线来选择和校验电流互感器。校验方法为：首先由已知的最大短路电流，求出其对一次额定电流的倍数 m_n，再由 m 根据10%误差曲线，求出对应二次最大负荷阻抗值 Z_n，只要实际的二次负荷阻抗值 Z 不超过 Z_n，则电流误差也不超过10%。

八、剩磁对电流互感器的影响

(1) 剩磁的产生。根据铁磁材料的磁化理论，铁芯的磁化过程是磁畴取向的过程，当外部磁场取消后，磁畴并不能回到完全的无序状态，使得平均磁化强度不能降为零。这种现象称为磁滞效应。铁芯材料的磁滞特性是电流互感器产生剩磁的根本原因。

电力系统中的大电流切合操作和短路故障会使线路电流在暂态过程中存在相当大的非周期性的直流分量，会导致电流互感器铁芯过饱和磁化。磁化后的电流互感器一般不能在运行电流下自动退磁。因为运行电流一般不能达到发生直流磁化时的暂态电流峰值，因此电网中的电流互感器都是在带剩磁的状态下运行的。

电流互感器的剩磁分为稳态剩磁和暂态剩磁。稳态剩磁是指电流互感器在稳态正常运行时，在周期性工频电流的作用下所产生的剩磁，数值较小；暂态剩磁是电流互感器在短路故障下产生的剩磁，暂态剩磁通常较大，其中以系统在铁芯饱和情况下开断所产生的剩磁最大，成为饱和剩磁。同时，剩磁的大小还受以下几方面因素的影响：

1) 一次电流在不同的时间开断，磁通会沿着不同的励磁曲线达到不同的剩磁点，剩磁的大小就不同。当一次电流在互感器处于饱和状态时断开，剩磁最大。

2) 一次短路电流由周期分量和非周期分量两部分构成，非周期分量对电流互感器铁芯中磁通随电流变化的特性影响最大，它的大小取决于一次短路电流周期分量的幅值 I_m 和电源电压的初相角 α，即 $I_m\cos\alpha$ 的值越大，磁通随励磁电流的变化越快，剩磁越大。

3) 一次回路时间常数决定了非周期分量衰减的快慢。时间常数越大，非周期分量衰减越慢，铁芯磁通累计时间越长，容易引起饱和，从而导致较大的剩磁。

4) 断路器一般在电流过零时开断，铁芯中的剩磁与二次负载的功率因数及阻抗值有关。对于纯电感负载，电流为零瞬间电压最大，而磁通为零，故无剩磁。对于纯电阻负载，电流为零瞬间电压亦为零，而磁通最大，故剩磁最大。

(2) 剩磁对电流互感器的影响。剩磁是产生不平衡电流和导致差动保护动作的重要原因，对系统保护装置动作的可靠性有很大的影响：对于计量型电流互感器，剩磁会使电流互感器的误差变化可正可负，降低准确度等级；对于标准硅钢片和铁镍合金，弱剩磁多半使互感器误差向正方向变化，强剩磁必然使互感器误差向负方向变化。在现场误差检验中，发现有的电流互感器剩磁影响达到了0.4%，可见剩磁是电流互感器不容忽视的问题。

九、电流互感器的运行

(1) 电流互感器的负荷电流对独立式电流互感器应不超过其额定值的110%，对套管式电流互感器，应不超过其额定值的120%（宜不超过110%），如长时间过负荷，会使测量误差加大和使绕组过热或损坏。

(2) 电流互感器在运行时，它的二次回路始终是闭合的，因其二次负荷电阻的数值比较小，接近于短路状态。电流互感器的二次绕组在运行中不允许造成开路，因为出现开路时，在二次绕组中会感应出一个很大的电动势，这个电动势可达数千伏，因此，无论对工作人员还是对二次回路的绝缘都是很危险的。对于备用绕组也不例外。二次绕组带有抽头时，不用的抽头均应开路，防止形成短路匝。

(3) 电流互感器的接地。

1) 电流互感器的各个二次绕组（包括备用）均必须有可靠保护接地，且只允许有一个接地点，防止一、二次绕组绝缘击穿，一次侧高电压窜入二次侧，危及人身和设备安全，接地点的位置按有关规定执行。

2) 电流互感器应有明显的接地符号标志，接地端子应与设备底座可靠连接，并从底座接地螺栓用两根接地引下线与地网不同点可靠连接。35kV 及以下电流互感器的接地螺栓直径应不小于 M8mm；35kV 以上电流互感器的接地螺栓直径应不小于 M12mm，引下线截面积应满足安装地点短路电流的要求。

3) 电容屏型电流互感器一次绕组的末（地）屏必须可靠接地。如果末屏开路，末屏对地就形成一个等值电容，它与电流互感器主电容屏相串联，末屏对地就会由地电位上升为高电位，造成事故。

4) 倒立式电流互感器二次绕组屏蔽罩的接地端子必须可靠接地。

(4) 电流互感器与电压互感器的二次回路不允许相连接。因为电压互感器二次回路是高阻抗回路，电流互感器二次回路是低阻抗回路。如果接于电压互感器二次，会造成电压互感器短路；如果电压回路接于电流互感器的二次侧，会使电流互感器近似开路。这样是极不安全的。

十、电子式电流互感器

1. 电子式电流互感器的基本概念与结构

电子式电流互感器是一种将一次侧被测电流转换成便于传输的信号，经传输系统传送到二次侧，二次侧经过处理后以模拟量或数字量的形式输出，供测量和保护用的装置。

其结构可分为三部分：①以高压传感头构成的信号采集部分，如全光纤型传感结构、双层光路传感结构、螺线管传感结构等；②信号传输；③信号的处理与转换。

2. 电子式电流互感器的分类

电子式电流互感器分有源式和无源式两类：

(1) 有源式如图 4-23 所示，是利用传统的电磁感应等原理感应被测信号，高压平台传感头部分需电源供电，在一次平台上完成模拟量的数值采样，由光纤将高压端转换得到的光信号传送低压端解调处理得到被测电流信号，供二次保护、测控和计量系统。

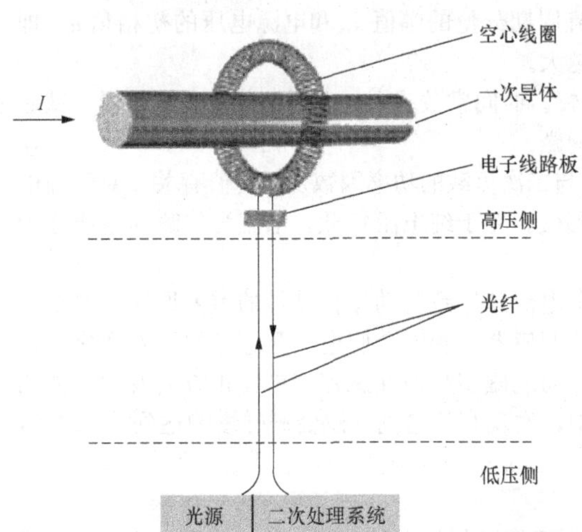

图 4-23 空心线圈电流互感器装置示意图

(2) 无源式又称为光学式，利用法拉第磁光效应感应被测信号，传感头部分分为块状玻璃和全光纤两种方式，不需要供电装置；利用光纤传输一次电流的传感信号，至主控室进行调制和解调，输出数字信号供保护、测控、计量使用。

3. 电子式电流互感器的优点和存在的问题

(1) 优点：

1) 具有优良的绝缘性能，高压侧和低压侧之间只存在光纤联系，信号通过光纤传输，高压回路与二次回路在电气上完全隔离，低压侧无开路引起的高电压危险。

2) 互感器具有较好的抗电磁干扰能力，光电式不含铁芯，消除了磁饱和及铁磁谐振等问题。

3) 没有因充油而潜在的易燃、易爆炸等危险。

4) 动态范围大，测量精度高，频率响应范围宽。可以测量工频，也可以测量谐波，还可以测量系统故障时含有的直流分量和高频分量的暂态数据。

5) 数据传输抗干扰能力强，数据传输容量大、速度快、通信可靠，能很好地实现信息共享，能实现电力系统的数字化。

(2) 存在的主要问题。

1）有源式电子电流互感器：由于需要对传感器进行供能，长期大功率的激光可能会影响光器件的使用寿命，罗氏线圈输出信号与其结构有很强的相关性，温度变化会导致结构变化，影响电子线路测量准确度。

2）无源式电子电流互感器：温度的变化会使光路系统发生变化，引起晶体除具有电光效应外的弹光效应、热光效应等干扰效应，导致光学传感器的工作稳定性减弱。

电子式电流互感器是数字变电站关键装备之一，目前，还存在测量精度、长期运行的可靠性等问题，随着光纤传感技术、光纤通信技术的飞速发展，电子式电流互感器正向着传感准确化、传输光纤化和输出数字化发展。

课题四 电压互感器

一、学习目标

了解电压互感器的特点和结构，掌握运行标准。

二、电压互感器的作用

（1）电压互感器的作用是将高电压变换为适合于电气仪表、继电保护装置需要的低电压的一种特殊变压器。电压互感器的一次绕组额定电压与被测电路的电压应相符，二次侧额定电压均为100V（或$100/\sqrt{3}$ V）。

（2）所有二次设备可用小电流的电缆连接，可实现远方控制和测量。

（3）二次回路不受一次回路的限制，可采取不同的接线方式。

（4）二次设备与高电压隔离，保证人身和设备安全。

三、电压互感器型号与技术参数

1. 电压互感器的型号

电压互感器主要技术参数在铭牌上标出，表示方式如下。

1—类别：J—电压互感器。

2—相数和组合方式：D—单相；S—三相；CJ—串级式。

3—结构特征：J—油浸式；C—瓷箱式；Z—浇柱式；G—干式；R—电容分压式。

4—结构特征与用途：B—三相带补偿绕组；W—三绕组三相五柱式；J—接地保护。

5—设序号：1，2，3…

6—额定电压等级（kV）。

2. 技术参数

（1）电压比。电压互感器的电压比是指一、二次绕组额定电压之比，用K_u表示，则

$$K_u=\frac{U_{1N}}{U_{2N}}$$

式中：K_u为互感器变比；U_{1N}、U_{2N}分别为一、二次额定电压。

（2）误差和准确度等级。电压互感器的误差分为两种：一种是电压误差，另一种是相位误差。电压互感器的准确度等级是指在规定的一次电压和二次负载变化的范围内，负载功率因数为额定值时，误差的最大限值。我国规定的电压互感器的准确度等级和误差限值如表4-5所示。

（3）额定容量S_{2N}。电压互感器的额定容量是指对应于最高准确度等级时的容量。电压互感器在这个负载容量下工作时，所产生的误差不会超过这一准确度等级所规定的允许值。由于电压互感器的误差随负载而变化，在使用中，当负载超过该准确度等级所规定的容量时，准确度等级就会下降。

（4）接线组别。反应一次绕组和二次绕组的连接形式，以及一次绕组线电压与二次绕组对应线电压之间的相位关系的接线方式叫互感器的接线组别。

表 4-5 电压互感器的准确度等级和误差限值

准确度等级	误差限值		使用条件
	电压误差（±%）	相位误差（±′）	
0.2	0.2	10	在规定频率下，二次负载在额定值的 25%～100%范围内，其功率因数为 0.8
0.5	0.5	20	
1.0	1.0	40	
3.0	3.0	无规定	
3P	3.0	120	
6P	6.0	240	

四、电压互感器的工作原理与结构

电压互感器按工作原理可分为磁电式、电容分压式和光电式三种。电压等级在 220kV 以下时为磁电式电压互感器，220kV 及以上时多为电容式电压互感器。光电式电压互感器是新发展起来的电压互感器。

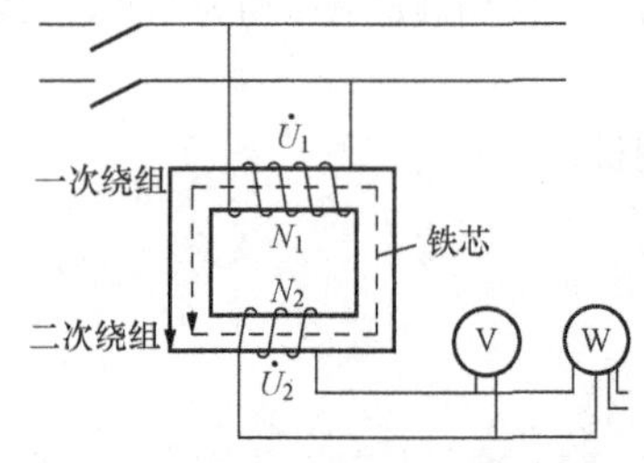

图 4-24 电压互感器的原理电路图

1. 电磁式电压互感器

(1) 工作原理。图 4-24 所示为电压互感器的原理图，其基本原理和电力变压器完全一样，两个相互绝缘的绕组装在同一闭合的铁芯回路上，一次绕组并接在被测电路上，一次侧加电压 U_1，经过电磁感应在二次绕组上就感应出电压 U_2。其主要区别在于：①电压互感器的容量很小，通常只有几十至几百伏·安，并且在大多数情况下，其负荷是恒定的；②电压互感器一次侧的电压（即电网电压）不受互感器二次侧负荷的影响；③接在电压互感器二次侧的负荷是仪表和继电器的电压线圈，它们的阻抗很大，通过的电流很小，电压互感器的工作状态接近于空载状态，二次电压接近于二次电动势值，并取决于一次电压值。

电压互感器与普通变压器一样，二次侧不允许短路。如果短路会出现大的短路电流，将使保护用的熔断器熔断，造成二次侧负荷停电。同电流互感器一样，为了安全，在电压互感器的二次侧电路中也应该有保安接地点。

(2) 结构。

1) 110～220kV 电压互感器采用串级式，铁芯不接地，带电位，由绝缘板支撑。

2) 35kV 及以下的电压互感器根据其绝缘方式的不同，可分为干式、环氧浇注式和油浸式三种。干式电压互感器一般只用于低压的户内配电装置，浇注式电压互感器用于 3～35kV 户内配电装置，油浸式电压互感器 JDJJ2-35 型、JDJ2-35 型被广泛用于 35kV 系统中。图 4-25 所示为常用的 JSJW-10 型电压互感器图。

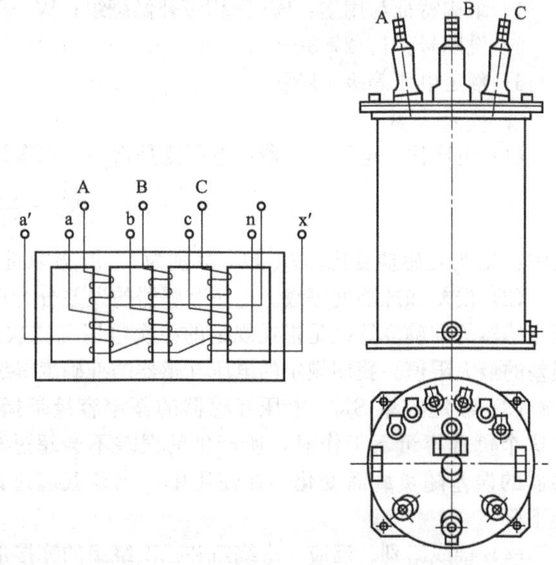

图 4-25 JSJW-10 型电压互感器

JSJW-10 型电压互感器为三相五柱式电压互感器，绕组分别绕在中间三个铁芯柱上，两侧有两个辅助铁芯柱，作为单相接地时的零序磁通通道，使一次绕组的零序阻抗增大，从而大大限制了单相接地时通过互感器的零序电流，而不致危害互感器。每个铁芯柱均绕有三个绕组，一次绕组接成星形并引出中性线，因此在油箱盖上有四个高压绝缘子端子。每相有两个二次绕组，一组为基本绕组接成星形引出，中性点也引出，接线端子为 a、b、c、n；另一组为辅助绕组接成开口三角形，引出两个接线端子 a、x′，广泛用于小接地电流系统，作为测量相、线电压和绝缘监察。

2. 电容式电压互感器

(1) 结构。电容式电压互感器(简称 TVC)，如图 4-26 所示。总体上可分为电容分压器和电磁单元两大部分。根据电容分压器和电磁单元的组装方式，电容式电压互感器可分为叠装式（一体式）和分装式（分体式）两大类，目前大都采用叠装式结构。电容分压器由多节叠装而成的高压电容 C1 及中压电容 C2 组成，中压抽头和低压端子通过底部的套管引出，电容分压器装在瓷套中，内部充满绝缘油，配装有补偿油量随温度变化的扩张器；电磁单元则由中间变压器、补偿电抗器及限压装置、阻尼器等组成。在互感器的顶部装有防晕环，起均匀电场作用。

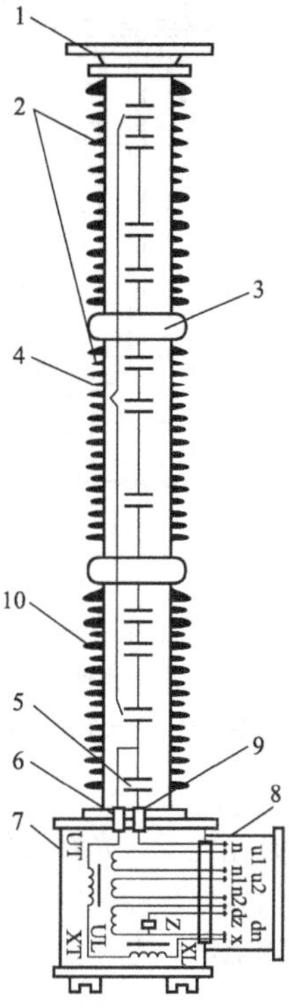

图 4-26　电容式电压互感器结构原理图

1—防晕环；2—耦合电容器；3—屏蔽罩；4—高压电容 C_1；5—中压电容器 C_2；6—中压套管；7—电磁单元油箱；8—二次绕组接线端子盒；9—低压套管；10—分压电容器；UT～XT—中间变压器一次绕组；UL～XL—补偿电抗器绕组；Z—阻尼器

(2) 工作原理。电容式电压互感器实质上就是一个电容分压器，其原理接线如图 4-27 所示。在被测装置和地之间由若干个相同的电容器串联。主要包括电容分压器和电磁装置两部分，电容分压器又包括高压电容器 C_1（主电容器）和串联电容器 C_2（分压电容器），电容分压器的作用就是进行电容分压。电磁装置由中压变压器 TV 和电抗器 L 组成，中压变压器作用是将分压电容器上的电压降低到所需的二次电压值。分压电容器之所以不能作为输出端直接与测量仪表相接，这是因为二次回路阻抗很低，将影响其准确度，所以要经过一个电磁式电压互感器降压后再接仪表。

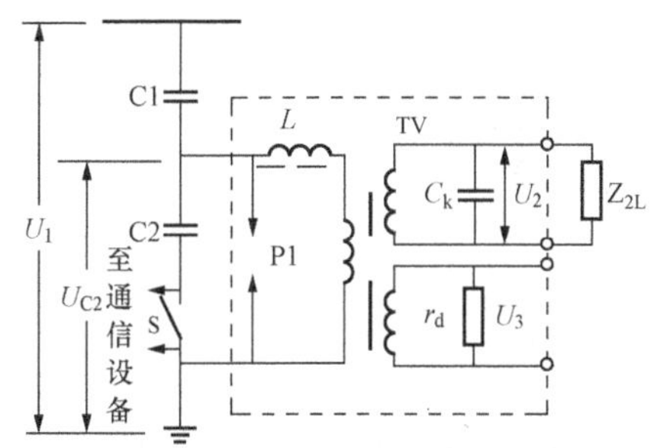

图 4-27　电容式电压互感器的原理接线图

在分压回路串入电感 L（电抗器），是由于分压电容器上的电压会随负荷变化，用以补偿电容器的内阻抗，可使电压稳定。放电间隙 P1 用来防止因受二次侧短路所产生的过电压对电抗器和电磁式电压互感器的破坏；阻尼电阻 r_d 是用抑制铁磁谐振过电压；补偿电容器 C_K 是用来补偿电磁式电压互感器 TV 的磁化电流和二次侧负荷电流的无功分量，也能减少装置的测量误差。载波耦合装置接到开关 S 两端，若不接载波耦合装置时，接地开关 S 应合上。

3. SF_6 电压互感器

SF_6 气体绝缘电压互感器在 GIS 中应用较多。SF_6 电压互感器采用单相双柱式铁芯，器身结构与油浸单级式电压互感器相似，层间绝缘采用有聚酯粘带和聚酯薄膜，一次绕组截面采用矩形或分级宝塔形，引线绝缘根据互感器是配套式还是独立式而不同。配套式互感器的引线绝缘设置静电均压环，使电场分布均匀从而减小互感器尺寸，如图 4-28 所示。

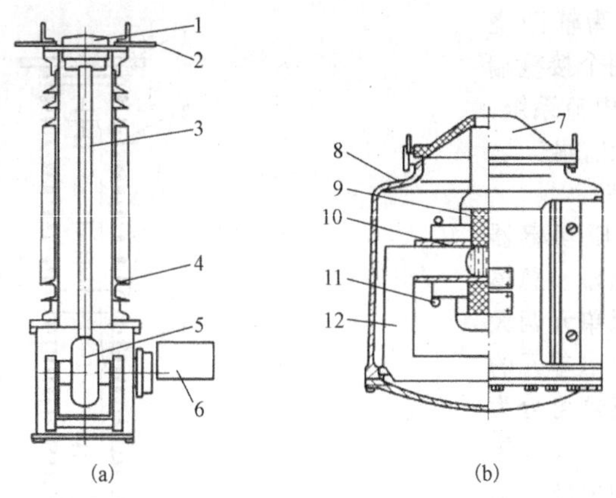

图 4-28 SF_6电压互感器结构

(a) 独立式电压互感器；(b) GIS配套式电压互感器

1—防爆片；2—一次出线端子；3—高压引线；4—瓷套；5—器身；6—二次出线；
7—盆式绝缘子；8—外壳；9—一次绕组；10—二次绕组；11—电屏；12—铁芯

4. 光电式电压互感器

光电式电压互感器是光电子、光纤通信和数字信号处理技术的发展和应用。新型的测量系统由电压、电流变换器、数字信号处理器、以及连接它们的电缆和光缆组成，其原理是利用石晶材料的磁电效应和电场效应，将被测电压、电流信号转换成光信号，经光通道传播，有接收装置进行数字化处理而进行测量的。

五、电压互感器的接线

在三相电力系统中，通常需要测量的电压有线电压、相对地电压和发生单相接地故障时的零序电压。为了测量这些电压，图 4-29 示出了几种常见的电压互感器的接线方式。

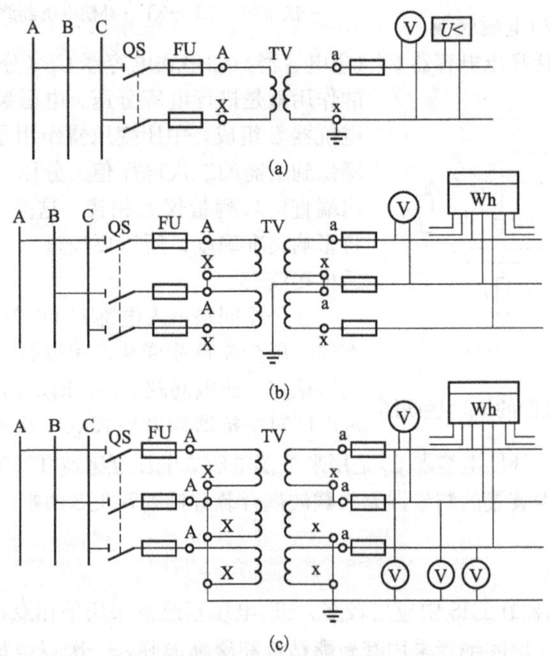

图 4-29 电压互感器的接线方式（一）

(a) 一台单相电压互感器的接线；(b) Vv 接线；(c) YNyn 接线

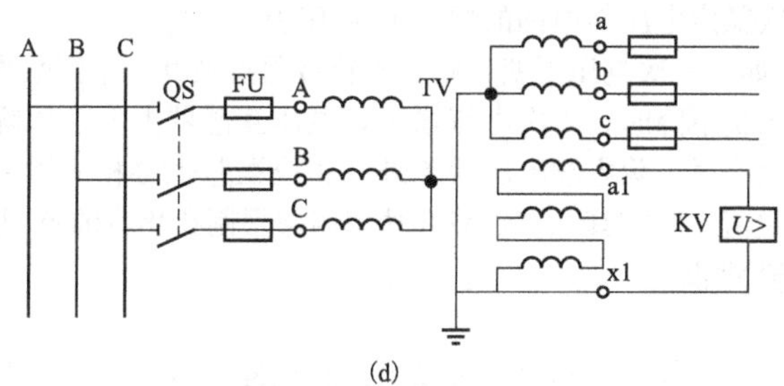

(d)

图 4-29　电压互感器的接线方式（二）
(d) YNynd 接线

(1) 一台单相电压互感器的接线。如图 4-29 (a) 所示，在三相电路中，接一台单相电压互感器，这种接线只能测量两相之间的线电压（35kV 及以下中性点非直接接地系统）或相对地电压（l10kV 及以上中性点直接接地系统），用来接电压表、频率表、电压继电器等。

电压互感器一次侧 A、X 端接电源并加熔丝保护，二次侧 a、x 端接仪表或继电器，且 x 端应接地，并加装熔丝保护。

(2) 两台单相电压互感器 Vv 接线。两台单相电压互感器 Vv 接线又称不完全星形接线，如图 4-29 (b) 所示。该接线方式适用于中性点不接地系统或经消弧接地的电网中，用来测量三相线电压，供给电压表、三相电能表、功率表、电压继电器等。

这种接线方式的优点是接线简单，因为一次绕组中无接地点，所以减少了系统中的对地励磁电流，也避免产生内部过电压。用这种接线方式只能得到线电压，不能得到相对地电压，也不能作绝缘监测和接地保护用。

(3) 三台单相电压互感器 YNyn 接线。YNyn 接线如图 4-29 (c) 所示，将三台单相双绕组电压互感器连接起来，提供给需要线电压的仪表、继电器或提供给需要相电压的绝缘监测电压表使用。由于小电流接地电力系统在发生单相接地时，另外两个完好相的对地电压要升高到线电压（$\sqrt{3}$ 倍的相电压），所以不能把按相电压选择的电压表当作绝缘监测电压表使用，否则在一次电路发生单相接地时，电压表可能被烧坏。

(4) 三相五柱式电压互感器或三台单相三绕组电压互感器 YNynd 接线。如图 4-29 (d) 所示，这种接线方式在 10kV 中性点不接地系统中广泛应用，它能测量线电压、相电压。用它的三个辅助绕组连接成开口三角形，当一次系统中任何一相接地时，其开口三角形的两端将产生一个 95～105V 的电压，可接入电压继电器以供一次系统的接地保护（绝缘监测）使用。两个二次绕组中，yn 接线的二次绕组称为基本二次绕组，用来接仪表、继电器及绝缘监测电压表；开口三角接线的二次绕组，称为二次辅助绕组，用来接绝缘监测用的电压继电器。在系统正常运行时，开口三角形 al、xl 两端的电压接近于零；当系统某一相接地时，开口三角形 al、xl 两端出现上述的零序电压，使电压继电器吸合，发出接地预告信号。

六、电压互感器的误差

理想的电压互感器，一次电压与二次电压之比应完全等于匝数之比，一次电压与二次电压的相位应正好相差 180°。但是在实际电压互感器中，由于励磁电流的存在和线圈阻抗的影响，均会产生电压数值误差和相位角的误差。

(1) 电压误差。电压互感器实际测量出来的电压 $K_U U_2$ 与实际电压 U_1 之差，占 U_1 得百分数，称为电压误差，即

$$\Delta U=\frac{K_U U_2-U_1}{U_1}\times 100\%$$

(2) 相位误差。电压互感器的相位误差又称角误差，是指旋转 180°后的二次电压相量 $\dot{U}_2'$ 与一次电压相量 $\dot{U}_1$ 的夹角 δ_U，规定 $\dot{U}_2'$ 超前 $\dot{U}_1$ 为正，反之为负。

(3) 影响电压互感器误差的因素。电压互感器的测量误差与一次电压和二次负载有关。

1) 一次电压的影响。一次电压与电压互感器额定电压偏离越大，电压互感器的误差越大。故正确

使用电压互感器，应使一次额定电压与电网的额定电压相适应。

2）二次负载的影响。如果一次电压不变，则二次负载阻抗及其功率因数直接影响误差的大小。当二次负载过大、二次负载阻抗下降时，二次电流增大，电压互感器上的电压降上升，使误差增大；二次负载的功率因数过大或过小时，除影响电压误差外，相位误差也会相应增大。因此，要保证电压互感器的测量误差不超过规定值，应将其二次负载和功率因数限制在相应的范围内。

七、电压互感器的铁磁谐振

1. 电磁式电压互感器

（1）铁磁谐振的概念。由非线性电感（铁芯线圈）和线性电容组成的回路，当外加电压发生变化时，由于电感的变化而产生谐振，这种现象称为铁磁谐振。铁磁谐振可分为基频谐振过电压，即谐振过电压的频率为电源频率；分频谐振过电压，即谐振过电压的频率为工频的分数倍，如 1/2、1/3、1/5等；高频谐振过电压，即谐振过电压的频率为工频的整数倍（偶次谐振或奇次谐振）。

（2）产生铁磁谐振的基本条件。系统中激发谐振的条件主要有：电源对只带电压互感器的空母线合闸，单相接地故障（非故障相电压升高），断线故障，雷击，传递过电压及经消弧线圈接地的系统消弧线圈退出运行等。

（3）铁磁谐振的危害。铁磁谐振会导致电压互感器铁芯饱和，励磁电流剧增，达到正常运行时的数十倍甚至上百倍，并诱发电压互感器的过电压。其谐振过电压的持续时间与激发条件、回路本身的特性有关，或者是稳定的，或者仅持续一定时间。

（4）限制铁磁谐振的措施。限制铁磁谐振主要有以下几种措施：

1）采用伏安特性好的互感器，降低铁芯磁通密度，采用饱和磁密较高的导磁材料。

2）选用伏安特性呈容性的电压互感器，例如在高压系统中采用电容量较大的单级式电压互感器。因为这种互感器的电容量较大，在一定的电压范围内，其伏安特性是容性的，再加上线路电容，就可以减少产生谐振的概率。

3）在电压互感器的剩余绕组开口三角装消谐器，抑制谐振的产生。

4）在电压互感器一次绕组中性点与地之间接入电阻或零序电压互感器。

5）在电压互感器的一次侧加装避雷器来限制操作过电压或暂态过电压。

6）在母线上加装一定的对地电容，使之超过一定临界值，使回路超过谐振区域。

7）避免用带断口电容的断路器投切带电磁式电压互感器的空载母线。

2. 电容式电压互感器

（1）铁磁谐振的产生。电容式电压互感器的等值电路中含有电容和非线性电感。当二次侧空载时，中压变压器的励磁阻抗与等值电容$C=C_1+C_2$相串联，其自然谐振频率$f_0=\frac{1}{2\pi}\sqrt{L_mC}$（$L_m$为中压变压器励磁电感，$C$为等值电容），$f_0$一般为额定频率的十几分之一或更低。当互感器一次侧突然合闸或二次侧发生短路又突然消除等电流冲击时，暂态过程产生的过电压会使中压变压器铁芯出现磁饱和，励磁电感L_m急剧下降，从而使此时回路的自然谐振频率上升，f_0可达到额定频率的1/2、1/3、1/5等，这就可能出现分频谐振，最常见的1/3次谐波谐振。由于回路本身电阻很小，不外加阻尼或阻尼参数不当，分频铁磁谐振就会持续下去。这种谐振过电压（幅值可达到额定电压的2～3倍）和过电流可造成中压变压器和电抗器绕组过热和绝缘损坏，同时由于剩余电压绕组开口三角电压值升高，将导致继电保护发生误动作。因此电容式电压互感器制造时必须设置阻尼器，在短时间内（如0.5s）大量消耗谐振能量，以抑制自身的铁磁谐振。

（2）阻尼器。目前电容式电压互感器，不论阻尼装置形式如何，都是依靠电阻阻尼的方法。电阻阻尼对消除分频谐振是十分有效的，但它是一个固定负荷，将增加互感器的附加误差。为了解决这一问题，一般使阻尼器正常运行时接近开路，而在产生分次谐波谐振瞬间，将阻尼电阻R_D短时间自动接入电路。常见的阻尼装置有以下几种。

1）纯电阻阻尼器。纯电阻阻尼器就是在互感器二次剩余电压绕组接入一个阻尼电阻R_D，这是最简单传统的阻尼装置，缺点是要长期固定接于剩余电压绕组的输出端，消耗功率大，且影响测量准确度和二次输出容量，目前已逐步淘汰。

2）谐振型阻尼器。谐振型阻尼器如图 4-30 所示，是由电容 C 和电感 L_x 并联后加阻尼电阻 R_D 组成。整个阻尼装置接于剩余电压绕组，电容 C 和电感 L_x 在额定频率下调整到并联谐振状态。回路阻抗很高，只有很小的电流流过阻尼电阻 R_D，对正常运行的影响可以忽略。当分次谐波铁磁谐振出现后，L_x、C 并联谐振条件被破坏，阻抗下降，电流剧增，瞬时在阻尼电阻上消耗很大功率，从而有效地消除谐振。这种阻尼器适应一般继电保护的要求。

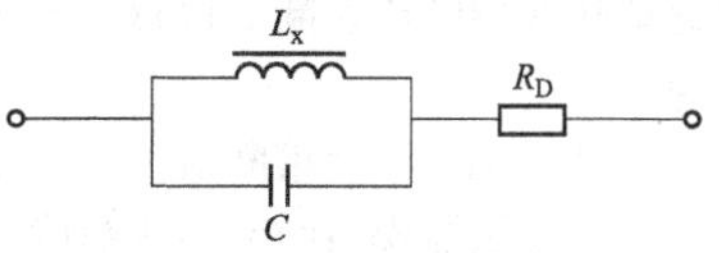

图 4-30　谐振型阻尼器

3）速饱和型阻尼器。速饱和型阻尼器如图 4-31 所示，将电抗 L_b 和电阻 R_b 串联后并接于剩余电压绕组。阻尼原理是电抗器应用特殊合金做铁芯，利用其陡峭的饱和特性，使之在过电压下能快速深度饱和，电感值急剧下降，大电流通过电阻 R_n，产生很大的阻尼功率消耗，有效地限制铁磁谐振。在正常运行情况下，阻尼器阻抗大，消耗功率小，对互感器误差影响很小。速饱和型阻尼器由于其元件储能少，可以得到较好的瞬变响应特性，从而满足了超高压电力系统快速保护的要求。

图 4-31　速饱和型阻尼器

八、电压互感器的运行

（1）电压互感器在额定容量下允许长期运行。

（2）电压互感器运行电压不超过其额定电压的 110%（宜不超过 105%）。

（3）电压互感器二次侧严禁短路。

（4）接地问题。

1）电压互感器的各个二次绕组（包括备用）均必须有可靠的保护接地，且只允许有一个接地点，防止一、二次绝缘击穿，一次侧高电压窜入二次侧，危及人身和设备安全。接地点的位置按有关规定执行。

2）电压互感器应有明显的接地符号标志，接地端子应与设备底座可靠连接，并从底座接地螺栓用两根接地引下线与地网不同点可靠连接。35kV 及以下电压互感器的接地螺栓直径应不小于 M8mm，35kV 以上电压互感器的接地螺栓直径应不小于 M12mm。引下线截面应满足安装地点短路电流的要求。

3）电磁式电压互感器一次绕组 N（X）端必须可靠接地。电容式电压互感器的电容分压器低压端子 N（8、J）必须通过载波回路线圈接地或直接接地。

4）中性点非有效接地系统，电压互感器一次中性点应接地，为防止谐振过电压，宜在一次中性点或二次回路装设消谐装置。

（5）35kV 及以下的电压互感器一次侧熔断器熔断后，应首先考虑检查电压互感器是否发生内部故障。更换熔断器后再次熔断时，应进行试验。不得擅自增大熔断器容量。

（6）停用电压互感器前应注意事项：①防止继电保护和安全稳定装置发生误动；②将二次回路主熔断器或自动开关断开，防止电压反送。

（7）新更换或检修后互感器投运前，应进行下列检查：①检查一、二次接线相序及极性是否正确；②测量一、二次线圈绝缘电阻；③测量保险器、消谐装置是否良好；④检查二次回路有无开路或短路；⑤零序电流互感器铁芯不应与架构或其他导磁体直接接触。

（8）若保护与测量共用一个电流互感器二次绕组，当在表计回路工作时，应先将表计回路端子短接，防止开路或误将保护装置退出。

（9）分别接在两端母线上的电压互感器，二次并列前应先将一次侧并列。

（10）停运一年及以上的互感器应按 DL/T 596—1996《电力设备预防性试验规程》试验检查合格后，方可投运。

（11）35kV 及以下的电压互感器，其一次侧都应装熔断器，以避免互感器出现故障时使事故扩大。对于 66kV 及以上电压互感器，一次侧一般不装设熔断器，因为这类互感器采用单相串级式，绝缘强度高，发生事故的可能性比较小；110kV 及以上系统，中性点一般采用直接接地，接地故障时，瞬即跳闸，不会过电压运行；同时，在这样的电压级电网中，熔断器的断流容量亦很难满足要求。

（12）在电压互感器二次侧装设熔断器或低压断路器，当电压互感器的二次侧及回路发生故障时，使之能快速熔断或切断，以保证电压互感器不遭受损坏及不造成保护误动。运行中不得造成二次侧短路。

下列情况可不装熔断器：①在二次开口三角的出线上一般不装熔断器。因为在正常运行时开口端无电压，无法监视熔断器的接触情况。一旦熔断器接触不良，则系统接地时不能发出接地信号。但是，供零序过电压保护用的开口三角出线例外；②中性线上不装熔断器。这是因为一旦熔丝熔断或接触不良，就会使断线闭锁装置失灵或使绝缘监察电压表失去指示故障的作用；③接自动电压调整器的电压互感器二次侧不装熔断器。这是为了防止熔断器接触不良或熔丝熔断时电压调整器误动作；④66kV及以上的电压互感器二次侧现在一般都装小空气开关而不用熔断器。

(13) 在运行中，如需要在电压互感器的本体上或其底座上工作，不仅要把其一次侧断开，而且还要在其二次侧有明显的断开点。这样做的目的是避免可能从其他电压互感器向停电的二次回路充电，在一次侧感应产生高电压，造成危险。这里之所以强调要有明显的断开点，主要是确保安全，如果只是通过低压断路器或隔离开关的辅助触点开断开电压互感路器二次回路而没有明显的断开点，是不够安全的。

(14) 油浸式电压互感器应装设油位计和呼吸器，以监视油位及减少油受空气中水分和杂质的影响。凡新装的66kV及以上的油浸式电压互感器，都应采用全密封式或带微正压的金属膨胀器，凡有渗漏油的，应及时处理或更换。

(15) 高压侧熔断器的额定电流值和遮断容量应当足够；其二次输出串有与其隔离开关同时开合的辅助触点，该触点应良好；二次熔丝的额定电流应大于负荷电流的1.5倍，如表计回路没有熔丝，二次熔丝的熔断时间应足够小于保护的动作时间。

思 考 题

1. 变压器的工作原理是什么？由哪些部件组成？各部件的作用分别是什么？
2. 变压器有哪些技术参数？每个参数的含义是什么？
3. 常用的变压器接线组别表达方法是什么？如何按接线组别画相量图？
4. 双绕组变压器和自耦变压器在结构和工作原理上有何不同？
5. 有载分接开关的工作原理是什么？
6. 何为正常周期性负载、长期急救周期性负载和短期急救性负载？
7. 变压器运行有哪些标准和规定？
8. 什么是电流互感器的电流比？额定容量与负载是什么关系？
9. 什么是电流互感器的极性？如何判断极性？
10. 电流互感器的接线方式有哪几种？
11. 电流互感器二次绕组为什么不许开路？必须可靠接地？
12. 什么是电流互感器的误差？10%反映了哪些问题？
13. 电流互感器的结构有什么特点？运行有什么规定？
14. 有哪些方面原因影响剩磁？剩磁对电流互感器有什么影响？
15. 电压互感器的工作原理是什么？不同形式的互感器结构有什么特点？
16. 电压互感器二次为什么严禁短路？二次为什么必须可靠接地？
17. 电压互感器的接线方式有哪些种？各自的特点是什么？
18. 电压互感器的铁磁谐振是如何产生和限制的？
19. 电压互感器运行有哪些要求？

开 关 设 备

课题一 断 路 器

一、学习目标

熟悉高压断路器的基本结构与灭弧原理，掌握高压断路器的技术参数、运行标准和操动机构特点与要求。

二、高压断路器的作用、型号与技术参数

1. 作用

高压断路器是电力系统中非常重要的控制和保护设备，无论系统处在什么状态，都应可靠动作。在电网中的主要作用有两个方面：一是控制作用，即根据电网运行需要投入或切除部分电力设备和线路；二是保护作用，即在电力设备和线路发生故障时，通过继电保护及自动装置作用于断路器，将故障部分从电网中迅速切除，以保证电网非故障部分的正常运行。

2. 型号表示方法

高压断路器类型较多，目前我国高压断路器的型号根据国家技术标准规定，一般由文字符号（汉语拼音字头）和数字按以下方式组成：

[1][2][3]—[4][5]/[6]—[7]

1—产品类型字母代号：

S—少油断路器；K—空气断路器；Z—真空断路器；L—六氟化硫；Q—自产气；C—磁吹。

2—安装场所代号：N—屋内；W—屋外。

3—设计系列顺序号。以数字1、2、3…表示。

4—额定电压（kV）。

5—其他标志：通常以字母表示，如G—改进型；D—增容；W—防污；Q—耐震。

6—额定电流（A）。

7—额定开断电流（kA）。

3. 技术参数

（1）额定电压U_e，是指断路器长时间运行能承受的工作电压，以kV为单位。我国断路器的额定电压等级有3、6、10、20、35、60、110、220、330、500、750kV。

（2）最高工作电压U_{zg}。在实际运行中，由于系统调压的需要，电网的电压容许在一定范围内变动，因此断路器的实际工作电压可能比额定高出10%～15%。按国家标准规定，对于额定电压为220kV及以下的设备，其最高工作电压为额定电压的1.15倍。对于额定电压为330kV及其以上设备规定为1.1倍。断路器应能在最高工作电压下长期运行，这一电压称为断路器的最高工作电压。

（3）额定电流I_e，是指断路器长期允许通过的电流，以A为单位。我国断路器的额定电流等级有200、400、630、1000、1250、1600、2000、3150、4000、5000、6300、8000、10000、12500、16000、20000A。

（4）额定开断电流I_{ebr}（又称额定短路开断电流），是指在额定电压下断路器能开断而不妨碍其继续正常工作的最大短路电流，以kA为单位。用短路电流周期分量的有效值表示。额定开断电流决定了断路器灭弧装置的结构和尺寸。我国断路器的额定开断电流等级有1.6、3.15、6.3、8、10、12.5、16、20、25、31.5、40、50、63、80、100kA。

（5）热稳定电流I_r（又称短时耐受电流），是指在某一规定的短时间t内断路器能承载电流有效值，用kA表示。短时耐受电流通的时间，通常规定为1、2、3、5s。一般规定取3s为标准，故称与3s相应的短时耐受电流为断路器的额定短时耐受电流。其值应和断路器额定开断电流相等。短时耐受电流也将影响到断路器触头和导电部分的结构和尺寸。

(6) 动稳定电流 i_{dw}（又称极限通过电流或额定峰值耐受电流），是指断路器在合闸状态下或关合瞬时，允许通过的电流最大峰值，称为动稳定电流。动稳定电流为 2.5 倍的额定热稳定电流。断路器通过动稳定电流时，不会因为电动力的作用而受到机械损坏。

(7) 额定关合电流 I_{eg}。断路器关合有故障的电路时，在动、静触头接触前后的瞬间，强大的短路电流可能引起触头弹跳、熔化、焊接，甚至使断路器爆炸。断路器能够可靠接通的最大电流称为额定关合电流，一般取额定开断电流的 $1.8\sqrt{2}$ 倍。断路器关合短路电流的能力除与断路器的灭弧装置性能有关外，还与断路器操动机构合闸功的大小有关。

(8) 合闸时间 t_h和分闸时间 t_f。对有操动机构的断路器，自发出合闸信号起（即合闸线圈加上电压），到断路器三相触头接通时为止所经过的时间，称为断路器的合闸时间。

分闸时间是指从发出跳闸信号起（即跳闸线圈加上电压），到三相电弧完全熄灭时所经过的时间。一般合闸时间大于分闸时间。分闸时间是由固有分闸时间和燃弧时间两部分组成。固有分闸时间是指从加上分闸信号起直到触头开始分离时为止的一段时间。燃弧时间是指触头开始分离产生电弧时起直到三相的电弧完全熄灭时为止的一段时间。

(9) 操作循环。这也是表征断路器操作性能的参数，它是指断路器从一个位置转换到另一个位置，并返回到初始位置的连续操作。我国规定的操作循环有两种：一种是自动重合闸循环，即分 → θ → 合分 → t → 合分；另一种为非自动重合闸循环，即分 → t → 合分 → t → 合分（或合分 → t → 合分）。其中 θ 为无电流间隔时间，即断路器断开故障从电弧熄灭到电路重新自动接通的时间间隔，取值为 0.3s 或 0.5s。t 为运行人员强送电时间，取值为 180s′。“分”表示分闸动作。“合分”表示合闸后立即分闸，也称为金属短接时间。

三、SF_6断路器

SF_6断路器是采用 SF_6气体为灭弧介质的断路器，主要有支柱型、罐式型。支柱型的特点是灭弧室处于高电位，靠支柱绝缘子对地绝缘，优点主要是可以用串联若干个灭弧室和加高对地绝缘支柱绝缘子的方法组成更高电压等级的断路器；罐式型的特点是灭弧室及触头系统装在接地的金属箱中，在进出线套管上装设电流互感器，优点是重心低，抗震强度大。

1. SF_6的性质

(1) 物理性质。SF_6在常温下是无色、无臭、无毒、不可燃且透明的惰性气体。

(2) 化学性质。SF_6在常温下是极为稳定的化合物，其惰性远远超过氮气，它与氧气、氢气、铝及其他许多物质不发生作用。有水分混入时，在电弧高温下会生成有严重腐蚀性的氢氟酸，因此，控制 SF_6气体中的含水量是很重要的。SF_6在电晕、电弧或高温加热下分解，发生化学反应，产生极少量对人体有剧毒的微量物质，可破坏眼、鼻等处黏膜组织，引起呼吸系统疾病如肺气肿。

(3) 绝缘性能。SF_6绝缘性能稳定，不会老化变质。当气压增大时，其绝缘能力也随之提高。SF_6气体绝缘性能下降的因素有电极间电场不均匀、水分含量超过规定值、SF_6气体中含有导电微粒及灰尘等。

(4) 灭弧性能。SF_6气体具有很强的灭弧能力，在静止的 SF_6气体中，其开断能力要比空气大 100 倍。当用 SF_6气体吹弧时，采用不高的压力和不太高的速度，就能在高电压下开断相当大的电流。

2. SF_6断路器灭弧室的结构与灭弧原理

(1) 单压式灭弧室。第一代双压式灭弧室有高压和低压两个区，优点是开断容量大，但结构复杂、造价高，且受低温等影响，已被单压式所取代。单压式灭弧室又称压气式灭弧室，只有一个气压系统，灭弧室的可动部分带有压气装置，靠分闸过程中活塞缸的相对运动，造成短时气流来吹灭电弧。单压式灭弧室按触头动作方式又分定开距和变开距两类。

1) 定开距灭弧室。定开距灭弧室的静触头 3 和 5 是管状的，压气罩 1 和固定活塞 6 用绝缘材料制成，围成一个压气室 4；桥式动触头 2 与压气罩 1 形成一个整体。灭弧室的灭弧过程如图 5-1 所示。

图 5-1 (a) 所示为断路器在合闸状态，两个静触头 3 和 5 被桥式动触头 2 跨接着，主回路电流被接通。断路器分闸时，通过拉杆 7 将压气罩 1 连同桥式动触头 2 拉向右方，使压气室 4 内的 SF_6气体受

压缩并提高压力，如图 5-1（b）所示。等到桥式动触头 2 离开静触头 3 时便产生电弧，这时压气室在两个静触头之间打开喷口，高压力的 SF_6气体从压气室中喷出，射向电弧，进行纵吹，并经过静触头 3 和 5 的管腔向左右排出，如图 5-1（c）所示。电弧熄灭后，灭弧室保持在分闸位置，如图 5-1（d）所示。断口间的绝缘由 SF_6气体和压气罩的绝缘来维持。

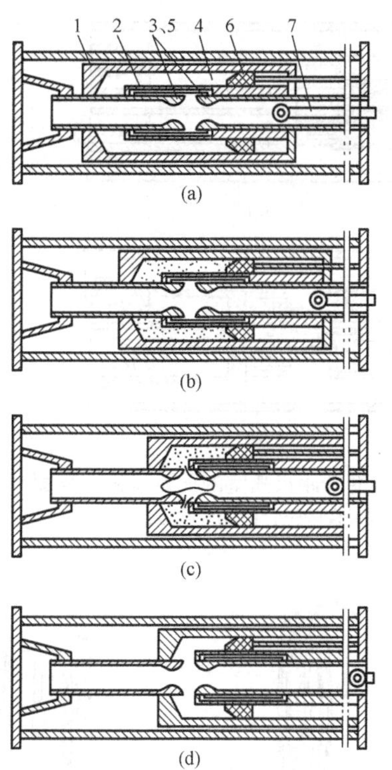

图 5-1 灭弧室的灭弧过程示意图

（a）合闸位置；（b）压气过程；（c）吹弧过程；（d）分闸位置

1—压气罩；2—桥式动触头；3、5—静触头；4—压气室；6—固定活塞；7—拉杆

2）变开距灭弧室。如图 5-2 所示，触头系统分为工作触头、弧触头和中间触头。工作触头和中间触头放在外侧，有利于散热，也可提高断路器的热稳定性。灭弧室的可动部分由动触头、喷嘴（用绝缘材料制成）和压气缸组成。为了在分闸过程中使压气室的气体集中向喷嘴吹弧，在合闸过程中压气室内不致形成真空，所以在固定活塞 9 上设有止回阀 7。合闸时逆止阀打开，压气室 8 与活塞内腔相通，SF_6气体从活塞的小孔充入压气室；分闸时止回阀堵住小孔，使 SF_6气体集中向喷嘴吹弧。变开距灭弧室的灭弧过程如图 5-3 所示。

图 5-3（a）所示为合闸位置，分闸时可动部分向右运动，压气室内的 SF_6气体开始受压缩并提高压力。随着可动部分的运动，工作触头首先分离，由于灭弧触头还未断开，所以这时不产生电弧，喷口也未形成，也无吹弧作用。直到可动部分向右移动到一定位置时，灭弧触头开始分离，电弧产生，在喷嘴与弧动触头间形成喷口，SF_6气体向两个方向吹向电弧，使电弧熄灭，如图 5-3（b）所示。电弧熄灭后的分闸位置如图5-2所示。

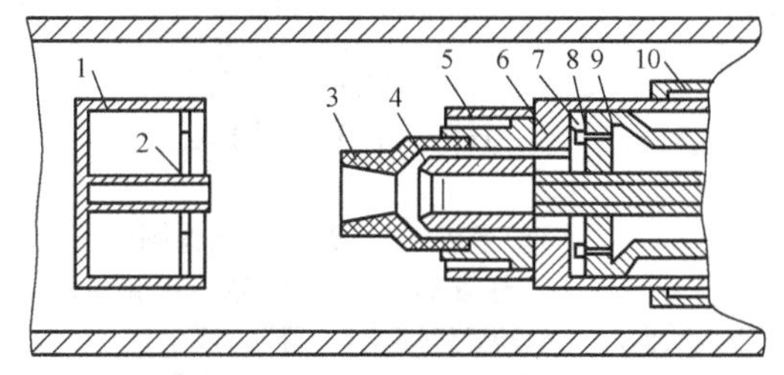

图 5-2 变开式灭弧室构造

1—主静触头；2—弧静触头；3—喷嘴；4—弧动触头；5—主动触头；6、8—压气室；7—止回阀；9—固定活塞；10—中间触头

（2）打压变开距“自能”式灭弧室。这种灭弧室开断电流时，利用电弧自身的热量产生灭弧所需的气体压力吹气。开断小电流时，采用机械辅助压气吹气，不易产生截流过电压，所需操作功率小，机械部件不易损坏，使用寿命长；宜采用弹簧操动机构，而且其工作可靠、分闸时间短，正常情况下，基本不需要维护。目前国内大量生产和广泛使用的是该类型的断路器，如图 5-4 所示。

3. 典型的 SF_6断路器

（1）LW25-252 型 SF_6支柱式断路器，如图 5-5 所示。

1）结构。该断路器为单断口，每台由三个单极组成，每个单极包括灭弧室、支柱、操动机构和支架，外形呈 Ⅰ 型布置；每台配用一台 CT20-Ⅲ型弹簧操动机构，可单极操作，也可实现单机电器联锁操作。断路器灭弧室由动触头、静触头和灭弧室本体三部分组成，如图 5-6 所示。动触头由喷管、动触头环、动弧触头、压气缸、动触头、缸体组成；静触头由静触头座、均压罩、触指、触指弹簧、静弧触头组成；灭弧室本体由鼓形瓷套及铝合金法兰组成。

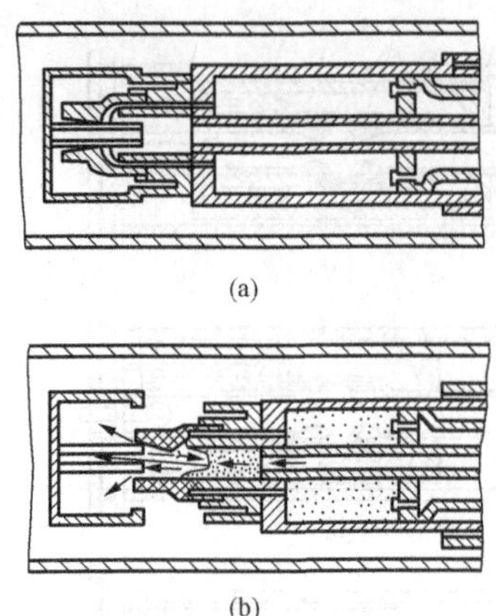

图 5-3　变开距灭弧室的灭弧过程示意图
(a) 合闸位置；(b) 吹弧过程

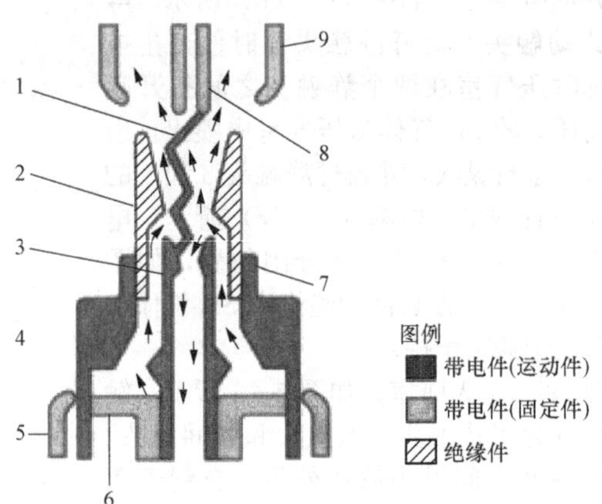

图 5-4　打压变开距“自能”式灭弧室
1—电弧；2—喷嘴；3—静弧触头；4—气缸；5—中间触指；6—活塞；7—动主触头；8—静弧触头；9—静主触头

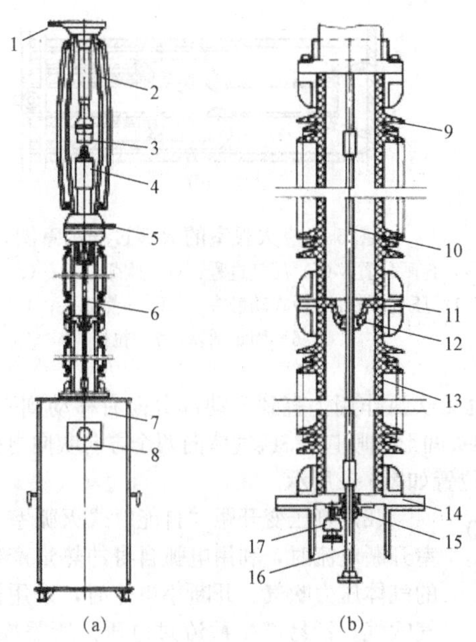

图 5-5　LW25-252 型断路器外形图
(a) 单极剖面图；(b) 支柱机构图
1—上接线板；2—灭弧室瓷套；3—静触头；4—动触头；5—下接线板；6—绝缘拉杆；7—机构箱；8—密度继电器；9—上节支柱瓷套；10—绝缘拉杆；11—隔环；12—导向盘；13—下节支柱瓷套；14—支柱下法兰；15—密封座；16—拉杆；17—充气触头

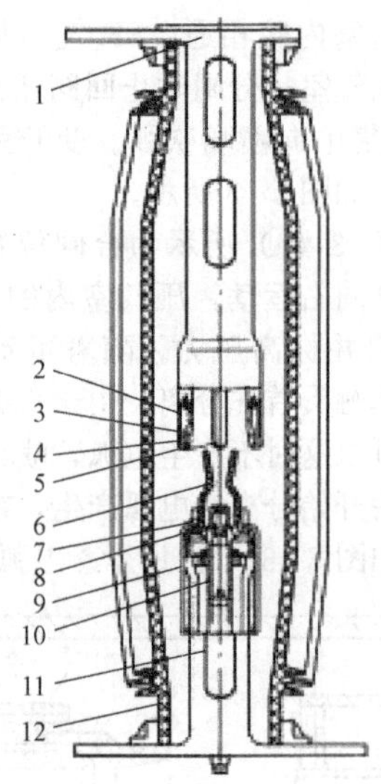

图 5-6　灭弧室结构图
1—静触头座；2—均压罩；3—触指；4—触指弹簧；5—静弧触头；6—喷管；7—动触头环；8—动弧触头；9—压气缸；10—动触头；11—缸体；12—瓷套装配

2) 分合闸过程。

a. 合闸过程。当断路器合闸时，工作缸活塞杆向上运动，通过拉杆、绝缘拉杆带动灭弧室拉杆向上移动，使动触头、压气缸、动弧触头、喷管向上移动，运动到一定位置时，静弧触头首先插入动弧触头中，即弧触头首先合闸，紧接着动触头环插入主触指中，主导电回路接通。压气缸快速向上移动的同时，灭弧室内 SF_6 气体迅速进入压气缸内。合闸时电流通路，电流由静触头座的端子进入，经静触头座、触指、动触头环、压气缸、缸体及缸体上的下接线端子引出。

b. 分闸过程。当断路器分闸时，工作缸活塞杆向下运动，通过绝缘拉杆、带动动触头系统向下移动，首先主触指和动触头环脱离接触，然后弧触头和分离。若断路器带有高电压，此时将在弧触头间出现电弧。在动触头向下运动时，压气缸内的 SF_6 气体被压缩后通过喷管向电弧区域喷吹，使电弧冷却和去游离而熄灭，并使断口间的介质强度迅速恢复，以达到开断额定电流及各种故障电流的目的。

（2）T 型结构断路器。该断路器属于支柱式断路器，如图 5 - 7 所示。

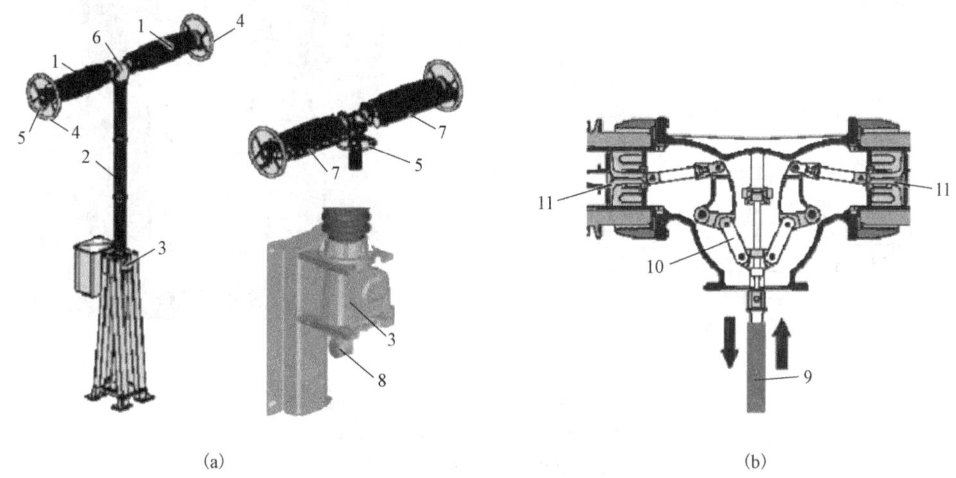

图 5 - 7　T 型结构断路器

（a）单极示意图；（b）分合闸传动机构图

1—灭弧室；2—绝缘子支柱；3—传动箱；4—屏蔽环；5—高压接线板；6—公用外壳；7—电容器；8—监控装置；9—绝缘操作连杆；10—传动机构；11—动触头

1）结构。断路器每极由两个灭弧室 1 组成，外面为瓷套。极的每一端都有屏蔽环 4 和高压接线板 5，两灭弧室之间由公用外壳 6 相连，该外壳的连接机构可以传动两个灭弧室内的动触头，灭弧室配备电容器 7。

断路器支柱由磁绝缘子组成，支柱可以使断路器与地面完全绝缘，支柱内的操作连杆与灭弧室内的动触头相连，支柱上也可配备屏蔽环 4。

断路器支柱底下配有传动箱 3，内有拐臂和曲柄组合，用来驱动动触头。在该传动箱内设有 SF_6 充气和监控装置 8。

断路器为 FK3 - 5 型弹簧操动机构，机构的门上有两个观察窗，可以看到里面指示断路器状态以及合闸弹簧所处的状态的指示牌；上部外壳有传动机构 10 与绝缘操作连杆 9 及两个灭弧室的动触头 11 相连。

2）分合闸过程。当接受分闸指令时，操动机构分闸弹簧中的能量就会被释放出来，由分闸弹簧直接推动绝缘操作连杆 9，把动作传递给外壳内的传动机构 10，将两个灭弧室内的触头同时分开。当接受合闸指令时，操动机构内的合闸弹簧就会释放能量。这些能量传递给绝缘操作连杆 9 进行合闸，同时，给分闸弹簧储能。

（3）LW56 - 550 型罐式 SF_6 断路器。该断路器由三个可以独立操作的单极和一个汇控柜组成，如图 5 - 8 所示。

1）单极结构。断路器每个单极有一个罐体，罐内装有三个串联的断口，其中两个为主断口，另一个为合闸电阻断口，合闸电阻与合闸电阻断口并联，合闸时合闸电阻的提前接通时间为 8～11ms，防止产生合闸过电压。主断口两端安装有并联电容器，保证两个主断口的电压分布均匀。在罐的斜上方安装有进出线套管。断路器单极结构图如图 5 - 9 所示。

2）灭弧室。灭弧室结构如图 5 - 10 所示，灭弧室采用压气式灭弧原理，室内有一个压气活塞用来产生熄灭触头之间电弧所需的高压 SF_6 气体。开关操作过程的示意如图 5 - 11 所示。

图 5 - 11（a）所示为断路器处于合闸位置。正常的负荷电流在主触头 1、4 之间流过。

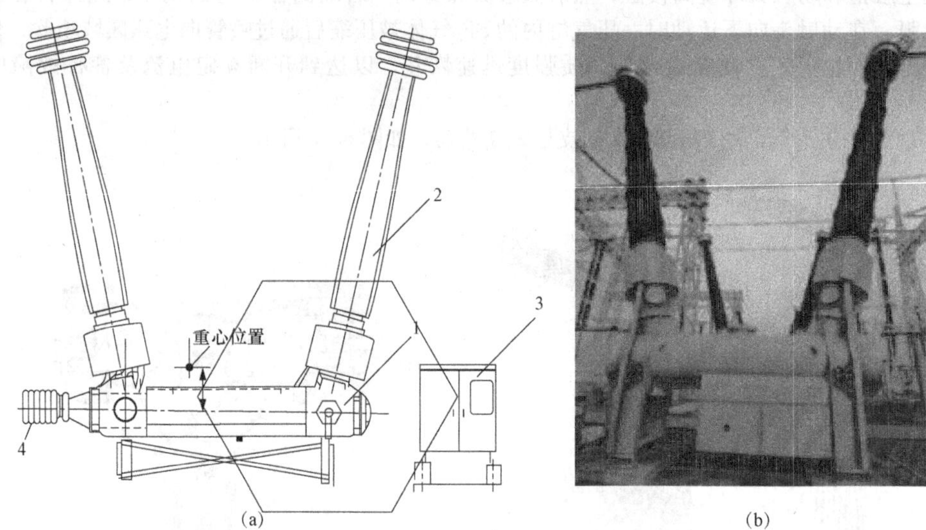

图 5-8 LW56-550 型罐式 SF_6 断路器

(a) 结构示意图；(b) 外形实物图

1—灭弧室；2—套管；3—控制柜；4—液压弹簧机构

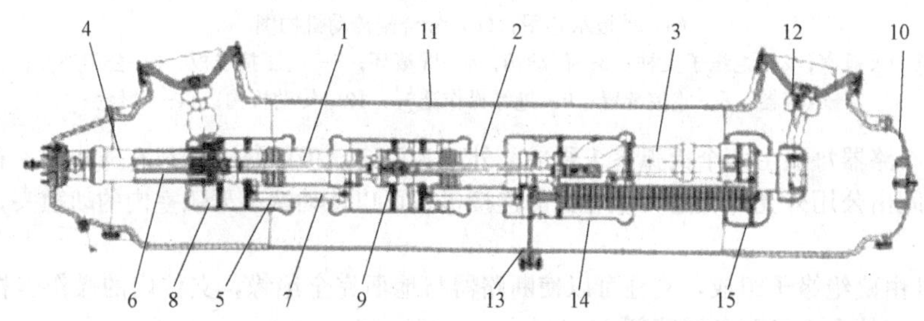

图 5-9 断路器单极结构示意图

1、2—灭弧室；3—合闸电阻装配；4—支撑绝缘筒；5、6—绝缘拉杆；7—并联电容器；

8、9、14、15—屏蔽罩；10—吸附剂；11—罐体；12—导体；13—运输绝缘杆

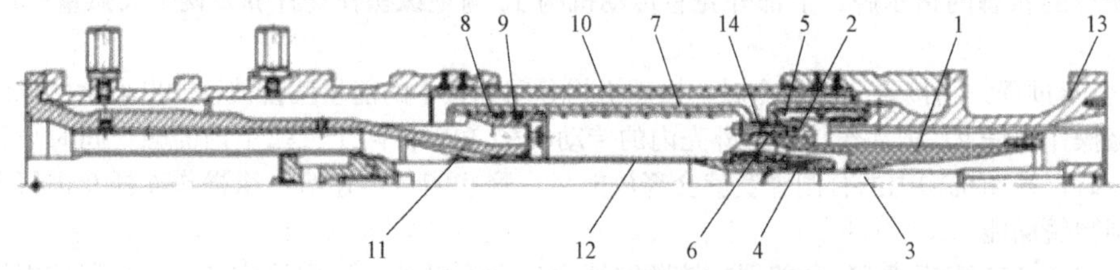

图 5-10 灭弧室

1—喷口；2—辅助喷口；3—静弧触头；4—动弧触头；5—静主触头；6—动主触头；7—压气缸；

8—触指；9—导向环；10—支撑绝缘筒装配；11—支持筒（压气活塞）；

12—导气管；13—静触座；14—气缸座

图 5-11（b）所示为随着分闸运动开始，在压气缸 5 中的 SF_6 气体开始被压缩，静主触头 1 与动主触头 4 首先分离，电流转移到灭弧触头 2、3 上。

图 5-11（c）所示为在分开的灭弧触头 2、3 之间逐渐发展成的电弧，电弧在喷口内受到 SF_6 气体的强烈吹动。被电弧游离的气体被轴向的上、下双喷气流迅速带走，在交流电弧电流自然过零熄灭后

一个极短的时间内，弧隙迅速地恢复它的介电强度，断了电弧的再起，即熄灭了电弧。

图 5-11（d）所示为断路器处于分闸位置的状态。

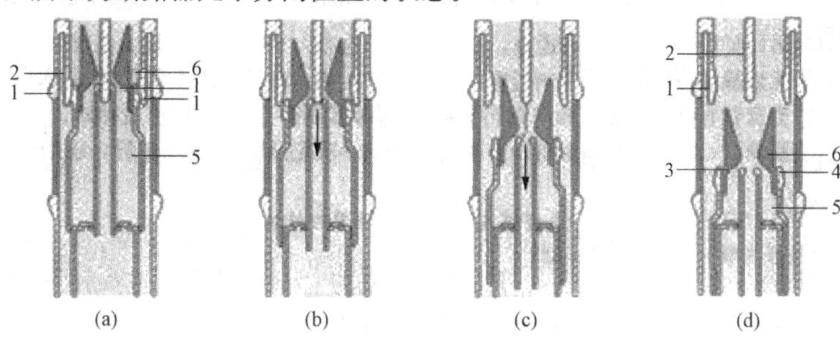

图 5-11　断路器灭弧室开断操作过程

（a）合闸位置；（b）分闸开始；（c）灭弧；（d）分闸位置

1—静主触头；2—静弧触头；3—动弧触头；4—动主触头；5—压气缸；6—喷口

3）套管。套管结构如图 5-12 所示。断路器的套管主要是由瓷套管 5、导电杆 4、均压环 1、屏蔽罩 7、接线端子 2 及电流互感器等元件构成。断路器集成了穿心式电流互感器，不需要单独的互感器，安装在罐体和瓷套管的连接处。

4）操动机构。断路器每个单极都配有各自的弹簧液压机构，安装在罐体的一端，通过绝缘拉杆与内部的灭弧室运动系统相连接，直接带动灭弧室内的压气缸及动触头运动，从而实现断路器的分、合闸操作。

5）断路器的汇控柜里装有继电器、小型断路器、转换开关、计数器、按钮、端子排、接触器、热继电器等二次控制和油泵电动机、加热器控制、保护电器元件。

4. SF_6断路器压力释放、气体检测装置与净化装置

（1）压力释放保护装置。SF_6断路器应装设完善的压力释放装置，其作用是防止SF_6断路器内电弧能量使SF_6气体的压力上升过高。压力释放装置分为两类：一是以开启和闭合压力表示其特征的，称为压力释放阀，一般组装在罐式断路器上；另一种是开启后不能再闭合的，称为防爆膜，一般装在支柱式SF_6断路器上。对压力释放装置的要求是：①压力释放阀其动作压力不应超过设计压力的 10%，一旦压力释放阀动作，在压力降低到设计压力的 75%之前，压力释放阀应能够可靠地重新关闭；②当采用防爆膜压力释放装置时，防爆膜应防止不必要的爆破；在使用年限内应保证不会老化开裂。

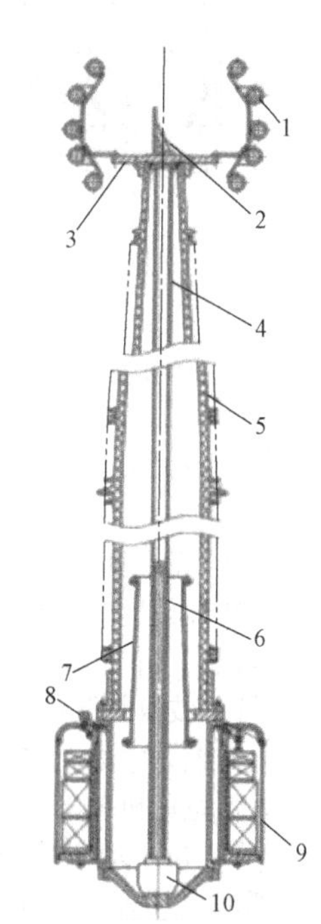

图 5-12　套管

1—均压环；2—接线端子；3—上法兰；4—导电杆；5—磁套管；6—导向杆；7—屏蔽罩；8—罐体；9—互感器；10—触头

（2）气体检测装置。SF_6断路器的绝缘和灭弧能力在很大程度上取决于SF_6气体的密度和纯度，所以对SF_6气体必须进行监视。一般监测装置有压力表和压力继电器或密度表和密度继电器。①当SF_6气体压力降低时，一般它比额定工作气体压力低 5%～10%发出补气报警信号；②当压力降到某数值时，一般该值比额定工作气压低 8%～15%时，它就不允许进行分、合闸操作，进行合闸闭锁并发出信号。

（3）净化装置。在每一相SF_6断路器中都装设有净化装置，不同厂家、不同结构的断路器净化装置安装位置也不相同。净化装置主要由过滤罐和吸附剂组成，一般吸附剂应满足以下要求：

1）具有良好的机械强度和足够的平衡吸附能量。

2）对水分和多种杂质有足够的吸附能力。

3）具有耐受高温和电弧冲击的能力。

4）吸附剂的成分中不含导电性和介电常数低的物质，以防粉尘影响 SF_6气体的绝缘性能。

四、真空断路器

真空断路器是指触头在高真空（真空度大于 0.0133Pa 的真空）中开断电流并灭弧的断路器。主要由真空灭弧室、支架和操动机构组成。高压真空断路器是三相交流 50Hz、额定电压为 3～35kV 的户内、户外装置，现已在工矿企业、发电厂及变电站电气设施的控制及保护中广泛使用。

1. 真空灭弧室的结构、技术特点

（1）结构。真空灭弧室也称真空管，是真空断路器的一个非常关键的部件，由动静触头、绝缘外壳、屏蔽罩和波纹管等组成。真空灭弧室按外壳绝缘，可分为玻璃外壳真空灭弧室和陶瓷外壳真空灭弧室；按触头结构，可分为横向磁场真空灭弧室和纵向磁场真空灭弧室；按屏蔽罩封接方式，可分为中封式真空灭弧室和非中封式真空灭弧室；按触头磁场结构，可分为单极性真空灭弧室和非防污型真空灭弧室。图 5-13 所示为几种典型的真空灭弧室结构。

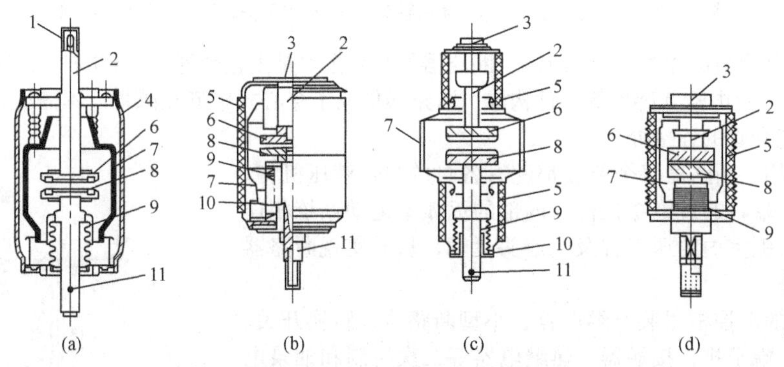

图 5-13 几种典型的真空灭弧室

（a）玻璃外壳真空式；（b）陶瓷外壳真空（中间封接式）；（c）陶瓷外壳真空（屏蔽外露式）；（d）加大爬距的陶瓷外壳真空式

1—排气口；2—导电杆；3—导电盘；4—玻璃外壳；5—陶瓷外壳；6—静触头；7—屏蔽罩；8—动触头；9—金属波纹管；10—导向管；11—触头磨损指示标记

1）外壳。外壳是真空灭弧室的密封容器，它不仅要容纳和支持真空灭弧室内的各种零件，而且当动、静触头在断开位置时起绝缘作用。因此要求它：①气密性好，所有材料均不允许有任何漏孔存在；②有一定的机械强度；③绝缘体必须有良好的绝缘性能。

2）波纹管。波纹管既保证灭弧室完全密封，又可保证灭弧室外部操动触头可靠运动。波纹管的侧壁可在轴向上伸缩，它的允许伸缩量也就决定了灭弧室所能获得的触头最大开距。波纹管的疲劳程度决定了真空灭弧室的机械寿命。

3）屏蔽罩。位于动、静触头周围的屏蔽罩由不锈钢制成。屏蔽罩的作用是吸收弧腔中在开断电流对真空电弧的金属蒸气，使之沉淀并附着在罩内，而不致溅落在绝缘罩的内壁上，避免由此降低灭弧室的绝缘强度。另外屏蔽罩的合理布置还起着改善断口电场分布的作用，提高断口耐压和恢复强度。

4）触头系统。动触头 8 位于灭弧室的下部，所连接的导电杆 2 与外壳之间装有导向管 10，保证动触头在上、下方向准确地运动；在动导电杆下方位于灭弧室外部的表面上还有一圆点状标记，可以从它的变化情况观察到触头磨损的尺寸；静触头 6 和动触头 8 以及与它们相连的导电杆 2 在闭合位置时构成导电回路，而在触头分离时则形成了断口。断口处是产生真空电弧和进行熄弧过程的弧腔。

5）灭弧室内部处于不低于 10^{-2}Pa 用的高真空状态，在制造过程中的工艺排气孔通常设置在导电杆的内部或者位于外屏蔽罩上。

（2）工作原理。在真空灭弧室中，当开关分合闸时，触头间产生电弧，触头表面在高温下挥发出金属蒸气，电弧靠产生的金属蒸气维持燃烧。由于触头设计的特殊形状，当电弧电流过零时，使触头周围的金属蒸气迅速下降，而弧隙的介质强度迅速恢复，使得电弧立即熄灭，完成切断电流的目的。

触头在真空中开断小电流时，产生电流和能量集聚的阴极斑点，从阴极斑点上大量地蒸发金属蒸气，其中的金属原子和带电质点的密度都很高，电弧就在其中燃烧。同时，弧柱内的金属蒸气和带电质点不断地向外扩散，电极也不断地蒸发新的质点来补充。在电流过零时，电弧的能量减小，电极的温度下降，蒸发作用减少，弧柱内的质点密度降低，最后，在过零时阴极斑消失，电弧熄灭。

触头在断开大的电流时，电弧的能量增大，阳极也严重发热，形成很强的集聚型的弧柱。触头间的磁场分布对电弧的稳定性和熄弧性能起到了有决定性的影响，当环境条件符合时，电弧过零点就会熄灭。如果电流太大，触头发热严重，电流过零以后金属蒸气仍然蒸发，介质强度恢复困难，电弧不能熄灭，造成开断失败。

2. 主要技术特点

真空断路器由于原理和结构上与其他断路器不同，具有下列特点。

（1）优点。

1）熄弧能力强，燃弧时间短，分断时间短。

2）触头电磨损小，电寿命长，触头不受外界有害气体的侵蚀。

3）触头开距小，减少了操动机构的操作，机械寿命也长。

4）开断是在密闭容器内进行的，电弧生成物不会污染周围环境，操作时也没有严重噪声，没有易燃易爆介质，无爆炸和火灾危险。

5）适合用于频繁操作和快速切断场合，特别适合于切断电容性负载电路。

6）结构简单，真空灭弧室与触头不需检修；体积小，质量轻。

（2）缺点是易产生过电压。

3. 真空断路器的操作过电压与限制

（1）真空断路器的过电压。真空断路器主要有以下三种操作过电压：

1）截流过电压。因灭弧能力太强而产生，减小截流值是解决和杜绝截流过电压的关键。截流过电压有：①单相截流过电压。由于采用了新型触头材料，真空灭弧室的截流值已大大降低，单相截流过电压的问题已不必担心。只是在用真空断路器控制电动机时，因电动机绝缘强度较低，仍需要考虑。②三相同时截流时的过电压。对一般的三相工频电路开断过程，首开相触头将此相电流开断后，其余两相要延时 1/4 周期后电流过零而被开断。但在用真空断路器开断时，可能出现三相同时开断的情况。这是因为当首开相因截流过电压而发生重燃时，在该相负载中将流过高频电流，通过电磁耦合在其他两相同时感应出一个高频电流叠加到工频电流上，使其他两相电流也强制过零，造成电路的三相“同时”发生截流的现象，从而出现更大的过电压。

2）切断电容性负载时，重击穿产生的过电压。这是熄弧后间隙发生重击穿而引起的。虽然真空断路器比其他断路器有较好的开断容性负载性能，但是由于真空间隙耐压强度不稳定和直流耐压水平较低，仍会有一定的重击穿概率，从而出现过电压。因此要求真空断路器的重击穿概率越小越好，最好不发生重击穿。因为真空断路器偶尔发生重击穿后能很快自动恢复其耐压强度，不会产生不断地在电源电压峰值处连续发生重击穿的情况，所以过电压并不高。

3）高频多次重燃过电压。由于真空断路器的高频多次重燃，在开断感性电流（如电动机启动电流）时，即使没有截流也会发生过电压，导致电动机匝间绝缘击穿而损坏。当三相真空断路器开断时，如果一极触头正好在其相电流零点前分离，电流很快就过零，电弧首先在这一相熄灭，也没有发生截流过电压。但此时触头间距很小，介质恢复强度不高，它不能承受恢复电压的作用，间隙被击穿而又产生电弧。由于线路参数的影响，击穿后电流中含有高频分量。如果高频分量的幅值大于工频电流瞬时值，就会出现高频电流零点，此时又可使电弧熄灭而开断电流。高频电流过零电弧熄灭时，负载电容上的电压将达到反相最大值，电容和电感再次发生高频振荡时可以产生更高的电压。这一电压又可再次使触头间隙击穿，再一次在高频电流零点时开断电流，产生更高的电压。击穿反复产生，使负载侧的电压不断升高，从而产生较高的过电压。这种过电压由于上升陡度很高，对电动机绕组绝缘的危害特别大，因此，往往在过电压倍数不高时就能使绕组的匝间绝缘损坏。

(2) 抑制操作过电压的方法。

1) 采用低截流值的触头材料与纵向磁场触头组成的灭弧室，既可降低截流过电压，又可提高开断能力。

2) 在负载端并联“电阻—电容”，这不仅能降低截流过电压及其上升陡度，而且在高频重燃时可使振荡过程强烈衰减，对抑制多次重燃过电压有较好的效果。电阻一般选为100～200Ω，电容为0.1～0.2μF。

3) 安装避雷器，可以限制过电压的幅值。

4) 串联电感，可降低过电压的上升陡度和幅值。

4. 典型的真空断路器

(1) ZN63 (VS1) 断路器。VS1系列户内真空断路器，它的总体结构如图5-14所示。VS1-12/M真空断路器（配永磁操动机构）可分为固定式和抽出式两种。其总体结构采用操动机构和灭弧室前后布置的形式，主导电回路部分分为三相落地式结构，真空灭弧室纵向安装在一个管状的绝缘筒内，绝缘筒由环氧树脂采用APG工艺浇注而成，因而它特别抗爬电，这种结构设计大大地减少了粉尘在灭弧室表面聚积，不仅可以防止真空灭弧室受到外部因素的影响，而且可以确保即使在湿热及严重污秽环境下，也可以对电压效应呈现出高阻态。

(2) ZN12-12型真空断路器。如图5-15所示，该断路器主要由外屏蔽罩式陶瓷外壳真空灭弧室、弹簧操动机构和绝缘支撑件组成。在用钢板焊接成的机构箱上固定有六只环氧树脂绝缘子，每相两只绝缘子呈V形布置。绝缘子上固定着铸铝合金材料制成的上下接线座2、3，用来安装真空灭弧室12。下出线部分装有软连接4，其一端与灭弧室动导电杆上的导电夹5相连。在动导电杆下端装有万向杆端轴承6，通过轴销7与下出线座上的转向杠杆8相连。开关传动主轴9上的拐臂末端连有绝缘拉杆10，从而驱动导电杆进行分合闸操作。该断路器配用的专用弹簧操动机构与断路器本体在结构上连为一体。

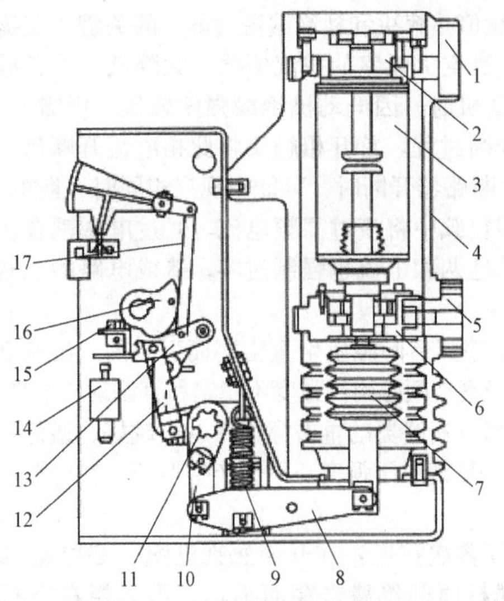

图5-14 VS1系列户内真空断路器总体结构

1—上出线座；2—上支架；3—真空灭弧室；4—绝缘筒；5—下出线座；6—下支架；7—绝缘拉杆（内加触头簧）；8—传动拐臂；9—分闸弹簧；10—传动连板；11—主轴传动拐臂；12—分闸保持掣子；13—连板；14—分闸脱扣器；15—手动分闸顶杆；16—凸轮；17—分合指示牌连杆

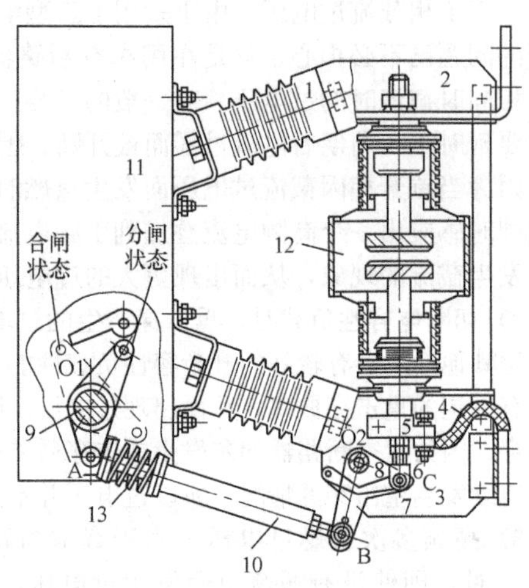

图5-15 ZN12型真空断路器结构图

1—绝缘子；2—上出线端；3—下出线端；4—软连接；5—导电夹；6—万向杆端轴承；7—轴销；8—转向杠杆；9—主轴；10—绝缘拉杆；11—机构箱；12—真空灭弧室；13—触头压力弹簧

(3) ZW8-12型真空断路器。如图5-16所示，采用陶瓷外套，有利于增大灭弧室沿面爬电距离，提高绝缘强度，其触头为杯状纵磁场结构，触头为铜铬合金制成，开断感性负载时过电压低，而且具有良好的开断和关合短路电流能力。

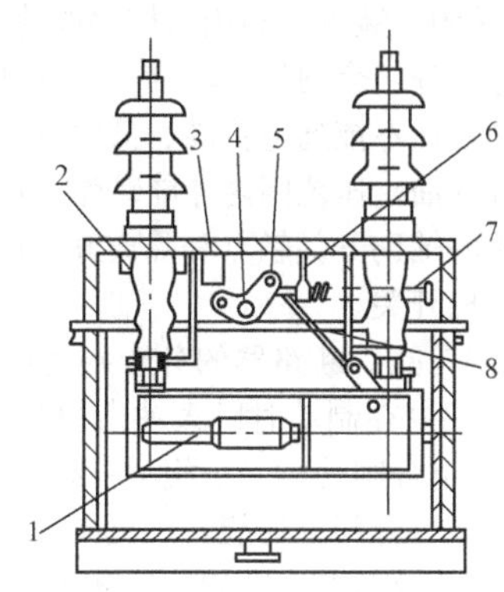

图5-16 ZW8-12真空断路器结构图

1—真空断路器灭弧室；2—电流互感器；3—分闸缓冲；4—三相主轴；5—拐臂；6—支撑件；7—分闸弹簧；8—绝缘操作杆

五、高压断路器操动机构

1. 操动机构的分类、型号及要求

(1) 操动机构的分类。断路器的分、合闸动作是靠操动机构来实现的。按操动机构所用操作能源的能量形式不同，操动机构可分为以下6种：

1) 手动机构（CS），用人力合闸的操动机构。

2) 电磁机构（CD），用电磁铁合闸的操动机构。

3) 弹簧机构（CT），用人力或电动机使弹簧储能实现合闸的弹簧操动机构。

4) 液压机构（CY），用高压油活塞实现合闸和分闸的操动机构。

5) 气动机构（CQ），用压缩空气推动活塞实现合闸和分闸的操动机构。

6) 弹簧液压机构（CYA），用弹簧储能分闸、液压推动活塞合闸的操动机构。

目前，手动机构、电磁机构和气动机构已很少使用，常用的有弹簧机构、弹簧液压机构。

(2) 操动机构的型号。国产操动机构型号主要由产品代号、驱动方式等，按[1] [2] [3]-[4] [5] 的排列方式来表述。

1—产品代号。C—操动机构。

2—驱动方式。D—电磁式、T—弹簧式、Y—液压式、Q—气动式。

3—设计序号。1、2、3等。

4—派生代号。X—箱式户外式。

5—派生结构。G—改进式。

(3) 对操动机构的要求。高压断路器的分合闸动作是靠操动机构来完成的，因此断路器的工作性能直接取决于操动机构。对高压断路器操动机构的要求如下：

1) 动作迅速可靠。断路器操动机构在接到动作命令后，动作必须准确；动作时间和分合闸速度满足该断路器技术指标要求。

2) 操作能量满足断路器的开断和关合要求。操动机构没有足够的操作能量，就不能正确地完成分合操作。特别是在关合短路故障时，存在很大的阻碍断路器合闸的电动力，如果关合不能到位，将严重烧伤触头和喷口，或者导致灭弧室爆炸。

3) 防“跳跃”功能。当断路器关合有故障的电路时，断路器将自动分闸。若此时合闸命令还未解除，断路器分闸后将再次合闸，接着又会分闸。这样，断路器可能多次关合和开断短路故障，这一现象就称为“跳跃”。出现“跳跃”现象时，断路器多次反复关合和开断故障电流，造成触头严重烧伤，甚至引起断路器爆炸事故。

断路器防“跳跃”一般有电气和机械两种方法：①电气方法一般是通过在控制回路中装设防跳继电器来实现，在分合闸命令同时施加的情况下，防跳继电器使分闸优先，由分闸命令直接启动，并通过继电器的触点使防跳继电器保持在励磁状态，它们的触点完全切断合闸线圈励磁回路，使断路器不能合闸，直到合闸命令解除为止。②机械常用的方法是装设自由脱扣装置，如CD2-40机构。当断路器关合在故障时，跳闸铁芯顶杆打开四联杆脱扣机构，使执行五联杆中的合闸滚轮偏离合闸铁芯顶杆，即使合闸铁芯继续执行合闸命令，合闸滚轮沿合闸铁芯顶杆外侧下滑实现自由脱扣，而不会再次合闸，达到了防止“跳跃”的目的。

4) 防慢分功能。一般指液压机构，当断路器和隔离开关处在合闸位置时，如果操动机构油压非常低或降至零压时，控制回路自动切断油泵电动机电源，禁止启动打压。

5）机械闭锁装置。利用机械手段将工作缸活塞杆维持在合闸位置，待机械故障处理完毕后方可拆除机械支撑。分、合闸位置闭锁，保证断路器在合闸位置时合闸回路断开而不能通电，在分闸位置时分闸回路断开而不能通电；高、低气（油）压闭锁，或弹簧到位闭锁，保证断路器只有在操动机构处在合格的气（油）压范围内才能动作，或者在合闸弹簧拉紧后才能合闸；断路器和隔离开关之间联锁，利用断路器的辅助开关触点和隔离开关的操动机构之间设立电磁联锁，保证断路器只有在分闸位置时才能操动隔离开关。

6）缓冲功能。断路器的分合闸速度很快，在合闸和分闸到底的时候要使高速运动的触头平稳地停止下来，减少在制动时巨大冲击力的破坏作用，需要在操动机构上装设缓冲装置。

7）具备重合闸功能、三相不一致及失灵保护的功能。断路器本身具备在断路器分闸后接到重合闸命令时能可靠重合闸的功能，还具备三相不一致、失灵等保护功能。

8）与保护及监控系统的接口功能。操动机构的控制回路以及监控装置能够与保护、监控系统接口，保护能够控制断路器操作，监控信号能够完全传送到变电站监控系统。

9）足够的使用寿命。一般应保证与断路器本体相同的使用寿命，并且应保证断路器可靠操作3000次以上。

10）满足使用环境的要求，尤其是对于外界温度的影响。

2. 弹簧操动机构

（1）特点。弹簧操动机构利用电动机对合闸弹簧储能，并由合闸掣子保持。在断路器合闸时，利用合闸弹簧释放的能量操作断路器合闸，与此同时对分闸弹簧储能，并由分闸掣子保持，断路器分闸时利用分闸弹簧释放能量操作断路器分闸。

优点是：①需求电源容量小，暂时失去电源也能操作，交直流电源均可使用；②弹簧操动机构成套性强，不需要配置其他附属设备；③不受环境温度影响，性能稳定，运行可靠；没有油的污染问题，环保防火。

缺点是：弹簧材料结构复杂、工艺要求高；合闸操作中，机构输出特性与断路器输入特性配合较差；机构的检测难度大。

（2）弹簧操动机构的动作过程。以CT20型弹簧操动机构为例，该弹簧操动机构利用电动机给合闸弹簧储能，断路器在合闸弹簧的作用下合闸，同时使分闸弹簧储能。储存在分闸弹簧的能量使断路器分闸。

1）分闸动作过程。图5-17所示状态为开关处于合闸位置，合闸弹簧已储能（同时分闸弹簧也已储能完毕）。此时储能的分闸弹簧使主拐臂受到偏向分闸位置的力，但在分闸触发器和分闸保持掣子的作用下将其锁住，开关保持在合闸位置。

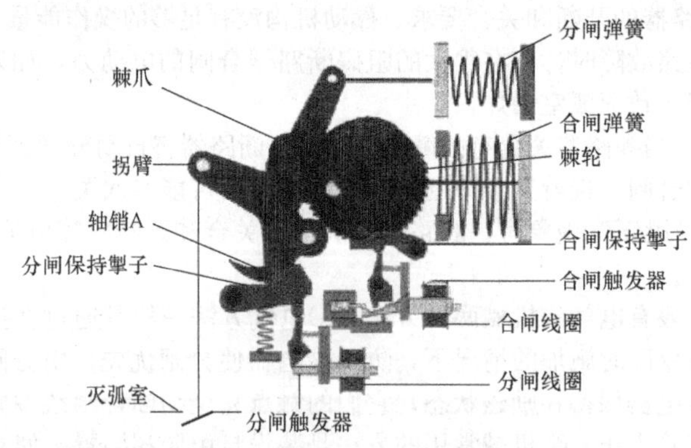

图5-17 合闸位置（合闸弹簧储能状态）

有分闸信号时，分闸信号使分闸线圈带电并使分闸撞杆撞击分闸触发器，分闸触发器以顺时针方向旋转并释放分闸保持掣子，分闸保持掣子也以顺时针方向旋转释放主拐臂上的轴销A，分闸弹簧力使主拐臂逆时针旋转，断路器分闸。

2）合闸操作过程。图5-18所示状态为开关处于分闸位置，此时合闸弹簧为储能（分闸弹簧已释放）状态，凸轮通过凸轮轴与棘轮相连，棘轮受到已储能的合闸弹簧力的作用存在掣子在顺时针方向的力矩，但合闸触发器和合闸弹簧储能保持掣子的作用下使其锁住，开关保持在分闸位置。

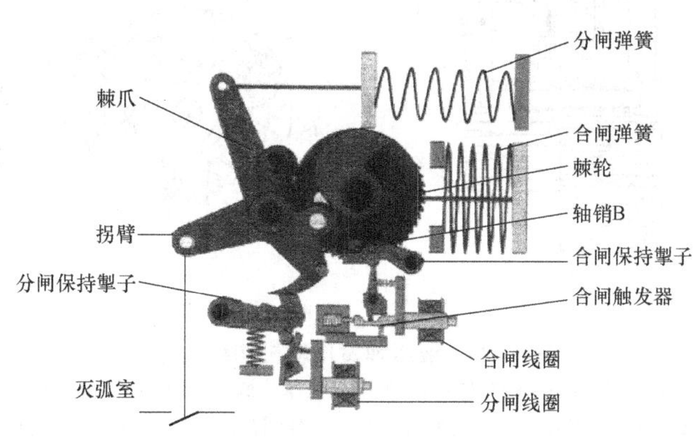

图 5-18 分闸位置（合闸弹簧储能状态）

有合闸信号时，合闸信号使合闸线圈带电，并使合闸撞杆撞击合闸触发器；合闸触发器以顺时针方向旋转，并释放合闸弹簧储能保持掣子，合闸弹簧储能保持掣子逆时针方向旋转，释放棘轮上的轴销；合闸弹簧力使棘轮带动凸轮轴以逆时针方向旋转，使主拐臂以顺时针旋转，断路器完成合闸；并同时压缩分闸弹簧，使分闸弹簧储能；当主拐臂转到行程末端时，分闸触发器和合闸保持掣子将轴销锁住，开关保持在合闸位置。

3）合闸弹簧储能过程。图 5-19 所示状态为开关处于合闸位置，合闸弹簧释放（分闸弹簧已储能）。断路器合闸操作后，与棘轮相连的凸轮板使限位开关闭合，磁力开关带电，接通电动机回路，使储能电机启动，通过一对锥齿轮传动至与一对棘爪相连的偏心轮上，偏心轮的转动使这一对棘爪交替蹬踏棘轮，使棘轮逆时针转动，带动合闸弹簧储能，合闸弹簧储能到位后由合闸弹簧借能保持掣子将其锁定。同时，凸轮板使限位开关切断电动机回路，合闸弹簧储能过程结束。

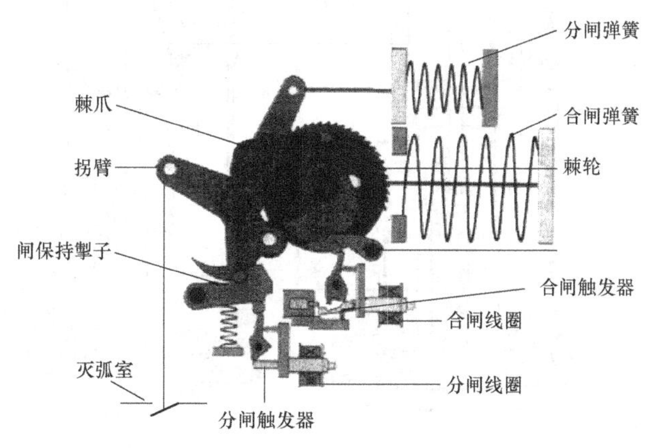

图 5-19 合闸位置（合闸弹簧释放状态）

3. 液压弹簧操动机构

（1）结构与功能。液压弹簧操动机构由储能模块、监控模块、控制模块、打压模块和工作模块组成，如图 5-20 所示。

1）模块的基本功能。工作模块（工作缸）采用常充压差动式结构，高压油恒作用于有杆侧，分、合闸速度可通过相应的节流螺塞来分别调整；充能模块（电动机和油泵）将电能转变成机械能，再转换成液压能带动储能模块（储压器）中的活塞压缩弹簧储能；监测模块（弹簧行程开关）——监测并控制弹簧储能情况。控制模块（电磁阀及换向阀等）——控制工作缸的分、合闸动作。

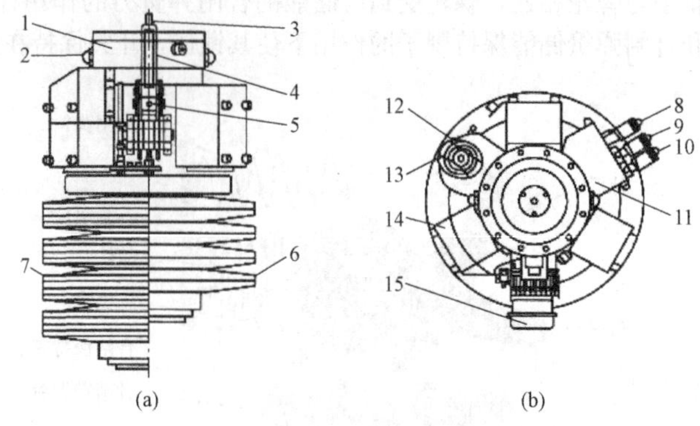

图 5-20 液压弹簧操动机构结构图

1—低压箱；2—油位观察窗；3—活塞杆；4—泄压阀操作手柄；5—泄压阀；6—HMB-4 碟簧装配；7—HMB-8 弹簧装配；8—合闸控制阀；9—分闸控制阀Ⅰ；10—分闸控制阀Ⅱ；11—换向阀；12—带电机的充能模块；13—炭刷；14—储能模块；15—弹簧行程开关

2）机械防慢分装置。CYA4-1 型液压弹簧操动机构的换向阀本身就具有防失压慢分的功能，为了保证可靠地防慢分，还设置了机械防慢分装置，如图 5-21 所示。断路器处于合闸位置，一旦机构液压系统出现失压故障，支撑环 5 受到弹簧力的作用，向上运动 h_2，推动连杆 3，连杆 3 带动拐臂 1 顺时针转动 h_3，支撑环向下慢分的活塞杆使断路器始终保持在合闸位置。待机构的故障排除后重新储能，在储能活塞的作用下，支撑环 5 向下运动压缩弹簧，连杆 3 在复位弹簧力的作用下，带动拐臂 1 逆时针转动，脱离活塞杆，产品又恢复正常工作状态。

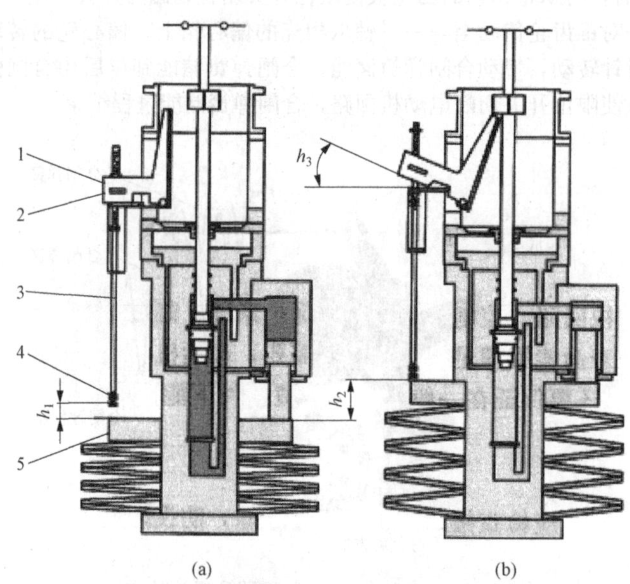

图 5-21 机械防慢分装置工作原理图

(a) 机构正常工作状态；(b) 机构失压状态

1—拐臂；2—弹性开口销；3—连杆；4—调整螺栓；5—支撑环

3）缓冲装置。为了使断路器在分、合闸操作末期平稳地停下来，在操作活塞的两端设置了阶梯缓冲器，通过逐渐缩小油流的截面积，吸收分、合闸操作的剩余能量，降低断路器本身的冲击，使机械特性平滑，提高了机械可靠性。

4）防跳装置。防跳装置功能主要是在电气控制回路中实现。

5）闭锁。为了确保断路器具有所需要的开断能力，操动机构中的控制回路中设有两种闭锁装置，一种是SF_6气体低气压闭锁，另一种是低油压操作闭锁。前一种由SF_6气体密度计实现。而后一种则通过固定在机芯上的限位开关实现，固定在支撑环上的齿条，随储能弹簧运动，转动与其啮合的齿轮，与齿轮同轴的凸轮带动限位开关转换限位开关触点通断状态。

(2) 特点。液压弹簧操动机构是用弹簧作为储能介质、液压油作为传动介质，特点如下：

1) 液压系统的压力基本不受环境温度变化的影响。

2) 排除了氮气泄漏或油氮互渗引起的压力变化的可能性。

3) 弹簧刚度大、单位体积材料的变形能较大，所以可以将液压系统工作压力定得较高，减少系统损耗、提高效率、减小整体体积。

4) 具有变刚度特性，选择适当的内截锥高度 h 与钢板厚度 s 的比值，可得到非常适宜液压机构储能用的渐减型特性，当 h/s 接近 1.4 时，力值在一定位移范围内变化最小。

5) 采用不同的组合方式，可以得到不同的弹簧数值特性：对合增大位移、叠合增大力值、复合则同时增大位移和力值。

6) 可在支撑面和叠合面间采用圆钢丝支撑，并涂润滑油减少摩擦。

7) 在储能电机到油泵的传动中，这对啮合的圆锥齿轮材料分别为钢和工程塑料，优点是传动噪声小，无需润滑。

8) 液压弹簧操动机构采用了钢球斜面阀系统和拐臂连杆两套防慢分装置，在机构一旦出现失压意外，能可靠地防止断路器出现慢分。

(3) 动作过程。以 CYA4 - 1 型液压弹簧操动机构为例，如图 5 - 22 所示，动作过程如下：

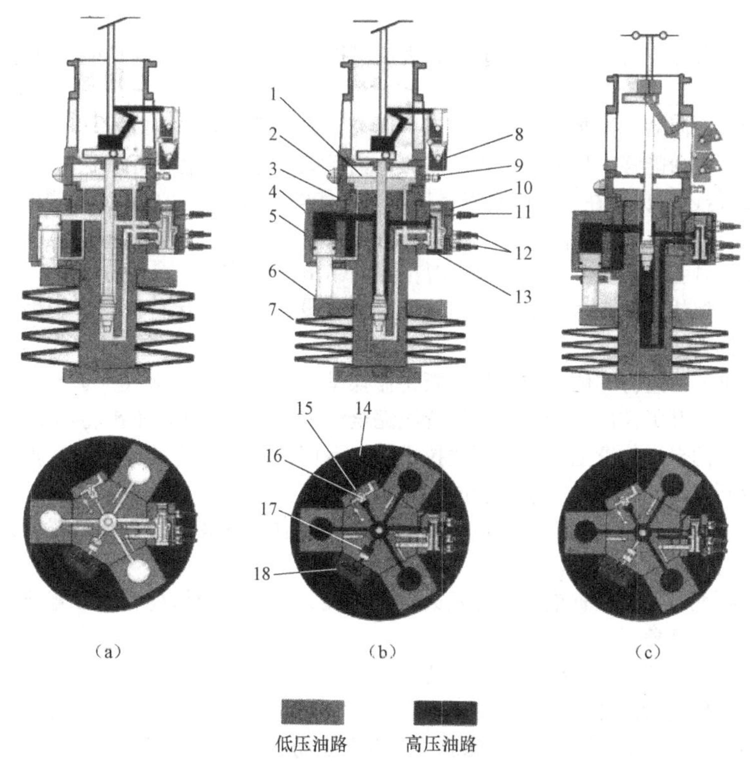

图 5 - 22　CYA4 - 1 型液压弹簧操动机构工作原理

(a) 未储能，分闸状态；(b) 已储能；分闸状态；(c) 已储能，合闸状态

1—低压油箱；2—油位指示器；3—工作活塞杆；4—高压油腔；5—储能活塞；6—支撑环；7—弹簧；8—辅助开关；9—注油孔；10—合闸节流阀；11—合闸电磁阀；12—分闸电磁阀；13—分闸节流阀；14—排油阀；15—储能电机；16—柱塞油泵；17—泄压阀；18—行程开关

1）储能过程。当储能电机接通时，油泵将低压油箱的油压入高压油腔，三组相同结构的储能活塞在液压的作用下，向下压缩弹簧而储能。

储能时应特别注意，储能电机仅适用于短时工作。为了防止储能电机过热而损坏，储能电机每小时启动不能超过20次。

2）合闸操作。当合闸电磁阀线圈带电时，合闸电磁阀动作，高压油进入换向阀的上部，在差动力的作用下，换向阀芯向下运动，切断了工作活塞下部原来与低压油箱连通的油路，而与储能活塞上部的高压油路接通。工作活塞在差动力的作用下，快速向上运动，带动断路器合闸。

3）分闸操作。当分闸电磁阀线圈带电时，分闸电磁阀动作，换向阀上部的高油压腔与低压油箱导通而失压，换向阀芯立即向上运动，切断了原来与工作活塞下部相连通的高压油路，而使工作活塞下部与低压油箱连通失压。工作活塞在上部高压油的作用下，迅速向下运动，带动断路器分闸。

六、运行一般要求

1. 断路器运行的一般要求

(1) 绝缘部分能长期承受最大工作电压，还能承受短时过电压。

(2) 长期通过额定电流时，各部分温度不超过允许值。

(3) 断路器的跳闸时间要短，灭弧速度要快。

(4) 能满足快速重合闸的要求。

(5) 断路器的遮断容量要大于电网的短路容量。

(6) 在通过短路电流时，有足够的动稳定性和热稳定性，尤其不能出现因电动力作用而不能自行断开。

(7) 具备一定的自保护功能和防跳功能，如失灵保护、防止非全相合闸功能、合分时间自卫功能、重合闸功能等。

(8) 断路器的监视回路、控制回路应能与保护系统、监控系统可靠接口。

(9) 断路器使用寿命能够满足电力系统的需要，包括机械寿命和电气寿命。

(10) 高压断路器还要保证在一般的自然环境条件下能够正常运行，且保证一定的使用寿命。

2. 高压开关柜运行一般要求

(1) 高压开关柜具备“五防”功能，操作时按照联锁条件进行。

(2) 高压开关柜柜体正面有主接线图；柜体前后标有设备名称和运行编号，柜内一次电气回路有相色标识，电缆孔洞封堵严密。

(3) 小车开关推入“运行”位置前应释放断路器操动机构的能量，推入“运行”位置后应检查是否已到位并锁定；小车开关拉出在“试验”位置应完全锁定；任何时候均不准将小车开关置于“试验”与“运行”位置之间的自由位置上；小车开关拉出后，活门隔板应完全关闭；每次推入手推式开关柜之前，应检查相应断路器的位置，严禁在合闸位置推入手车。

(4) 当环境湿度低于高压开关柜允许运行湿度时，应开启驱潮装置；当环境温度低于高压开关柜允许运行温度时，应开启保温装置。

(5) 高压开关柜配合停电检查绝缘部件及灭弧室外壳、二次接线结构箱辅助触点、活门隔板，二次插头应无氧化、变形现象。

3. 气体绝缘金属封闭电器运行的一般要求

(1) 严防外逸气体侵袭以外的事故：

1）当SF_6泄漏报警时，未采取安全措施前，不得在该场所停留。

2）对值班、检修人员出入的装有SF_6设备的场所，应定期通风，通风时间不少于15min。

3）今年如电缆沟或低凹处工作时，应测含氧量及SF_6气体浓度，合格后方可进入。

(2) 防止接触电动势危害人身安全：

1）操作时，禁止人员在设备外壳上停留。

2）运行中气体绝缘金属封闭开关外壳及构架的感应电压应不超过36V，其温升不应超过30K。

(3) 运行中应纪录断路器切断故障电流的次数和电流数值；定期记录动作计数器的数值。

(4) 设备气体管道有符合规定的颜色标示，在现场应配置与实际相符的SF_6系统模拟图和操作系统图，应标明气室分隔情况、气室编号，汇控柜上有本间隔的主接线示意图。设备各阀门上应有接通或截止的标示。

课题二 隔 离 开 关

一、学习目标

掌握隔离开关的用途，了解不同类型隔离开关的结构，掌握运行要求。

二、隔离开关的作用

隔离开关是高压开关设备的一种，是变电站中使用最多的电气设备。在结构上，隔离开关无专门灭弧装置，因此不能用来拉合负荷电流和短路电流。在电网中，其主要作用如下：

(1) 设备检修时，用隔离开关来隔离有电和无电部分，形成明显的断开点，使检修的设备与电力系统隔离，以保证工作人员和设备的安全。

(2) 隔离开关与断路器相配合进行倒闸操作，以改变运行方式。

(3) 可用来开断小电流电路和旁（环）路电流，例如可用隔离开关进行下列操作：

1) 拉、合无故障电压互感器和避雷器。

2) 拉、合母线及直接连在母线上设备的电容电流。

3) 对双母线带旁路接线，当某一出线单元断路器因某种原因不能分闸时，用旁路母线断路器代其运行时，可用隔离开关断开并联回路，但操作前必须停用旁路母线断路器的操作电源。

4) 对一个半断路器接线，当某一串中断路器因某种原因不能分闸时，可用隔离开关来解环。但要注意其他串的所有断路器必须在合闸位置，并按现场规程执行。

5) 对双母线单分段接线方式，当两个母联断路器和分段断路器中的某一断路器出现分、合闸闭锁时，可用隔离开关断开回路。但操作前必须确认三个断路器在合闸位置，并断开三个断路器的操作电源。

三、铭牌与技术参数

1. 隔离开关铭牌表示方法

1—产品类型字母代号。G—隔离开关，J—接地开关。

2—使用环境。N—户内式，W—户外式。

3—设计系列顺序号。以数字1、2、3…表示。

4—额定电压（kV）。

5—派生代号，通常以字母表示，如K—带快分装置；D—带接地开关，G—改进型。

6—额定电流（A）。

例如GW4-252D（W）/J3150-50，表示户外隔离开关、设计序号为4、额定电压为252kV、带接地开关、用于污秽地区、电动操动机构，额定电流为3150A，额定短时耐受电流为50kA。

2. 主要技术参数

(1) 额定电压，指隔离开关长期运行时能承受的工作电压。

(2) 额定电流，指隔离开关长期通过的工作电流，即长期通过该电流，指隔离开关各部分的发热不超过允许值。

(3) 热稳定电流，指隔离开关在某规定的时间内，允许通过的最大电流。它表明了隔离开关承受短路电流热稳定的能力。

(4) 极限通过电流峰值，指隔离开关能承受的瞬时冲击短路电流。它表明了隔离开关各部分机械强度性能。

(5) 所配操动机械的型式，有手动式（S）、电动式（J）。

四、隔离开关的基本结构

隔离开关的种类很多，按安装地点可分为户内式和户外式。

1. 户内式隔离开关

户内式三相高压隔离开关如图 5 - 23 所示。它主要包括导电部分、绝缘部分和操动部分。

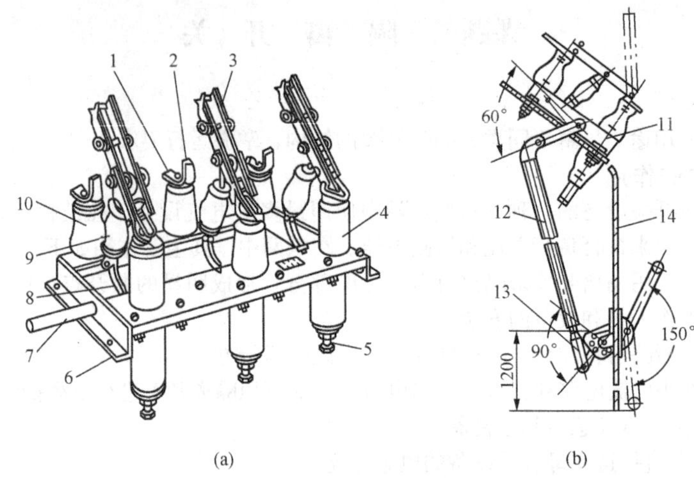

图 5 - 23　户内式三相高压隔离开关

(a) GN8 开关机构；(b) 操动机构

1—上接线端子；2—静触头；3—闸刀；4—套管绝缘子；5—下接线端子；6—框架；7—转轴；8—拐臂；9—升降绝缘子；10—支柱绝缘子；11—GN8 型隔离开关；12—焊接钢管；13—调节杆；14—GS6 操动机构

(1) 导电部分。其主要作用是关合与断开电路。它包括 L 形静触头和动触头。动触头为两根矩形铜条制成的闸刀，用弹簧紧夹在静触头两边形成线接触。紧贴在闸刀两端外侧靠近静触头之处的钢板通常名为磁锁。它的作用有：一是在一定的弹簧力下，通过磁锁造成的杠杆比，可以在闸刀和静触头接触处产生较大的接触压力；二是在短路电流流过时，由于钢板被磁化而产生吸引力，此力作用于刀片上，使接触压力增加，从而可以避免短路电流引起触头熔焊和防止闸刀自行分开。

(2) 绝缘部分。其主要起绝缘作用，它包括支柱绝缘子、套管绝缘子和升降绝缘子。动触头和静触头分别固定在套管绝缘子和支柱绝缘子上，升降绝缘子带动闸刀转动，实现分、合操作。

(3) 操动部分。它与操动机构连接，完成分、合操作。主要包括转轴和拐臂，转轴装设在框架上，而拐臂安装在转轴上，最终构成升降绝缘子与闸刀及转轴上的拐臂捻接。转轴通过其端部的拐臂与操动机构连接，从而进行分、合操作。户内隔离开关通常配用 GS6 手力操动机构，它与 GN8 型隔离开关配合的一种安装方式如图 5 - 23 (b) 所示。

2. 户外式隔离开关

常用的户外式隔离开关按支柱绝缘子的数目有单柱式、双柱式和三柱式。

(1) 单柱式隔离开关。单柱式隔离开关也称垂直断口伸缩式隔离开关，只有一根支柱绝缘子，它既起绝缘作用，又起支持作用，由于只有一个支柱绝缘子，故称为单柱式。其动作方式可分为双臂折架（剪刀式）和单臂折架（伸缩式）两种。其特点是占地面积小，但结构复杂。

图 5 - 24 所示为 GW6 型隔离开关单极结构，其结构为单柱剪刀式；图 5 - 25 所示为 GW16 型隔离开关单极结构，其结构为单柱垂直伸缩式。每相具有两个绝缘子，即支柱绝缘子 6 和操作绝缘子 7。静触头 1 固定在架空母线上或悬吊在架空软母线上，动触头 2 固定在导电折架 3 上，通过操作绝缘子 7 及传动装置窜去操动导电折架，合闸时，导电折架向上运动，分闸时，导电折架向下运动。动触头收缩向下运动，形成电气绝缘断口。

(2) 双柱式隔离开关。

1) 图 5 - 26 所示为 GW5 型高压隔离开关结构。由导电部分、绝缘部分和机构箱组成。其中：①导电部分主要作用是关合和断开电路；②绝缘部分起绝缘作用，包括两个支持绝缘子 1，构成 V 形，分别装在机构箱 2 中的轴承座上，可以绕自己的轴转动；③机构箱 2 主要是齿轮传动系统，支持瓷柱的轴穿入机构箱内并通过装在轴上的伞形齿轮互相啮合，以保证两支持瓷柱同步转动。

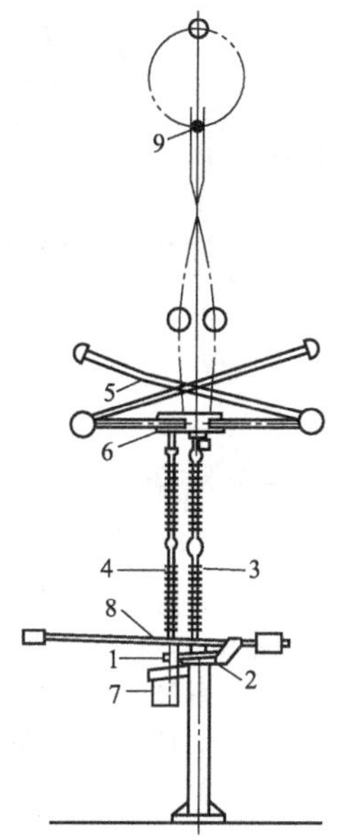

图 5-24 GW6 单柱式隔离开关

1—转动轴；2—支架；3—支柱绝缘子；4—转动绝缘子；5—导电架（动闸刀）；6—轴承箱；7—操动机构；8—接地开关；9—悬挂（静）触头

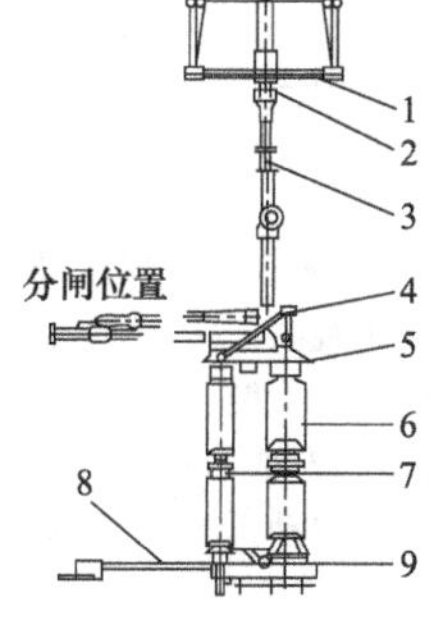

图 5-25 GW16 型隔离开关单极结构图

1—静触头；2—动触头；3—导电折架；4—传动装置；5—接线板；6—支柱绝缘子；7—操作绝缘子；8—接地开关；9—底座

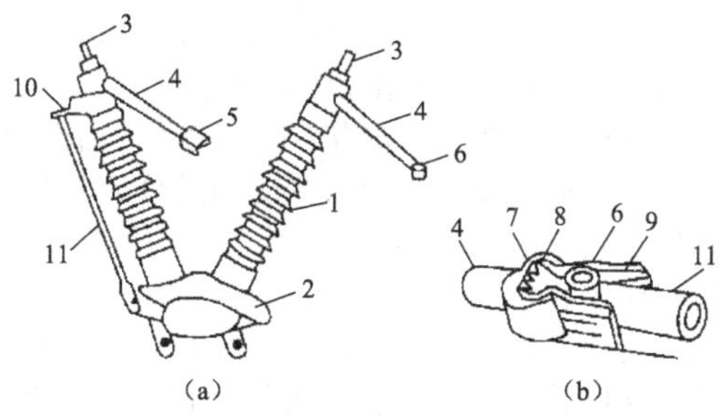

图 5-26 GW5 型高压隔离开关结构图

(a) 结构图；(b) 触头详图

1—支柱绝缘子；2—机构箱；3—接线端子；4—导电臂；5、6—触头；7—支架；8—弹簧；9—触指；10—静触头；11—接地开关

2）图 5-27 所示为Ⅱ型双柱式隔离开关，型号为 GW4。它的转臂也即主闸刀固定绝缘瓷柱顶部的活动出线座上。图 5-27（a）所示为闸刀处于合闸位置。分闸时主闸刀传动轴带动两侧的绝缘瓷柱转动5，使闸刀在水平面上转动而分闸，如图 5-27（b）所示，这种开关不占上部空间，但相间距离要求大。

3）图 5-28 所示为 GW11 型隔离开关单极结构。其结构为双柱水平伸缩式。每相具有两个支柱绝缘子（1、2），一个操作绝缘子 3。每相隔离开关动、静触头侧可配装一台接地开关。配用电动操动机构。隔离开关主刀合闸操作时，操动机构通过操动连杆 9 带动操作绝缘子 3 转动，操作绝缘子 3 动作一次约 90°，其顶端通过传动连杆带动导电杆 4，下导电杆向下转动，上导电杆以联轴节为圆心做圆周运动，使上下导电杆串成直线，动触头 5 插入静触头 6 完成合闸。分闸过程与此相反。分闸后使上下导电杆折叠竖立在支柱绝缘子顶部，保证断口的安全绝缘距离。

接地开关合闸操作，在主刀分闸后，接地开关操动机构通过接地开关操动连杆 10 或 11 将力矩传给接地开关转轴，使接地开关导电杆向上旋转约 75°，当动、静触头相接触后，动触头向上运动，插入静触头完成合闸操作。分闸过程与此相反。

(3) 三柱式隔离开关。图 5-29 所示为三柱式隔离开关，型号为 GW7。与双柱式隔离开关相比，三柱式隔离开关相间距离要更小，两边的绝缘支柱绝缘子固定在支架上，中间的绝缘子安装在轴上。分闸时中间的绝缘子带动转臂刀闸转动 60°，使闸刀在水平面上转动而分闸，如图 5-29（b）所示。三柱式与双柱式隔离开关的基本元件相同，动作原理相似，只是刀闸转动方向不同。

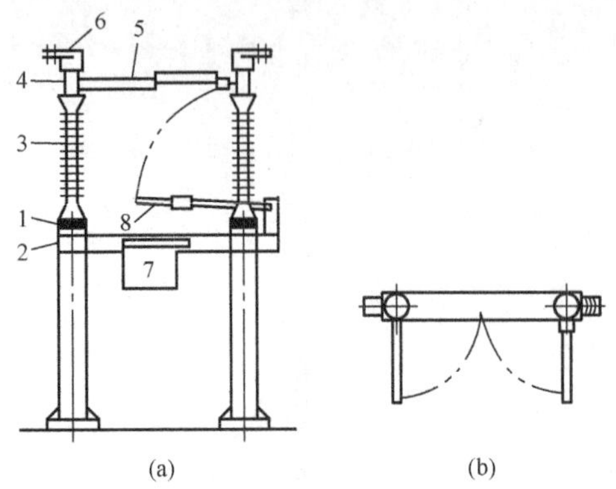

图 5-27 GW4 双柱式隔离开关

(a) 平视图；(b) 俯视图

1—轴承座；2—支架；3—绝缘子；4—转动头；5—转臂（闸刀）；6—高压出线座；7—操动机构；8—接地开关

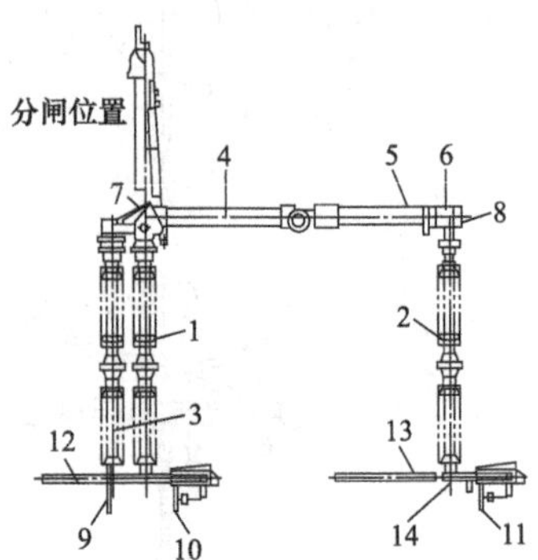

图 5-28 GW11 型隔离开关单极结构图

1、2—支柱绝缘子；3—操作绝缘子；4—导电杆；5—动触头；6—静触头；7、8—接线板；9—操动连杆；10、11—接地开关操动连杆；12、13—接地开关；14—底座

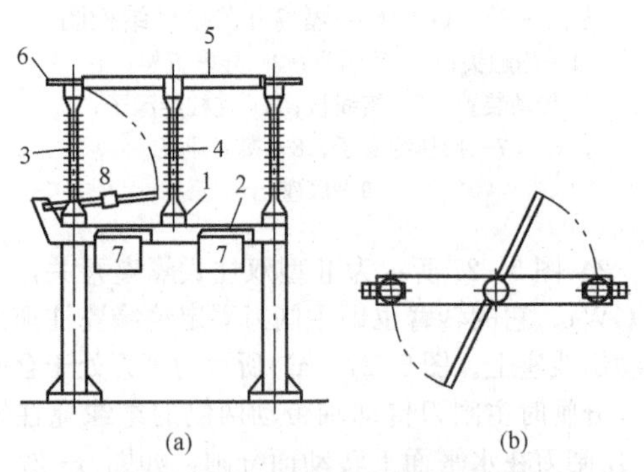

图 5-29 GW7 三柱式隔离开关

(a) 平视图；(b) 俯视图

1—转动轴；2—支架；3—固定绝缘子；4—转动绝缘子；5—转臂刀闸；6—高压出线端；7—操动机构；8—接地开关

五、隔离开关的操动机构

隔离开关的操动机构有手动、气动、液压和电动四种类型，常用的是手动和电动。电动操动机构都配置手动操作的功能，以便动力系统故障或调整隔离开关时使用，两者相互闭锁。手动操动机构必须在隔离开关安装地点就地操作，当隔离开关采用气动、液压或电动操动机构时，可实现远控操作和自动控制。

手动操动机构以人力为操作动力，由凸轮、连杆等组成。按其传动装置的型式分为杠杆式和蜗轮式两种；按操作杆动作方向不同，分为垂直操作和水平操作两种方式。手动操动机构结构简单、价格低廉、维护工作量少，而且在合闸操作后能及时检查触头的接触情况，因此在 110kV 及以下等级的变电站被广泛应用。

电动操动机构以电动机为操作动力，由电动机、齿轮、蜗轮减速器、传动杆和电器控制元件等组成。电动机的动力通过蜗轮减速器的输出轴经连杆传递给隔离开关，实现分闸、合闸操作。其按电动机的类型不同，可分为直流电动机构和交流电动机构。电动操动机构具有结构简单、操作灵活、没有渗漏等许多优点，是一种应用很广泛的操动机构。随着变电站集中控制的发展，电动操动机构将得到普遍的应用。

六、隔离开关的闭锁

隔离开关的闭锁装置是防止电气误操作的主要技术措施。隔离开关应具备三种闭锁，即隔离开关与接地开关之间的闭锁、隔离开关与断路器之间的闭锁及母线隔离开关与母线隔离开关之间的闭锁。其按动作原理大致可分为机械闭锁、电气闭锁和微机闭锁三大类。

(1) 机械闭锁，可分为直接机械闭锁和辅助机械闭锁。直接机械闭锁是利用隔离开关自身的机械机构挡板或机械连杆实现的，针对隔离开关与接地开关而设置。辅助机械闭锁是利用辅助工具实现的，主要是借助机械程序锁、闭锁盒、挂锁等完成。

(2) 电气闭锁，将断路器、隔离开关、接地开关的辅助触点接入电气操作电源回路中而达到闭锁目的。电磁闭锁是电气闭锁的特殊方式，它是将设备辅助触点接入电磁闭锁电源回路中，借助电磁锁等设备达到闭锁目的。

(3) 微机闭锁，通过计算机和网络通信等技术将电气设备的闭锁条件、倒闸操作规则等编辑成计算机程序，并通过现场防误锁具实现闭锁。

七、隔离开关运行中的技术规定

1. 基本要求

(1) 隔离开关应有明显的断开点，以易于鉴别电气设备是否与电源隔开。

(2) 隔离开关断开点间应具有可靠绝缘，即要求隔离开关断开点间有足够的绝缘距离，以保证在过电压及相间闪络的情况下，不致引起绝缘击穿而危及工作人员的安全。

(3) 隔离开关应具有足够的短路稳定性。隔离开关在运行中，会受到短路电流热效应与电动力的作用，所以要求隔离开关具有足够的稳定性，尤其不能因电动力的作用而自动断开，否则将引起严重事故。

(4) 要求隔离开关结构简单，动作可靠。

(5) 主隔离开关与其他接地开关间应相互连锁，因而必须装设连锁机构，以保证先断开隔离开关，后闭合接地开关；先断开接地开关，后闭合离开关的操作顺序。

(6) 具有开断一定的电容和电感电流的能力及开断环流的能力。

(7) 分、合闸时的同期性要好，有最佳的分、合闸速度，以尽可能降低操作时的过电压、燃弧次数和无线电干扰。

(8) 隔离开关允许在额定电流、额定电压下长期运行，各相与导体的连接头在运行中的温度不应超过 70℃，导电回路长期工作温度不宜超过 80℃。

(9) 通过辅助触点，隔离开关与断路器之间应有电气闭锁，以防带负荷误拉、合隔离开关。

(10) 隔离开关的触头接触电阻应符合要求。

(11) 对于应用在气候寒冷地区的户外型隔离开关，应具有设计要求的破冰能力，在冰冻的环境里应能可靠地分、合闸。

(12) 对于一般户外支柱式隔离开关，其外绝缘爬电距离应满足安装地点的污秽等级要求，同时应根据设计要求留有一定裕量。

2. 隔离开关允许进行的操作

隔离开关因为是一种没有灭弧装置的控制电器，因此，严禁带负荷进行分、合操作。隔离开关允许进行下列操作：

(1) 拉、合系统无接地故障的消弧线圈。

(2) 拉、合无故障的电压互感器、避雷器。

(3) 拉、合系统无接地故障的变压器中性点的接地开关。

(4) 与断路器并联的旁路隔离开关，当断路器合好时，可以拉、合与运行断路器并联的旁路电流。

(5) 拉、合空载站用变压器。

(6) 拉、合 110kV 及以下且电流不超过 2A 的空载变压器和充电电流不超过 5A 的空载线路，但当电压在 20kV 以上时，应使用户外垂直分合式三联隔离开关；拉、合电压在 10kV 及以下时，电流小于 70A 的环路均衡电流。

(7) 拉合 220kV 及以下母线和直接连接在母线上的设备的电容电流，拉合经试验允许的 500kV 空母线和拉合 3/2 接线母线环流。

(8) 对双母线带旁路接线，当某一出线单元断路器因某种原因出现分、合闭锁，用旁路母线断路器带其运行时，可用隔离开关断开并联回路，但操作前必须停用旁路母线断路器的操作电源。

(9) 对双母线单分段接线方式，当两个母联断路器和分段断路器中的任一断路器出现分、合闸闭锁时，可用隔离开关断开回路。但操作前必须确认三个断路器在合闸位置，并断开三个断路器的操作电源。

(10) 对 3/2 断路器接线，当某一串中断路出现分、合闸闭锁时，可用隔离开关来解环，但要注意其他串的所有断路器必须在合闸位置。

课题三 SF_6全封闭组合电器

一、学习目标

了解SF_6全封闭组合电器的基本结构与电气设备的特点，掌握运行要求。

二、GIS的典型基本结构

SF_6全封闭组合电器配电装置的英文全称是Gas Insulated Substation，缩写为GIS。它是由断路器、隔离开关、快速或慢速接地开关、电流互感器、电压互感器、避雷器、母线及这些元件的封闭外壳、伸缩节和出线套管等组成，如图5-30所示。也就是将上述间隔的配电装置设备通过封闭式组合，加装在一个充满一定压力SF_6气体的仓内，依靠间隔内SF_6气体保证电气绝缘，SF_6气体同时也起灭弧介质的作用。具有安全运行可靠性强、占用空间小，维护量小、检修周期长、不受外界环境条件的影响、不产生噪声、无电磁波干扰、无火灾危险、优良的抗震性等性能。

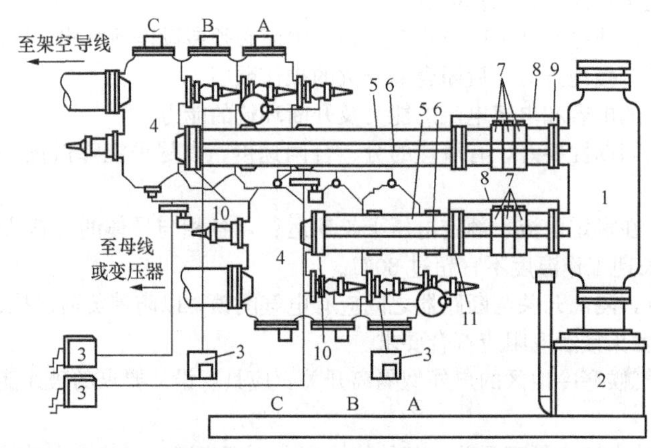

图5-30 SF_6全封闭组合电器的总体结构图

1—断路器；2—操作装置；3—隔离开关与接地开关操动机构；4—隔离开关与接地开关；5—金属外壳；6—导电杆；7—电流互感器；8—外壳短路线；9—外壳连接法兰；10—气隔分隔处，盘式绝缘子；11—绝缘垫

GIS一般可分为单相单筒式和三相共筒式两种形式。220kV电压等级通常采用单相单 筒式结构，每一间隔根据其功能由若干元件组成，同时GIS的金属外壳往往分隔成若干个密封隔室，称为气隔，每（Ⅰ、Ⅱ、Ⅲ、Ⅳ）气隔内充满SF_6气体，如图5-31所示。

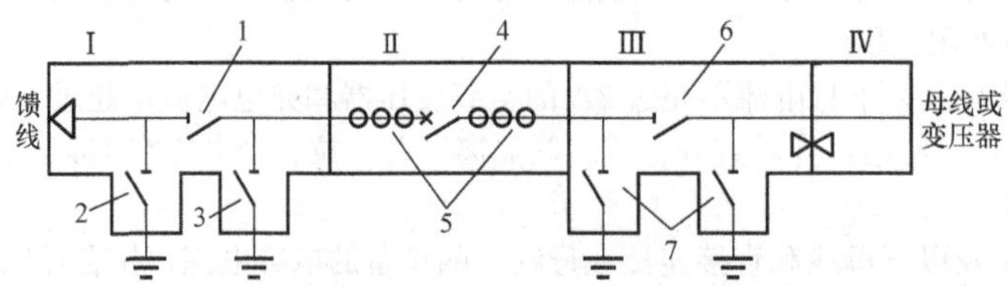

图5-31 间隔的气隔划分图

1—隔离开关；2—慢速接地开关；3—快速接地开关；4—断路器；5—电流互感器；6—隔离开关；7—快速接地开关；Ⅰ、Ⅱ、Ⅲ、Ⅳ—气隔

这样组合后的结构有三大优势：其一，如需扩大配电装置或拆换其中一间气隔时，每个配电装置无需排气，其他间隔可继续保持SF_6气压。其二，若发生SF_6气体泄漏，只故障气隔受影响，而且泄漏很容易查出，因为每一气隔均装有压力表或温度补偿压力开关。其三，如某气隔内部出现故障，不会涉及相邻气隔设备。GIS外壳内以盘式绝缘子作为缘隔板与相邻气隔隔绝，在某些气隔内，盘式绝缘

子装有通阀，既可沟通相邻隔室，又可隔离两个气隔。隔室的划分视其配电装置的布置和建筑物而定。

GIS的主接线取决于工程需要，在实际工程中，作为输、配电用的圆筒形GIS常用的主接线方式主要有单母线、双母线、3/2断路器接线、桥形、角形等。

三、GIS中电气设备的作用与特点

（1）断路器。断路器是GIS的中心元件，由灭弧室及操动机构组成。灭弧室封闭在充有一定压力的SF_6气体壳体内。断路器按灭弧原理可分为压气式、热膨胀式和混合式三种。所配操动机构有液压、气动、弹簧及液压弹簧机构。

（2）隔离开关与接地（快速）开关。在一般情况下，隔离开关和接地开关组合成一个元件。

隔离开关在结构上可分直动式和转动式两种。转动式可布置在90°转角处和直线回路中，由于动触头通过蜗轮传动，结构复杂，但检修方便。直动式只能布置在90°转角处，结构简单，检修方便，且分合速度容易达到较大值。与敞开式隔离开关不同，在GIS中，隔离开关中带有电阻，用以降低隔离开关操作时的操作过电压。

接地开关通常有故障检修用和快速关合用两种形式。故障检修用接地开关用于变电站内作业，只有在高压系统不带电情况下方可操作。快速接地开关可在全电压和短路条件下关合。快速关合操作靠弹簧合闸装置来实现，快速接地开关应具有关合2次额定短路电流的能力。

（3）套管。套管是SF_6全封闭组合电器和架空线路的连接部分，套管内充入SF_6气体；为了防止组合电器上的环流扩大到变压器，以及防止变压器的振动传至全封闭组合电器上，在SF_6套管上装有绝缘垫和伸缩节。

（4）母线。母线有两种结构形式。一种是三相母线封闭于一个筒内，导电杆采用条形（盆形）支撑固定，它的优点是外壳涡流损失小，相应载流容量大，但三相布置在一个筒内不仅电动力大，而且存在三相短路的可能性。另一种是单相母线筒，即每相母线封闭在一个筒内，它的主要优点是杜绝三相短路的可能性，圆筒直径较同级电压的三相母线小，但存在着占地面积较大、加工量大和温度损耗大等缺点。

（5）互感器。在GIS中，电流互感器可以单独与套管、电缆头联合组成一个元件。单独的电流互感器放在一个直径较大的筒内（或者放在母线桶外面），它可以根据需要放置4～6个单独的环形铁芯，并选择不同的电流比。电压互感器大多数为电磁感应型。

（6）避雷器。广泛采用ZnO避雷器，因为它具有保护特性稳定和良好的伏秒特性等优点。

（7）GIS接地。GIS壳体是整个GIS的接地体、屏蔽体，GIS是密集型布置结构方式，对其接地问题要求很高，一般要采取下列措施：

1）接地网应采用铜质材料，以保证接地装置的可靠和稳定；而且所有接地引出线端都必须采用铜排，以减小总的接地电阻。

2）由于GIS各气室外壳之间的对接面均设有盆式绝缘子或者橡胶密封垫，两个筒体之间均需另设跨接铜排，且其截面积需按主接地网截面积考虑。

3）在正常运行，特别是电力系统发生短路接地故障时，外壳上会产生较高的感应电动势。因此，要求所有金属筒体之间要用铜排连接，并应有多点与主接地网相连，以使感应电动势不危及人身和设备（特别是控制保护回路设备）的安全。

（8）绝缘支撑件、连接管及过渡元件。在GIS中要用到很多固体绝缘支撑件，有盆式、锥体等形状；连接管有三通、四通、转角管、直线管、伸缩节等；SF_6全封闭组合电器和高压电缆出线的连接部分采用加强过渡处的密封或采用中油压电缆，以避免SF_6气进入油中。

四、运行维护

1. SF_6气体监控

GIS中SF_6气体的监控主要包括气体压力式密度监视、气体检漏、水分监测与控制等。设置方式有集中安装和分散安装的两种。集中安装是将各气室用的压力表、密度控制器和各种控制阀门等都集中装在箱中，通过气管室相连；分散安装是将监视装置直接装在各个气室的外壳上。

（1）SF_6气体的压力或密度监控。为每一个气室设置单独的SF_6气体监控箱（GMB），GMB中包含下述元件：

1）SF_6表，可直观地监视气体压力的变化。由于SF_6压力随环境温度而变，因此必须对照SF_6的压力—温度曲线才能正确判断气室中压力值，从而判断气室是否泄漏，如GIS不装压力表，可减少漏气点，但运行中需定期检测。

2）SF_6密度继电器（或称温度补偿压力开关）。当气体泄漏时，先发出补气告警信号，如不及时地对气室进行补气，若继续泄漏则需进一步对开关进行分闸闭锁，并发出闭锁信号。一般密度电器分为机械式和非机械式两种。对断路器气室用的密度继电器必须有报警压力和闭锁压力两组控制触点，GIS其他气室用的密度继电器一般只需有报警信号触点。

3）充气及取样口，既可供充、补SF_6气体之用，亦可供测定水分含量时取样之用。

（2）GIS的检漏，具体检漏方式分为定性检漏和定量检漏两种。其中，定性检漏又分为抽真空检漏、肥皂检漏、检漏仪检漏。定量检漏又分为挂瓶法、扣罩法、局部包扎法。

（3）SF_6气体的水分监测量控制。GIS产品中，SF_6气体所含的水分直接影响到产品的安全运行，必须严格控制，其规定数值如表5-1所示。

表5-1　关于GIS中的SF_6气体水分规定

部　位	产生分解气体的元件（断路器）	不产生分解气体的元件（隔离开关、母线等）
管理值	150μL/L	250μL/L
允许值	300μL/L	500μL/L

2. GIS电气绝缘性能的检测

为了提高GIS运行可靠性、降低运行费用，防止偶发生事件和故障，使设备有计划地维修，需要进行预防性维护。一般监测项目主要包括导电性能、机械性能、绝缘性能和避雷器特性四个部分。

（1）导电性能监测。主要是监测接触状态是否良好。使用方法是通过各种温度传感器、X射线诊断，气压监测等监测局部过热以及通过外部加速度传感器和计算机处理，检测触头接触状态是否良好，是否有接触电压变化、触头软化等现象。

（2）开断特性监测。主要是监测操作特性，如开断速度、行程、时间等参数及变化，也涉及触头、喷口烧损情况及接触状态气体密度、累计开断电流的监测和计算机处理等项目。

（3）避雷器特性监测。主要是通过监测泄漏电流的变化判断避雷器的性能是否恶化。

（4）绝缘性能监测。绝缘性能监测除SF_6气体密度监视外，还有局部放电检测。

3. GIS的日常运行监视

日常运行中主要监视项目有：

（1）检查并记录好各气室的SF_6气体压力及当时的环境温度。

（2）注意辨别各异常声音，如放电声、励磁声等。

（3）注意辨别外壳、扶手端子等处温升是否正常，有无过热变色，有无异常气味。

（4）检查法兰、螺栓、接地导体的外部连接部分有无生锈。

（5）检查操动机构联板、联杆有无脱落下来的开口销、弹簧、挡圈等连接部件。

（6）检查压缩空气系统和油压系统中储气（油）罐、控制阀、管路系统密封是否良好，有无漏气、漏油痕迹，油压和气压是否正常 。

（7）检查结构是否变形、油漆是否脱落、气体压力表有无生锈和损坏，SF_6气体管路和阀门有无变形以及导线绝缘是否完好。

（8）检查SF_6气体监控箱（GMB）门关紧与否，箱内有无受潮、生锈等情况。

（9）检查动作计数器的指示状态和动作情况。

（10）检查合分指示器及指示灯显示正确与否。

课题四　“五　防”系　统

一、学习目标

熟悉防误装置的功能，掌握“五防”的内容及相关规定。

二、常规防误闭锁装置

“五防”系统是在变电站的倒闸操作中防止五种恶性电气误操作事故的简称，具体包括：①防止误分、合断路器；②防止带负荷分、合隔离开关；③防止带电挂接地线（合接地开关）；④防止带接地线（接地开关）合断路器（隔离开关）；⑤防止误入带电间隔。

变电站的防误闭锁装置有机械闭锁、电磁闭锁、电气闭锁、带电显示装置、机械程序闭锁、微机防误闭锁等。

1. 机械闭锁

机械闭锁是靠机械结构制约而达到防止误操作目的的一种闭锁装置。其主要应用在隔离开关与相应接地开关之间，以及成套高压开关设备上断路器与隔离开关，隔离开关与接地开关之间的闭锁。闭锁方式是通过传动连杆或钢丝弹簧软轴等来实现，只有按照正确的操作程序进行，才能操作相应设备。

机械闭锁在操作过程中无需使用钥匙等辅助操作，可以实现随操作顺序的正确进行，自动地步步解锁。在操作逻辑不正确时，可以通过机械装置的阻挡，阻止误操作的进行。机械闭锁可以实现正向和反向的闭锁要求，具有闭锁直观、不易损坏、检修工作量小和操作方便等优点。

在敞开式设备中，断路器与隔离开关、不在同一安装地点的隔离开关与接地开关之间，通常机械闭锁较难实现，而对于开关柜的两柜之间或开关柜与柜外配电设备之间，同样难以实现机械闭锁，所以，要能达到全部“五防”要求，必须辅以其他闭锁方法。

2. 电磁闭锁

电磁闭锁是通过电气回路控制机械锁来实现闭锁的。参与闭锁的断路器、隔离开关等状态满足要求后，相应辅助触点会闭合，接通回路，使电磁锁励磁解锁，开放操作。如果条件不满足则励磁回路不通，电磁锁无法打开，从而达到了强制闭锁的目的。电磁锁一般应用于手动操作回路中和带电间隔网门上，可以防止带负荷拉、合隔离开关，带电合接地开关，以及防止误入带电间隔等。

电磁锁按使用环境可分为户内和户外两类。电磁锁一般有两种控制方式：一种为间接控制式，即将控制开锁的钥匙集中在一个电控箱内，只有得到指令打开控制箱，才可取出钥匙去操作电磁锁；另一种是直接控制式，即不需要集中控制钥匙，只需按规定的电气操作程序，就可操作电磁锁。

电磁闭锁是通过电磁线圈的电磁机构动作来实现解锁操作，在防止误入带电间隔的闭锁环节中是不可缺少的闭锁元件。其优点是操作方便，但是在安装使用中也存在以下几个突出问题：

（1）一般来说电磁锁单独使用时，只有解锁功能没有反向闭锁功能，需要和电气联锁电路配合使用才能具有正反向闭锁功能。

（2）作为闭锁元件的电磁锁结构复杂，电磁线圈在户外易受潮霉坏，绝缘性能降低，增加了直流系统的故障概率。

（3）需要敷设专用电缆，增加额外施工量。

（4）需要串入操作机构的辅助触点，辅助触点容易产生接触不良而影响动作的可靠性。

3. 电气闭锁

电气闭锁是将断路器、隔离开关等设备的辅助触点串接在需闭锁的隔离开关、接地开关的电动操作回路上，实现设备间的闭锁。普遍适用于电动隔离开关和电动接地开关的电动控制回路上，可用于任何接线方式，满足各种闭锁要求，特别在复杂接线中，闭锁可靠。但回路复杂，运行维护量大。图5-32所示为隔离开关的电气闭锁回路原理图。

电机电源回路和控制回路通过不同的空气开关控制，其电源取自本间隔端子箱，一段母线上的所有隔离开关的控制回路的N端接至公共的N2接地母线，再经母线接地开关的辅助触点串联后接地。

在某线路的断路器断开、另一组母线隔离开关拉开、回路无接地开关，且母线无接地开关时，即满足电气闭锁的条件，合上电机电源空开QF1，合上电机控制电源空开QF2，按下合闸电钮SB1或分闸按钮SB2，控制回路能够保持，隔离开关可进行分合闸。若本线断路器DL、断路器侧接地开关GD、另一组母线隔离开关G2任一条件不满足，则闭锁操作回路。

4. 带电显示装置

对使用常规闭锁技术无法满足防止电气误操作要求的设备，宜采取加装带电显示装置等技术措施达到防止电气误操作的要求。

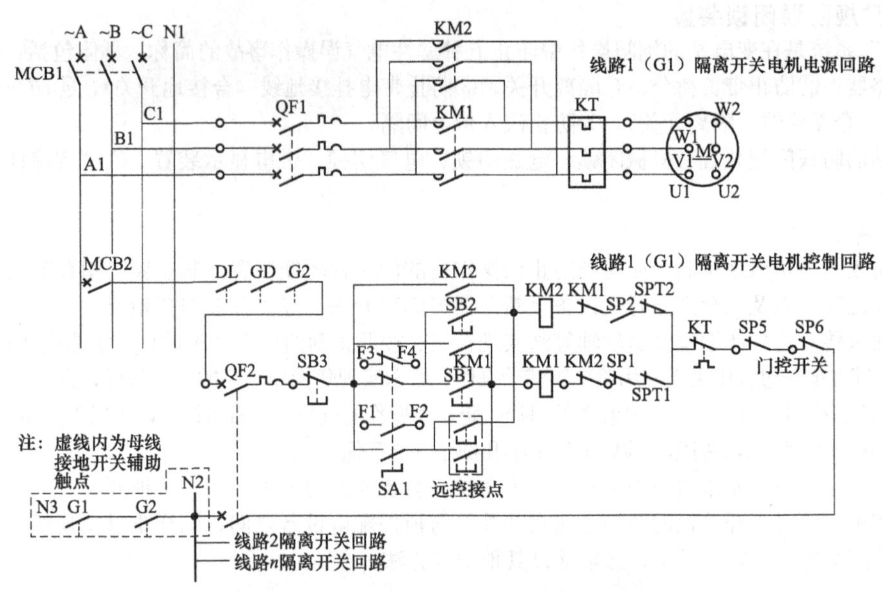

图 5-32 隔离开关的电气闭锁回路的原理图

QF1—电机电源控制空气开关；QF2—控制回路空气开关；KM1—合闸继电器；KM2—分闸继电器；SA1—远方/接地控制切换开关；KT—热继电器；M—电动机；SB1—合闸按钮；SB2—分闸按钮；SB3—停止按钮；DL—断路器；GD—（母线）接地开关；G2—2 号母线隔离开关

采用间接验电的带电显示装置，在技术条件具备时应与防误装置连接，以实现接地操作时的强制性闭锁功能。

(1) 出线侧有 TV 的线路，出线接地开关操作应接入 TV 二次侧无电的闭锁，不需再装设带电显示器；出线侧无 TV 时，宜装设带电显示器，出线有电时带电显示器应有触点动作闭锁接地开关操作。

(2) 对 GIS、中置柜等难以验电的设备，在设备改冷备用前检查带电显示器指示有电，设备改冷备用后检查带电显示器指示无电，经其他相关电气量判别无电，即可不经直接验电操作接地开关。

(3) 35、10kV 等中性点不接地系统的线路带电显示器，安装时要采取措施，防止系统单相接地时过电压造成损害。

三、微机防误闭锁装置

微机防误闭锁实现了防误闭锁的数字化，操作灵活，实现闭锁方便，达到防止倒闸操作五种恶性事故发生的目的。

1. 微机防误闭锁装置的组成

微机防误闭锁装置主要由“五防”主机（或“五防”模拟屏）、电脑钥匙、机械编码锁和电气编码锁等功能元件组成。依靠闭锁逻辑和现场锁具实现对断路器、隔离开关、接地开关、地线、遮栏、网门或开关柜门的闭锁，以达到防止误操作的目的。

(1)“五防”主机。“五防”主机是微机“五防”闭锁装置的核心部件之一，它通过监控系统取得设备的正确状态，对各项模拟操作进行判断，并将正确的操作顺序内容传输到电脑钥匙中或监控操作员站。

(2) 电脑钥匙。电脑钥匙用于接收“五防”主机发出的操作票指令，在操作过程中按照操作票内容依次对各种锁具进行开锁操作。若实际操作与操作票不符合，电脑钥匙将发出报警并强制闭锁不得操作。一般电脑钥匙均带液晶汉字显示、语音提示，电源自动管理，连续工作时间长。

(3) 各种锁具。

1) 电气编码锁用于断路器、隔离开关、接地开关的闭锁。电气编码锁在电气原理上相当于一个动合触点，通常被串接在相应的电气操作回路中，故有直流电编码锁和交流电编码锁之分。由于原有的操作回路被切断，因此操作前必须先通过电脑钥匙解锁。正常操作为先将电脑钥匙插入电气编码锁中，如操作设备的编号与电脑钥匙上的编号一致，则电脑钥匙内部接通操作回路，闭锁解除，语音提示允许操作。分合操作后，电脑钥匙检测到有操作电流通过，即认为操作完成，提示进行下一项操作。若编码不一致，则电脑钥匙拒绝接通操作回路，并发出声音报警提示，说明走错间隔或操作有误。

2）机械编码锁用于手动操作的隔离开关、接地开关和接地线、网门的闭锁。电脑钥匙插入机械编码锁的锁孔内，若机械编码锁的编码与电脑钥匙显示的编码一致，则电脑钥匙开发操作机构，按下开锁按钮即可打开机械编码锁；若不一致则打不开机械编码锁，电脑钥匙持续语音提示操作错误。

3）接地线桩。接地线闭锁由接地线桩和机械编码锁构成。接地线桩焊接在加挂接地线的接地点上，不加挂接地线时，将机械编码锁锁在接地桩上，此时不能挂接地线。当需要挂接地线时，先用电脑钥匙打开机械编码锁，再挂接接地线并上锁。

2. 与测控配合的微机防误闭锁的三层“五防”管理方式

（1）站控与间隔层防误技术。微机“五防”系统是计算机及网络通信技术应用于变电站自动化的结果。与测控配合的微机防误闭锁系统实现了站控层、间隔层和就地层的三层“五防”管理。

站控层防误在防误主机上层管理软件中实现，上层管理软件共享监控系统的所有设备运行方式及相关数据和信号，通过模拟操作后，再进行实际操作并自动记录，操作中要核实操作者的权限。

间隔层防误功能由测控装置完成，实现本单元所控制设备的操作闭锁功能，图 5-33 所示为间隔层防误闭锁信息传输示意图。有如下优点：

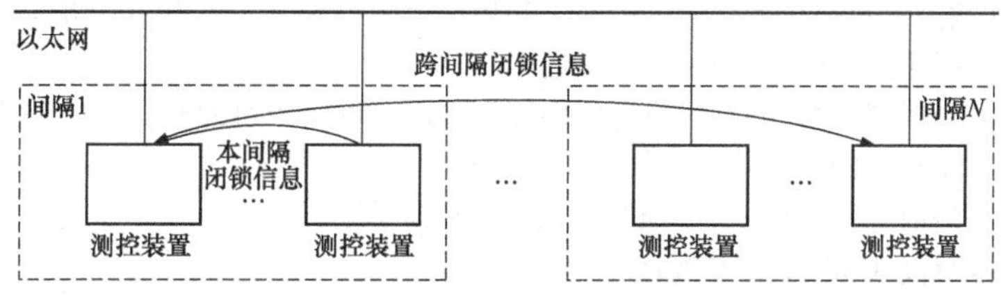

图 5-33　间隔层防误闭锁信息传输示意图

1）完备性。可使用变电站内任一个断路器、隔离开关等实时采集到的信息参与任意一点的控制闭锁。

2）实时性。保证“五防”信号的实时传送，提高了控制的可靠性，支持采用 TCP/IP 或 IEC 61850 GOOSE 技术实时传送数据。

3）独立性。防误闭锁逻辑分散存放于相应测控装置内，与站控层计算机系统无关，在站控层系统故障退出运行时也可独立实现全站的控制闭锁。

4）冗余性。信息的采集支持冗余双以太网方式。

5）一致性。间隔层防误逻辑与站控层防误逻辑一致。

（2）测控装置硬件闭锁技术。对于有电动操作机构的设备，在其分合闸回路中串入一个接点，如图 5-34 所示，此接点受自动化系统防误闭锁逻辑的控制。使用闭锁接点不仅代替了传统“五防”系统中的编码锁，而且在操作回路中增加了强制闭锁，解决了以往遥控操作只有软闭锁，在发生雷击或程序紊乱等装置自身故障异常情况下可能导致误出口引起的误操作。

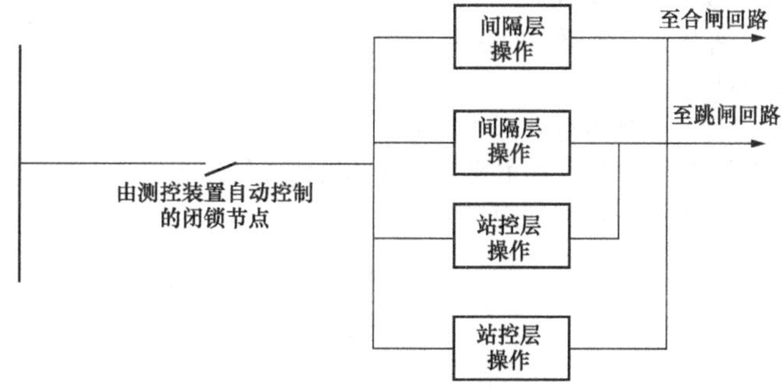

图 5-34　测控装置硬件闭锁技术原理图

(3) 变电站内主要设备的闭锁方式。

1) 断路器。变电站中的断路器有站控层操作、测控屏操作和现场就地操作三种操作方式，“五防”系统一般对这三种操作方式采用不同的闭锁方式：①站控层操作采用的方式是站控层和间隔层防误闭锁方式；②测控屏操作采用间隔层防误闭锁方式。

2) 电动隔离开关。电动隔离开关有站控层操作、端子箱操作和电动隔离开关机构箱操作三种操作方式，针对这三种不同的操作有不同的闭锁方式：①站控层操作采用的方式是站控层和间隔层防误闭锁方式；②端子箱采用电气编码锁方式闭锁；③电动隔离开关采用机构箱门上加装机械编码锁，将机构箱门锁上。

3) 手动隔离开关。一般在相应的操作机构安装机械编码锁进行闭锁。

4) GIS、PASS等组合电器。此类组合设备，防误功能齐全，电气闭锁完善，采用计算机监控系统的逻辑闭锁和完善的电气闭锁“与”逻辑关系的双重闭锁。

(4) 综合自动化变电站设备的操作方式及次序。

1) 综合自动化变电站设备操作方式按下列次序依次优先：监控中心遥控操作—站控层遥控操作—测控屏操作—就地电动操作—就地手摇操作，后一级操作闭锁前一级。

2) 正常情况应采用监控中心遥控操作或站控层操作员工作站上操作的方式，有问题时再到测控屏上操作。现场就地操作方式是当计算机监控系统故障或检修时采用。

3) 当测控模块故障无法完成操作时，应将“测控模块闭锁输出”解锁开关切至解锁位置，到现场用按钮操作。此时不得再随意解除现场电气闭锁。

4) 当电气闭锁回路故障时，到现场将电气闭锁解锁后，可用按钮近控操作，也可以通过综合自动化系统操作，此时，不得再随意解除测控模块闭锁逻辑。

5) 测控模块解锁和现场电气闭锁解锁要分别履行解锁手续。

四、有关防误闭锁装置的一些规定

(1) 新、扩建变电工程及主设备经过技术改造后，防误闭锁装置应与主设备同时投运。

(2) 断路器和隔离开关闭锁回路不能用重动继电器，应直接用断路器和隔离开关的辅助触点。

(3) 防误装置电源应与继电保护及控制回路电源独立。

(4) 采用计算机监控系统时，远方、就地操作均应具备防止误操作闭锁功能。

(5) 成套高压开关柜“五防”功能应齐全、性能良好。

(6) “五防”功能中除防止误分、合断路器可采取提示性方式，其余“四防”必须采取强制性方式。

(7) 防误闭锁装置应有专用的解锁工具（钥匙）。

(8) 防误装置应做到防尘、防锈蚀、不卡涩、防干扰、防异物开启。户外的防误装置还应防水、耐低温。

思 考 题

1. 高压断路器有哪些基本技术参数？
2. 真空断路器与SF_6断路器灭弧原理的区别是什么？
3. 断路器的运行有哪些规定？
4. 隔离开关的用途有哪些？其运行有哪些规定？
5. GIS内部设置气隔有哪些好处？其主要元件的结构特点是什么？
6. GIS设备运行中主要监视项目有哪些？

防雷与接地装置

课题一　防　雷　装　置

一、学习目标

掌握金属氧化锌避雷器的工作原理、结构特点和运行要求，熟悉避雷针的保护范围、避雷器的技术参数、变电站的防雷保护的措施。

二、避雷针（避雷线）

1. 作用与结构

避雷针是保护变电站设备免受直接雷击的设备。其原理是将雷电吸引到避雷针本身上来。在雷云先导发展的初始阶段，地面上高耸的避雷针因静电感应聚集了雷云先导性的大量电荷，使雷电场畸变，将雷云放电的通路由原来可能向其他物体发展的方向，吸引到避雷针本身，通过引下线和接地装置将雷电波放入大地，从而使被保护物体免受直接雷击。所以避雷针实质上是引雷针，它把雷电波引入大地，有效地防止了直击雷。

避雷针由避雷针针头、引流体和接地体三部分组成，根据不同情况或装设在配电构架上或独立架设。针头用镀锌圆钢管焊接制成，引流体具有足够的截面积，以便将雷电流安全地引入大地，从而达到保护的目的。

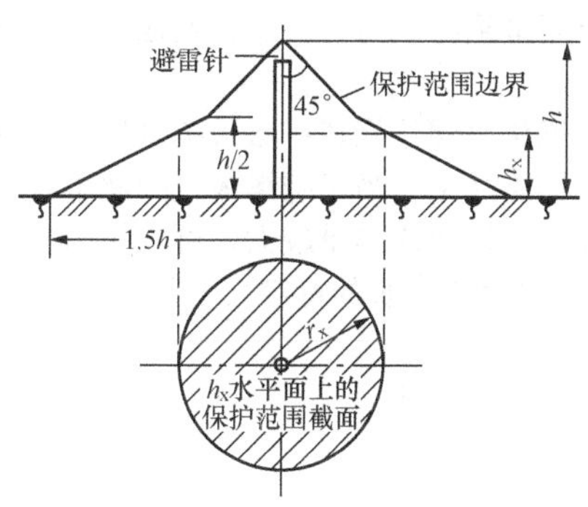

图 6-1　单支避雷针的保护范围图

2. 保护范围

(1) 单根避雷针保护范围如图 6-1 所示。

地面上的保护半径 r（m）为：$r=1.5h$，高 h_x（m）的水平面上保护半径为：

$$当\ h_x \geqslant \frac{h}{2}\ 时，r_x=(h-h_x)p$$

$$当\ h_x < \frac{h}{2}\ 时，r_x=(1.5h-2h_x)p$$

式中：h 为避雷针高度，m；p 为高度影响系数，$h\leqslant 30$m 时，$p=1$；30m$<h\leqslant 120$m 时，$p=5.5/\sqrt{h}$。

(2) 两支等高避雷针保护范围如图 6-2 所示。

1) 两针外侧的保护范围按单针计算。

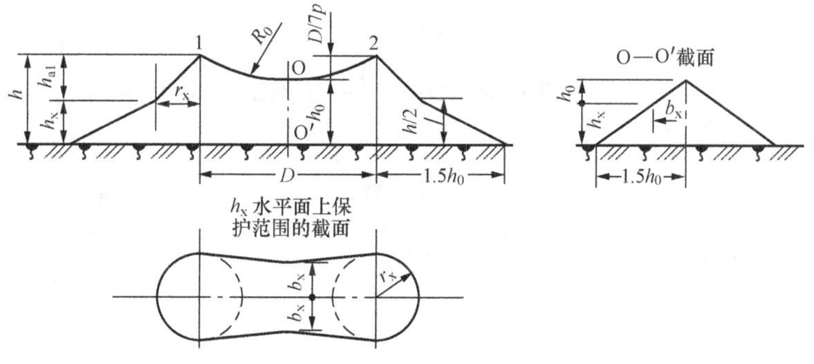

图 6-2　两支等肩避雷针保护范围

2) 两针间最低保护高度 h_0（m）为

$$h_0=h-\frac{D}{7p}$$

式中：D 为两针间距离，m。

3）两针间高 h_x 处一侧的最小保护宽度 b_x 为

$$b_x = 1.5(h_0 - h_x)$$

当 $D=7h_0p$ 时，$b_x=0$。求得 b_0 后，可按图 6-2 给出保护范围。

3. 避雷针（线、带、网）的接地要求

（1）独立避雷针（线）应设置独立的集中接地装置。独立避雷针的接地装置与接地网的地中水平距离不应小于 3m。

（2）装有避雷针和避雷线的构架上，照明灯电源线必须采用直埋于土壤中的带金属防层的电缆或穿入金属管的导线。电缆的金属护层或金属管必须接地，埋入土壤中的长度应在 10m 以上，方可与配电装置的接地网相连或与电源线、低压配电装置相连接。

（3）避雷线线档内不应有接头。

（4）独立避雷针的接地电阻一般不大于 25Ω；安装在构架上的避雷针，其集中接地电阻一般不大于 10Ω。

三、无间隙氧化锌避雷器（MOA）

1. 作用与工作原理

避雷器是一种能释放过电压能量、限制过电压幅值的保护设备。使用时，将避雷器安装在被保护设备附近，与被保护设备并联。

氧化锌避雷器主要是利用氧化锌（ZnO）阀片的非线性伏安特性原理制成的。在正常工作电压下，氧化锌阀片具有较高电阻而呈绝缘状态；在雷电过电压作用下，当作用在避雷器上的电压达到避雷器的动作电压时，避雷器导通，呈低阻状态，泄放雷电流，使与避雷器并联的电器设备的残压被抑制在设备绝缘安全值以下；待有害的过电压消失后，迅速恢复高电阻而呈绝缘状态，从而有效地保护电气设备的绝缘免受过电压的损害。

在阀片的结构上，因为它无间隙，工作电压作用下，不会使氧化锌阀片烧坏；当系统电压降至起始动作电压以下时，氧化锌阀片的"导通"状态终止，此时氧化锌阀片又相当于绝缘体，因此不存在工频续流问题，可使用直流的输电系统；因为锌片的非线性特性，使得通流容量较大，可以用来限制内部过电压；同时，具有体积小，质量轻，结构简单，维护方便，使用寿命长的特点。

2. 氧化锌避雷器结构

金属氧化物避雷器的结构示意如图 6-3 所示，主要由以下几个部分组成：

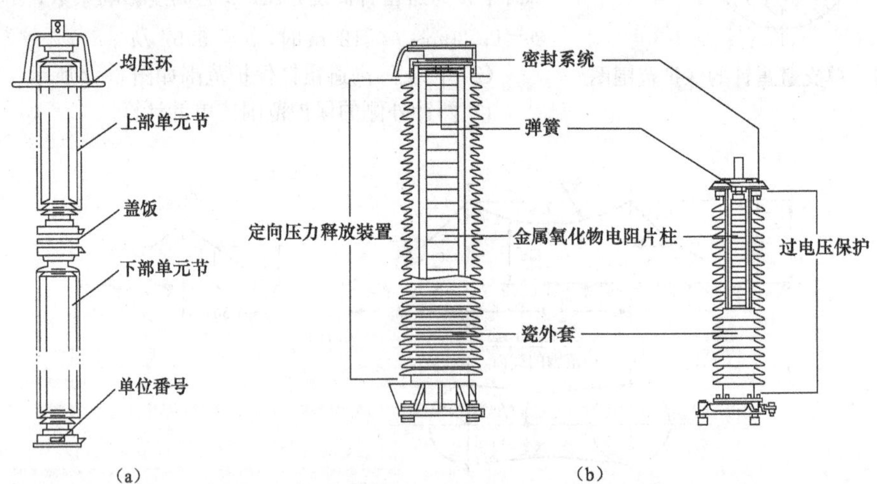

图 6-3 金属氧化物避雷器结构的示意图

(a) 220kV 避雷器外部结构；(b) 内部结构

（1）氧化锌阀片组。氧化锌阀片以氧化锌为主材料，附以少量精选金属氧化物，在高温下烧结而成。在避雷器瓷套内通过一根有机绝缘棒将多个阀片穿在一起组成阀片组，两端用螺栓紧固，上下两端并各有一个压紧弹簧压紧。

(2) 定向压力释放装置。瓷套两端法兰各有一压力释放出来，以防瓷套爆炸和损坏其他设备。当其在超负载动作或发生意外损坏时，内部压力剧增，使其压力释放装置动作，排出气体。

(3) 均压环。避雷器根据电压高低可用若干个元件组成，顶部装有均压环，以改善其电位分布。

(4) 底座。底部装有绝缘基础，用来安装避雷器的监视器，如图 6-4 所示。

1) 泄漏电流表用以在正常运行时监视避雷器的运行情况，在正常运行情况下，氧化锌避雷器内部电流主要是容性的，数量级为 1mA 到几毫安，并通过避雷器和计数器到接地点流入大地。

2) 动作计数器是在避雷器动作后，用来自动记录动作情况的。当雷电流通过避雷器入地时，记录器内部电容器进行充电，当雷电消失后，电容器对记录器的线圈放电，记录放电次数。

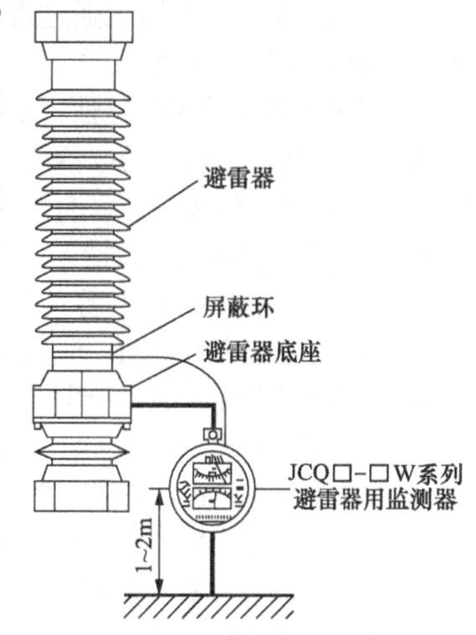

图 6-4　氧化锌避雷器监视系统接线图

3. 氧化锌避雷器的型号与技术参数

氧化锌避雷器有瓷套式、罐式、复合外套三类，用在电站、配电、并联补偿电容器、发电机、发动机、发电机中性点、变压器中性点、线路等设备的保护。常用的有 66～800kV 罐式无间隙金属氧化物避雷器、35～1000kV 瓷套式无间隙金属氧化物避雷器、3～550kV 复合外套金属氧化物避雷器。

(1) 型号表示方法。型号反映了型式、结构、使用场所、电压等级等特征，由字母和1 2 3 4—| 5/6 数字来反映，其中：

1—产品型式。Y—瓷绝缘外套、罐式避雷器；YH—有机复合外套避雷器。

2—标称放电电流。单位 kA。

3—结构特征。W—无间隙；C—有串联间隙；B—有并联间隙。

4—使用场所。S—适用于配电；Z—适用于发变电站；R—适用于保护电容器组；X—适用于变电站线路侧；I—适用于直流；O—适用于油浸式；B—适用于阻波器；F—GIS 用。

5—设计序号。按产品开发时间顺序依次排列以阿拉伯数字表示。

6—附加特征代号。J—系统中性点有效接地；W—耐污型；G—高原型；K—抗震型。

(2) 主要电气参数。

1) 额定电压，是指施加到避雷器端子间的最大允许工频电压有效值，按照此电压所设计的避雷器能在所规定的动作负载试验中确定的暂时过电压下正确动作。它不等于系统的标称电压。

2) 持续运行电压，是指允许持久地施加在避雷器端子间的工频电压有效值，一般相当于避雷器额定电压的 75%～80%。

3) 持续运行电流，是指在持续运行电压下通过避雷器的持续电流不超过规定值，该值由制造厂规定和提供，所提供值应包括全电流和阻性电流基波分量的峰值。交接试验时，在系统运行电压下测量持续电流即运行电压下的交流泄漏电流应不大于出厂试验值的 30%。

4) 工频参考电压，是指避雷器在工频参考电流下，测出的避雷器工频电压最大峰值除以$\sqrt{2}$。工频参考电流由制造厂确定，对于单柱避雷器，参考电流的典型范围为 0.05～1.0mA/cm^2。工频参考电压不低于避雷器的额定电压值。

5) 直流参考电压，是指直流参考电流下测出的避雷器电压。直流参考电流的数值由制造厂规定，通常取 1～5mA，国内一般取 1mA。直流参考电流为 1mA 的参考电压值一般不小于避雷器额定电压的峰值。交接试验的直流参考电压不应大于出厂值的±5%。

6) 0.75 倍直流参考电压泄漏电流，是指在 0.75 倍参考电压下（直流参考电流为 1mA）的漏电流不应大于 50μA。额定电压大于 216kV 时，漏电流由制造厂和用户协商规定。

7) 标称放电电流，是用来划分避雷器等级的波形为 8/20μs 的雷电冲击电流峰值。对一定电压等级的电力系统和相应绝缘水平的线路而言，侵入变电站的雷电波作用于避雷器时，一般通过避雷器的放电电流峰值不应超过某一数值，这个数值定为标称放电电流。该放电电流在66～110kV系统为5kA，220kV系统为10kA，330～500kV系统为10～20kA；对于500kV系统，当变电站装有两组及以上的避雷器时为10kA，只有一组避雷器时则为20kA。

8）残压，是指放电电流通过避雷器时，其端子间的最大电压峰值。它分为雷击冲击残压、操作冲击残压和陡波残压三个类型。

9）工频电压耐受时间特性，是指避雷器在运行中吸收了规定的操作过电压能量后，耐受暂时过电压的能力。当暂时过电压的幅值高于或低于避雷器额定电压而作用时间短于或长于10s时，可以用工频耐受时间特性曲线校核，该曲线必须由避雷器制造厂提供。

四、变电站的防雷保护

1. 对变电站遭受直击雷的防护

为了防止雷直击变电站，应该使变电站所有设备都处于避雷针的保护范围之内，此外还应采取措施，防止雷击避雷针时的反击事故。

对于66kV及以上的变电站，可将避雷针架设在66kV配电装置的构架上，这是由于此类等级配电装置绝缘水平较高，雷击避雷针时，在配电构架上出现的高电位不会造成反击事故。装设避雷针的配电构架应装设辅助接地装置，此接地装置与变电站的接地网的连接点离主变压器接地装置与变电站接地网的连接点之间的距离不应小于15m，其目的是使雷击避雷针时，在避雷针接地装置上产生的高电位，在沿接地网向变压器接地点传播的过程中逐渐衰减，以便到达变压器接地点时，不会造成变压器的反击事故。由于变压器的绝缘较弱，又是变电站中最重要的设备，故不应在变压器门型构架上装设避雷针。

2. 变电站对入侵雷电波的防护

由于落雷频繁，所以沿线路入侵的雷电波是变电站遭受雷害的主要原因。由线路入侵的雷电波电压，虽受到线路绝缘的限制，但线路绝缘水平比变电站电气设备的绝缘水平要高，若变电站不采取防护措施，势必造成发电厂、变电站电气设备的损坏。

变电站对沿线路入侵的雷电波的主要防护措施是在变电站内装设阀型避雷器，以限制入侵电波的幅值，使设备上的过电压不超过其冲击耐压值。在变电站的进线上设置进线保护段，以限制流经阀型避雷器的雷电流峰值和限制入侵雷电波陡度。

3. 变电站的进线保护段

对于10kV无避雷线的线路，雷直击于变电站附近线路上时，流经导线的雷电流可能超过5kA，陡度也可能超过允许值。因此，对35kV无避雷线的线路在靠近变电站的一段进线上必须架设避雷线，以保证雷电波只在此进线段以外出现，进线段内出现雷电波的概率将大大减小，架设避雷线的这段进线称为进线保护段，长度一般为1～2km。

设置进线保护段后，在进线段内雷绕击或直击而产生入侵雷电波的机会是非常小的。在进线段以外落雷时，由于进线段导线本身波阻抗的作用，使流经避雷器的雷电流受到限制。同时，由于在进线段内导线上冲击电晕的影响，将使入侵波陡度和幅值下降。

4. 变压器的防雷保护

（1）三绕组变压器。当变压器高压侧有雷电波入侵时，通过绕组间的静电和电磁耦合，在三绕组变压器低压侧将出现过电压。三绕组变压器正常运行时，可能存在只有高、中压绕组工作、低压绕组开路的情况，此时若在高压或中压侧有雷电波作用，由于低压绕组对地电容较小，开路的低压绕组上，静电感应过电压可达很高的数值，将危及绝缘。为限制这种过电压，需在任一相低压绕组直接出口处对地加装一个阀型避雷器，中压绕组虽也有开路的可能，但其绝缘水平较高，一般不装避雷器。

（2）自耦变压器。自耦变压器一般除有高、中压自耦绕组外，还有低压非自耦绕组。可能出现高、低压绕组运行，中压绕组开路；中、低压绕组运行，高压绕组开路的运行方式。当自耦变压器高压侧或中压侧断开后，由于绕组间波的直接传递，就会在断开的一侧出现对绝缘有危害的过电压。因此，在自耦变压器的两个自耦合绕组的出线上必须装设阀型避雷器，其位置在自耦变压器和断路器之间。

（3）变压器中性点。当三相来波时，变压器中性点的电位会达到绕组首端电压的两倍，因此需考虑变压器中性点的保护问题。

1）对于中性点不接地或经消弧线圈接地系统，由于三相来波的概率不大，其陡度很小，另外由于变电站进线不止一条，非雷击进线起了分流作用以及变压器绝缘有一定裕度等原因，其中性点一般不需保护。

2）对于中性点直接接地系统，由于继电保护的要求，其中一部分变压器的中性点是不接地的，而在这些系统中的变压器往往是分级绝缘的，变压器中性点绝缘水平要比相线端低得多，所以需在中性点上加装阀型避雷器或间隙加以保护。

五、氧化锌避雷器的运行与维护

（1）瓷套有无裂纹、破损及放电现象，表面有无严重污秽。

（2）法兰、底座瓷套有无破裂。

（3）均压环有无松动、锈蚀、倾斜、断裂。

（4）避雷器内部有无响声。

（5）连接的导线及接地引下线有无烧伤痕迹或烧断、断股现象，接地端子是否牢固。

（6）避雷器动作记录的指示数是否有改变（即判断避雷器是否动作），泄漏电流是否正常（即判断避雷器内部是否正常），动作记录器连接是否牢固，动作记录器内部（罩内）有无积水。

（7）要保证避雷在过电压的情况下能可靠动作，必须：①按照规程规定选择正规厂家的避雷器；②避雷的上、下引下线截面积必须符合设计要求；③接地必须良好。

（8）根据表 6-1 对避雷器的运行进行分析。

表 6-1 避雷器运行分析

项目	现象	原因分析
泄漏电流	读数异常增大	内部受潮（增大较大，已到警戒区，或出现顶表，应申请停电检修）*
	读数降低甚至为 0	（1）支持底座绝缘子过度脏污或天气潮湿，使表面泄漏电流增大，造成分流加大，使读数降低。 （2）引下线松脱或电流表内部损坏。 （3）表计指针卡阻（可拍打看能否恢复）
动作次数	动作次数增加	遭受过电压，避雷器动作
检测器外观	积水、脏污	封堵不严、环境恶劣

* 应综合气候、环境及历史数据，并结合红外测温图像分析。

（9）避雷器在发生下列情况需要停电处理。

1）避雷器爆炸。

2）避雷器瓷套破裂。

3）避雷器在正常的情况下（系统无内过电压和大气过电压）计数器动作。

4）引线断损或松脱。

5）氧化锌避雷器的泄漏电流值有明显的变化。

课题二 接 地 装 置

一、学习目标

掌握工作接地的含义、变电站接地电阻的数值。

二、基本概念

1. 接地装置

（1）埋入地中并直接与地接触的金属体，称为接地体。兼作接地用的、直接与大地接触的各种金属构件、金属管道、钢筋混凝土建筑物的基础等称为自然接地体。

(2) 电气设备架构与接地体之间连接用的金属导体，称为接地线。

(3) 接地线和接地体合称为接地装置。

2. 电气上的“地”的含义

电气上的“地”的含义不是指大地，而是指电位为零的地方。

一般情况下，大地电位为零，并以大地为参考点，如在检修的工作中，把每相导线通过接地装置与大地接在一起，目的是使杆塔及导线保证零电位，来保证人身安全。

当运行中的电气设备发生接地故障时，接地电流将通过接地体，以半球面形状向地中流散，如图6-5所示。在距接地体越近的地方，散流半球面越小，则电流密度越大，在土壤中产生的电压降就越大（可认为各处土壤电阻率相同），电位就越高。随着半径的增大，半球面越大，电流密度越小，产生的电压降就越小，所以电位就低。

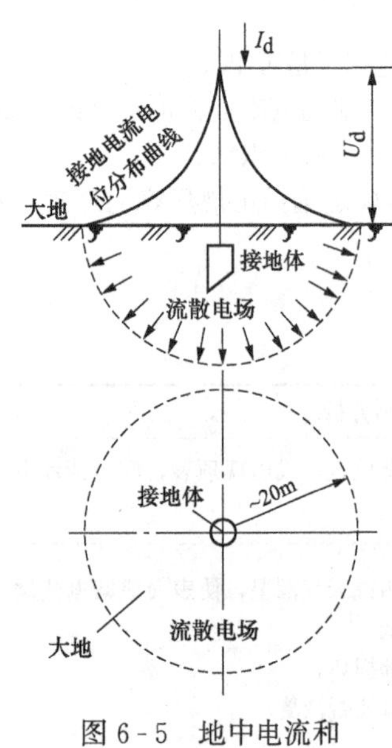

图6-5 地中电流和对地电压分布图

试验证明，在远离单根接地体或接地点的地方（一般20m以外的地方），球面就相当大了，实际上电压降已趋近于零，故该处的电位也已接近于零。这个零电位的地方，称为电气上的“地”。

3. 接地电阻及其影响

(1) 通常将接地网的电压除以经接地装置流入地的电流所得的商值称为接地电阻。

(2) 接地电阻的大小直接影响到安全保护和过电压保护装置的效果。这个电阻越小越好。因为电阻越小，接地电流越容易导入大地，使接地网电压不至于过高。

4. 工作接地的作用

(1) 由于运行和安全需要，为保证电力网在正常情况或事故情况下能可靠地工作而进行的接地，叫做工作接地。

(2) 作用。

1) 变压器和发电机中性点直接接地，能维持相线对地的电压不变（故障相除外），并可降低人体的接触电压及适当降低制造时对电气设备的绝缘要求。在变压器供电时，可防止高压电窜至低压侧的危险。

2) 变压器中性点经消弧线圈接地，还能在发生单相接地故障时，消除接地短路点的电弧及由此而可能引起的危害。

3) 防雷设备的接地，是为防止大气过电压危及电气设备或其他相关设备。

三、接地网

1. 接地网的埋设

变电站内需要有良好的接地装置，以满足工作、安全防雷保护的接地要求。一般的做法是根据安全和工作接地要求敷设一个统一的接地网，然后再在避雷针和避雷器下面增加接地体。工程实用的接地装置主要是用扁钢、圆钢、角钢或钢管组成，采取镀锌和其他防腐措施后，埋于地面下0.6～1mm处。

2. 接地网的作用

接地网起着工作接地和保护接地的作用，如果接地电阻过大，则：

(1) 发生接地故障时，使中性点电压偏移增大，可能使健全相和中性点电压过高，超过绝缘要求的水平而造成设备损坏。

(2) 在雷击或雷电波袭击时，由于电流很大，会产生很高的残压，使附近的设备遭受到反击的威胁，并降低接地网本身保护设备带电导体的耐雷水平，使设备达不到设计要求而损坏。

3. 变电站接地网的接地电阻

大电流接地系统的接地电阻，应符合$R \leqslant 1000/I$，当$I > 4000$A时，可取$R \leqslant 0.5\Omega$。

在小电流接地系统中，当用于1000V以下设备时，接地电阻应符合$R \leqslant 125/I$；当用于1000V以上设备时，接地$R \leqslant 150/I$，在任何情况下不应大于10Ω。上述式中R为考虑到季节变化的最大接地电阻（Ω）；I 为计算用接地短路电流（A）。

独立避雷针的接地电阻一般不大于 25Ω；安装在构架上的避雷针，其集中接地电阻一般不大于 10Ω。

四、在变电站中必须进行接地或接零保护的设备

电气设备的下列金属部分除另有规定者外，均应接地或接零。

（1）电机、变压器、电器、携带式及移动式用电器具等的底座和外壳。

（2）电气设备传动装置。

（3）互感器的二次绕组。

（4）配电、控制、保护用的屏（柜、箱）及操作台等的金属框架和底座，全封闭组合电器的金属外壳。

（5）屋内外配电装置的金属架构和钢筋混凝土架构以及靠带电部分的金属围栏和金属门。

（6）交、直流电力电缆接线盒，终端盒的外壳和电缆的外皮、穿线的钢管等。

（7）铠装控制电缆的外皮、非铠装或非金属护套电缆的 1～2 根屏蔽芯线。

五、运行要求

（1）应按设备的状态定期对接地装置进行检查测试，满足动、热稳定和接地电阻要求。

（2）雷雨季节到来前，应完成预防性试验。

（3）变压器中性点应装有两根与地网不同处相连的接地引下线，重要设备及设备架构等宜有两根与主接地网不同地点连接的接地引下线，每根接地引下线均应符合热稳定要求，连接引线应便于定期进行检查测试。

思　考　题

1. 避雷针是怎样起到防雷作用的？保护范围是如何确定的？
2. 金属氧化锌避雷器的工作原理是什么？各部分元件的作用是什么？
3. 变电站设有哪些防雷保护？防雷保护的运行有哪些要求？
4. 变电站哪些地方需要接地？接地电阻是多少？

电容器与电抗器

课题一 并联电容器

一、学习目标

掌握并联电容器的补偿原理、了解合闸涌流产生的原因与限制方法，熟知运行要求。

二、并联电容器的作用

因为在电力系统中多数为感性负荷，使得无功功率大为增加。这些无功功率的产生基本上不消耗能源，但是无功功率沿电力网络传送却要引起有功功率损耗和电压损耗。这样就要求系统中提供无功电源来解决无功功率不足的问题。提供系统无功电源的方法有多种，应用最多的是采用并联电容进行补偿。

并联电容器补偿原理接线图和相量图如图 7 - 1 所示。由电路图和相量图可知：原来未并联电容时，为自然负载，功率因数低，功率因数角 φ_1较大；当并入电容 C 后，$I=I_1+I_C$由于电容电流 I_C的补偿作用，功率因数角由原来的 φ_1变为较小的 φ_2，线路总电流减小了。

也就是说，并联电容器能够补偿电力系统的无功功率，提高负载功率因数，改变电力网络的无功潮流分布，减少线路的无功输送，提高电网的输送能力，减少功率损耗，降低电能损耗和改善电压质量以及提高设备利用率。

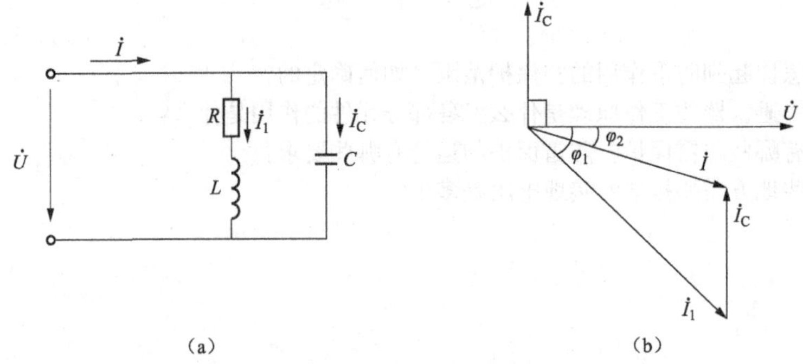

图 7 - 1 用并联电容补偿原理接线图和相量图

(a) 原理接线图；(b) 向量图

变电站通常采取高压集中补偿方式，将补偿电容器接在降压变电站的低压母线上，以补偿变压器无功损耗为主，并适当兼顾负荷侧的无功补偿。35～110kV 变电站的容量按主变压器容量的 10%～30%配置，220kV 变电站的补偿容量按照主变压器容量的 10%～25%配置，并满足主变压器最大负荷时，其高压侧功率因数不低于 0.95。

三、电容器型号

国产电容器的型号通常是用字母、数字、字母三部分来表示。字母部分表示电容器的型式，均为汉语拼音的第一个字母；数字部分表示电容器的额定电压、额定容量以及电容器的相数等。其代表意义如下：

1	2	3	4	5	—	6	—	7	8

1—特征代号。B—并联；C—串联；Y—移相。

2—液体介质代号。F—二苯基乙烷；A—苄基甲苯（适用寒冷低温地区）。

3—固体介质代号。F—膜纸复合介质；M—全膜介质。

4—设计代号。R—放电电阻，r—内熔丝。

5—额定电压（千伏）。如11代表额定电压11kV。

6—额定容量（千乏）。如100代表额定容量100kvar。

7—相数。1—单相；3—三相。

8—尾注号。W—户外式（户内不表示）；H—横放。

例如，型号为BAMr11/$\sqrt{3}$-200-1Wh；含义是额定电压11/$\sqrt{3}$kV、无功容量200kvar、单相、户外横放型、介质材料为苄基甲苯全膜，内置熔丝型并联电容器。

四、并联电容器的结构

并联电容器由箱壳、芯子和出线瓷套组成。箱壳采用薄钢板密封焊接制成；芯子是由若干个以铝箔作为极板、全膜为介质、经卷绕而成单元元件的组合体。芯子中的元件按一定的串并联方式连接，以满足不同电压容量的要求。常用的并联电容器有单台壳式、集中式和箱式等品种。

（1）单台壳式并联电容器。单台壳式分有熔丝和无熔丝两种。

1）有熔丝电容器，一般采用将内部熔丝置于各元件之间的相互隔离方式。根据需要，内部可放置放电电阻，与每一个串联段的元件相并联，断电后10min内自动将剩余电压降低到75V以下，以确保人身安全。这类电容器容量较大，单台容量一般是50、100、200、334kvar等多种，广泛应用在220kV及以上电压等级变电站中。

2）无熔丝电容器内部元件连接有三种：①先并联后串联，即传统的连接方式；②先串联后并联的连接方式；③串中有并，并中有串的混合连接方式。这类电容器容量较小。

（2）集合式和箱式并联电容器。这类电容器的外形和中小型变压器相似，内部为去掉铁壳的单台电容器芯子，按设计要求若干个串并联、预留散热油道、抽空脱气后注满合格的油而成。其单台容量达500kvar及以上，电压等级有0.6、10、35、66、100和1000kV，广泛应用在10～1000kV变电站。

五、电容器的接线方式

无功补偿电容器组的接线方式基本上有两种，即三角形接线和中性点不接地星形接线方式（含单星形和双星形两种）。

三角形接线的优点是不受三相电容器容抗不平衡的影响，可补偿不平衡负荷，形成$3n$次谐波通道，对消除$3n$次谐波有利；缺点是当电容器等发生短路故障时，短路电流大，可选用的继电保护方式少。一般用于6kV及以下的小容量并联电容器组。

星形接线的优点是设备故障时短路电流较小，继电保护构成也方便，而且设备布置清晰；缺点是对$3n$次谐波没有通路，故广泛用于6kV及以上并联电容器组。特别应注意的是，星形接线的中性点不能接地，以免单相接地时对通信线路构成干扰。

六、电容器合闸涌流与限制

（1）合闸涌流的产生。电网运行中为提高功率因数将电容器投运，在合闸投运瞬间即产生合闸涌流。因为在电容器合闸投运瞬间，电容器处于未充电状态，流入电容器的电流，只受其回路阻抗的限制。由于此时回路状态接近于短路，回路的阻抗很小，因此将产生很大的冲击合闸涌流流入电容器。涌流最大值发生在合闸瞬间。如电容器切除退出运行后，未经充分放电再次合闸，则可能使电容器承受2倍左右的额定电压的峰值，同时也会产生很大的合闸涌流。

合闸涌流分为单组电容器的合闸涌流和多组电容器的追加合闸涌流。单组电容器在第一次合闸投入运行的瞬间，电容器处于未充电状态，流入电容器的电流，仅受系统阻抗的限制。当已经有一组或多组电容器运行，再投入另一组电容器时，这时的合闸瞬间，将产生追加的合闸涌流。即运行的电容器组将向后投的电容器大量充电，全部冲击的合闸涌流，都将流入后投的电容器组。若处于在系统电压最大值的瞬间合闸，涌流将达到最大值。

（2）合闸涌流的危害。电容器投入时会产生的涌流，涌流的大小与线路阻抗有关，与电容器投入时电容器与电源间的电压差有关，所带来的危害主要有：

1）在极端的情况下，电容器的合闸涌流为电容器额定电流的5～15倍，其振荡频率为250～400Hz，电容器合闸产生的过电压为相电压的2～3倍。如此巨大的涌流会对电容器的寿命产生很大的影响，会对电网产生干扰。

2）频率很高的涌流通过变比较大的电流互感器时，由于其一次线圈匝数较多，可能产生较大的感应电压，从而破坏一次线圈的层间绝缘，使电流互感器损坏。

3）当电源电压波形发生畸变时，高次谐波电压施加于电容器之内，因谐波频率高，电容器的容抗就小，使得涌流更大。若投入的电容器容量很大，通过电容器的涌流就会更大，电压的畸变也更加严重。

（3）合闸涌流的限制。为了限制电容器的合闸涌流，抑制电网中高次谐波对电容器的影响，一般采取在电容器装设串联电抗器的方法。

1）装设串联电抗器，增大电路的感抗，电容器的放电电流减小。如果串联电抗器选择恰当，便可将涌流限制在允许范围之内。

2）实现过电流为零点投合技术。能实现电流过零点投切的开关很多，同步开关技术（又名选相开关）是近年来最新发展的技术，就是要在开关接点两端电压为零的时刻闭合，从而实现电容器的无涌流投入；在电流为零的时刻断开，从而实现开关接点的无电弧分断。

七、电容器的投切与放电装置

（1）投切开关。投切电容器开关的额定电压符合电容器装置的额定电压要求，额定电流不小于1.5倍装置额定电流，切断容性电流不小于电容器组额定电流，遮断容量不小于该系统短路容量。

（2）放电线圈。放电线圈与高压并联电容器组并联连接，正常运行时承受电容器组的电压，能在1.1倍额定电压下长期运行。在电容器停电时，放电线圈作为一个放电负荷，会快速泄放电容器两端的残余电荷，5s之内，其端电压要小于50V，以满足电容器5min内5次自动投切的需要。其二次绕组一般接成开口三角或者相电压差动，从而对电容器组的内部故障提供保护和监控。大量地使用在6～66kV的单Y接线的电容器组中。

八、电力电容器的运行

电容器组在日常应用中投切比较频繁，运行要求如下：

（1）为了延长电容器的寿命，电容器应在额定电流下运行，最高不应超过额定电流的1.3倍。

（2）运行中的电容器组三相电流应基本平衡，在运行时，三相不平衡电流不宜超过额定电流的5%。电容器组应装设内部故障保护装置。装有单台熔断器的电容器，其熔断器安装角度应正确，熔丝额定电流应为电容器额定电流的1.43～1.55倍。

（3）电容器的连续运行电压不得大于$1.05U_n$，其允许最高工频电压和相应的持续时间，可按表7-1规定的数值执行。

表7-1　电容器允许最高工频电压和相应的持续时间

工频过电压（V）	最大持续时间	说　明
$1.10U_n$	长期	指长期过电压的最高值不应超过$1.10U_n$
$1.15U_n$	每24h中30min	系统电压的调整与波动
$1.20U_n$	5min	轻负载时电压升高
$1.30U_n$	1min	

（4）单台容量大于1600kvar的集合式电容器应装有压力释放装置并能可靠动作；较大容量的集合式电容器组应装设气体继电器。

（5）户内安装的电容器应有良好的防尘和通风装置；在运行中要严格监视电容器的环境温度，不应超过规定值，周围空气温度为4℃时，电容器外壳不得超过55℃。

（6）电容器室应符合防火要求，室外电容器组应配有专用消防器材。

（7）正常情况下全变电站停电操作时，应先拉开高压电容器支路的断路器，再拉开其他各支路的断路器；恢复全变电站送电的操作顺序与停电相反，应先合上各支路的断路器，最后合上高压电容器组的断路器。事故情况下，全厂无电后，必须将高压电容器组的支路断路器先断开。

（8）在出现保护跳闸或因环境温度长时间超过允许温度，及电容器大量渗油时禁止合闸；电容器温度低于下限温度时，避免投入操作。

(9) 电容器总断路器若带电容器组拉开后，一般应间隔 15min 后才允许再次合闸，分断路器拉开后则应间隔 5min 后才能再次合闸操作。

(10) 分组电容器投切时，不得发生谐振（尽量在轻载荷时切除）。对采用混装电抗器的电容器组应先投电抗值大的，后投电抗值小的，切除时与之相反。当两组电容器的容量不相等时，合闸（投运）先投容量大的，后投容量小的；分闸（退出），先切容量小的，后切容量大的。

(11) 高压电容器的保护熔断器突然熔断时，在未查明原因之前，不可更换熔体恢复送电。

(12) 电容器停用后应经充分放电后才能验电、装设接地线，其放电时间不得少于 5min，若有单台熔断器熔断的电容器，应进行个别放电。

(13) 当系统发生单相接时，不准带电检查该系统上的电容器组。

(14) 电容器发生下列情况时应退出运行：

1) 电容器严重漏油，箱壳鼓肚或爆裂。

2) 电容器喷油或着火。

3) 接头严重过热或熔化。

4) 套管放电闪络。

5) 电容器内部有异常声音。

6) 电流超过允许值。

7) 母线失压后。

8) 投放变压器之前。

9) 电容器室的温度超过±40℃范围时。

10) 高压电容器组所接母线的电压超过电容器的额定电压的 1.1 倍或电容器的电流超过其额定电流的 1.3 倍时。

课题二　并联电抗器

一、学习目标

掌握超高压并联电抗器的作用与运行要求。

二、并联电抗器的作用

并联电抗器是接在高压系统中大容量的电感线圈，它的作用是补偿高压输电线路的电容和吸收其无功功率，防止电网轻负荷时因容性功率过多引起的电压升高。并联电抗器是超高压电网中普遍采用的重电气设备之一。

(1) 限制了工频电压的升高。由于空载线路工频容抗 X_C 大于工频感抗 X_L，因此在电源电动势 E 的作用下，线路中的电容电流在感抗上的压降 ΔU_L 将使容抗上的电压 U_C 大大高于电源电动势，即 $U_C=E+\Delta U_L$，也即空载线路上的电压高于电源电压，这就是空载线路的电容效应所引起的工频电压升高。为了限制工频电压升高，采用并联电抗器来补偿导线电容和吸收电容的无功功率，以达到均压的目的。

(2) 降低了操作过电压。操作过电压常常是在工频电压升高的基础上出现的，如甩负荷、切除接地故障和重合闸等。加装了电抗器后，由于工频电压的升高得到了限制，操作过电压也随之降低。

(3) 防止自励磁。在线路终端正常合闸，发生甩负荷以及并网等运行情况下，都将形成较长时间的发电机带空载长线的运行方式，由于线路具有容性阻抗，此时同步发电机带有容性负荷，有可能发生自励磁现象。在自励磁过程中同步发电机自发地产生幅值逐渐增加的自由振荡，从而引起与发电机正常励磁不相称的过电流和过电压。过电压可达工频电压的1.5～2倍以上，这不仅使得并网时的合闸操作或零起升压成为不可能，而且严重威胁电网中电气设备的绝缘，这是不允许的。并联电抗器是防止自励磁的一种重要设备，对防止自励磁起着重大的作用。

(4) 有利于单相重合闸装置。在超高压线路上采用单相重合闸装置，若在长线段中 A 相接地，其两端断路器跳闸，但 B、C 相仍连接于电源，于是，健全相 B、C 的工作电压和负载电流通过相间互电容 C 和互感 M 对 A 相产生静电感应和电磁感应。使故障相在断开电源后仍能维持一定的接地电流 I，这个电流就称为潜供电流。当这个电流 I 在工频过零熄弧的瞬间，故障点立即出现恢复电压，介质被击穿，造成间隔性电弧，L 越长，电网的负载电流越大，额定电压越高，则接地电弧的熄灭越困难，单相重合闸也越难实现。这时的电抗器，尤其是小电抗器具有消弧线圈的功能。

(5) 无功功率平衡。无功功率不宜远距离输送，以就地平衡为宜。任何局部地区无功功率过剩或不足，不仅将影响该地区的电压质量，而且会影响线路的输送能力，影响系统的暂态稳定性。由于并联电抗器可直接吸收部分充电无功功率，剩余的充电功率也可由几组低压电抗器来吸收。

三、并联电抗器的接入方式

并联于超高压线路的电抗器一般接成星形，中性点经一小电抗器接地。小电抗器是为了补偿线路对地电容，使相对地阻抗趋于无穷大，消除潜供电流纵向分量，提高重合闸的成功率。

四、并联电抗器的结构

(1) 内部结构。超高压大容量充油电抗器的外形与变压器相似，但内部结构不同，变压器的绕组有一次绕组和二次绕组，铁芯磁路中没有气隙，而电抗器只是一个磁路带气隙的电感线圈。由于系统运行的需要，要求电抗器的电抗值在一定范围内恒定，即电压与电流的关系是线性的，所以并联电抗器的铁芯磁路中必须带有气隙。

(2) 冷却与绝缘。超高压并联电抗器的外壳及其散热片均能承受全真空。为了避免绝缘油与大气接触，电抗器的储油柜中有胶囊隔膜保护，油的膨胀收缩体积由胶囊中的气体平衡，储油柜是不耐真空的。

(3) 电抗器的保护装置。电抗器带有整套保护装置，其非电量保护如下：

1) 压力释放阀。

2) 温度指示系统。当温度异常并上升至某一数值时，电触点接通，发出“油温高”告警信号。当温度达到危险值时，另一对电触点接通，电抗器跳闸。

3) 气体继电器保护。

4) 油位指示器。

五、并联电抗器的技术参数

(1) 额定电压。额定电压是电抗器长期连续运行的最高线电压，用 kV 表示。

(2) 额定电流。额定电流是电抗器长期连续运行的最大工作电流，用 A 表示。

(3) 额定容量。电抗器的额定电压与额定电流的乘积，用 Mvar 表示。

(4) 损耗。并联电抗器的损耗由线圈损耗、铁芯损耗和杂散损耗三部分组成。线圈损耗包括线圈的电阻损耗、涡流损耗，是并联导线中电流分布不均产生的损耗；铁芯损耗包括铁芯损耗、铁芯附加损耗和磁分路损耗；杂散损耗包括引线损耗、油箱及金属结构件中的损耗。

(5) 振动及噪声。高电压大容量并联电抗器气隙中的电磁力大，振动和噪声问题较为突出。同时，因电抗器体积较大，固有振动频率较低，有可能与工作频率接近，发生共振而使振动加剧。我国 500kV 电压等级并联电抗器的振动水平是：在额定电压下，油箱振动幅值不超过 100μm；噪声是一个与振动相关的参数。我国制造厂控制标准是：在额定电压下距离声源 2m 处不超过 80dB。

(6) 电抗器的温升及冷却。我国超高压并联电抗器为油浸自冷式，用 ONAN 表示，其中 O 表示矿物油或相当可燃性合成液体；N 表示自然循环；A 表示空气。一般运行中的电抗器上层油温不宜超过 85℃。

六、电抗器的运行要求

1. 一般要求

(1) 外观部件应无变形、无损伤、无裂纹等现象；本体无渗漏油、污秽、放电痕迹；油漆无脱落，以及流（滴）胶、裂纹等异常现象。

(2) 户外并联电抗器防雨罩安装牢固、无破损；内外包封等附件齐全，无劣化；各侧引线安装合格，接头接触良好。

(3) 干式电抗器的噪声、振动无异常。

(4) 干式电抗器的金属围网、围栏、支架、基础内钢筋、接地导体应开环连接且一点与主接地网必须可靠连接。

(5) 干式电抗器的开环式接地网与干式电抗器的垂直水平距离应大于干式电抗器的2倍直径，或满足相关规程所要求的防电磁感应的空间距离的要求。

(6) 油浸电抗器的气体继电器阀门及各散热器阀门应在“打开”位置，事故放油阀门标志齐全醒目。

(7) 油浸电抗器的油位正常，吸湿器中的硅胶潮解不得超过2/3。

(8) 对于干式电抗器及其电气连接部分，每季度应进行带电红外线测温和不定期重点测温。红外测温发现有异常过热，应申请停运处理。

采用A级绝缘材料的并联电抗器，其油箱上层油温度一般不超过85℃，最高不超过95℃；运行时的允许温升为绕组温升不超过65℃，上层油温升不超过55℃，铁芯本体、油箱及结构件表面不超过80℃。当上层温度达到85℃时报警，达到105℃时跳闸。

(9) 允许电压和电流。并联电抗器运行时，一般按不超过铭牌规定的额定电压和额定电流长期连续运行。运行电压的允许变化范围为额定值的±5%。当运行电压超过额定值时，在不超过允许温升的条件下，并联电抗器过电压允许运行时间应遵守表7-2的规定，当运行电压低于$0.95U_N$时，应考虑退出部分并联电抗器运行，以保证系统的电压水平。

表7-2　500kV并联电抗器最大允许过电压时间

过电压倍数（U/U_N）	1.05	1.12	1.14	1.16	1.18	1.28	1.45	1.5
最大允许时间	连续	60min	20min	10min	3min	20s	8s	6s

2. 电抗器的投切

干式电抗器的投切按调度部门下达的电压曲线或调度命令进行；应使用断路器投切并联电抗器组，并轮换投退，以延长使用寿命。

(1) 有人值班变电站。运行人员投切干式电抗器后，应检查表计（如电流表、无功功率表）指示是否正常，还应到现场检查干式电抗器和断路器等设备的情况。对于并联有避雷器的干式电抗器，每项次投切操作之后，35kV及以上的干式电抗器还应检查避雷器是否动作，并做好记录。

(2) 无人值班变电站。监控人员投切干式电抗器后，应检查监控系统中干式电抗器的潮流指示是否正常，相关设备潮流及系统电压是否正常。有电视监控系统的，通过工业电视检查干式电抗器有无冒烟、起火现象。

课题三　消弧线圈

一、学习目标

了解消弧线圈的结构，掌握消弧线圈工作的原理与运行注意事项。

二、作用与工作原理

我国3～66kV的配电网大多采用中性点不接地运行方式，在中性点不接地系统中，当单相接地电流（为线路、电缆、配电装置等对地电容电流的总和）超过规定的数值时，电弧将不能自行熄灭。为了减少接地电流，造成故障点自行熄灭的条件，一般采用中性点经消弧线圈接地的措施进行补偿。

消弧线圈是一个具有铁芯的可调电感线圈，它接于变压器的中性点与大地之间当发生单相接地故障时，可形成一个与接地电容电流大小接近相等而方向相反的电感电流，这个滞后电压90°的电感电流与超前电压90°的电容电流相互补偿，最后使流经接地处的电流变得很小甚至等于零，从而消除了接地处的电弧以及由它所产生的危害。此外，当电流过零，电弧熄灭之后，消弧线圈的存在还能减小故障相电压的恢复速度，从而减少电弧重燃的可能性。

三、消弧线圈结构

消弧线圈主要由间隙铁芯、绕组、绝缘油、绝缘套管，以及阻尼电阻、互感器等组成，如图7-2所示。铁芯与线圈都浸入到绝缘油中，外壳有储油柜、温度计，容量大的消弧线圈还有冷却管、呼吸器、气体保护。

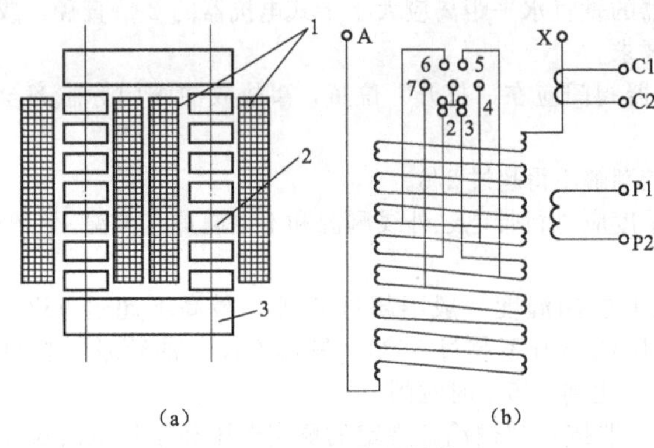

图 7-2　消弧线圈的构造
(a) 带间隙的铁芯断面；(b) 消弧线圈的分接头
1—线圈；2—有间隙的铁芯；3—铁轭

(1) 铁芯。由于铁芯导磁远远大于空气，在相同的绕组数量下能够提供更多的电感，所以一般中低压消弧线圈都采用铁芯。铁芯是带间隙的，这样做的目的是避免磁饱和，减少高次谐波分量，得到稳定的电感值。

(2) 线圈。线圈中有多个分接头，调换分接头可改变线圈的每匝电压值，从而可以调整补偿电流。有载调节式消弧线圈还可以和自动跟踪补偿控制器组合，组成自动跟踪补偿装置，调节挡位一般在 17 挡以下。

(3) 阻尼电阻及控制器。为了防止系统正常运行时发生串联谐振而设置的，它解决了补偿电流与中性点电压之间的矛盾，后接地残流小于 5A，中性点电压小于 15%相电压。因为装设消弧线圈的目的是降低接地残流，以利于在发生单相接地时电弧自灭，所以尽量调整到全补偿状态。但在正常运行时，如调到全补偿，电网的电容电流与消弧线圈会发生串联谐振；如虽不调到全补偿状态，流过中性点的电流在消弧线圈两端产生的电压会很高，一般超过 U_N小于 15%相电压的要求，使系统不能维持正常运行。当串入电阻后，改变了回路状态，按照串入电阻值调整调谐度和中性点电压的关系，如图 7-3 所示。

当系统发生单相接地时，中性点电流增大、电压升高，当阻尼电阻两端电压大于设定值时，自动调谐控制器迅速将阻尼电阻短接；当单相接地消失后，阻尼电阻重新接入，装置恢复到正常运行状态。

(4) 互感器。在器身的铁轭上放置一个二次绕组，用以测量中性点电压，当中性点电压超过设定值时，装置判断系统发生单相接地故障；另在接地套管的下端引线处有一个 10kV 级绝缘的电流互感器，供测量接地电流用。

(5) 隔离开关。隔离开关安装于消弧线圈与接地变压器之间，可以把消弧线圈与系统隔离，做到消弧线圈不投运而接地变压器仍能投运（接地变压器带站用变压器运行时）。

(6) 控制屏。用于安装自动调谐控制器、接线端子和操作开关。

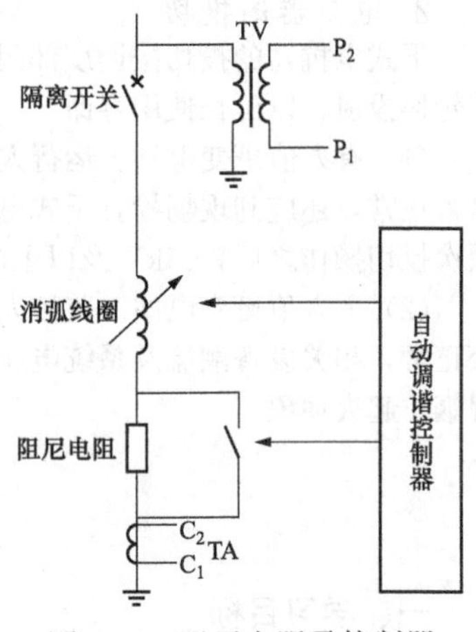

图 7-3　阻尼电阻及控制器

四、型号与参数

(1) 型号。型号用字母与数组子的组合方式表达，按照排列位置，表达的信息如下：

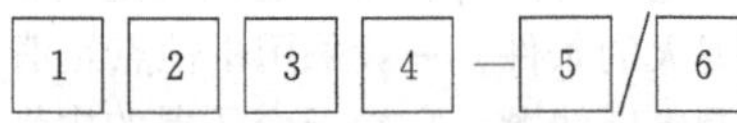

1—名称代号。X—消弧线圈；D—单相。

2—调节方式。Z—有载调节，最大挡位 17 挡；无励磁不表示，调节最大挡位 9 挡。

3—介质代号。J—油浸。

4—绕组材料：1—铜线；缺省为铝线。

5—额定容量（kvar）。100～6500kvar。

6—系统电压等级（kV）。60kV 及以下。

(2) 参数。参数除在型号中，调节方式、额定容量、额定电压、相数之外，还有：

1) 频率。50Hz。

2）电流范围。（20%～100%）I_e。

3）耐热等级。A级，额定挡位运行2h绕组允许平均温升100K，油面允许温升75K。

4）冷却方式。油浸空气自冷（ONAN）。

5）运行时间。额定挡位2h。

6）绝缘方式。35kV及以上为分级绝缘，即消弧线圈首端与变压器中性点相同，消弧线圈接地端采用6～10kV等级；35kV以下产品采用全绝缘方式，即消弧线圈首尾端绝缘水平相同。

五、消弧线圈的运行

1. 消弧线圈的调节

消弧线圈根据电容电流大小来决定补偿范围。一般来说，系统应按电压等级估算电容电流，每一电压等级总电容电流应为线路、母线及其他一次设备的电容电流之和。

有载调节式消弧线圈可以和自动跟踪补偿控制器组合成自动跟踪补偿装置。这种消弧线圈的补偿方式一般分为过补、欠补、最小残流三种方式。

（1）欠补，指运行中线圈电感电流I_L小于系统电容电流I_C的运行方式。当$0<I_C-I_L<I_d$（I_d为消弧线圈相邻挡位间的级差电流），即当残流为容性且残流值小于级差电流时，消弧线圈不进行调挡。若对地电容发生变化不满足上述条件时，则消弧线圈将向上或向下调节分头直至重新满足上述条件为止。

（2）过补，指运行中电容电流I_C小于电感电流I_L的运行方式。当$I_C-I_L<0$，且$|I_C-I_L|\leqslant I_d$，即在残流为感性且残流值不大于级差电流时，消弧线圈不进行调挡。若对地电容发生变化不满足上述条件时，则消弧线圈的分接头将进行调节，直至重新满足上述条件为止。

（3）最小残流。在且$|I_C-I_L|\leqslant I_d/2$时，消弧线圈不进行调节；当对地电容变化、上述条件不满足时进行调节，直至满足上述条件。在这种运行方式下，接地残流可能为容性，也可能为感性，有时甚至为零（即全补），但由于加装了阻尼电阻，中性点电压不会超过15%相电压。

2. 正常运行的注意事项

（1）非自动调节的消弧线圈倒分头后，应测量直阻。

（2）消弧线圈只有在系统无接地故障时方可进行拉、合操作；雷雨天气时禁止用隔离开关拉、合消弧线圈。

（3）带有消弧线圈运行的主变压器需要停电时，应先停消弧线圈，后停变压器；送电时先投入变压器再投入消弧线圈。

（4）正常情况下消弧线圈自动调谐装置应投入自动运行状态。

（5）消弧线圈和其他电气设备一样，由调度实行统一管理，操作前必须有当值调度员的命令才能进行操作。

（6）消弧线圈自动调谐装置投入与退出操作步骤。

1）投入时：①合上消弧线圈控制屏后交、直流电源开关；②合上消弧线圈与中性点之间单相隔离开关；③合上自动调谐控制器电源开关。

2）退出时：①断开自动调谐控制器电源开关；②拉开消弧线圈与中性点之间单相隔离开关；③断开消弧线圈控制屏后交、直流电源开关。

（7）运行中阻尼控制器的直流220V电源必须保持接通以保证交流断电时，阻尼控制器仍能正常工作。

（8）自动调谐控制器在运行中应监视并记录下列内容：

1）脱谐度显示值应在脱谐度设定范围之内。

2）电容电流能够准确显示。

3）残流等于消弧线圈当前挡位下补偿电流与电容电流之差。

4）中性点电流通常小于5A。

5）中性点电压小于15%相电压。

6）有载开关挡位能够正确显示。

7）有载开关动作次数显示有载开关动作累加值。

8）自动调谐控制器+5V和±12V电源指示灯，正常时三个红色指示灯亮。

9）打印机在线指示灯，正常时打印机上一个绿色指示灯亮。

(9) 油浸式消弧线圈在运行中应监视并记录下列内容：

1）运行无杂声。

2）油位应正常，油色透明不发黑。

3）应无渗油和漏油现象。

4）套管应清洁、无破损和裂纹。

5）引线接触牢固，接地装置完好。

6）吸湿剂不应受潮。

7）上层油温应正常。

8）表计指示准确。

3. 装置异常运行

若巡视中发现下列情况之一时，应向调度和上级主管部门汇报：

(1) 消弧线圈在最高挡位运行，脱谐度小于10%（说明消弧线圈的容量已不能满足要求）。

(2) 中性点电压大于15%相电压。

(3) 接地变压器或消弧线圈有异常响声。

(4) 阻尼电阻箱异常。

(5) 自动调谐控制器异常。

4. 系统单相接地运行

(1) 系统发生单相接地时，禁止操作或手动调节该段母线上的消弧线圈。

(2) 拉合消弧线圈与中性点之间单相隔离开关时，如有下列情况之一时禁止操作：

1）系统有单相接地现象，已听到消弧线圈的嗡嗡声。

2）中性点位移电压大于15%相电压。

(3) 发生单相接地必须及时排除，接地时限一般不超过2h。

(4) 发生单相接地时，应监视并记录下列数据：

1）接地变压器和消弧线圈的运行情况。

2）阻尼电阻箱运行情况。

3）消弧线圈控制屏面板上的电阻短接指示灯。

4）自动调谐控制器的显示参数，如电容电流、残流、脱谐度、中性点电压和电流、有载开关挡位和有载开关动作次数等。

5）单相接地开始和结束时间。

6）单相接地线路及单相接地原因。

思考题

1. 并联电容器的作用和工作原理是什么？
2. 电容器的结构有哪些特点？运行有哪些要求？
3. 电容器为什么会产生合闸涌流？如何限制？
4. 高压并联电抗器的作用有哪些？运行有哪些规定？
5. 消弧线圈的工作原理是什么？运行要求是什么？

变电站主接线与电源系统

课题一 变电站主接线

一、学习目标

掌握变电站主接线的形式和特点。

二、相关知识

1. 主接线的意义

变电站的作用是汇集电能，改变电压，然后再往外分配电能。变电站的电气主接线是汇集和分配电能的通路，它决定了配电装置设备的数量，并表明以什么方式来连接电源、变压器和馈出线路，以及避雷器、互感器等的安装位置。一次主接线的确定对供用电安全、经济运行、日常操作以及电气设备的选择、配电装置的布置、继电保护及控制方式的拟定都有密切关系。

2. 母线（汇流排）的概念

将各路电源输送到变电站的电流汇集起来的金属导体称为母线，俗称汇流排。为了便于区分变压器的输入端母线和输出端母线，对于降压变压站，电源侧的母线称为一次母线，变压器输出端的母线称为二次母线。

3. 变电站的主接线

变电站的主接线主要包括电源进线、一次母线、电力变压器和二次母线、二次配出线以及接通和断开电气主回路所必需的开关设备，例如断路器、负荷开关和隔离开关等。此外，与变电站主接线相连接的还有防雷用的避雷器、计量和控制、保护等必需的电压互感器、电流互感器，补偿无功用的电容器，有的还接有限流用的电抗器，滤波用的滤波器以及供载波通信用的耦合电容器和滤波电抗器等。

4. 画主接线图的要求

在讨论变电站主接线的基本形式时，为了清晰，一般只画出一次母线、主变压器、二次母线、断路器、负荷开关和隔离开关的配置情况和连接方式。

5. 常用电气一次图形与文字符号

表 8-1 所示为常用的电气一次图形与文字符号。

表 8-1　常用电气一次图形与文字符号

名称	文字符号	图形符号	名称	文字符号	图形符号
火电厂			水电厂		
风力发电厂			抽水蓄能电厂		
变电站			换流站		
串补站			核电站		
发电机	G		导线、母线	W、WB	

续表

名称	文字符号	图形符号	名称	文字符号	图形符号
双绕组变压器	T 或 TM		双绕组变压器星形	T 或 TM	
三相变压器	T 或 TM		三绕组变压器星—星—角	T 或 TM	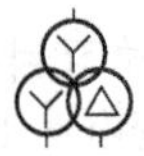
自耦变压器	TA		双绕组有载调压变压器	T 或 TM	
电流互感器三相	TA	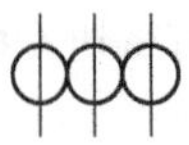	电流互感器单相绕组	TA	
电压互感器	TV		三相式电压互感器	TV	
电容式电压互感器	TV	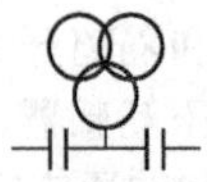	避雷器	F 或 FA	
电抗器	L		分裂电抗器	L	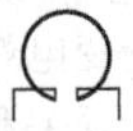
静止无功补偿器		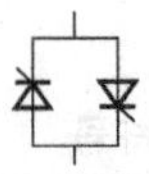	无功补偿	AC	
消弧线圈	L		接地电阻	R	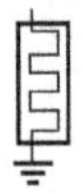
阻波器			耦合电容器	C	
故障指示器			带电显示器		
断路器（国家电网）		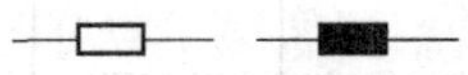	断路器（国家标准）	QF	

续表

名称	文字符号	图形符号	名称	文字符号	图形符号
隔离开关	QS		负荷开关	QL	
熔断式负荷开关			跌落式熔断器	FD	
手车开关 分、合、检修			三工位开关 分、合、接地		
手车刀闸 分、合 检修			手车压变 （带熔断器）		
熔断器一般符号	FU		开闭器		
接地	E		接地开关	QG	

三、变电站一次主接线的基本形式

变电站常用的主接线有单母线、双母线、桥式和3/2接线。

1. 单母线接线

单母线接线是指单一母线接线方式，包括线路变压器组、单母线、单母线分段、单母线分段带旁路四重接线方式。单母线接线的优点是简单明显、建造费用低、操作方便。缺点是供电可靠性低，不仅母线故障和断路器故障会引起变电站全停，而且母线侧隔离开关检修时也必须将变电站全部停电。因此，单母线一般用于无重要负荷且出线回路不多的单电源小容量变电站。

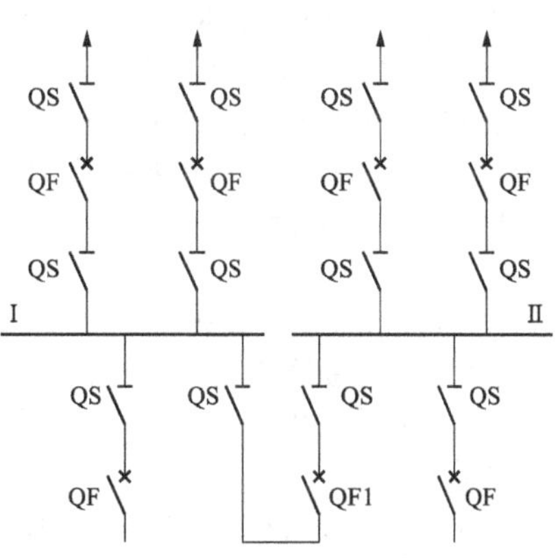

图 8 - 1　单母线用断路器分段的接线

（1）单母线用断路器分段的接线方式。图 8 - 1 所示为用断路器分段的单母线接线方式。图中 QF1 为分段用的断路器，其两侧为隔离开关。在正常运行时，母线分段断路器 QF1 可处于合闸位置，也可以处于分闸位置。图中变电站有两路电源：如果两路电源中正常，由一路电源供电，母线分段断路器及其两侧开关应处于合闸位置，这时，由一路电源带母线上的全部负荷，另一路电源断路器处于分闸状态同，作为备用。

单母线分段接线用户可以分别从不同母线段上取得电源，实现双回路供电；当一段母线检修或故障时，另一段母线可继续供电；当一路母线检修或故障时，该段母线上的所有支路全部断开。

（2）单母线分段带旁路母线的接线方式。图 8 - 2 所示为带旁路母线的单母线分段接线方式。采用这种接线方式可以在不中断供电的情况下检修配出线 XL1 和 XL2 的断路器。在图 8 - 2 中，QF 是单母线分段断路器，同时还兼作旁路母线的旁路断路器。当任一出线断路器 QF1 或 QF2 需要检修时，都可以借助旁路断路器代替需检修的断路器投入运行，使线路供电不受任何影响。

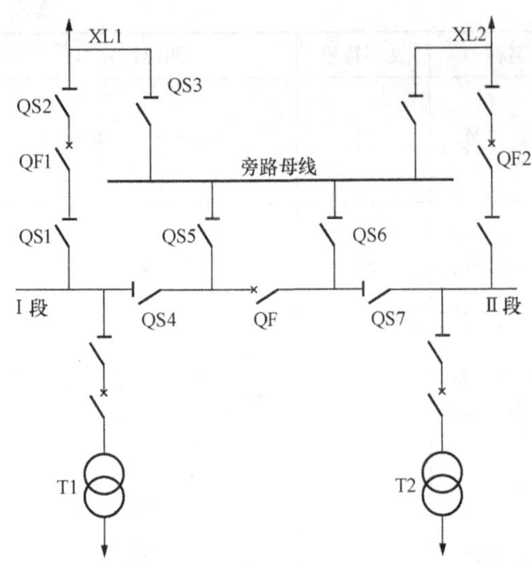

图 8-2 带旁路母线的单母线分段接线

例如，需检修线路 XL1 的断路器 QF1 时，操作步骤为：

1）接通母线Ⅰ分段的隔离开关 QS4 和旁路母线的隔离开关 QS6、QS3。

2）合上母线分段断路器（兼作旁路断路器）QF。

3）断开需检修的线路断路器 QF1 及其两侧隔离开关。

这样，就利用母线分段断路器（兼作旁路断路器）QF 代替线路断路器 QF1，以保证线路 XL1 的正常供电。

2. 双母线接线

双母线接线分双母线、双母线分段、双母线分段带旁路三种。

（1）双母线。图 8-3 所示为具有一台母联断路器的双母线接线，图中，有两条并列排列的母线，分别用“Ⅰ”“Ⅱ”标示。QF 为母线Ⅰ、Ⅱ之间的联络用断路器，简称“母联”。母联断路器两侧各有一组隔离开关 QS7 与 QS8。

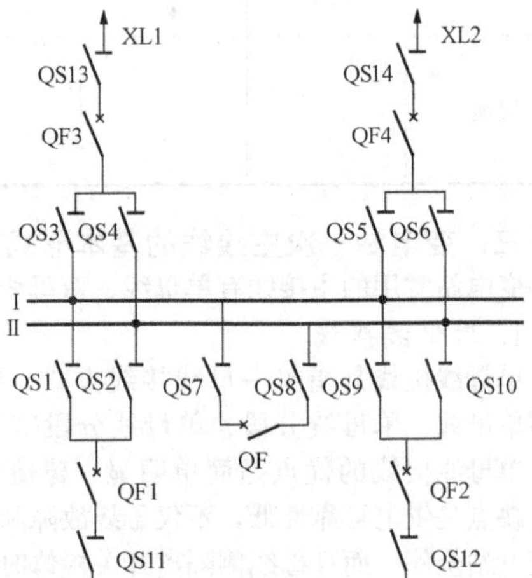

在双母线接线方式中，每一回进出线与两回母线之间各装有一组隔离开关。例如图 8-3 中，线路 L1 分别由 QS3 和 QS4 与母线Ⅰ和母线Ⅱ相连接。在正常运行时，这两组隔离开关只有一组处于合闸状态，另一组隔离开关处于分闸状态。如果隔离开关 QS3 处于合闸状态，QS4 处于分闸状态，则线路 XL1 接到母线Ⅰ上运行，而母线Ⅱ则处于备用状态。

图 8-3 双母线接线
QF、QF1～QF4—断路器；QS1～QS14—隔离开关

双母线接线的优点如下：

1）两条母线可以一用一备。当工作母线需要检修时，可以利用母联断路器 QF 把工作母线上的全部负荷倒换到备用母线上，以不中断供电。例如：设Ⅰ为工作母线，Ⅱ为备用母线。工作母线Ⅰ需要检修，其操作步骤为：

a. 首先合上 QS7、QS8。

b. 合上母联断路器 QF 向备用母线Ⅱ充电。

c. 合上备用母线隔离开关 QS2、QS4、QS6、QS10。

d. 拉开工作母线隔离开关 QS1、QS3、QS5、QS9。

e. 最后断开母联断路器 QF 及其两侧隔离开关 QS7、QS8。至此，工作母线Ⅰ已退出运行，可进行检修。

2）检修任一组母线的隔离开关时，只需断开此隔离开关所属的一条电路和与此隔离开关相连的母线，其他电路均可通过另一组母线继续运行，变电站不至于全停电。

3）工作母线在运行中发生故障时，可通过备用母线迅速恢复对各配出线的供电。

4）任一进出线的断路器如出现拒动或因故不允许操作时，可利用母线联络断路器来代替该断路器的停送电操作。

双母线接线方式的缺点主要是增加了母线隔离开关的数量，增加了变电站的占地面积，从而增加了基建投资，而且双母线的接线方式与操作也比较烦琐。

（2）双母线分段接线。当配电装置连接的进出线总数较多时，可将双母线进行分段。110～220kV

配电装置连接的进出线总数为10～14条回路时，采用一组母线分段接线，进出线总数为15条回路及以上时，采用两组母线分段接线。

双母线分段接线如图8-4所示。图8-4（a）所示为双母线单分段接线，将一组母线用分段断路器QF4分为Ⅱ、Ⅲ两段，Ⅰ母线与Ⅱ母线之间通过母联断路器QF3连接，Ⅰ母线与Ⅲ母线之间通过母联断路器QF6连接。图8-4（b）所示为双母线双分段接线，将一组母线用分段断路器QF7分为Ⅰ、Ⅱ两段，另一组母线分为Ⅲ、Ⅳ两段，Ⅰ母线与Ⅲ母线之间通过母联断路器QF3连接，Ⅱ母线与Ⅳ母线之间通过母联断路器QF6连接。双母线分段接线具有更高的可靠性和更大的灵活性。

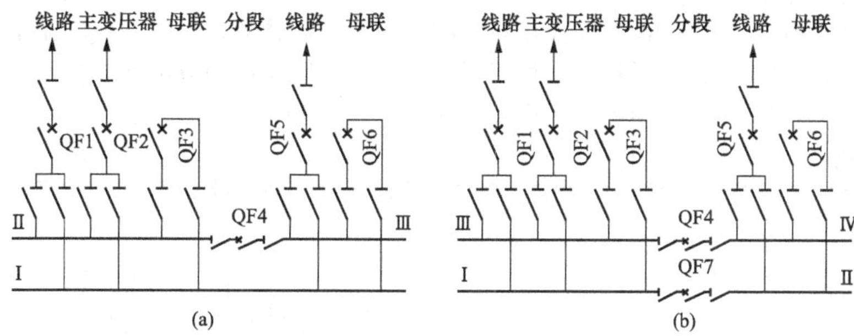

图8-4　双母线分段接线

（a）双母线单分段接线；（b）双母线双分段接线

双母线分段接线的优点是：一段母线故障时，可维持其他段正常运行；每个元件可以在两段母线之间切换。缺点是：增加了母联和分段断路器，设备投资增加；倒闸操作复杂；母线的差动保护十分烦琐。

（3）双母线带旁路接线。双母线带旁路接线如图8-5所示。在双母线接线基础上增加了旁路间隔，当线路或变压器断路器检修时，线路或变压器可由旁路代出。如运行在Ⅰ母线上的线路QF1断路器检修时，由旁路断路器QF4代出（Ⅰ母线—QS1—QF4—QS3—Ⅲ母线—QS4—线路）。

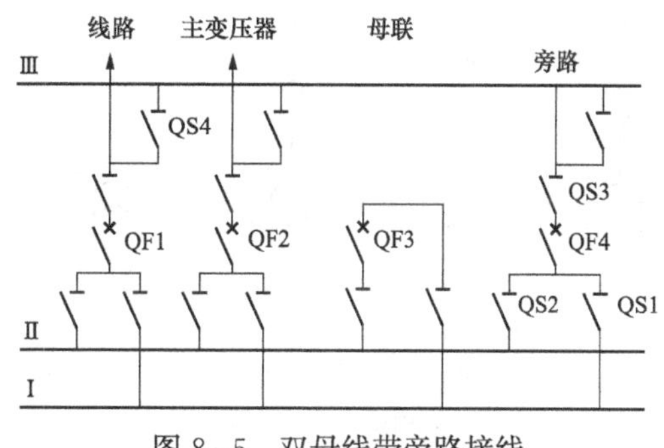

图8-5　双母线带旁路接线

双母线带旁路接线具有双母线的优点，由于增设了旁路，当线路或主变压器断路器检修时，该线路或主变压器仍能继续供电，解决了因断路器检修出线或变压器停电的缺点，但旁路的倒换操作比较复杂，投资费用也较大。

为了节省断路器及配电装置间隔，当出线达到5条回路及以上时才装设专用旁路断路器，而出线少于5条回路时则采取母联兼旁路或旁路兼母联的接线方式。图8-6所示为几种常用旁路的接线。

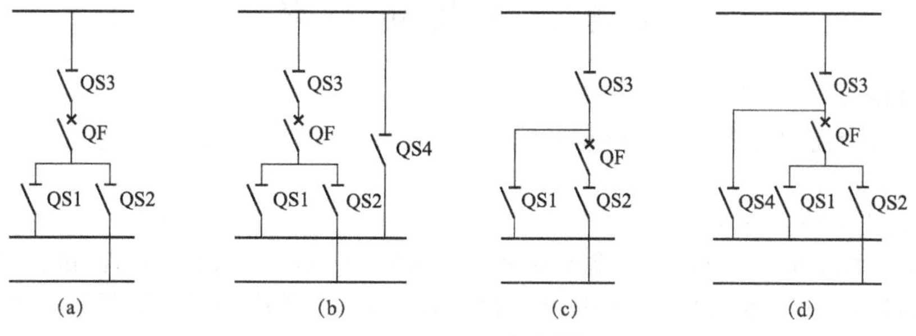

图8-6　几种常用旁路的接线

（a）专用旁路；（b）旁路兼母联；（c）母联兼旁路1；（d）母联兼旁路2

3. 桥式接线

变电站只有两台主变压器和两路出线时可用桥式接线。如图 8 - 7 所示。图中的桥断路器 QF3 在线路断路器 QF1 和 QF2 的内侧为内桥接线，如图 8 - 7（a）所示。图中的桥断路器 QF3 在线路断路器 QF1 和 QF2 的外侧为外桥接线，如图8 - 7（b）所示。

（1）内桥接线的特点：线路的投切比较方便，线路故障时，仅故障线路跳闸，不影响其他回路运行。但变压器故障时与该变压器连接的两台断路器都跳闸，从而影响了正常线路的运行。此外，变压器投切比较麻烦，需操作与该变压器连接的两台断路器。但由于变压器元件比较可靠，故障概率较小，一般也不经常切换，因此，采用内桥较多。

（2）外桥接线特点：线路的投切需操作与之相连的两台断路器，并影响变压器正常运行。但变压器投切不影响线路供电。故外桥接线适用于线路较短、检修操作和故障均较少、变压器又经常切换的情况。当电网有穿越功率输送时也采用外桥接线。

4. 3/2 接线

3/2 接线也称一个半断路器接线，即由一个半断路器控制一条线路，如图 8 - 8 所示（只画出断路器部分）。

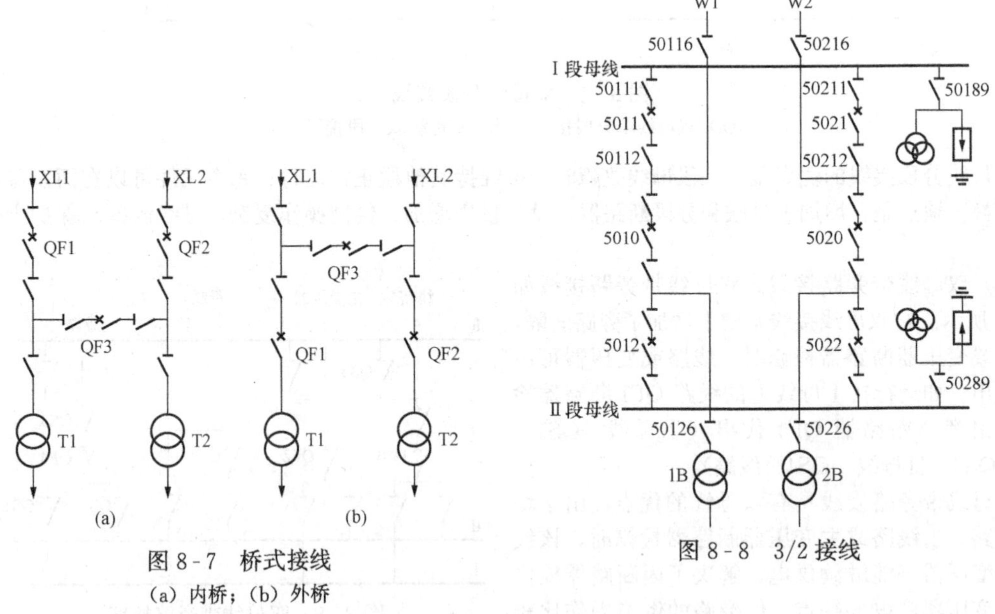

图 8 - 7　桥式接线

（a）内桥；（b）外桥

图 8 - 8　3/2 接线

3/2 适用于 330～500kV 配电装置进出线总数在 6 回及以上。

3/2 接线路的优特点是运行灵活可靠，操作方便，缺点是接线和保护配置复杂。

课题二　站用电系统

一、学习目标

掌握站用交直流系统设备的配置和运行要求，了解交直流一体化系统的构成及功能。

二、交流系统

1. 站用交流电的配置要求

站用交流电由站用电源、站用变压器和配电装置组成。变压器有油浸式变压器和干式变压器两种，接线组别一般采用 Dyn1，也有采用 Yyn12 的。高压断路器一般采用 SF_6 断路器和真空断路器；400V 低压交流开关柜一般采用智能型开关柜，配置要求如下：

(1) 35～110kV 变电站。在有两台及以上主变压器时，宜装设两台容量相同、可互为备用的站用变压器。每台站用变压器容量按全站计算负荷选择。两台站用变压器分别接在主变压器最低电压不同段母线，如有可靠的10～35kV电源联络线时，也可接入联络线断路器外侧。

(2) 220kV变电站。在有两台及以上主变压器时，宜装设两台容量相同、可互为备用的站用变压器。每台站用变压器容量按全站计算负荷选择。两台站用变压器分别接在主变压器最低电压不同段母线，初期只有一台主变压器时，其中一台站用变压器宜从站外电源引接。

(3) 站用电低压系统采用三相四线制接线，系统的中性点直接接地，系统额定电压380/220V，站用电母线宜采用按工作站用变压器划分的单母线，相邻两段工作母线同时供电，分列运行，两段工作母线间不宜装设自动投入装置；110kV变电站也可采用单母线接线，两台站用变压器经过切换接一段母线。

(4) 重要负荷应分别接在两段母线上的双回供电方式，并只在末端控制箱自动相互切换。

2. 站用交流系统运行规定

(1) 站用变压器允许运行方式。

1) 正常情况下，变压器可长期按额定电流运行；不允许超过铭牌的额定值运行。

2) 变压器上层油温最高不超过95℃，一般不宜经常超过85℃。

3) 变压器一次侧电压一般不应高于额定电压的105%运行。

(2) 变压器的过负荷运行。

1) 正常过负荷可根据变压器的负荷曲线，冷却介质温度以及过负荷前变压器所带负荷等确定。当冷却介质温度低于规定值（变压器油温不超过85℃），且负荷率低于1时，油浸式变压器可过负荷运行。

2) 变压器事故过负荷允许的持续时间如表8-2所示。

表8-2　变压器事故过负荷允许的持续时间

变压器类别	油浸式变压器					干式变压器				
事故过负荷倍数	1.3	1.45	1.6	1.75	2.0	1.2	1.3	1.4	1.5	1.6
允许持续时间（min）	120	80	45	20	10	60	45	32	18	5

(3) 站用电设备操作原则及注意事项。

1) 站用变压器送电前，应先投入相关的继电保护装置。

2) 站用变压器送电时，应按照先合一次后合二次的顺序进行，停电操作相反。

3) 站用变压器二次侧一般不并列运行，采用先断后合的瞬停方式。但满足并列条件时，也可采用先合后断的并列切换方式。

4) 380V低压母线联络断路器装有备自投装置时操作站用变压器，备自投装置应停用。

5) 380V低压母线联络断路器装有备自投装置且一台站用变压器运行、另一台站用变压器热备用时，应投入备自投装置。

6) 装拆站用变压器高压侧熔断器时，应确认站用变压器二次侧已断开，戴防护眼镜和绝缘手套，使用专用工器具并站在绝缘垫上。

7) 站用电系统操作后，应注意检查母线电压及负荷运行情况，防止低压系统部分负荷长期停电。

8) 站用变压器倒闸操作要迅速，尽量缩短停电时间。如果站用变压器负荷较大，在倒换站用变压器时应切除部分负荷。

三、直流系统

直流系统由蓄电池组、充电装置和直流馈线屏三大部分组成。为保证直流系统安全可靠地运行，直流系统还设置了一些辅助设备，如直流绝缘监视装置、蓄电池电压监视装置、监控器、闪光直流母线等。

1. 直流主要设备

(1) 蓄电池。蓄电池是既能把电能转化为化学能储存起来，又能把化学能转变为电能供给负载的化学电源设备。正常时，直流系统中的蓄电池组处于浮充电备用状态；当交流电源失电时，蓄电池迅速向事故性负载提供电能。如各类直流泵、事故照明、交流不停电电源、断路器跳合闸等，同时也必须为事故停电时的控制、信号、自动装置、保护装置及通信等负载提供电力。

目前，变电站蓄电池主要有防酸蓄电池、镉镍蓄电池和阀控蓄电池三类。阀控密封式铅酸蓄电池大电流放电性能优良，自放电电流小，维护简单、使用寿命长得到广泛使用。

(2) 充电装置。它的主要作用是在将交流电源转换成直流电源的过程中，输出可控和可调的直流电压并进行必要的保护，使直流电源的技术性能满足运行的要求。目前，变电站使用中的充电装置主要有以下几种：

1) 磁放大型充电装置。其接线简单，调试方便，但容量较小。

2) 相控型充电装置。其容量较大，接线较复杂。

3) 高频开关模块型充电装置。具有输出稳流、稳压精度高、纹波系数小等优点，已在变电站直流系统中广泛采用。

(3) 绝缘监测装置。当直流电源一极接地后，再发生另一点接地，则容易产生寄生回路，造成保护误动或拒动，为此直流系统均安装直流绝缘监测装置，在一点接地时及时发出直流故障报警信号，告知值班员进行处理。

目前，大量使用的是微机型绝缘监测装置，灵敏度高，正、负母线绝缘同时降低时也能进行监测，并带有分支回路在线监测装置，能指出绝缘下降或出现接地故障的回路，大大缩短了查找直流系统接地故障的时间。

(4) 交流不间断电源系统（UPS）。保证在变电站正常运行时和事故停电状态下为计算机、自动化仪表、继电保护和火警装置等设备提供不间断的交流电源。

2. 直流系统的运行维护

(1) 阀控蓄电池的运行及维护，内容如下：

1) 阀控蓄电池组正常应以浮充电方式运行，浮充电压值应控制为 $N\times(2.23\sim2.28)$V，一般宜控制在 $N\times2.25$V(25℃时)；均衡充电电压宜控制为 $N\times(2.30\sim2.35)$V。

2) 运行中的阀控蓄电池组主要监视蓄电池组的端电压值、浮充电流值、每只单体蓄电池的电压值、运行环境温度、蓄电池组及直流母线的对地电阻值和绝缘状态等。

3) 阀控蓄电池在运行中的电压偏差值及放电终止电压值应符合表 8-3 规定。

表 8-3　阀控蓄电池在运行中电压偏差值及放电终止电压值的规定

阀控密封铅酸蓄电池	标称电压（V）		
	2	6	12
运行中的电压偏差值	±0.05	±0.15	±0.3
开路电压最大最小电压差值	0.03	0.04	0.06
放电终止电压值	1.80	5.40(1.80×3)	10.80(1.80×6)

4) 在巡视中应检查蓄电池的单体电压值，连接片有无松动和腐蚀现象，壳体有无渗漏和变形，极柱与安全阀周围是否有酸雾溢出，绝缘电阻是否下降，蓄电池通风散热是否良好，温度是否过高等。

5) 阀控蓄电池组的充放电。

a. 恒流限压充电。采用 I_{10} 电流进行恒流充电，当蓄电池组端电压上升到 $N\times(2.3\sim2.35)$V 限压值时，自动或手动转为恒压充电。

b. 恒压充电。在 $N\times(2.3\sim2.35)$V 的恒压充电下，I_{10} 充电电流逐渐减少，当充电电流减少至 $0.1I_{10}$ 电流时，充电装置的倒计时开始启动，当整定的倒计时结束时，充电装置将自动或手动转为正常的浮充电方式运行。浮充电电压值宜控制为 $N\times(2.23\sim2.28)$V。

c. 补充充电。为了弥补运行中因浮充电流调整不当造成的欠充，根据需要可以进行补充充电，使蓄电池组处于满容量。其程序为：恒流限压充电—恒压充电浮充电。补充充电应合理掌握，确在必要时进行，防止频繁充电影响蓄电池质量和寿命。

d. 阀控蓄电池的核对性放电。长期处于限压、限流的浮充电运行方式或只限压不限流的运行方式，无法判断蓄电池的现有容量、内部是否失水或干枯。通过核对性放电，可以发现蓄电池容量缺陷。

(2) 充电装置的运行与维护。

1) 应定期对充电装置进行如下检查：①交流输入电压、直流输出电压、直流输出电流等各表计显示是否正确；②运行噪声有无异常；③各保护信号是否正常；④绝缘状态是否良好。

2) 当交流电源中断，蓄电池组将不间断地向直流母线供电，应及时调整控制母线电压，确保控制母线电压值的稳定；当蓄电池组放出容量超过其额定容量的20%及以上时，恢复交流电源供电后，应立即手动启动或自动启动充电装置，对蓄电池组进行充电。

3) 对充电装置应进行定期检测：①应定期对充电装置输出电压和电流精度、整定参数、指示仪表进行校对；②宜定期进行稳压、稳流、纹波系数和高频开关电源型充电装置的均流不平衡度等参数测试。

(3) 微机监控装置的运行及维护，内容如下：

1) 运行中直流电源装置的微机监控装置应通过操作按钮切换检查有关功能和参数，其各项参数的整定应有权限设置和监督措施。

2) 当微机监控装置故障时，若有备用充电装置，应先投入备用充电装置，并将故障装置退出运行。无备用充电装置时，应启动手动操作，调整到需要的运行方式，并将微机监控装置退出运行，经检查修复后再投入运行。

四、站用交直流一体化电源系统

站用交直流一体化电源系统由站用交流电源、直流电源、交流不间断电源（UPS）、逆变电源（INV，根据工程需要选用）、直流变换电源（DC/DC）等装置组成，并统一监视控制，共享直流电源的蓄电池组。

1. 保护功能

(1) 模块应具有报警和运行指示灯，异常信号应上送到监控单元。

(2) 当交流输入过电压时，充电装置应具有输入过电压关机保护功能或输入自动切换功能，同时发出告警信号，输入恢复正常后应能自动恢复原工作状态。

(3) 当交流输入欠电压时，充电装置应具有输入欠电压保护功能或输入自动切换功能，同时发出告警信号，输入恢复正常后应能自动恢复原工作状态。

(4) 当直流输出过电压时，充电装置应具有输出过电压关机保护功能，同时发出告警信号，故障排除后应能自动恢复工作。

(5) 当直流输出欠电压时，充电装置应发出告警信号，但不进行关机保护，故障排除后应能自动恢复正常工作。

(6) 具有限流及短路保护、模块过热保护及模块故障报警功能。

2. 交流不间断电源保护功能

(1) 当交流输入过电压时，交流不间断电源装置应具有自动切换为直流供电功能，同时发出告警信号，输入恢复正常后应能自动恢复原工作状态。

(2) 当交流输入欠电压时，交流不间断电源装置应具有自动切换为直流供电功能，同时发出告警信号，输入恢复正常后应能自动恢复原工作状态。

(3) 当直流输入欠电压时，交流不间断电源和逆变电源装置应首先发出告警信号，欠电压后交流不间断电源输出应能自动切换为旁路供电，故障排除后应能自动恢复正常工作。

(4) 当交流输出过电压时，交流不间断电源和逆变电源装置应具有输出自动切换功能，同时发出告警信号，故障排除后应能自动恢复原工作状态。

(5) 当交流输出欠电压时，交流不间断电源和逆变电源装置应具有输出自动切换功能，同时发出告警信号，故障排除后应能自动恢复原工作状态。

(6) 当交流输出功率为额定值的105%～125%时，运行时间不小于10min后应自动切换为旁路供电，故障排除后应能自动恢复正常工作。

(7) 当交流输出功率为额定值的125%～150%时，运行时间不小于1min后应自动切换为旁路供电，故障排除后应能自动恢复正常工作。

(8) 当交流输出功率超过额定值的150%而呈短路状态时，应无延时自动切换为旁路供电。旁路开关应有足够的过载能力使馈电开关脱扣，故障排除后应能自动恢复正常工作。原则上馈电开关的脱扣电流应不大于装置额定输出电流的50%。

(9) 交流输出馈电开关应与旁路开关进行选择性配合。

(10) 交流不间断电源装置应设置维护旁路回路，并具有防止误操作的闭锁措施。

3. 直流变换电源装置的保护功能

(1) 当直流输入过电压时，直流变换电源装置应具有输入过电压关机保护功能，同时发出告警信号，输入恢复正常后应能自动恢复原工作状态。

(2) 当直流输入欠电压时，直流变换电源装置应具有欠电压保护功能并发出告警信号。

(3) 当直流输出过电压时，直流变换电源装置应具有输出过电压关机保护功能，同时发出告警信号，故障排除后应能自动恢复工作。

(4) 当直流输出欠电压时，直流变换电源装置应发出告警信号，但不进行关机保护，故障排除后应能自动恢复正常工作。

(5) 当输出过载或短路时，应自动进入输出限流保护状态，故障排除后应能自动恢复正常工作。

(6) 馈线故障时应能可靠隔离，不应影响直流变换电源模块的正常工作，馈线断路器应具有较好的电流—时间特性曲线，并满足可靠性、选择性、灵敏性和瞬动性要求。

思考题

1. 电气主接线的形式有哪些种？它们的特点分别是什么？
2. 站用电交流配置有哪些？运行分别有什么要求？
3. 站用直流设备有哪些？运行分别有什么要求？
4. 站用交直流一体化系统有哪些功能？

模块三　二次设备与回路

第九单元　电　气　仪　表

课题一　电　气　测　量

一、学习目标

掌握变电站各种测量仪表的作用、原理和电气量的测量。

二、测量仪表上的标志

变电站里测量电气量所用仪表的种类很多，有电流表、电压表、功率表、计量表等指示型仪表，数字仪表也已开始应用。

不同的电工仪表具有不同的技术特性。为了便于选择和使用，常把这些技术特性用不同的符号标示在仪表的刻度盘和面板上，叫做仪表的标志。常用电气仪表上的标志见表 9-1。

表 9-1　　常见电气仪表上的标志

1. 测量单位的符号					
名　称	符　号	名　称	符　号	名　称	符　号
千　安	kA	千　瓦	kW	千　欧	kΩ
安　培	A	瓦　特	W	欧　姆	Ω
毫　安	mA	兆　乏	Mvar	毫　欧	mΩ
微　安	μA	千　乏	kvar	微　欧	μΩ
千　伏	kV	乏　尔	var	微　法	μF
伏　特	V	兆　赫	MHz	皮　法	pF
毫　伏	mV	千　赫	kHz	亨	H
微　伏	μV	赫　兹	Hz	毫　亨	mH
兆　瓦	MW	兆　欧	MΩ	微　亨	μH
2. 仪表工作原理的图形符号					
名　称	符　号	名　称	符　号	名　称	符　号
磁电系仪表		电动系仪表		感应系仪表	
磁电系比率表		电动系比率表		静电系仪表	
电磁系仪表		铁磁电动系仪表		整流系仪表（带半导体整流器和磁电系测量机构）	
电磁系比率表		铁磁电动系比率表		热电系仪表（带接触式热变换器和磁电系测量机构）	

续表

3. 电流种类的符号

名　称	符　号	名　称	符　号	名　称	符　号	名　称	符　号
直流	—	交流（单相）	～	直流和交流	≂	具有单元件的三相平衡负载交流	≋

4. 准确度等级的符号

名　称	符　号	名　称	符　号	名　称	符　号
以标度尺量限百分数表示的准确度等级，例如1.5级	1.5	以标度尺长度百分数表示的准确度等级，例如1.5级	∨1.5	以指示值百分数表示的准确度等级，例如1.5级	(1.5)

5. 端钮、调零器的符号

名称	符号	名称	符号	名称	符号	名称	符号
负端钮	—	公共端钮	✳	与外壳相连接的端钮	⊥	调零器	⌒
正端钮	+	接地用的端钮	⏚	与屏蔽相连接的端钮	◌		

三、电流、电压的测量

（一）直流电流与电压的测量

1. 直流电流表和电压表的工作原理

直流电流表和电压表的测量机构属于磁电式。磁电式测量机构的磁场是永久磁铁产生的，线圈和转轴上的指针一起转动。当电流通入线圈后，线圈在磁场中受到电磁力的作用，产生顺时针方向的转动力矩。当转动力矩与反作用弹簧的反抗力矩平衡时，可动部分即停留在某一位置，指针偏转的角度与通过线圈电流的大小成正比。因此，磁电式测量机构可以制成电流表。

由欧姆定律可知，由于线圈的电阻值是固定的，通过线圈的电流与加在线圈两端的电压成正比。因此只要把刻度盘的电流刻度值改成对应的电压值，就构成磁电式电压表。

由于转动线圈所受的电磁力方向只决定于通入线圈的电流方向。因此，在使用磁电式仪表时，应当注意仪表的极性。电流必须从标有“+”极的端子流入，否则指针将反方向偏转。另外，当交变电流通入磁电式仪表时，由于转动部分具有惯性，指针只作微小振动，不能指示读数。因此，磁电式仪表不能直接测量交流。

2. 直流电流的测量

（1）电流表必须串联在被测电路中，并应注意：①要测量直流电路中某电路的电流，必须将电流表串联在被测电路中；②电流表的“+”接线柱要与电源的正极相连接，电流表“−”接线柱要与被测电路相连接（或“+”接线柱接负荷，“−”接线柱接电源负极），即被测电流必须从电流表的“+”接线柱进入，否则指针会反转。

（2）由于电流线圈具有一定的电阻，因此当电流表串入被测电路之后，会使被测电流略有减小，这种由于接入电流表而引起的测量误差是不可避免的。但是要求这种影响越小越好，所以电流表的内阻一般都很小。

3. 直流电压的测量

要测量直流电路中某两点之间的电压，电压表必须与被测电路并联，并要注意正、负极和量程。电压表支路通过电流，减小了负荷上的电压降，引起被测电路之间电压的变化，为了减小这种影响，要求电压表的内阻越大越好。

（二）交流电流和电压的测量

1. 交流电流表和电压表的基本工作原理

交流电流和电压的测量通常采用电磁式仪表。电磁式与磁电式仪表的区别在于电磁式仪表的磁场不是由永久磁铁产生的，而是由被测量的电流通过固定线圈产生的。由于测量机构仅需使电流通过固定线圈，所以电流的引入比较方便，而且固定线圈可以用较粗的导线绕制，故可直接通入较大电流。

2. 交流电流的测量

测量低压 380/220V 电路中的电流，若被测电流不超过电流表的量程，可将电流表直接串联在被测电路内。测量电流超过电流表的量程时，必须经过电流互感器进行测量，其接线如图 9-1 所示。

3. 交流电压的测量

测量低电压电路的电压时，只要将电压表直接并联于被测电路的两端即可。测量交流高电压时，必须经过电压互感器，既可使仪表和工作人员与高电压隔离以保证安全，又可扩大电压表的量限。

（三）功率、功率因数及频率的测量

1. 三相有功功率的测量

功率是用功率表来测量的，测量电功率常用电动系仪表，称为电动系功率表。

一般常用两表法测三相三线制的有功功率，其接线如图 9-2 所示。

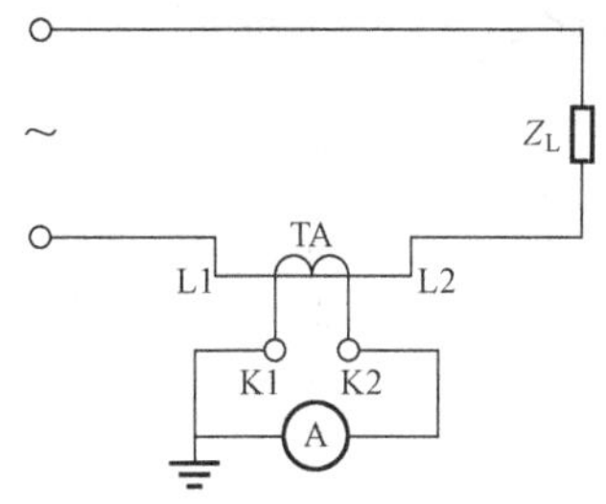

图 9-1　电流表经电流互感器接入的测量电路图

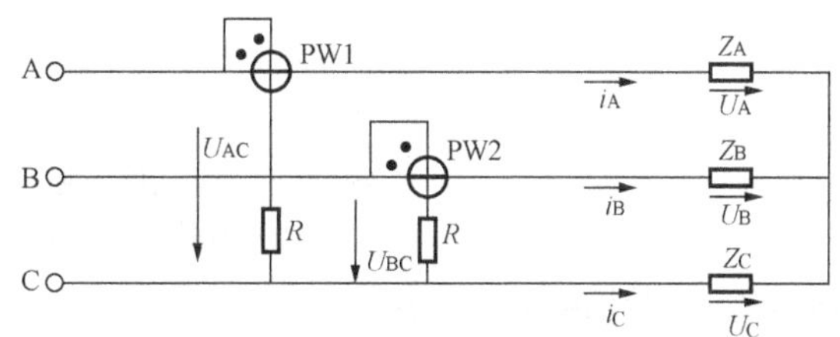

图 9-2　两表法测三相三线制的有功功率

图中 PW1 和 PW2 指示的功率 P_1 和 P_2 分别是瞬时功率 $p_1=u_{AC}i_A$ 和 $p_2=u_{BC}i_B$ 在一个周期的平均值。两表指示值之和（P_1+P_2）等于三相电路的有功功率 P_0，现将此结论证明如下。

在图 9-2 所示星形负载下（若是三角负载，可等效变换为星形负载后再讨论），三相电路的总瞬时功率 P 为

$$P=p_A+p_B+p_C=u_Ai_A+u_Bi_B+u_Ci_C$$

由于三相三线电路中　$i_A+i_B+i_C=0$

所以　$i_C=-(i_A+i_B)$

代入上式得

$$p=u_Ai_A+u_Bi_B-u_C(i_A+i_B)=(u_A-u_C)i_A+(u_B-u_C)i_B=u_{AC}i_A+u_{BC}i_B=p_1+p_2$$

常用的 101-W 型三相功率表是把两只功率表的测量机构放在一个放壳内，两个可动线圈共同作用在一个转轴上，由于偏转角是由两个线圈转矩的代数和决定的，所以指针所指示的读数就是三相功率。其接线方法如图 9-3 所示。

对于三相四线制有效功功率的测量，由于负载一般不是平衡的，所以采用三只功率表分别测出各相功率，接线如图 9-4 所示，三相总有功功率等于三只表读数之和。或者采用一只三元件三相有功功率表来测量。

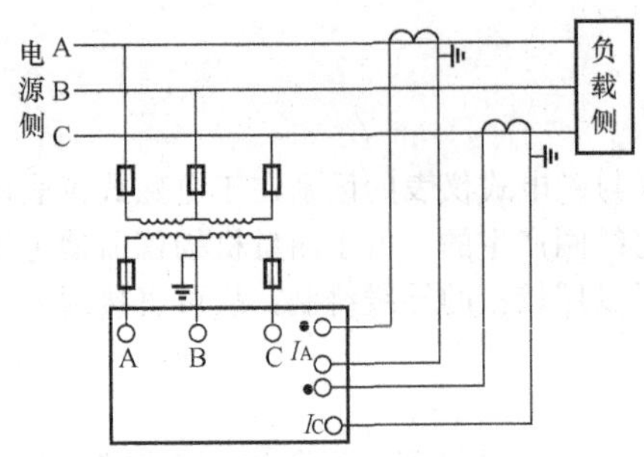

图 9 - 3　两元件三相功率表经互感器接入电路

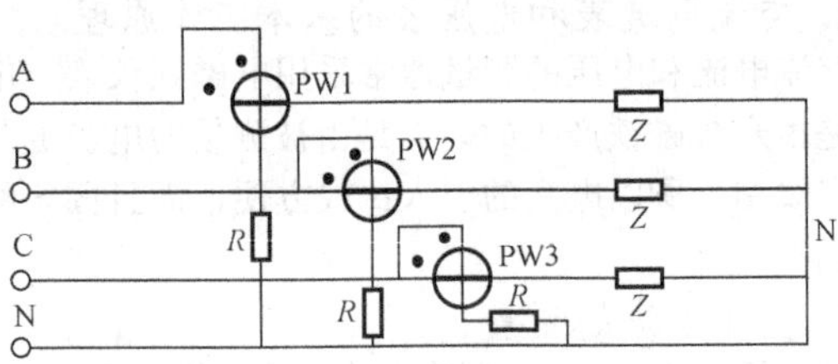

图 9 - 4　用三表法测量三相四线制电路有功功率

2. 三相电路无功功率的测量

三相对称电路的无功功率 $Q=\sqrt{3}UI\sin\varphi$，可用|D|－VAR 型三相无功功率表测量，其电路图和相量图如图 9 - 5 所示。

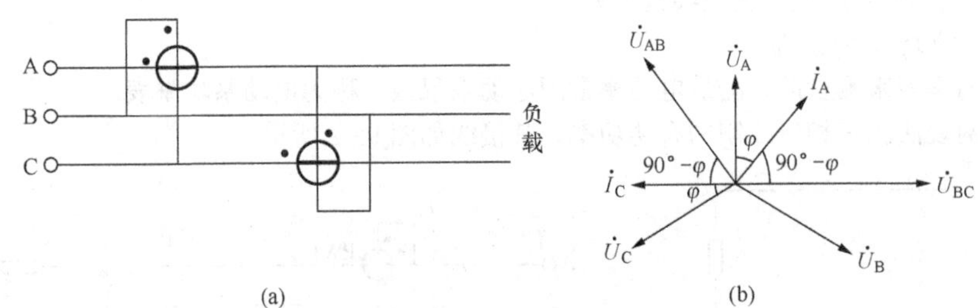

图 9 - 5　两元件三相无功功率表

(a) 原理接线图；(b) 相量图

这时两个元件分别测得的功率为

$$Q_1=U_{BC}I_A\cos(90°-\varphi)=UI\sin\varphi$$

$$Q_2=U_{AB}I_C\cos(90°-\varphi)=UI\sin\varphi$$

两个元件总的无功功率为

$$Q'=Q_1+Q_2=2UI\sin\varphi$$

无功功率表的刻度标尺按上式乘以常数$\sqrt{3}/2$，即可直接读出三相无功功率

$$Q=Q'\times\frac{\sqrt{3}}{2}=\sqrt{3}UI\sin\varphi$$

3. 功率因数的测量

三相交流电路中的功率因数（$\cos\varphi$）用功率因数表测量。屏上用的三相功率因数表一般都是铁磁电动系仪表|D|－$\cos\varphi$ 型。其接线如图 9 - 6 所示。A1、A2 为电流固定线圈，B1、B2 为电压可动线圈，当参数选择适当，可利用 B1、B2 中电流在 A1、A2 产生磁场中作用力，使 B1、B2 偏转的角度 α 反映功率因数的数值。

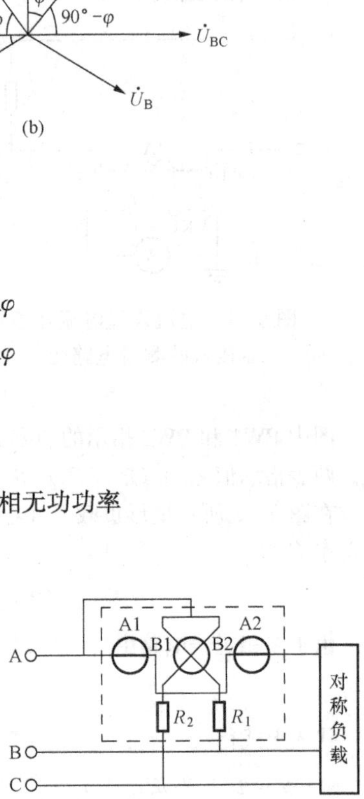

图 9 - 6　三相功率因数表接线图

4. 频率的测量

变电站装设频率表来监测系统的频率。频率表接入被测线路电压必须与仪表的额定电压相符。

一般用铁磁电动系频率表。其原理接线如图 9 - 7 所示，两个固定线圈 B1 和 B2 与转轴固定在一起，线圈 A1、B1 与附加电阻 R 串联形成第一条支路，线圈 A2、B2 与电容 C 和电感 L 串联形成第二条支路。这两条支路并接在仪表的接线柱上。

当交流电压加在仪表端时，第一条支路通过电流$\dot{I}_1$，通电线圈A1和B1相互作用产生转矩M_1；第二条支路通过电流$\dot{I}_2$，通电线圈A2和B2相互作用产生转矩M_2。转矩M_1和M_2的方向相反，在转矩差的作用下，可动部分发生偏转。由于第一条支路主要由电阻组成，其电阻值与频率无关；而第二条支路由电容、电感组成，其阻抗值随频率而发生变化，即仪表的转矩与频率有关。因此，指针偏转的角度可以表示出交流的频率。

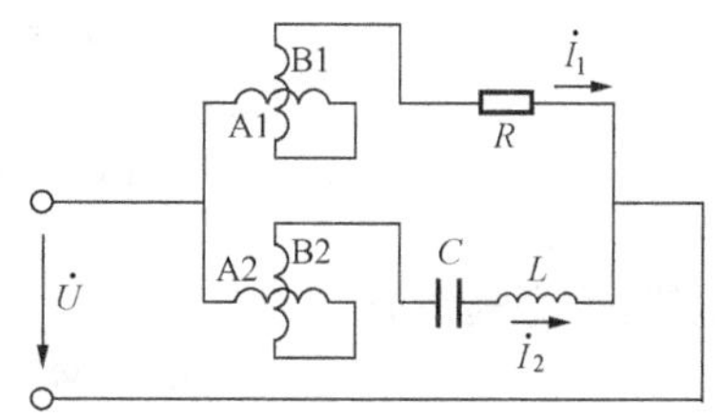

图9-7 铁磁电动系频率表的原理接线图

目前已广泛使用数字式频率表，其精确度较高，读数方便，逐步代替指针频率表。它的基本原理是用电子计数器记录I_S内接入的交流电的周期数，并由数字显示器及时闪动显示。

（四）电能的计量

电路中电能的消耗与时间有关，即$W=Pt$。所以电能的测量，不仅要反映负载功率的大小，还应反映功率的使用时间。交流电能的测量通常采用感应式电能表。

1. 三相有功电能表的接线

三相三元件电能表适用于三相四线制电路。它的内部结构是由三组完全相同的电磁元件分别作用于装在同一转轴上的两个或三个铝质圆盘上。

三相三元件电能表可直接接入电路，也可以通过电流互感器再接入电路，其接线如图9-8所示。

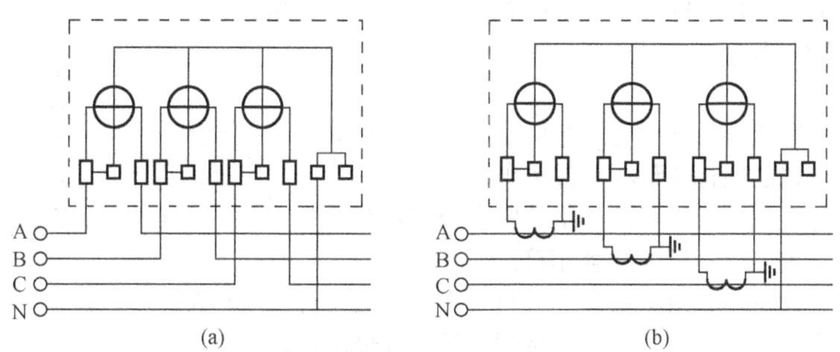

图9-8 三相三元件电能表原理接线图

（a）直接接入；（b）经互感器接入

2. 三相电路无功电能的测量

常用的三相三线无功电能表DX2型带60°相角差，这种无功电能表的特点是在一只三相两元件有功电能表的两组电压线圈上，分别串联一个电阻R，如图9-9（a）所示。由于电阻的存在，使电压线圈产生的磁通不再滞后于产生它的电压90°，而仅滞后60°，故称为具有60°相差的电能表。两组元件的接线方式是，第一组元件接于$\dot{I}_{BC}$和$\dot{I}_A$上，第二组元件则接于$\dot{U}_{AC}$和$\dot{I}_C$上。其相量如图9-9（b）所示，两组元件的平均转矩分别为

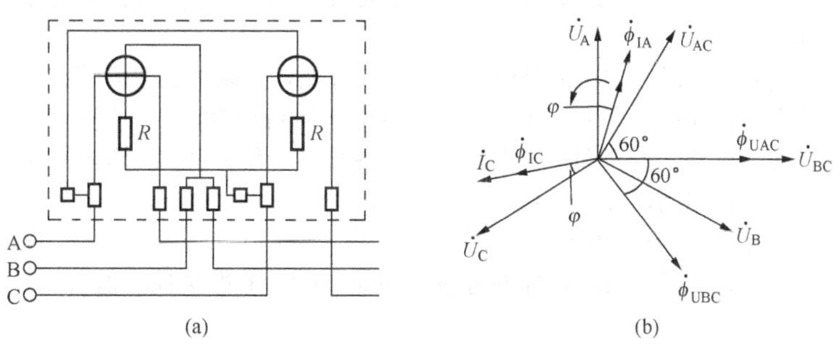

图9-9 具有60°相位差的三相无功电能表

（a）原理接线；（b）相量图

$$M_1 = K_1\phi_{BC}\phi_{IA}\sin(60° + 90° - \phi)$$
$$= KUI\sin(30° + \phi)$$
$$M_2 = K_2\phi_{AC}\phi_{IA}\sin(90° + 120° - \phi)$$
$$= -KUI\sin(30° - \phi)$$

电能表的总转矩为

$$M = M_1 + M_2$$
$$= KUI[\sin(30° + \varphi) - \sin(30° - \varphi)]$$
$$= K\sqrt{3}UI\sin\varphi = KQ$$

即总转矩和三相无功功率成正比，因而通过计算机构，便可测出三相无功电能。

3. 分时计费电能表

按照不同的时段计量电能的装置叫分时计费电能表。它在一般电能表的总计度器基础上再设置两个计能器，一个用作高峰负荷时段计量电能，另一个用作低谷负荷时段计量电能。其目的是通过分时计费电能表，能获得较多的用电情况，如高峰时段的用电量、低谷时段用电量、平常时段的用电量和总用电量，以便分析用户的用电状况，实行时段电价，例如高峰时段电价较高、低谷时段电价较低，以鼓励用户避峰就谷用电，调整日用电负荷曲线，使电力系统负荷曲线变得比较平直，提高负荷率，充分发挥电力设备效益，降低电网的损耗，在有限设备条件下增加供给用户的电量；还可结合高峰和低谷时的功率因数进行奖惩，促使用户装设并联电容自动补偿装置。

分时计费电能表的外部接线与普通三相有功、无功电能表相同。

四、各种仪表的运行

1. 一般要求

(1) 电测仪表、电能表的规格应与互感器相匹配。设备变更时应及时修正表计量程、倍率和极限值。电磁式电流表应以红线标明最小元件极限值。电能计量倍率应有标示。

(2) 新建和改建变电站的仪表及计量装置在投运前应检查其型号、规格、计量单位标志、出厂编号应与计量检定证书和技术资料的内容相符。

(3) 各种测量、计量仪表指示正常，且与一次设备的运行工况相符。

(4) 计量设备变更时应及时修正表计量程、倍率和极限值。

2. 指示仪表运行中出现的异常现象与分析

(1) 配电盘上的电流表、电压表和功率表强烈摆动。这是由于系统出现冲击、振荡引起的。

(2) 表计无指示或指示不稳、忽高忽低等现象。这是由于电气二次回路某些元件出现烧毁、断线、漏电、短路等故障引起的。

(3) 卡滞现象。这主要是机械摩擦引起的，如表头可动部分与固定部分的某些部分相碰，可动部分与固定部分之间有微小铁粒和纤维造成卡滞。

(4) 升降变差大，回零不良等故障。这主要是由摩擦引起。轴尖和轴承的工作部分在长期工作中磨损变形、破裂、锈蚀、粗糙度破坏、沾染脏物；轴间隙过小；游丝力矩变化，可动部分平衡破坏。

(5) 冒烟现象。冒烟现象一般是过负荷、绝缘低、电压过高、电阻变质、电流接头松动而造成虚接开路等原因引起的。

(6) 有功功率表读数不正确。这可能是由于电压回路掉相，接线错误造成的。

出现上述异常状态，首先检查交流电压回路和交流电流回路是否正常。然后将电流回路短接，电压回路开路，取下仪表，打开表盖仔细检查内部有无元件烧坏，用万能表测量电压回路阻值是否正常及电流回路是否开路，发现问题，及时通知专业人员处理。

3. 计量仪表运行中出现的异常现象与分析

计量仪表用于计算电费和经济技术指标的考核。要保证计量的准确性，值班人员应精心维护，加强管理工作。

造成计量仪表不能正常工作的原因除仪表本身故障外，其主要原因还有：①电压、电流回路断线，如电压回路熔丝熔断、端钮螺栓松动、电缆芯线受机械损伤或冰冻而断裂、线圈断线或引出线开焊；②互感器绕组极性接反，如互感器端钮标志不正确、电压绕组连接错误等。

计量仪表本身的故障主要有：①卡字不走；②表内有异物卡盘；③潜动；④螺栓松动，止逆装置失灵；⑤轴承磨损造成误差过大；⑥积算机构和铝盘连接太紧。

运行中的计量仪出现上述问题，值班人员应先检查交流电压和交流电流回路是否正常，然后通知专业人员处理。

课题二　常用仪表的使用

一、学习目标

掌握常用仪表的使用方法与注意事项。

二、万用表

1. 直流电阻的测量方法

(1) 应先将电路电源切断。如果电路中有电容器，应先将电容器放电后再进行测量。

(2) 进行直流电阻测量时，将转换开关旋转到“Ω”的位置。

(3) 根据被测电阻大小选择合适的量程。若被测电阻仅有几十欧姆，可将转换开关选择在欧姆挡1的位置。

(4) 红色表笔插在符号“+”的插口内，黑色表笔插在符号“＊”的插口内，然后将两表笔短路连接，这时回路电阻应为零，指示器应指在第一条标尺（标有“Ω”符号）的0位处。若指示器不与0位重合，可用手旋转表盖下面中间位置的零欧姆调正器，使指示器准确地指示0位。

(5) 调零后，再用两测试表笔接触被测电阻 R_X 的两端，指示器所指的值即为被测电阻 R_X 的值。若指示器在标尺30的位置上，量程选为1，被测电阻 R_X 的值为 $30\times1=30(\Omega)$。

(6) 若被测量的电阻约为几千欧姆，可将转换开关选择在欧姆挡1k的量程上。如指示器指在标尺5.5的刻度值上，被测电阻 $5.5\times1000=5500(\Omega)$。

(7) 严禁在电路带电情况下测量电阻。决不允许用万用表的欧姆挡直接测量检流计、微安表表头与标准电池的内阻。

2. 直流电流的测量方法

(1) 在用万用表进行测量前，首先要检查指示器的位置是否在零位上，如指示器偏离零位，应用螺钉旋具调节表盖中间位置上的机械调零器，使指示器准确地指在零位上，方可进行测量。

(2) 将万用表的红色表笔插入表盖上标有符号“+”的插口内，将黑色表笔插入标有符号“＊”的插口内。将转换开关转到“$\underline{A}$”的位置上，选择在 $50\mu A\times500mA$ 范围内所需要的量程上。

(3) 如果测量前，无法估计出被测直流电流的大约数值，量程应首先选用最大500mA的位置上。将红、黑两表笔按照电路的极性正确串联到被测电路里，这时观察指示器所指标尺的位置。如果指示器停在标尺2/3左右的位置便可读数。

(4) 直流电流表是使用表盘上标有“—”符号的标尺，可根据量程选择不同的刻度。

3. 直流电压的测量方法

(1) 将万用表的红色表笔插入标有符号“+”的插口内，黑色表笔插入标有“＊”的插口内。

(2) 再将转换开关K2转到V的位置上，将转换开关K1选择在直流2.5～500V范围内所需要的量程上。如果测量前无法估计出被测电压的大约数值，应该先选择直流电压的最大量程位置。

(3) 将红、黑两表笔按照电路的极性，并联接在被测电路上，观察指示器所指标尺的位置，应使其指在标尺2/3左右位置，便可读数。

(4) 测量直流电压是使用表盘上标有“—”符号的标尺。

4. 交流电压的测量方法

(1) 在测量交流电压时，表笔没有极性要求。

(2) 转换开关应旋转在V的位置上，量程放在合适的量限上。

(3) 当选择交流10V量程进行测量时，应使用表盘上标有10V的第三条标尺读取数值。50、250、500V量程均使用标有“～”符号的第二条标尺。读数方法与直流电压相同。

例如要测量A、B两相间的电压时，应选择交流电压500V量程，用两笔表笔接触两相电源时，指

示器指在标尺 190 刻度值上，被测量的值应为

$$\frac{500}{250}\times 190 = 380(\mathrm{V})$$

(4) 为了保证安全，测量 500V 以上交流电压时，应采用将测试表笔一端固定在电路地电位上，再将测试表笔的另一端去接触被测高压电源，并应避免暴露测试表笔的金属部分。用万用表进行测量时，手不可接触表笔金属部分，以保证安全和测量的准确。

5. 交流电流的测量方法

(1) 在测量交流电流时，表笔没有极性要求，将表串接在被测的电路中。

(2) 转换开关应旋转在～A 的位置上，量程放在合适的量限上。

(3) 按选择交流的量程，读取数值。

6. 万用表使用的注意事项

(1) 测量前检查指针是否在零位，如不在零位应用螺钉旋具旋表头调零器调整至零位。

(2) 在测量前一定要先检查转换开关的位置是否正确。当无法判断被测量信号的范围时，可先将量程开关置于大量程位置，然后再转换至适当的量程上。仪表选好量程进行测量时，若发现量程选择不当，也不要带电旋转转换开关，特别是测量高电压和大电流时严禁带电转换量程，应断开电路后再进行量程切换。

(3) 将红表笔插入“＋”接线柱，黑表笔插入“－”（或“＊”）接线柱（测电流时另用接线柱连接）。测电压时将表笔并接在被测电路两端，测电流时用导线将万用表串接在被测电路中。测直流时还要注意接线柱的极性：测直流电压时，接线柱正极接被测量的正极，接线柱负极接被测量的负极；测直流电流时万能表接线柱正极为电流流入端，负极为流出端。

(4) 读数时要正确选择刻度，并且眼睛要正视表盘，以减少视差。

(5) 每次测量完毕将转换开关放在空挡或交流电压最大量程位置上。

三、钳形电流表

1. 使用钳形电流表的方法

(1) 根据被测对象选择相应形式的钳形电流表，将转换开关拨到需要的位置。

(2) 测量前对被测电流进行粗略估计。应先把钳形电流表量程放在最大挡位，然后根据被测电流指示值，由大到小转换到合适的挡位。倒换量程挡位时，应在不带电的情况下进行，以免损坏仪表。

(3) 测量交流电流时，每次只能测量一根导线的电流，使被测导线位于钳口中部，并且钳口紧密闭合。合钳后若有杂音，可打开钳口重合一次；若杂音不能消除，应检查并清除闭合口处的尘污和锈蚀，以减少测量误差。如在钳口中穿入两相或三相绝缘导线，则其读数不是算术和而是向量和。例如在对称电路中，铁芯中穿入两相的读数等于一相电流的值，穿入三相的读数为零。

(4) 测量 5A 以下电流时，为得到较为准确的读数，在条件许可时，可将导线多绕几圈放进钳口进行测量，其实际电流数值应为仪表读数除以放进钳口内的导线根数。

(5) 用钳形电流表测量电压时，一定要在被测前将切换开关置于电压挡上，在接线柱上接触笔或带绝缘的线夹并触（接）在被测导线上。同时，应采取措施以防止钳口张开时，可能引起相间短路。

(6) 读取数字。

2. 使用钳形电流表的注意事项

(1) 使用前应将表计柄擦干净，手部要干燥或戴绝缘手套。

(2) 进行测量时，应注意操作人员对带电部分的安全距离。为保证测量安全，测量时应由两人进行，一人监护，一人操作。测量人员应戴绝缘手套并站在绝缘垫上或穿绝缘靴站在地上，以免发生触电危险。

(3) 使用钳形电流表测导线的电位（或电压）时，不得超过制造厂规定的数值，否则，可能击穿钳形表铁芯外面的绝缘质，造成人身触电事故。低压钳形电流表只能用来测量低压交流电流而不能用于测量高压电。

(4) 在测裸导线电流时，应注意不能使开口铁芯同时接触两相导线，以防发生短路烧毁设备或仪表。

(5) 使用带有电压测量用的钳形电流表时，测电压时一定要把指示旋钮指向电压挡，电压与电流不可同时测量。

(6) 每次测量后，要把调节电流表量程的切换开关在最高挡位，以免下次使用时，因未经选择量程就进行测量而损坏仪表。

四、绝缘电阻表

绝缘电阻表用来测量设备各种电压等级的绝缘电阻，有 500、1000、2500、5000V 等各种电压规格的绝缘电阻表。绝缘电阻常用 MΩ（兆欧）作计量单位（$1M=10^6\Omega$）。

1. 测量方法

(1) 绝缘电阻表应水平放置，并应远离外界磁场。

(2) 应使用表计专用的测量线或绝缘强度较高的两根单芯多股软线，不应使用绞型软线。

(3) 测量前，应对绝缘电阻表进行开路试验和短路试验。开路试验，即绝缘电阻表的两根测量线不接触任何物体时，仪表的指针应指示在“∞”的位置上。短路试验，即将两极测量线迅速接触的瞬间（立即离开），仪表的指针应指示在“0”的位置。

(4) 测量前必须将被测的设备对地放电，特别是电容式的电气设备，如电缆以及电容器等。

(5) 使用绝缘电阻表时，接线应正确。绝缘电阻表标有“L”的端子接被测设备的“相”。标有“E”的端子接被测设备的地线；标有“G”的端子接屏蔽线，以减少因被测物表面泄漏电流引起的误差。

(6) 测量时，如湿度过大，应考虑接屏蔽线，即将表的“L”和“E”两个接线柱分别接在绝缘子的金属和瓷质部分，“G”接屏蔽线。

(7) 测量时，顺时针摇动绝缘电阻表的摇把，使转速逐渐达到 120r/min，待调速器发生滑动后，即可得到稳定的读数，一般读取 1min 后的稳定值。

(8) 测量电容性电气设备的绝缘电阻时，应在取得稳定读数后，先取下测量线，再停止摇动摇把，测完后立即对被测电气设备进行放电。

2. 使用绝缘电阻表时的注意事项

(1) 所选绝缘电阻表的电压等级应与被测物的耐压水平相适应，以免被测设备的绝缘被击穿。

(2) 被测物表面应擦拭清洁，不得有污物，以免因漏电而影响测量的准确度。

(3) 严禁用绝缘电阻表测量带电设备的绝缘电阻。

(4) 严禁在有人工作的线路上用绝缘电阻表测量绝缘电阻。雷电时严禁进行测量工作。

(5) 在带电设备附近，用绝缘电阻表测量绝缘电阻时，人员与表计选择的位置应合适，与带电设备保持安全距离，以防绝缘电阻表的测量引线碰触带电部分。

思　考　题

(1) 电气仪表测量单位和符号的含义是什么？

(2) 电流表、电压表、有功无功表、功率因数表、电能表的作用与工作原理是什么？

(3) 运行中的指示仪表可能会出现哪些异常现象？

(4) 万用表、钳形电流表、绝缘电阻表的使用方法和注意事项有哪些？

二 次 回 路

课题一 二次回路标号

一、学习目标

掌握常用二次回路的标号方法及图形、文字符号的含义，掌握看二次回路图的基本方法。

二、二次回路的概念与分类

二次设备是指对一次设备的工作进行监测、控制、调节、保护以及为运行、维护人员提供运行工况或生产指挥信号所需的低压电气设备。如熔断器、控制开关、继电器、控制电缆等。将二次设备相互连接构成的电气回路称为二次回路或二次接线系统。

二次回路按连接情况可分为以下几类：

(1) 从电流互感器、电压互感器二次侧端子开始到有关继电保护装置的二次回路（对变压器、互感器等，是自端子箱开始）。

(2) 从继电保护直流分路熔断器开始到有关保护装置的二次回路。

(3) 从保护装置到控制屏和中央信号屏间的直流回路。

(4) 继电保护装置出口端子排到断路器操作箱端子排的跳、合闸回路。

三、二次回路标号

1. 二次回路标号的基本原则与方法

为便于安装、运行和维护，在二次回路中所有设备间的连线都要进行标号，这就是二次回路标号。标号一般采用数字或数字和文字的组合，它表明了回路的性质和用途。常见二次回路设备图形及文字符号见表 10-1。

回路标号的基本原则是：凡是各设备间要用控制电缆经端子排进行连接的，都要按回路原则进行标号。此外，某些装在屏顶上的设备与屏内设备的连接，也需要经过端子排，此时屏顶设备就可看作是屏外设备，而在某些连线上同样按回路编号原则给以相应的标号。

为了明确起见，对直流回路和交流回路采用不同的标号方法，而在交、直流回路中对各种不同的回路又赋予不同的数字符号，因此在二次回路接线图中，看到标号后就知道这一回路的性质而便于维护和维修。

二次回路标号的基本方法是：

(1) 用三位或三位以下的数字组成，需要标明回路的相别或某些主要特征时，可在数字标号的前面（或后面）增注文字符号。

(2) 按“等单位”的原则标注，即在电气回路中，连于一点上的所有导线（包括接触连接的可折线段）须标以相同的回路标号。

(3) 电气设备的触点、线圈、电阻、电容等元件所间隔的线段，即不同的线段，一般给予不同的标号；对于在接线图中不经过端子而在屏内直接连接的回路，可不标号。

2. 直流回路的标号细则

(1) 对于不同用途的直流回路，使用不同的数字范围，如控制和保护回路用 001～009 及1～599，励磁回路用 601～699。

(2) 控制和保护回路使用的数字标号，按熔断器所属的回路进行分组，每一百个数分一组，如 101～199、201～299、301～399、…，其中每段里面先按正极性回路（编为奇数）由小到大，再编负极性回路（偶数）由大到小，如 100、101、103、133、…、142、140、…。

(3) 信号回路的数字标号，按事故、位置、预告、指挥信号进行分组，按数字大小进行排列。

表 10 - 1　　常用电气二次设备新旧图形符号对照表

新标准（GB/T 4728—1985）		旧标准（GB 312—1964）		新标准（GB/T 4728—1985）		旧标准（GB 312—1964）	
名称	图形符号	名称	图形符号	名称	图形符号	名称	图形符号
动合触点 注：本符号也可用作开关一般符号		开关的动合触点	或	延时断开的动合触点	形式 1 形式 2	继电器延时开启的动合触点	
		继电器动合触点	或			接触器延时开启的动合触点	
动断触点		开关的动断触点	或	延时闭合的动断触点	形式 1 形式 2	继电器延时闭合的动断触点	
		继电器动断触点	或			接触器延时闭合的动断触点	
先断后合的转换触点		开关的切换触点	或	延时闭合和延时断开的动合触点		继电器延时闭合和开启的动合触点	
		继电器切换触点	或			接触器延时闭合和开启的动合触点	
延时闭合的动合触点	形式 1 形式 2	继电延时闭合的动合触点		接触器动合触点		接触器动合触点	
		接触器延时闭合的动合触点		接触器动断触点		接触器动断触点	
位置开关和限制开关的动合触点		与工作机械联动的开关动合触点		热继电器动断触点		热继电器动断触点	
位置开关和限制开关的动断触点		与工作机械联动的开关动断触点	或	单极四位开关	形式 1 形式 2	单极四位转换开关	

续表

新标准（GB/T 4728—1985）		旧标准（GB 312—1964）		新标准（GB/T 4728—1985）		旧标准（GB 312—1964）	
名称	图形符号	名称	图形符号	名称	图形符号	名称	图形符号
热敏开关动合触点 注：可用动作温度（θ）代替	θ	温度继电器动合触点	I>	机电型指示器信号元件		信号继电器的保持动合触点	
液位继电器触点（轻气体继电器触点）				操作器件一般符号 注：多绕组操作器件可由适当数值的斜线或重复本符号来表示	形式1 形式2	继电器、接触器和磁力启动器的线圈	或
流体控制触点（重气体继电器触点）		非电继电器一般符号		例：双绕组操作器件组合表示法	形式1 形式2	双线圈	
例：双绕组操作器件分离表示法	形式1 形式2	双线圈		缓吸继电器线圈		电磁继电器缓吸线圈	
				缓放继电器线圈		电磁继电器缓放线圈	
过电流继电器线圈	I>	过电流继电器线圈	I>	手动开关一般符号			
欠压继电器线圈	U<	低电压继电器线圈	U<	按钮开关（动合按钮）		带动合触点的按钮	
气体继电器		气体继电器		按钮开关（动断按钮）		带动断触点的按钮	
热继电器的驱动器件		热继电器的发热元件		拉拨开关			
反时限过电流继电器线圈				旋钮开关、旋转开关（闭锁）			

续表

新标准（GB/T 4728—1985）		旧标准（GB 312—1964）		新标准（GB/T 4728—1985）		旧标准（GB 312—1964）	
名称	图形符号	名称	图形符号	名称	图形符号	名称	图形符号
接通连接片	形式1 形式2	连接片		电感器、线圈、绕组、扼流圈		电感线圈、绕组	
				带磁芯的电感器		有铁芯的电感线圈	
断开的连接片		换接片		分流器		分流器	
插头和插座	优选形 其他形	插接器一般符号	或	蜂鸣器	优选形 其他形	蜂鸣器	
电阻器的一般符号	优选形 其他形	电阻的一般符号		电铃	优选形 其他形	电铃一般符号	
可变电阻器		变阻器	或	半导体二极管一般符号	优选形 其他形	半导体二极管、半导体整流器	
				整流器方框符号		整流器	
				桥式全波整流器方框符号		桥式全波整流器	
电容器的一般符号	优选形 其他形	电容器的一般符号		逆变器方框符号			
				熔断器一般符号		熔断器	

(4) 开关设备、控制回路的数字标号组，应按开关设备的数字序号进行选取。例如有 3 个控制开关 1KK、2KK、3KK，则 1KK 对应的控制回路数字标号选 101～199，2KK 所对应选 201～299，3KK 对应的选 301～399。

(5) 正极回路的线段按奇数标号，负极回路的线段按偶数标号；每经过回路的主要压降元（部）件（如线圈、绕组、电阻等）后，即刻改变其极性，其奇偶顺序也随之改变。对不能标明极性或其极性在工作中改变的线段，可任选奇数或偶数。

(6) 对于某些特定的主要回路通常给予专用的标号组。例如，正电源为 101、201，负电源 102、202；合闸回路中的绿灯回路为 105、205、305、405；跳闸回路的红灯回路编号为 35、135、235、…

具体的二次直流回路数字标号详见表 10-2，小母线文字符号及回路标号详见表 10-3。

表 10-2　　二次直流回路数字标号

序号	回路名称	原数字标号				新编号一				新编号二			
		Ⅰ	Ⅱ	Ⅲ	Ⅳ	Ⅰ	Ⅱ	Ⅲ	Ⅳ	Ⅰ	Ⅱ	Ⅲ	Ⅳ
1	正电源回路	1	101	201	301	101	201	301	401	101	201	301	401
2	负电源回路	2	102	202	302	102	202	302	402	102	202	302	402
3	合闸回路	3～31	103～131	203～231	303～331	103	203	303	403				
4	合闸监视回路	5	105	205	305								
5	跳闸回路	33～49	133～149	233～249	333～349	133、1133、1233	233、2133、2233	333、3133、3233	433、4133、4233	133、1133、1233	233、2133、2233	333、3133、3233	433、4133、4233
6	跳闸监视回路	35	135	235	335					135、1135、1235	235、2135、2235	335、3135、3235	435、4135、4235
7	备用电源自动合闸回路	50～69	150～169	250～269	350～369					150～169	250～269	350～369	450～469
8	开关设备的位置信号回路	70～89	170～189	270～289	370～389					170～189	270～289	370～389	470～489
9	事故跳闸音响信号回路	90～99	190～199	290～299	390～399					190～199	290～299	390～399	490～499
10	保护回路	01～099（或 J1～J99）								01～099 或 0101～0999			
11	发电机励磁回路	601～699								601～699 或 6011～6999			
12	信号及其他回路	701～999（标号不足时可递循）								701～799 或 7011～7999			
13	断路器位置遥信回路	801～809								801～809 或 8011～8999			
14	断路器合闸绕组或操动机构电动机回路	871～879								871～879 或 8711～8799			

续表

序号	回路名称	原数字标号				新编号一				新编号二			
		Ⅰ	Ⅱ	Ⅲ	Ⅳ	Ⅰ	Ⅱ	Ⅲ	Ⅳ	Ⅰ	Ⅱ	Ⅲ	Ⅳ
15	隔离开关操作闭锁回路	881～889								881～889 或 8810～8899			
16	发电机调速电动机回路	T991～T999								T991～T999 或 9910～9999			
17	变压器零序保护共用电源回路	J01、J02、J03								001、002、003			

注 断路器或隔离开关为分相操动机构时，序号 3、5、14、15 等回路标后应以 A、B、C 标志相别。

表 10-3　　小母线文字符号和回路标号

序号	小母线名称	原编号		新编号	
		文字符号	回路标号	文字符号	回路标号
1	控制回路电源	＋KM、－KM		＋(L＋)、－(L－)	
2	信号回路电源	＋XM、－XM	＋700、－700		7001、7002
3	事故音响信号（不发遥信时）	SYM	701、702	M708	708
4	事故音响信号（用于直流屏）	1SYM	708	M728	728
5	事故音响信号（用于配电装置时）	$2SYM_1$、$2SYM_1$、$2SYM_1$	728	M7271、M7272、M7273	7271、7272、7273
6	事故音响信号（发遥装置时）	3SYM	727_1、727_1、727_1		
7	预告音响信号（瞬时）	1YBM、2YBM	808	M808	808
8	预告音响信号（延时）	3YBM、4YBM	709、710	M709、M710	709、710
9	预告音响信号（用于配电装置时）	YBM_1、YBM_1、YBM_1	711、712	M11、M712	711、712
10	控制回路断线预告信号	KDM_1、KDM_1、KDM_1	729_1、729_1、729_1	M7291、M7292、M7293 M726	7291、7292、7293 726
11	灯光信号	（－） XM	726		
12	配电装置信号	XPM	701	M701	701
13	闪光信号	（＋） SM	100	M100	100
14	合闸	＋HM、－HM	703、716	＋ (L＋)、－ (L－)	
15	“信号未复归”光字牌	FM、PM	715	M703、M716	703、716
16	指挥装置音响	ZYM		M715 M717、M718	715
17	自动调整频率脉冲	1TZM、2TZM		M7171、M7181	717、718
18	自动调整电压脉冲	1TYM、2TYM	717、718	M719、M720	7171、7181

续表

序号	小母线名称	原编号		新编号	
		文字符号	回路标号	文字符号	回路标号
19	同步装置越前时间整定	1TQM、2TQM	Y717、Y717	M721、M722、	719、720
20	同步装置发送给合闸	1THM、2THM、	719、720	M723	721、722、723
	脉冲	3THM	721、722、723	M880	880
21	隔离开关操作闭锁	GBM	880	M881、M900	881、900
22	旁路闭锁	1PBM、2PBM	881、900	+701 (L+)、	7011、7012
23	厂用电源辅助信号	+CFM、−CFM	701、702	−702 (L−)	7012、7022
24	母线设备辅助信号	+MFM、−MFM	701、702	+701 (L+)、	
				−702 (L−)	
					A621、N621
25	同步电压（运行系统）	TQM$_1$、TQM$_1$	T621、T622	L1-621、N-621	A611、N611
		TQM$_1$、TQM$_1$	T611、T112	L1-611、N-611	A780
26	同步电压（待并系统）	TQM$_1$	A780	L1-780	A630、B630、
27	自同步发电机残压	1YM$_a$、1YM$_b$、	A630、B630、C630、	L1-630、L10-630、	C630、
		1YM$_c$、1YM$_1$、	L630、Sc630、N600	L3-630、	L630、S630、
28	第一组或奇数母线段的电压	1SYM$_O$、YM$_N$		N-600	N600

3. 交流回路的标号细则

(1) 交流回路按相别顺序标号，除用三位数字编号外，还加有文字标号以示区别。例如 A411、B411、C411。

(2) 对于不同用途的交流回路，使用不同的数字组，如表 10-4、表 10-5 所示。

表 10-4　　交流回路的文字标号（一）

类别＼相别	A	B	C	中性	零	开口三角形连接的电压互感器回路中的任一相
文字标号	A	B	C	N	L	X
角注标号	a	b	c	n	l	X

表 10-5　　交流回路的文字标号（二）

回路类别	控制、保护、信号回路	电流回路	电压回路
标号范围	1～399	400～599	600～799

电流回路的数字标号，一般以 10 位数字为一组，如 A401～A409、B401～B409、C401～C409、…、A591～A599、B591～B599，若不够也可以 20 位数为一组，以供一套电流互感器之用。

几组相互并联的电流互感器的并联回路，应先取数字组最小的一组数字标号。不同相的电流互感器并联时，并联回路应选任何一相电流互感器的数字组进行标号。

电压回路的数字标号，应以 10 位数字为一组，如 A601～A609、B601～B609、C601～C609、A791～A799、…，以供一个单独互感器回路标号之用。

(3) 电流互感器和电压互感器的回路，均须在分配给它们的数字标号范围内，自互感器引出端开始，按顺序编号。

(4) 某些特定的交流回路（如母线电流差动保护公共回路、绝缘监察电压表的公共回路等）给予专用的标号组，具体的二次交流回路数字标号详见表 10-6。

表 10 - 6 二次交流回路数字标号

序号	回路名称	原回路标号组					
		用途	A相	B相	C相	中性线	零序
1	保护装置及测量仪表电流回路	TA	A4001～A4009	B4001～B4009	C4001～C4009	N4001～N4009	L4001～L4009
2		1TA	A4011～A4019	B4011～B4019	C4011～C4019	N4011～N4019	L4011～L4019
3		2TA	A4021～A4029	B4021～B4029	C4021～C4021	N4021～N4029	L4021～L4029
4		9TA	A4091～A4099	B4091～B4099	C4091～C4099	N4091～N4099	L4091～L4099
5		10TA	A4101～A4109	B4101～B4109	C4101～C4009	N4101～N4109	L4101～L4109
6		29TA	A4291～A4299	B4291～B4299	C4291～C4299	N4291～N4299	L4291～L4299
7		1LTA	—				LL411～LL41
8		2LTA					LL421～LL42
9	保护装置及测量仪表电压回路	TV	A601～A609	B601～B609	C601～C609	N601～N609	L601～L609
10		1TV	A611～A619	B611～B619	C611～C619	N611～N619	L611～L619
11		2TV	A621～A629	B621～B629	C621～C629	N621～N629	L621～L629
12	经隔离开关辅助触点或继电器切换后的电压回路	6～10kV	A（C、N）760～769、B600				
13		35kV	A（C、N）730～739、B600				
14		110 kV	A（B、C、L、S_0）710～719、N600				
15		220kV	A（B、C、L、S_0）720～729、N600				
16		330（500）kV	A（B、C、L、S_0）730～739、N600［A（B、C、L、S_0）750～759、N600］				
17	绝缘检查电压表的公用回路		A700	B700	C700	N700	
18	母线差动保护共用电流回路	6～10kV	A360	B360	C360	N360	
19		35kV	A330	B330	C330	N330	
20		110 kV	A310	B310	C310	N310	
21		220kV	A320	B320	C320	N320	
22		330（500）kV	A330（A350）	B330（B350）	C330（C350）	N330（N350）	

续表

序号	回路名称	新回路标号组					
		用途	A相	B相	C相	中性线	零序
23	保护装置及测量仪表电流回路	T1	A11～A19	B11～B19	C11～C19	N11～N19	L11～L19
24		T1-1	A111～A119	B111～B119	C111～C119	N111～N119	L111～L119
25		T1-2	A121～A129	B121～B129	C121～C129	N121～N129	L121～L129
26		T1-9	A191～A199	B191～B199	C191～C199	N191～N199	L191～L199
27		T2-1	A211～A219	B211～B219	C211～C219	N211～N219	L211～L219
28		T2-9	A291～A299	B291～B299	C291～C299	N291～N299	L291～L299
29		T11-1	A1111～A1119	B1111～B1119	C1111～C1119	N1111～N1119	L1111～L1119
30		T11-2	A1121～A1129	B1121～B1129	C1121～C1129	N1121～N1129	L1121～L1129
31	保护装置及测量仪表电压回路	T1	A611～A619	B611～B619	C611～C619	N611～N619	L611～L619
32		T2	A621～A629	B621～B629	C621～C629	N621～N629	L621～L629
33		T3	A631～A639	B631～B639	C631～C639	N631～N639	L631～L639
34	经隔离开关辅助触点或继电器切换后的电压回路	6～10kV	A（C、N）760～769、B600				
35		35kV	A（C、N）730～739、B600				
36		110kV	A（B、C、L、S_0）710～719、N600				
37		220kV	A（B、C、L、S_0）720～729、N600				
38		330（500）kV	A（B、C、L、S_0）730～739、N600［A（B、C、L、S_0）750～759、N600］				
39	绝缘检查电压表的公用回路		A700	B700	C700	N700	
40	母线差动保护共用电流回路	6～10kV	A360	B360	C360	N360	
41		35kV	A330	B330	C330	N330	
42		110kV	A310	B310	C310	N310	
43		220kV	A320	B320	C320	N320	
44		330（500）kV	A330（A350）	B330（B350）	C330（C350）	N330（N350）	

注 在设计中序号 330kV 系统的 35、38 和序号 41、44 的标号需要加以区分时，330kV 系统的序号 35 和 41 的标号相应改为 A（B、C、L）750～759 和 A350、B350、C350。

四、看二次回路图的基本方法

二次回路图的逻辑性很强，在绘制时遵循着一定的规律，看图时若能抓住此规律就很容易看懂。阅图前首先应弄懂该张图纸所绘制继电保护装置的动作原理及其功能和图纸上所标符号代表的设备名称，然后再看图纸。看图的要领为："先交流、后直流；交流看电源，直流找线圈；抓住触点不放松、一个一个全查清；先上后下，先左后右，屏外设备一个也不漏。"

"先交流、后直流"是指先看二次线路图纸的交流回路，把交流回路看完弄懂后，根据交流回路的电气量以及在系统中发生故障时这些电气量的变化特点，向直流逻辑回路推断，再看直流回路。一般说来，交流回路比较简单，容易看懂。

"交流看电源，直流找线圈"是指交流回路要从电源入手。交流回路有交流电流和电压回路两部分，先找出电源来自哪组电流互感器或哪组电压互感器，在两种互感器中传输的电流量或电压量起什么作用，与直流回路有什么关系，这些电气量是由哪些继电器反映出来的，找出它们的符号和相应的触点回路，看它们用在什么回路，与什么回路有关，在心中形成一个基本轮廓。

"抓住触点不放松，一个一个全查清"是指继电器线圈找到后，再找出与之相应的触点。根据触点的闭合或开断引起回路变化的情况，再进一步分析，直至查清整个逻辑回路的动作过程。

"先下后上，先左后右，屏外设备一个也不漏"，这个要领主要是针对端子排图和屏后安装而言。看端子排图一定要配合展开图来看，展开图有如下规律：

(1) 直流母线或交流电压母线用粗线条表示，以示区别于其他回路的联络线。

(2) 继电器和各种电气元件的文字符号与相应原理接线图中的文字符号一致。

(3) 继电器和每一个小的逻辑回路的作用都在展开图的右侧注明。

(4) 继电器的触点和电气元件之间的连接线段都有回路标号。

(5) 同一个继电器的线圈与触点采用相同的文字符号。

(6) 各种小母线和辅助小母线都有标号。

(7) 对于个别继电器或触点在另一张图中表示，或在其他安装单位中有表示，都在图纸中说明去向，对任何引进触点或回路也说明来处。

(8) 直流"+"极按奇数顺序标号，"−"极则按偶数标号。回路经过电气元件（如线圈、电阻、电容等）后，其标号性质随着改变。

(9) 常用的回路都有固定的标号，如断路器 QF 的跳闸回路用 33，合闸回路用 3 等。

(10) 交流回路的标号除用三位数外，前面还加注文字符号。交流电流回路数字范围为 400～599；电压回路为 600～799。其中个位数表示不同回路；十位数表示互感器组数。回路使用的标号组，要与互感器文字后的"序号"相对应。如：电流互感器 AT1 的立 A 相回路标号是 A411～A419；电压互感器 TV2 的 A 相回路标号应是 A621～A629。

展开图上凡屏外有联系的回路，均在端子排图上有一个回路标号，单纯看端子排图是不易看懂的。端子排图是一系列的数字和文字符号的集合，把它与展开图结合起来看就可清楚它的连接回路。

课题二　变电站的信号回路

一、学习目标

掌握变电站信号回路的工作原理。

二、信号回路的概念

在变电站中，为使运行人员监视一次回路和设备的运行状态，除各种测量仪表外，还有各种信号装置。根据其用途信号回路可分为位置信号、中央信号和其他一些信号。

(1) 位置信号的主要任务是指示断路器的跳、合闸位置及隔离开关的分、合闸位置。

(2) 中央信号装置分为事故信号和预告信号两种。事故信号的主要任务是在断路器事故跳闸时，能及时地发出音响信号，并使相应断路器的灯光位置信号闪光；预告信号的主要任务是在运行设备发生异常现象时，瞬时或延时发出音响信号，并使光字牌显示异常状况的内容。

(3) 音响信号是为了唤起值班人员的注意，灯光信号是为了便于了解故障的设备和故障的性质。

利用蜂鸣器发出事故音响信号，电铃发出预告音响信号。

三、事故信号装置

变电站常用中央复归能重复动作的事故信号装置。中央复归能重复动作的事故信号是指断路器自动跳闸后，为使值班人员不受音响信号长期干扰而影响事故处理，可以保留绿灯闪光信号而仅将音响信号立即解除。用 ZC-23 型冲击继电器构成的事故音响信号装置图如图 10-1 所示。

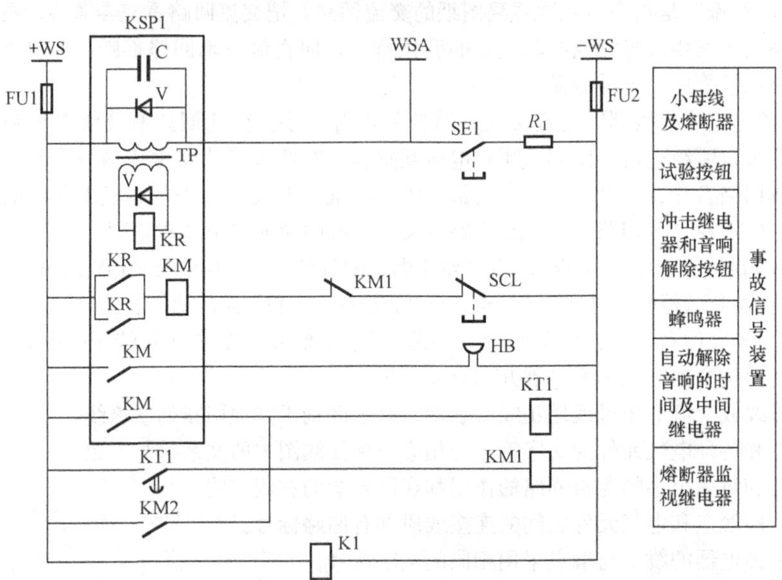

图 10-1 用 ZC-23 型冲击继电器构成的事故音响信号装置图

其原理是当有直流突变量时，使 KR 接通，使 KM、HB 动作。若在第一台跳闸断路器的 SA 开关未复归前，音响信号中 KT1 经整定的时限后，其动合触点延时闭合，启动中间继电器 KM1，KM1 的动断触点断开，KM 失磁，于是音响停止，整套装置又复归至原来的状态，准备第二台断路跳闸时发出音响。

为能试验事故音响装置的完好与否，另设有试验按钮 SE1，按 SE1 时，即可启动 KSP1，使装置发出音响并按上述程序复归至原始状态。

控制开关与断路器位置不对应启动事故音响信号装置的回路如图 10-2 所示。

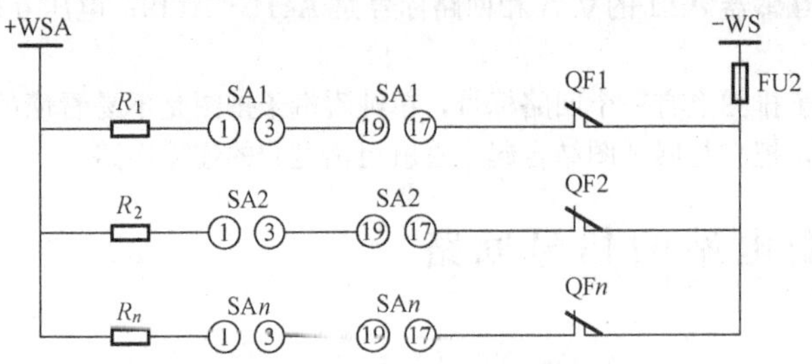

图 10-2 控制开关与断路器位置不对应启动事故音响信号装置的回路

四、预告信号装置

预告信号装置是当设备发生故障或某些不正常运行情况时能自动发出音响和光字牌灯光信号的装置。它可帮助运行人员及时地发现故障及隐患，以便采取适当措施加以处理，防止事故扩大。变电站常见的预告信号有变压器轻气体保护动作、变压器过负荷、变压器油温过高、电压互感器二次回路断线、直流回路绝缘降低、控制回路断线、事故音响信号回路熔断器熔断、直流电压过高或过低等。

预告信号一般发自各种监测运行参数的单独继电器，例如过负荷信号由过负荷保护继电器发出。

预告信号分瞬时信号和延时信号两种，对某些当电力系统中发生短路故障可能伴随发出的预告信号，例如：过负荷、电压互感器二次回断线等，都应带延时发出，其延时应大于外部短路的最大切除时限。这样，在外部短路切除后，这些由系统回路所引起的异常就会自动消失，而不让它发出警报信号，以免分散运行人员的注意力。

中央复归带重复动作预告信号装置的动作原理与事故音响信号装置相同，所不同的是只是用光字牌灯泡代替了事故音响信号装置不对应启动回路中的电阻 R，并用警铃代替了蜂鸣器，图 10-3 所示为由 ZC-23 型冲击继电器构成的中央复归能重复动和瞬时预告信息装置接线图，其动作原理与图 10-1 相似，图中 KM1 由图 10-1 中引来，用以自动解除音响，WSW1 和 WSW2 为瞬时预告小母线。

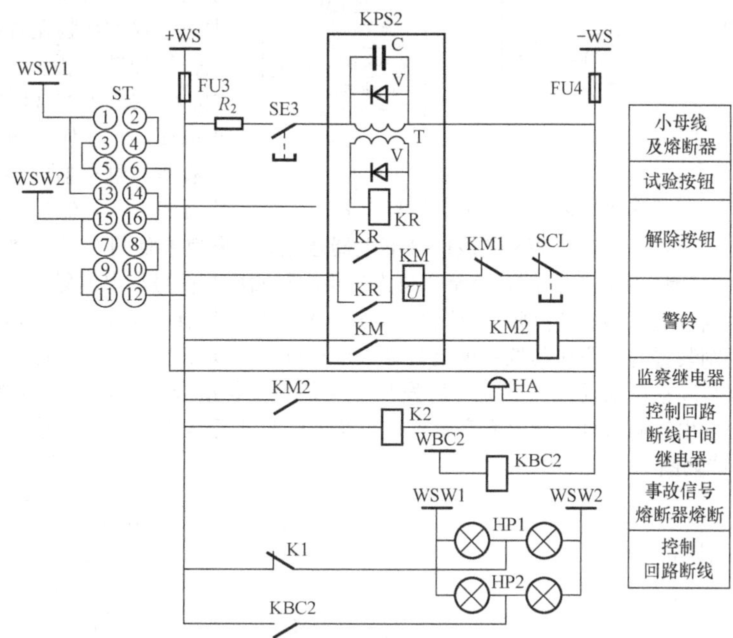

图 10-3　由 ZC-23 型冲击继电器构成的中央复归重复动作瞬时预告信号装置接线图

当设备发生不正常情况时，例如控制回路断线，则 KBC2 动作，其动合触点闭合，通过回路＋WS→KBC2 动合触点→HP2→WSW1 和 WSW2→ST13－14 和 ST13－14→KSP2→WS，使 KSP2 动作，触点 KM2 闭合，使警铃 HA 发出音响信号，同时光字牌 HP2 示出“控制回路断线”信号，按下解除按钮 SCL，音响即可解除（也可经一定延时，自动解除），而光字牌信号直到故障消除，KBC2 触点返回才会消失。由于采用了 ZC-23 型继电器，因而信号是可以重复动作的。为能经常检查光字牌灯泡的完好性，设有转换开关 ST。处于“合”位时，ST 触点 1-2、3-4、5-6、7-8、9-10、11-12 全接通，分别将信号电源＋WS 和－WS 接至小母线 WSW2 和 WSW1，使光字牌所有的灯泡亮。发预告信号时，两只灯泡是并联的，灯光明亮，当其中一只灯泡损坏时，仍能保证发出信号。而试验光字牌时，两只灯泡则是串联的，因而灯光较暗，此时若一只灯泡损坏则该光字牌即不亮。

预告信号装置由单独的熔断器 FU3、FU4 供电，若 FU3 或 FU4 熔断则不能发出预告信号，所以对熔断器电源采用了灯光监视的方法。图10-4 所示为预告信号装置的熔断器监视灯接线图。正常运行时，熔断器监视继电器 K2 带电，其动合触点闭合，中央信号屏上的白色指示灯 HW 亮；当 FU3 熔断时，K2 失电，其动断触点闭合，HW 被接至闪光小母线（＋）WTW 上发出闪光。

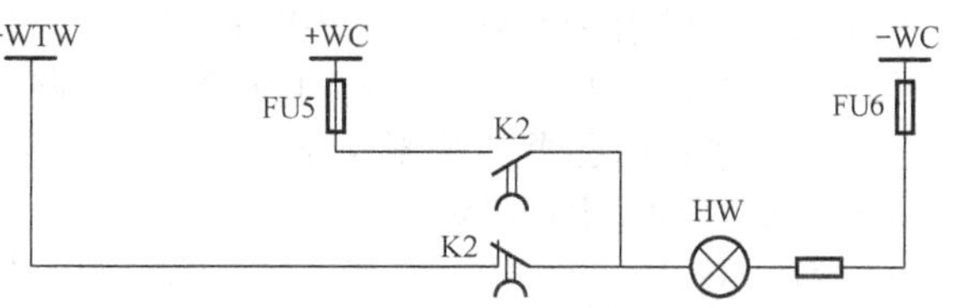

图 10-4　预告信号装置的熔断器监视灯接线图

五、保护装置动作信号

各元件的继电保护装置动作后，会发出事故音响信号（作用于跳闸的保护）或预告音响信号（作用于信号的保护），同时还有相应的灯光指示。除此之外，已动作的保护装置的信号继电器还具有机械掉牌的指示，以便分析故障类型，待值班人员作好记录后，再手动将其复归，在中央信号屏上还装有

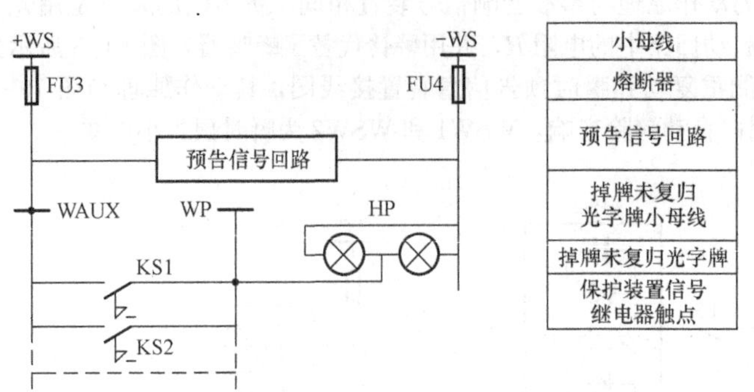

图 10-5 “掉牌未复归”信号的接线图

“掉牌未复归”的灯光信号，以提示值班人员及时复归信号继电器的掉牌指示，以免再一次发生故障时，对继电保护动作作出错误判断。“掉牌未复归”信号接线如图 10-5 所示。图中光字牌 HP 装在各控制屏上，它与预告信号装置由同一组熔断器供电。FM 和 PM 是“掉牌未复归”光字牌小母线，装在保护屏顶，各保护屏上所有信号继电器的触点都接在这两根小母线上。某保护装置动作后，其信号继电器触点闭合，信号正电源＋WS 经该信号继电器触点，“掉牌未复归”光字牌至信号负电源－WS，光字牌显示“掉牌未复归”标志，直至值班人员手动复归所有信号继电器触点后，光字牌灯光熄灭。只要还有一个信号继电器未曾复归，“掉牌未复归”光字牌总是点亮而发出灯光信号。

将有自动重合闸装置的线路在其控制屏上装有“自动重合闸动作”的光字牌信号，当线路发生故障跳闸后，自动重合装置自动动作，其光字牌发出灯光信号。若重合闸成功，则线路恢复正常运行，此时，一般不希望发出音响信号，所以光字牌不接至预选信号小母线上，而直接接到信号负电源小母线－WS 上，其接线如图 10-6 所示。

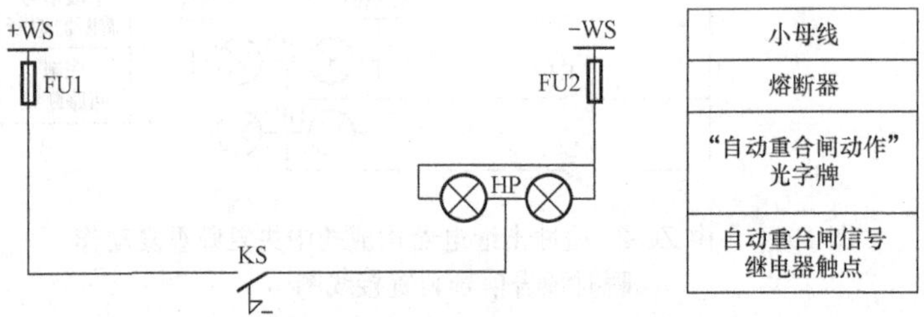

图 10-6 自动重合闸装置动作的信号接线图

课题三 断路器的控制回路

一、学习目标

掌握断路器控制回路的基本工作原理。

二、断路器控制回路的概念与基本任务

为了实现对断路器的控制，由发出命令的控制开关、执行命令的操动机构、传送命令的中间机构（如继电器、接触器等），连接构成的电路即为断路器的控制回路。

运行人员通过回路的控制开关发出操作命令，要求断路器分闸或合闸，然后经过中间环节将命令传送给断路器的操动机构，使断路器分闸或合闸，断路器完成操作后，由信号装置显示已完成操作。

三、灯光监视断路器的控制回路

灯光监视断路器控制回路如图 10-7 所示。

以 LW10-1a、4、6a、40、20、20/F8 型控制开关为例对控制回路的工况进行分析。

（1）“跳闸后”位置。当 SA 的手柄在“跳闸后”位置，断路器在跳闸位置时，其动断辅助触点闭合，＋WC 经 FU1→SA11－10→HG 及其附加电阻→QF（动断）→KMC 线圈→FU2→－WC。此时，绿灯 HG 回路接通，绿灯亮，它表示断路器正处于跳闸后位置，同时表示电源、熔断器、辅助触点及合闸回路完好，可以进行合闸操作。但 KMC 不会动作，因电压主要降在 HG 及附加电阻上。

（2）“预备合闸”位置。当将 SA 手柄顺时针方向转动 90°至“预备合闸”位置，SA9－10接通，绿灯 HG 回路由（＋）WTW→SA9－10→HG→QF（动断）→KMC→FU2→－WC导通，绿灯闪光，发出

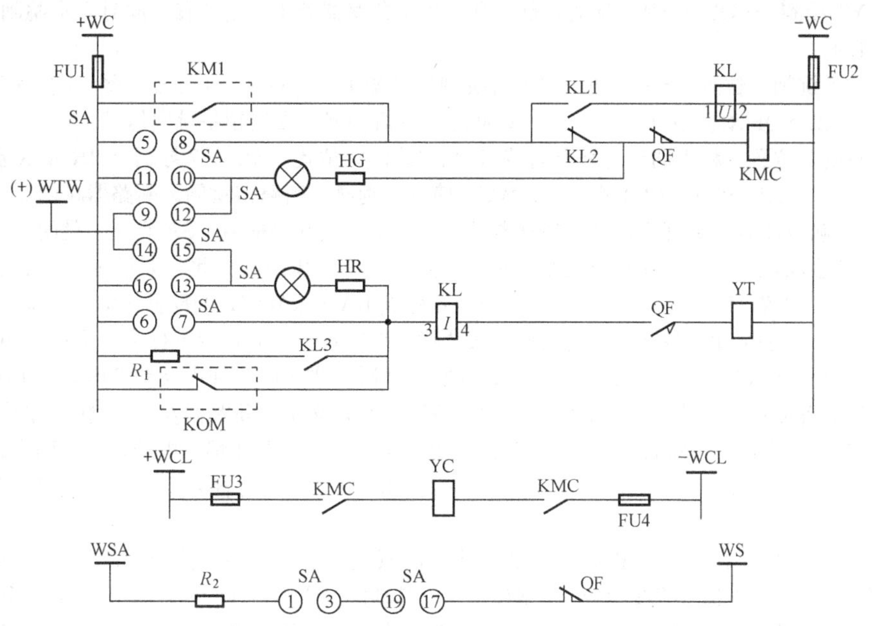

在“跳闸”后位置的手把（正面）的样式和触点盒（背面）接线图																
手柄和触点盒的型式	F_1	1a		4		6a			40			20		20		
触点号 / 位置	—	1-3	2-4	5-8	6-7	9-10	9-12	10-11	13-14	14-15	13-16	17-19	18-20	21-23	21-22	22-24
跳闸后		—	×	—	—	—	—	×	—	×	—	—	×	—	—	×
预备合闸		×	—	—	—	×	—	—	×	—	—	—	—	—	×	—
合闸		—	—	×	—	—	×	—	—	—	×	×	—	×	—	—
合闸后		×	—	—	—	×	—	—	—	—	×	×	—	×	—	—
预备跳闸		—	×	—	—	—	—	×	×	—	—	—	—	—	×	—
跳闸		—	—	—	×	—	—	×	—	×	—	—	×	—	—	×

图 10-7　灯光监视的断路器控制回路（电磁操动机构）

SA—控制开关，LW10-la、4、6a、40、20、20/F8 型；HG—绿色信号灯具，XD2 型，附 2500Ω 电阻；HR—红色信号灯具，XD2 型，附 2500Ω 电阻；FU1、FU2—熔断器，R_1—10/6 型，250V；FU3、FU4—熔断器，RM10-60/25 型，250V；KL—中间继电器，DZB-115/220V 型；R_1—附加电阻，ZG11-25 型，1Ω；R_2—附加电阻，ZG11-25 型，1000Ω；KMC—接触器；YT、YC—断路器的跳闸、合闸线圈

预备合闸信号，但 KMC 仍不会启动，因回路中串有 HG 和 R。

（3）“合闸位置”。当 SA 手柄再顺时针转 45°至“合闸”位置，SA10－8 触点接通，接触器 KMC 回路由＋MC→SA10－8→KL2（动断）→QF（动断）→KMC 线圈→－WC 导通而启动，闭合其在合闸线圈回路中的触点，使断路器合闸。断路器合闸后，QF 动断触点打开、动合触点闭合。

（4）“合闸后”位置。松手后，SA 的手柄自动反时针方向转动 45°，复归至垂直（即“合闸后”）位置，SA16－13 触点接通。此时，红灯 HR 回路由＋WC→FU1→SA16－13→HR→KL 线圈→QF

（动合）→YT 线圈→FU2→－WC 导通，红灯亮，指示断路器处于合闸位置，同时表示跳闸回路完好，可以进行跳闸。

（5）“预备跳闸”位置。SA 手柄在“预备跳闸”位置时，SA13－14 导通。经（＋）WTW→SA13－14→HR→KL→QF 动合触点→YT→－WC 回路，红灯闪光，发出预备跳闸信号。

（6）“跳闸”位置。将手柄反时针方向转 45°至“跳闸”位置，SA6－7 导通，HR 及 R 被短接，经＋WC→SA6－7→KL→QF→动合触点→－WC，使 YT 励磁，断路器跳闸。断路器跳闸后，其动合触点断开，动断触点闭合，绿灯亮，指示断路器已跳闸完毕。放开手柄后，SA 复至“跳闸后”位置。

当断路器手动或自动重合在故障线路上时，保护装置将动作跳闸。此时如果运行人员仍将控制开关放在“合闸”位置（SA10－8 接通），或自动装置触点 KM1 未复归，断路器 SA10－8 将再合闸。因为线路有故障，保护又动作跳闸，从而出现多次“跳—合”现象。此种现象称为“跳跃”。断路器若发生跳跃不仅会引起断路器毁坏，而且还将扩大事故。“防跳”措施就是利用操动机构本身机械上具有的“防跳”闭锁装置或控制回路中所具有的电气“防跳”接线，来防止断路器发生“跳跃”的措施。

图 10-7 所示控制回路采取了“电气”防跳接线。其 KL 为跳跃闭锁继电器，它有两个线圈，一个电流启动线圈，串于跳闸回路中；另一个电压保护线圈经过自身动合触点 KL1 与合闸接触器线圈并联。

此外在合闸回路中还串有动断触点 KL2，其工作原理如下：当利用控制开关（SA）或自动装置（KM1）进行合闸时，KL 电流线圈带电，KL 动作，其动断触点 KL2 断开合闸回路，动合触点 KL1 接通 KL 的电压自保持线圈。此时，若合闸脉冲未解除（如 SA 未复归或 KM1 卡住等），则 KL 电压自保持线圈通过触点 SA10－8 或 KM1 的触点实现自保持，使 KL2 长期打开，可靠地断开合闸回路，使断路器不能再交合闸。只有当合闸脉冲解除（即 KM1 断开或 SA10－8 切断），KL 的电压自保持线圈断电后，回路才能恢复至正常状态。

在图 10-7 中，动合触点 KL3 的作用是用来保护出口继电器触点 KOM 的，防止 KOM 先于 QF 打开而被烧坏。电阻 R_1 的作用是保证保护出口回路中有串接的信号继电器时，信号继电器能可靠动作。

四、具有弹簧式操动机构的断路器控制回路

图 10-8 所示为平高 LW310-72.5W 型断路器配弹簧操动机构的控制、信号回路。该控制回路是利用储能电动机 M 使弹簧压缩储能，合闸时弹簧释放，使断路器合闸。在其合闸线圈中串有弹簧已储能闭锁触点 SQS1 只有弹簧储能后，才能合闸；当设有自动重合闸，如重于永久性故障时，弹簧来不及储能，故不能第二次重合，但仍需加入“防跳”回路。

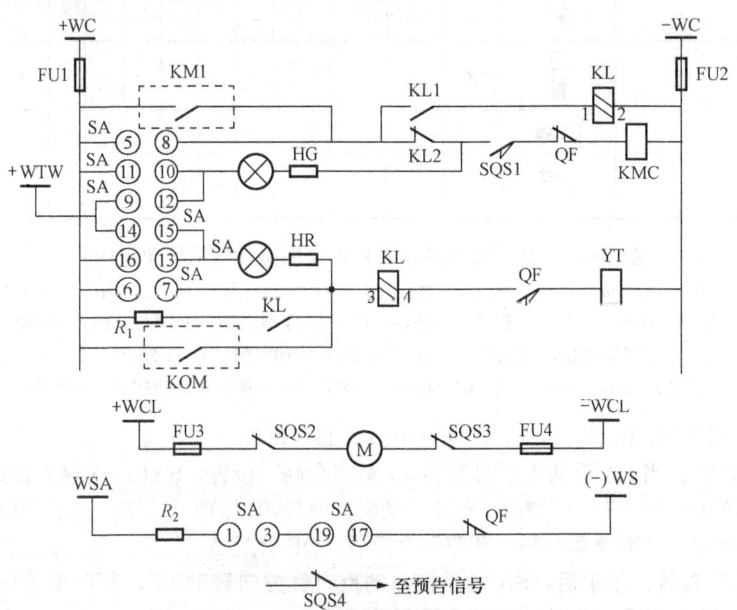

图 10-8 弹簧操动机构的断路器控制、信号回路接线图

五、具有液压式操动机构的断路器控制回路

具有液压式操动机构的断路器控制回路是利用液压储能使断路器分、合闸，并靠液压使断路器保持在合闸位置的。断路器分、合闸可用控制开关直接控制。操动机构必须保持一定的液压，如液压过高便可能发生事故，若过低，则断路器动作速度太慢，电弧会烧坏触头。因此液压式操动机构带有反映不同压力的辅助触点，它们在控制回路中的作用是保证断路器可靠地进行操作。图 10-9 所示为具有液压式操动机构的断路器控制回路。

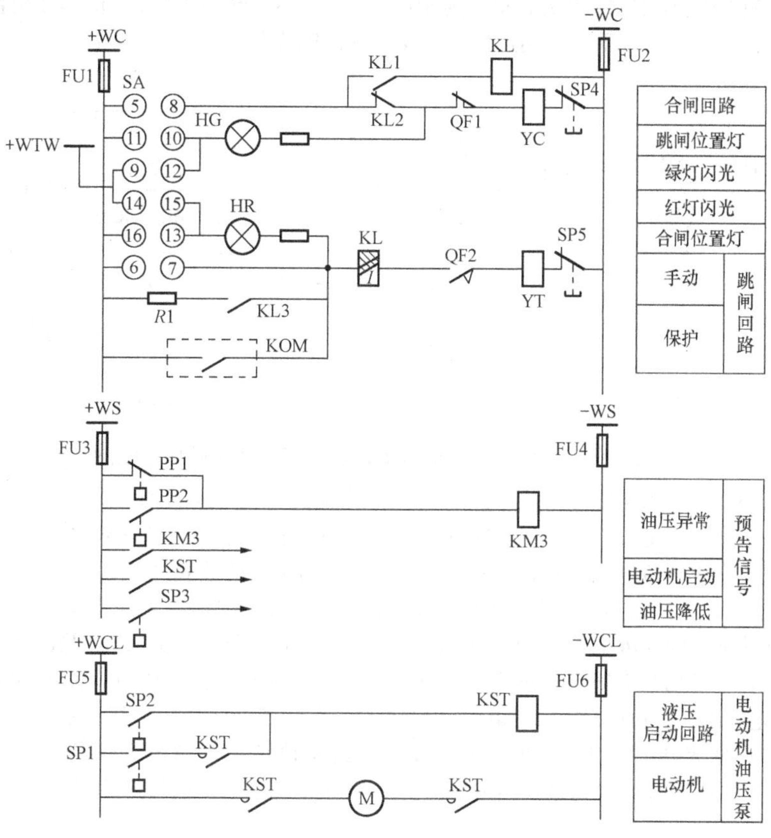

图 10-9　具有液压式操动机构的断路器控制回路

以平高 66kV LW6-63Ⅰ型、LW6-63ⅡW1 型（配液压机构）SF_6 气体断路器液压机构为例，当液压低于合闸闭锁压力整定值时，合闸回路中的压力触点 SP4 断开，不允许合闸；当液压低于分闸闭锁压力整定值时，跳闸回路压力触点 SP5 断开，不允许跳闸，如电网运行允许，也可用这个触点启动中间继电器后，作用于跳闸。

当压力低于油压降低信号压力整定值时，SP1 触点闭合，发出油压降低信号；当液压低于启动油泵打压压力整定值时，触点 SP1、SP2 闭合，启动油泵打压，当油压上升到油泵停止打压压力整定值时，SP1～SP2 均断开，油泵停止打压。当压力低于低压力异常信号压力整定值时或高于高压力异常信号压力整定值时，分别由压力表的触点 PP1、PP2 启动 KM3 发出压力异常信号，还可利用 KM3 动断触点闭锁油泵电动机启动接触器的启动回路(图 10-9中未示出)，防止当油压降到零时，启动油泵可能造成断路器的慢分事故。

220、500kV 的断路器采用的是分相操动机构，在这种控制回路中，可用控制开关 SA 进行三相联动合闸和分闸，但继电保护动作和单相自动重合闸动作时，断路器可分自动分闸或自动合闸。其控制回路比较复杂，但其基本原理与前面讲到的相同。

六、闪光装置

在上述的断路器控制回路中，当断路器的分合状态与控制开关的位置不对应时，信号灯即接至闪

光母线（+）WTW上，发出闪光信号，闪光电源由闪光装置供给，常用的闪光装置有两种，一种是由两个中间继电器构成，另一种由闪光继电器构成。

由两个中间继电器构成的闪光装置的原理接线如图10-10所示。当某一断路器的位置与其控制开关不对应时，闪光母线+WTW经“不对应”回路，信号灯（HR或HG）及操作线圈（YT或YC）与负电源接通，KM1启动，KM1动合触点闭合，KM2相继启动，其动合触点将KM1线圈短接，并使闪光母线直接与正常电源沟通，信号灯（HR或HG）全亮；当KM1触点延时断开后，KM2失磁，其动合触点断开，动断触点闭合，KM1再次启动，闪光母线（+）WTW经KM1线圈与正电源接通，“不对应”回路中的信号灯呈半亮，重复上述过程，便发连续的闪光信号。KM1及KM2带延时复位，是为了使闪光变得更加明显。

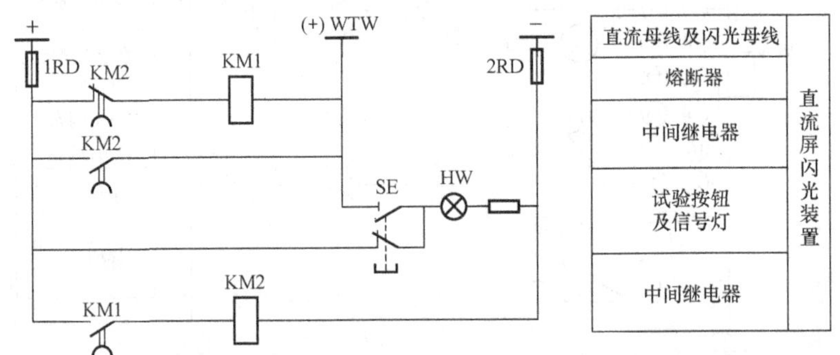

图10-10 由两个中间继电器构成的闪光装置原理接线图

在图10-10中，试验按钮SE的信号灯HW用于模拟试验。当按下SE时，闪光母线（+）WTW经信号灯HW与负电源接通，于是闪光装置便按上述顺序动作，使试验灯HW发出闪光信号。HW经按钮的动断触点接在正、负电源之间，因而兼作闪光装置熔断器的监视灯。

在图10-11中，由KM、R、C组成闪光继电器。按下按钮SE时，它相当于一个不对应回路，闪光母线与负电源接通，闪光继电器KTW的线圈回路接通，电容器C经附加电阻R和“不对应”回路中的信号灯充电，于是加在KM两端的电压不断升高，当达到其动作电压时，KM动作，其动合触点KM2闭合，闪光母线（+）WTW与正电源直接接通，信号灯全亮。同时其动断触点KM1断开它的线圈回路，电容C便放电，放电后，电容C的端电压逐渐降低，待降至KM的返回电压时，KM复归，KM2断开，KM1闭合，闪光母线经KM、KM1与正电源接通，信号灯便呈半亮。重复上述过程，便发出连续闪光。

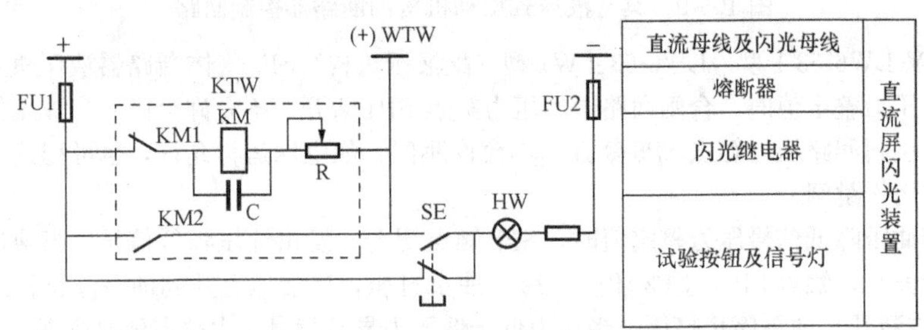

图10-11 由闪光继电器构成的闪光装置接线

课题四 变电站的同期回路

一、学习目标

掌握变电站同期装置的工作原理及接线方式。

二、同期回路的概念与要求

在装有调相机的变电站和区域变电站内，对需要经常并列或解列的调相机及两侧均有电源的断路器，应装设带有非同期闭锁的手动准同期装置。必要时，也可装设半自动准同期装置或捕捉同期装置。

断路器并网合闸时，要求并网两侧电压大小相等、频率相等且相位相同。在各种电压等级的电网中，非同期合闸会出现很大的电流冲击，严重时会导致设备损坏，系统失去稳定。所以必须采用同期装置来判断两侧电压是否达到并网同期条件，从而决定断路器能否合闸。

三、组合式同期表

图 10-12 所示为 MZ-10 型单相组合式同期表的外形图及外部电路图。

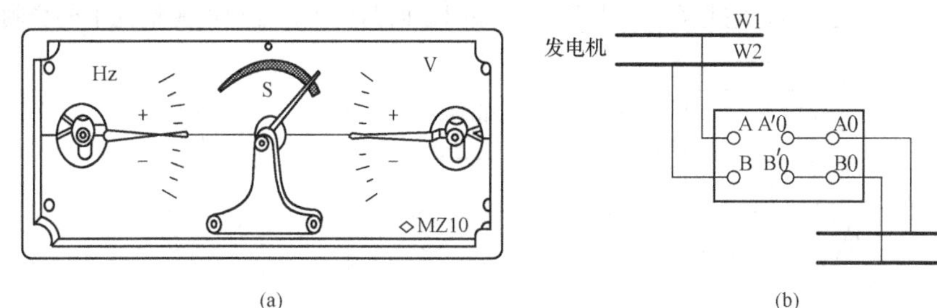

图 10-12　MZ-10 型单相组合式同期表

(a) 外形图；(b) 外部电路图

MZ-10 型组合式同期表由频率差、电压差和同期指示三个测量机构组成。频率差表 PF 为一磁电系流比计，它反映运行系统与待并系统的频率差值，当两系统频率相等时，指针指在 0 位。电压差表 PV 反映两系统的电压差值。同期指示机构为一电磁系同期表。

组合式同期表有“粗略同期”和“精确同期”两个回路。“精确同期”时，接 A′0、B′0 端子，即将同期表投入。“粗略同期”时接 A′0、B0 端子，即将频率差表和电压差表投入。当同期过程不分“粗略”“精确”同期时，同将端子 A0 和 A′0 相连，B0 和 B′0 相连。

四、手动准同期的外部接线

图 10-13 所示为同期小屏电路图。图中，6W1 和 6W3 为待并系统电压的同期小母线，6W′1 为运行系统电压的同期小母线，W2 为 B 相电压公用线。因为所有电压互感器二次侧都采用 B 相接地，这样可使两侧共用 B 相，并使同期接线简化。电压表 PV1 和频率表 PF1 接于运行系统电压 $U_{A'B'}$上；PV2 和 PF2 接于待并系统电压 U_{AB}和 U_{CB}上，同期表的 PS 的三个线圈，一个接在运行系统电压上 $U_{A'B'}$ 上，另两个接在待并系统电压 U_{AB}和 U_{CB}上。同期小母线的电压，分别由运行系统侧和待并发电机侧的电压互感器二次侧引来。

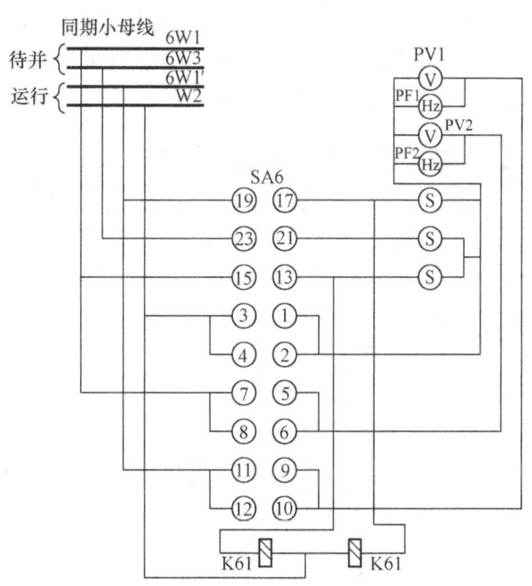

图 10-13　同期小屏电路图

图 10-13 中的 SA6 为手动同期仪表开关，它有“断开”“粗略同期”和“精确同期”三个位置。平时手柄在“断开”位置，所有触点断开，将仪表退出。在进行手动准同期之前，将手柄转到“粗略同期”位置。这时 SA6 的双数触点接通，将电压表和频率表投入。当两侧电压和频率基本相等时，再将 SA6 的位置转换到“粗略同期”位置，此时 SA6 的单数触点接通，将五只仪表全部投入。运行人员根据同期表的指示进行调节，当同期表的指针由“慢”向“快”的方向以缓慢的速度旋转，指针快要达到同期点红线时，即可发出断路器合闸脉冲，使两个系统并列。

五、同期闭锁回路

为了防止运行人员的误操作造成非同期合闸，在手动准同期回路中装有闭锁装置，其原理结构及闭锁回路如图 10-14 所示。闭锁装置由一个同期检查继电器构成，如图 10-14 中 K61 所示。同期检查继电器有两个参数相同的线圈，每个线圈在上下磁极各绕一半，两个线圈的极性相反，分别接在待并系统电压运行系统电压上，继电器转矩正比于两个电压的相量差。

当电压满足同期条件时，K61 动断触点闭合，断路器可以合闸；当电压不满足同期条件时，继电器动作，动断触点断开，断路器不合闸。

闭锁回路如图 10 - 14（b）所示，在两组同期合闸小母线之间串入同期检查继电器 K61 的动断触点。当不满足同期条件时，K61 断开了合闸回路的电源（正极），断路器不能合闸。此外 K61 触点两端还并有手动同期闭锁开关 SA7，它是在个别情况下解除闭锁回路用的，如单电源情况下的合闸。

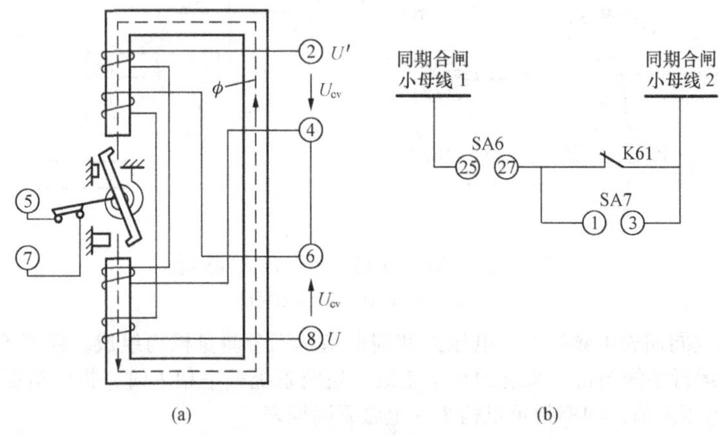

图 10 - 14　同期检查继电器的原理结构及闭锁回路

（a）原理结构图；（b）闭锁回路

六、手动准同期接线

图 10 - 15 所示为采用分散手动操作准同期装置的电路，图中同期小屏上装有两只电压表、两只频率表和一只同期表。每个能进行同期操作的断路器都装有一只同期开关 SA8（1SA8、2SA8），各电压互感器的二次侧电压（中间相除外）必须经过同期开关 SA8 的触点才能送到同期小母线上。

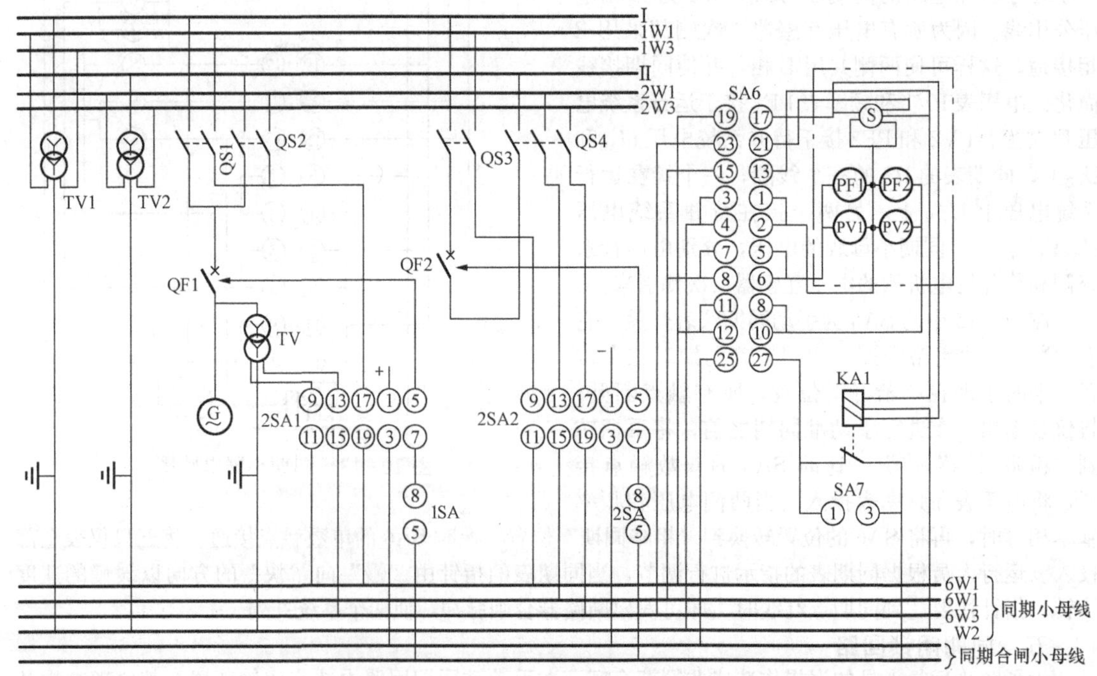

图 10 - 15　分散手动操作准同期装置的电路

母线电压互感器 TV1、TV2 的二次侧电压要经过母线隔离开关 QS1、QS2 等的辅助触点，再经过 SA8（1SA8、2SA8）的触点才引至同期小母线，这样就保证了在进行主系统操作的同时，二次电压的切换自动完成，保证了引至同期小母线上的电压与主回路的完全一致。

同期点的断路器合闸回路都经过同期开关 SA8（1SA8、2SA8）的触点，只有 SA8（1SA8、2SA8）的手柄在投入位置时，其触点 1-3 和 10-7 闭合，断路器才能合闸。手动准同期回路是利用各断路器控制开关 SA（1SA、2SA）的触点 10-8 接通合闸回路来进行合闸操作的。

思 考 题

1. 电气图中图形符号的使用规则是什么？常用的电气图形符号有哪些？
2. 电气图形的文字符号由哪几部分组成？常用的电气基本文字符号有哪些？
3. 电气接线端子及特定导线的标记符号是什么？
4. 电气图的识图原则是什么？
5. 二次回路标号的基本原则与基本方法有哪些？
6. 如何看二次回路图？
7. 变电站的信号装置有哪些？是怎样工作的？
8. 断路器的控制回路有哪些？是怎样工作的？
9. 断路器并网合闸时需要哪些基本条件？
10. 同期闭锁回路的作用是什么？工作原理是什么？

第十一单元

直流系统

课题一 直流电源

一、学习目标

掌握高频开关直流的操作与运行维护的要求。

二、直流电源的种类与特点

直流电源是变电站中用于控制、信号、操作、保护及自动装置等二次回路供电的电源。它对发电厂和变电站的安全运行起着极其重要的作用。

目前，变电站中常用的直流操作电源有蓄电池组直流电源、硅整流电容储能直流电源、复式整流直流电源、高频开关管直流电源。

(1) 蓄电池组直流电源。蓄电池组是一种与电力系统运行方式无关的独立电源系统。在变电站故障甚至交流电源完全消失的情况下，仍能在一定的时间内（通常为2h）可靠供电。因此，它具有很高的供电可靠性。此外，由于蓄电池组电压平稳，容量较大，可以提供断路器合闸时所需要的较大的短时冲击电流，满足较复杂的继电保护和自动装置要求，并可作为事故保安负荷的备用电源。蓄电池组的主要缺点是运行维护工作量较大，寿命较短，价格昂贵。但由于变电站对操作电源可靠性有较高的要求，所以，蓄电池组仍然是大、中型变电站不可缺少的电源设备。

(2) 硅整流电容器储能的直流电源。它是由硅整流设备和储能电容器组构成的，硅整流设备将所用的交流电源变为直流作操作电源。为了在交流系统发生短路故障时，仍能使继电保护及断路器可靠动作，装设了储能电容器。正常情况下，由硅整流设备向直流母线上的直流负荷供电的同时给储能电容器充电，当直流母线电压下降到很低时，电容器即放电释放出能量供继电保护装置和断路器跳闸使用，保护装置动作切除故障后，所用电源和直流电压恢复正常，电容器又充电储能。由于受到储能电容器容量的限制，这种操作电源在交流电源消失后，只能在短时间内向继电保护、自动装置及断路器跳闸回路供电。

(3) 复式整流直流电源。它是一种以变电站自用交流电源、电压互感器二次电压、电流互感器二次电流等为输入量的复合式整流设备。在正常运行时，由变电站自用交流电源或电压互感器二次电压经整流后向直流负荷供电；交流系统发生短路故障时，由电流互感器二次电流通过磁饱和稳压器变为一定的电压，再经过整流向直流负荷供电。其结构简单、运行维护工作量小，并能在故障状态下输出较大的直流电流。

(4) 高频开关直流电源。高频开关直流电源是先将输入的工频交流电经整流滤波后得到直流电压，再通过功率变换器变换成高频脉冲电压，经高频变压器和整流滤波电路转换为稳定的直流输出电压。因其采用脉冲宽度调制电路来控制大功率开关器件的导通和截止时间，故可以得到很高的稳压和稳流精度及很短的动态响应时间。高频开关电源内部还应用了软开关技术和无源功率因数校正技术，所以基本消除开机浪涌，功率因数大幅度提高，是当前应用的主要产品。

三、高频开关直流电源的应用

高频开关电源系统由交流配电、整流、变换器、脉宽调制、监控模块、直流馈电等组成。

高频开关电源有自主方式、受控方式、停机三种工作方式。工作于自主方式时，工作状态和运行参数只受其自身的控制，通过自身的键盘可以改变运行参数及状态，不受上位监控装置的控制；工作于受控状态时，在产品自身只能查看工作状态和运行参数，而不能改变参数，只有通过上位监控机才可以改变工作状态和运行参数。

此设备有下列特点：

(1) 模块化设计，可平滑扩容。

(2) 监控功能完善，高智能化，声光报警。

(3) 监控系统配有标准通信接口，方便接入自动化系统，实施“四遥”及无人值守。

(4) 对蓄电池自动管理及自动维护保养，实时监测蓄电池组的端电压，充、放电电流，自动控制均充、浮充以及定期维护性均充。

(5) 具有电池温度补偿功能。

(6) 模块可带电插拔，更换安全方便。

(7) 降压方式采取新型高频软开关无级双向调压，输出电压精确度高，动态响应速度快。

1. 使用功能

(1) 浮充。整流器能以设定的电压值和限流值长期对电池组浮充充电并带负载运行。

(2) 均充。整流器能以设定的均充电压值和限流值对电池组恒压限流充电并计时，计时到后自动转为浮充电。

(3) 显示设定功能。整流器正常可显示产品的运行状态、输出电压、电流值、均充时间及故障信息。当模块运行正常并且有“LC”出现时，表明模块工作于稳流状态；无“LC”出现，表明模块工作于稳压状态。

通过显示器下部的四个按键可以方便地设定运行参数、更改运行状态和查看故障信息。

(4) 通信功能。整流器可以通过其后部的RS485接口与上位监控机通信，在上位机上实现对整流器运行状态的控制、参数设定及整流器故障信息的查询等。

(5) 并机功能。多台同型号的整流器可以并联运行并自动均流。其中某台故障时自动退出，不影响其他整流器继续运行。工作于自主方式时，在其中任一台上修改参数和工作状态，其余整流器即跟着改变；工作于受控方式时，所有整流器全受控于上位监控装置。

2. 保护功能

(1) 输入保护。若整流器的输入电源出现过电压、欠电压、缺相时，整流器即停机，电源恢复正常后，自动按原来的工作方式继续运行。

(2) 输出过电压保护。整流器的输出电压大于输出极限值时，整流器停机，并且能再自动启动。当模块由于硬件引起故障时会自动退出。

(3) 过电流保护。无论何种原因引起IGBT过电流，整流器都将停机，过一段时间后可自动启动到原工作方式。

(4) 过温保护。当整流器中的主要器件温度超过75℃时整流器将自动停机，温度恢复正常后可自动启动。

(5) 报警及显示。整流器设有报警显示及故障输出端子。当整流器出现故障时，整流器面板“故障”灯（红色）亮，同时液晶显示故障种类。

3. 运行与操作

整流器显示当前运行状态、工作方式、输出电压和电流等，如图11-1所示。

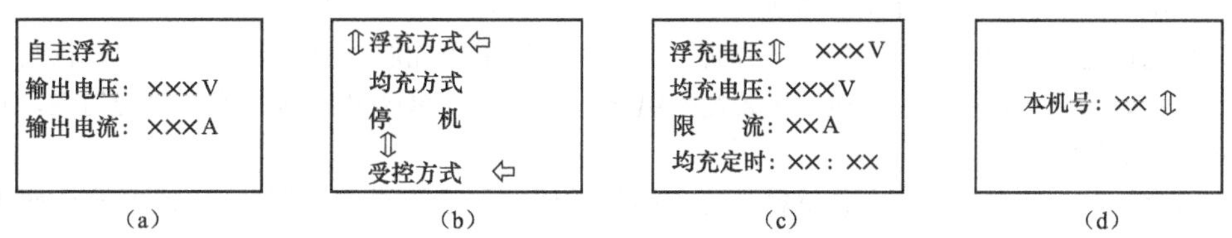

图11-1 整流器显示状态

(a) 运行状态；(b) 工作方式选择；(c) 参数设置；(d) 本机号

(1) 状态的选择。按“翻页”键进入“不同状态”页，按“↑”或“↓”键，指向某种状态方式，同时整流器将进入该种工作状态。

(2) 运行参数。运行参数有浮充电压、均充电压、限流值、均充定时四个参数。其中“限流值”指对模块运行中所能输出的最大电流值，一旦模块电流不小于此值时，即进入限流状态。

4. 故障现象与处理

(1) 显示输入过电压、欠电压、缺相，无直流输出，检查交流电源并予以更正。

(2) 显示输出过电压，无直流输出。检查工作状态及设定值重新启动，如故障依旧，送厂家维修。

(3) 显示过温，无直流输出。检查风扇及周围环境温度。若风扇坏，更换再启动。

(4) 显示启动电阻断，无直流输出。更换启动电阻。

四、阀控式铅酸密封电池

阀控式铅酸密封电池是当前广泛应用的产品，技术规范如表 11 - 1 所示。其特点如下。

表 11 - 1　　固定型阀控式密封铅酸蓄电池技术规格

序号	型号	标称电压 (V)	额定容量（Ah）		外形尺寸（mm）				质量 (kg)
			10 小时率	1 小时率	长	宽	高	总高	
1	6GFM - 38	12	38	23	198	165	170	170	13.7
2	6GFM - 50	12	50	30	260	133	205	205	17.5
3	6GFM - 65	12	65	39	356	165	180	180	24.0
4	6GFM - 80	12	80	48	345	175	212	225	29.0
5	6GFM - 100	12	100	60	403	172	222	245	38.0
6	6GFM - 120	12	200	120	520	240	220	248	75.0
7	GFM - 100	2	100	60	61	175	340	365	7.8
8	GFM - 200	2	200	120	107	175	340	365	15.3
9	GFM - 300	2	300	180	150	175	340	365	21.3
10	GFM - 400	2	400	240	210	175	340	365	29.7
11	GFM - 500	2	500	300	241	175	340	365	34.8
12	GFM - 600	2	600	360	302	175	340	365	42.5
13	GFM - 800	2	800	480	410	175	340	365	57.0
14	GFM - 1000A	2	1000	600	480	175	340	365	68.0
15	GFM - 1000B	2	1000	600	182	320	622	645	93.0
16	GFM - 1600A	2	1600	950	400	351	340	380	113
17	GFM - 1600B	2	1600	950	264	320	622	645	145
18	GFM - 2000A	2	2000	1160	491	351	340	380	142
19	GFM - 2000B	2	2000	1160	327	320	622	645	180
20	GFM - 3000A	2	3000	1740	712	351	340	380	212
21	GFM - 3000B	2	3000	1740	473	320	622	645	265

(1) 全密封。采用新型合金，提高了析氢过电位，减少了氢气的析出；采用超细玻璃纤维隔板，在无游离酸的情况下，使氧气内部循环再复合，无气体排出；安全阀的使用可防止外部氧气进入电池内部。

(2) 免维护。运行中无需补充酸和水。

(3) 放电性能高。容量大，适合大电流放电使用。由于采用优质材料，自放电小；有较高的能量密度，具有良好的充电接受能力；适用于较宽的温度范围工作；单体电池具有较好的均匀性，其开路电压差小于 30mV。

(4) 寿命长。由于采用新型合金材料，避免活物质脱落，设计结构合理，2V 系列设计使用寿命 10 年，12V 系列设计使用寿命 3～5 年。

(5) 安全性。正常使用无酸液渗漏或酸雾溢出；采用安全阀及滤酸片，可防止火花引起电池爆炸；电池内部压力达到限定值时，安全阀自动开启排气，低于另一限定值时，安全阀自动关闭；电池可立放使用，也可卧放使用。

五、运行维护

1. 直流电源装置的运行监视

(1) 绝缘状态监视。运行中的直流母线对地绝缘电阻值应不小于 10MΩ。值班员每天应检查正母线和负母线对地的绝缘值。若有接地现象，应立即寻找并处理。

(2) 电压及电流监视。值班员对运行中的直流电源装置主要监视交流输入电压值、充电装置输出的电压值和电流值、蓄电池组电压值、直流母线电压值、浮充电流值及绝缘电压值等是否正常。

(3) 信号报警监视。值班员每日应对直流电源装置上的各种信号灯、声响报警装置进行检查。

(4) 自动装置监视。

1) 检查自动调压装置是否工作正常，若不正常，启动手动调压装置，退出自动调压装置，通知检修人员调试修复。

2) 检查微机监控器工作状态是否正常，若不正常应退出运行，通知检修人员调试修复。

3) 微机监控器退出运行后，直流电源装置仍能正常工作，运行参数由值班员进行调整。

2. 阀控蓄电池组的运行方式及监视

阀控蓄电池组在正常运行中以浮充电方式运行，浮充电压值宜控制为 (2.23～2.28)V×N，在运行中主要监视蓄电池组的端电压值、浮充电流值、每只蓄电池的电压值、蓄电池组及直流母线的对地电阻值和绝缘状态。

(1) 阀控蓄电池组的运行中电压偏差值及放电终止电压值应符合表 11-2 的规定。

表 11-2　阀控蓄电池在运行中电压偏差值及放电终止电压值的规定　V

阀控式密封铅酸蓄电池	标称电压		
	2	6	12
运行中的电压偏差值	±0.05	±0.15	±0.13
开路电压最小电压差值	0.03	0.04	0.06
放电终止电压值	1.08	5.40 (1.80×3)	10.80 (1.80×6)

(2) 在巡视中应检查蓄电池的单体电压值，连接片有无松动和腐蚀现象，壳体有无渗漏和变形，极柱与安全阀周围是否有酸雾溢出，绝缘电阻是否下降等。

(3) 备用搁置的阀控蓄电池，每 3 个月进行一次补充充电。

(4) 阀控蓄电池的温度补偿系数受环境温度影响，基准温度为 25℃时，每下降 1℃，单体 2V 阀控蓄电池浮充电压值应提高 3～5mV。

(5) 根据现场实际情况，定期对阀控蓄电池组作外壳清洁工作。

3. 充电装置的运行监视

(1) 运行参数监视。运行人员每天应对充电装置进行如下检验：三相交流电压是否平衡或缺相，运行噪声有无异常，各保护信号是否正常，交流输入电压值、直流输出电压值、直流输出电流值等各表计显示是否正确，正对地和负对地的绝缘状态是否良好。

(2) 运行操作。交流电源中断，蓄电池组将不间断地提供直流电流，若无自动调压装置，应进行手动调压，确保母线电压的稳定。交流电源恢复送电中，应立即手动启动或自动启动充电装置，对蓄电池组进行恒流限压充电→恒压充电→浮充电（正常运行）。若充电装置内部故障跳闸，应及时起动备用充电装置代替故障充电装置，并及时调整好运行参数。

(3) 维护检修。运行维护人员每月应对充电装置作一次清洁除尘工作。大修后作绝缘试验前，应将电子元件的控制板及硅整流元件断开或短接后，才能作绝缘和调压试验。若控制板工作不正常，应停机取下，换上备用板，充电装置，调整好运行参数，投入正常运行。

4. 直流电源装置中微机监控器的运行维护

(1) 微机监控器直流电源装置一旦投入运行，只有通过显示按钮才能检查各项参数，若均正常，就不能随意动改整参数。

(2) 微机监控器若在运行中控制不灵，可重新修改程序和重新整定，若都达不到需要的运行方式，就启动手动操作，调整到需要的运行方式，并将微机监控器退出运行，交专业人员检查修复后再投入运行。

课题二 直 流 回 路

一、学习目标

掌握事故照明回路和绝缘监察回路的工作原理。

二、直流供电系统的接线

1. 主控制室内控制、信号小母线供电网络

主控制室内控制、信号小母线供电网络如图 11-2 所示。图中±700 和 M100（+）为安装在各控制屏顶的控制、信号和闪光电源小母线。小母线按屏组分段，目的是便于检修和处理故障。

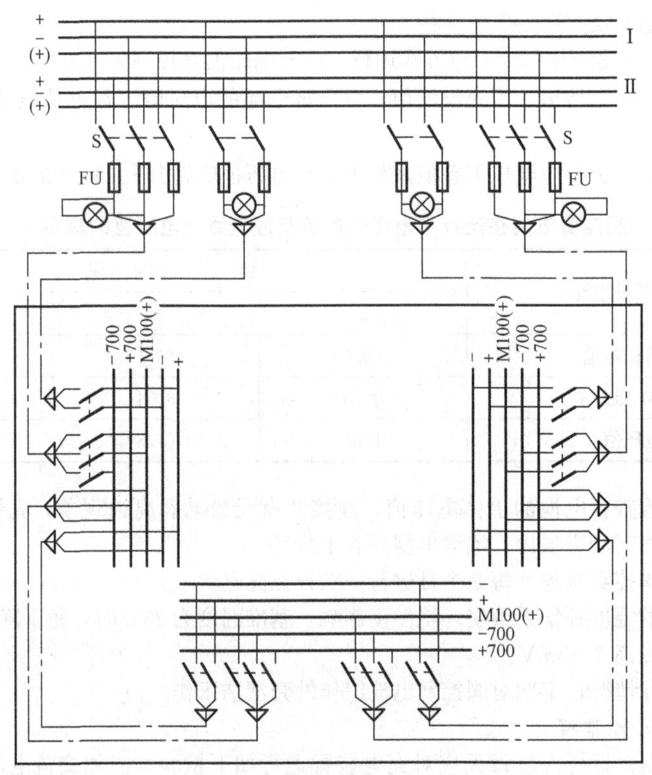

图 11-2 主控制室内控制、信号小母线供电网络

2. 屋外配电装置断路器合闸线圈供电接线

屋外配电装置合闸线圈的供电是以电缆连接电源和各断路器的端子箱构成的。如图11-3所示是某电压级屋外配电装置断路器合闸线圈的供电接线。

正常运行时，通过开关将合闸电源母线分为两段，各段单独取得电源。

三、事故照明供电线回路

事故照明电源由安装于控制室内的事故照明自动切换装置供电，并以单回路供电。

事故照明自动切换装置的电路如图 11-4 所示。正常运行时，三相开关 S、事故照明馈线开关 S1 与 S2 均在合闸位置；如果一个相电压正常，KV1、KV2、KV3 电压继电器动作，动合触点闭合，动断触点打开，交流接触器 KM1 在动作状态，动合触点闭合，将三相交流电压送到 u、v、w、N 母线上，事故照明负荷由 220V 交流电源供电。当交流电源消失时，电压继电器 KV1、KV2、KV3 失电，其动合触点打开，使交流接触器 KM1 失电返回。其动合触点断开，先切断交流电源。然后，由于 KV1～KV3 继电器和交流接触器 KM1 动断触点闭合，使直流接触器 KM2 启动，动合触点闭合，KM3 随之启动，动合触点闭合。KM2 与 KM3 动合触点闭合，将蓄电池组 220V 直流电源投入事故照

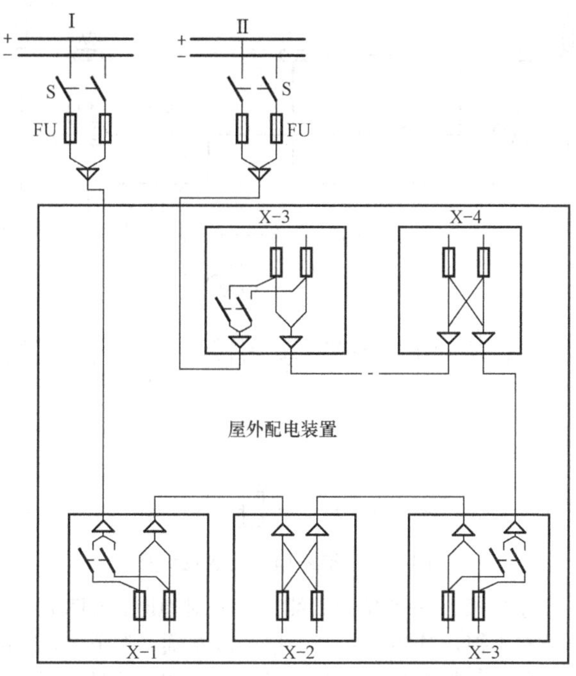

图 11-3　屋外配电装置断路器合闸线圈供电接线

明电源母线。以上切换过程是很迅速的。在由直流电源供电期间，接触器 KM2 与 KM3 一直在带电启动状态。当交流电源恢复时，电压继电器 KV1～KV3 立即启动，首先其动断触点打开使 KM2、KM3 相继失电返回，切断直流电源，随之 KM1 启动，重新恢复交流电源供电。

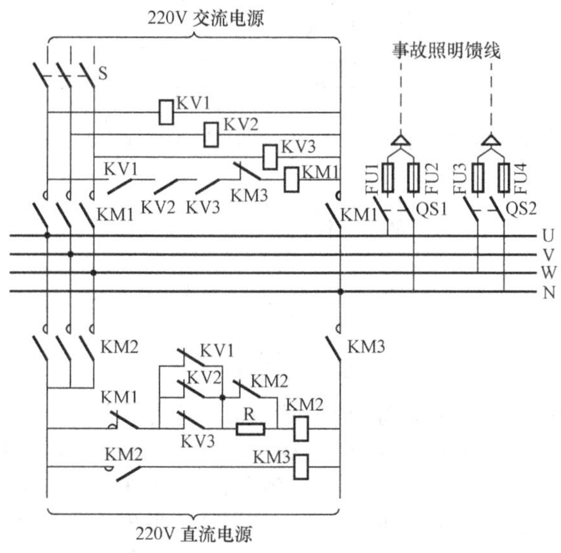

图 11-4　事故照明供电接线

四、直流系统的绝缘监察回路

为了发现直流一点接地，防止发展到两点接地使保护或开关等误动作，采用如图 11-5 常用的绝缘监察装置接线图，正常时，母线电压表转换开关 ST2 的 1—2、5—8、9—11 接通，电压表 PV2 可测正、负母线间电压，指示为 220V。

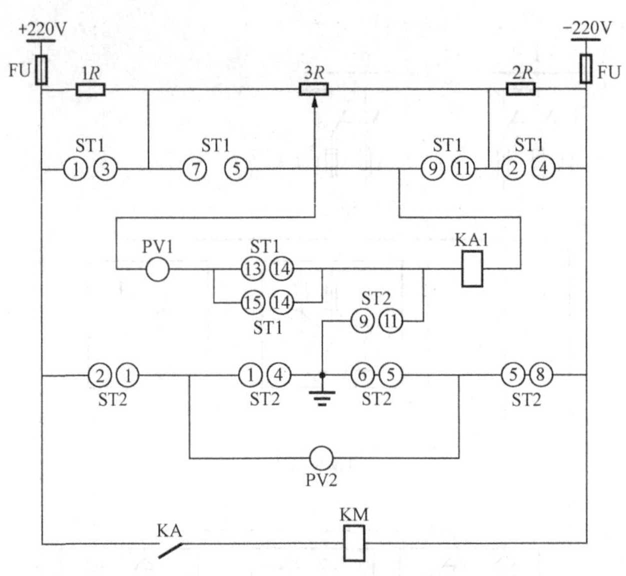

图 11-5 绝缘监察装置接线图

测“+”对地时，ST2 的 1—2、5—6 接通；测“-”对地时，ST2 的 5—8、1—4 接通。若正级对地绝缘下降，则投 ST1 放在Ⅰ挡，其触点 1—3、13—14 接通，调节 3R 至电桥平衡电压表 PV1 指示为零；再将 ST1 投至Ⅱ挡，此时其触点 2—4、14—15 通，即可从 PV1 上读出直流系统对地总绝缘电阻值。若为负极绝缘下降，则先将 ST1 放在Ⅱ挡，调 3R 至电桥平衡，再将 ST1 投至Ⅰ挡，读出直流系统的对地总绝缘电阻值。

设 R_{Σ} 为直流系统的对地总绝缘电阻值，X 为电位计 3R 上的电阻刻度%值；（从正极开始算起）R_{+} 为正极对地绝缘电阻值；R_{-} 为负极对地绝缘电阻值，则可由以下两式进行计算。

当先将 ST1 切向Ⅰ挡时， $R_{+}=\dfrac{2R_{\Sigma}}{2-X};R_{-}=\dfrac{2R_{\Sigma}}{X}$

当先将 ST1 切向Ⅱ挡时， $R_{+}=\dfrac{2R_{\Sigma}}{1-X};R_{-}=\dfrac{2R_{\Sigma}}{1+X}$

实际上，绝缘电阻用母线电压 U，表 PV2 的内阻 r，正负对地电压 U_{+}、U_{-}，计算较为方便，如下式

$$R_{+}=r\left(\frac{U-U_{+}}{U_{-}}-1\right)$$

$$R_{-}=r\left(\frac{U-U_{-}}{U_{+}}-1\right)$$

$$R_{\Sigma}=\frac{R_{+}R_{-}}{R_{+}+R_{-}}$$

假如正极发生接地，则正极对地电压等于零。而负极对地指示为 220V，反之当负极发生接地时，情况与之相反。电压表 PV1 用作测量直流系统的总绝缘电阻，盘面上画有电阻刻度。正常时，电压表 PV1 开路，而使 ST1 的触点 5—7、9—11 与 ST2 的触点 9—11 接通，投入接地继电器 KA。当正极或负极绝缘下降到一定值时，电桥不平衡使 KA 动作，经 KM 而发出信号。此时，可用 PV2 进行检查，确定是哪一极的绝缘下降，若为正极绝缘下降，则先将 ST1 放在Ⅰ挡。

由于在这种绝缘监察装置中有一个人工接地点，为防其他继电器误动，要求电流继电器 KA 有足够大的电阻值，一般选 30kΩ，而其启动电流为 1.4mA，当任一级绝缘电阻下降到 20kΩ 时，即能发出信号。

需要注意的是，若正、负极对地的绝缘电阻相等时，不管绝缘下降多少，电流继电器不可能动作，就不能发出信号。

五、直流系统的运行

(1) 直流母线电压允许在额定电压±10%范围内变化，直流母线对地的电阻和绝缘状态应保持良好。

(2) 直流系统应避免仅有充电装置直接带直流负载运行的方式。

(3) 直流回路不可环路运行，在环路中间应有断开点。

(4) 两组蓄电池的直流系统可短时间并列运行，并列前两侧母线电压应调整一致；由一组蓄电池通过并、解列接代另一组蓄电池的负载时，禁止在有接地故障的情况下进行。

(5) 发生直流接地故障应尽快处理，需停用继电保护、自动装置时，应经调度同意。

(6) 运行中的蓄电池组严禁退出。直流系统使用的直流断路器应有自动脱扣功能，总熔断器断开时，应能发出信号。

(7) 改变直流系统运行方式的操作，应执行《变电站现场运行规程》规定。

(8) 新安装的直流装置，投运前应作交接试验，试运行72h后，方可正式投入运行。

(9) 无人值班变电站直流母线电压值应能远传，直流系统接地、直流母线电压异常、充电装置故障及蓄电池出口熔断器断开等报警信号应能远传。

(10) 充电装置的精度、纹波系统、效率、噪声和均流不平衡度应满足运行要求。

(11) 充电装置应具有限流功能，限流值整定范围为直流输出额定值的50%～105%，当母线或出线支路发生短路时，应具有短路保护功能，其整定值为额定电流的115%。

(12) 充电装置应具有过电流、过电压、欠电压、绝缘监察、交流失压、交流缺相等保护措施，当发生上述现象时，应能及时发出声、光报警信号。

思 考 题

1. 充电回路的工作原理是什么？
2. 直流电源的运行维护有哪些要求？
3. 事故照明回路和绝缘监察回路的工作原理是什么？
4. 直流系统的运行有哪些要求？

第十二单元

继电保护与自动装置

课题一 继电保护装置概述

一、学习目标

掌握继电保护投切及运行规定。

二、继电保护的基本任务和基本要求

电力系统在运行中经常出现各种故障和不正常运行方式，其主要形式有短路、断线、接地、过负荷及系统振荡等，它们引起的后果是很严重的，常使电气设备损坏，造成整个系统电压和频率下降或升高，破坏电力系统运行的稳定性，造成大面积停电。

继电保护装置能反应电力系统中电气设备故障或不正常工作状态，而作用于开关跳闸或发出信号的自动装置。

1. 继电保护的基本任务

(1) 在系统发生故障时，自动、迅速、有选择地发出故障设备开关的跳闸指令，使故障设备从电力系统中切除，以保证系统的正常运行，并避免故障设备受到进一步的损坏。

(2) 反应电气设备的不正常工作状态。根据不正常工作状态的不同种类和设备运行维护条件发出信号，通知变电站值班员处理或进行调整。

2. 继电保护的基本要求

为使继电保护能够及时、准确地完成任务，对继电保护有以下四个基本要求，即选择性、快速性、灵敏性和可靠性。

(1) 选择性。系统发生故障时，要求继电保护装置只将故障设备切除，保证非故障设备的正常运行，从而尽可能地缩小停电范围，这就是继电保护装置动作的选择性。

(2) 快速性。电力系统发生短路故障时，要求作用于断路器跳闸的继电保护装置应能够快速动作，主要是因为快速切除故障可以提高系统发电机并列运行的稳定性；快速切除故障可以减轻电气设备的损坏程度；快速切除故障可以减少对用户的影响；快速切除故障可以防止故障的扩大，提高自动重合闸动作的成功率，减小停电范围。故障切除时间是指从发生故障起到断路器跳闸、电弧熄灭为止的一段时间，它等于继电保护装置动作时间与断路器跳闸时间之和。因此要快速切除故障就要选择快速动作的继电保护和能够快速动作的断路器。

(3) 灵敏性。灵敏性是指继电保护对被保护设备可能发生的故障和不正常工作状态的反能力。

(4) 可靠性。继电保护装置的可靠性包括不误动和不拒动两方面的内容，也就是能够准确地反应保护范围内的正常运行和故障状态。

三、继电保护的基本原理及分类

1. 基本原理

继电保护的种类很多，构成方式各有不同，但继电保护装置的基本原理是一致的，即反应电力系统各电气量在系统发生故障时与正常运行时的变化。

根据反应的物理量不同，便可构成各种不同原理的继电保护，如反应电流量改变的有过电流保护和过负荷保护，反应电压量改变的有低压保护、过电压保护，既反应电流又反应电流与电压间相位角变化的方向过电流保护，以及反应电压与电流的比值，即反应短路点到保护安装处之间的阻抗的距离保护等。

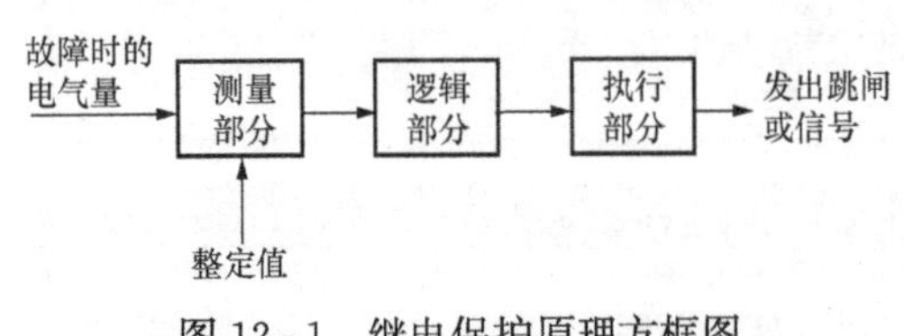

图 12-1 继电保护原理方框图

继电保护装置一般由测量部分、逻辑部分和执行部分三部分组成，其原理结构如图 12-1 所示。

(1) 测量部分的作用是反映被保护设备的工作

状态（正常工作、非正常工作或故障状态）的一个或几个有关物理量。

（2）逻辑部分的作用是根据测量元件输出量的大小、性质、组合方式或出现的次序，判断被保护设备的工作状态，以决定保护是否应该动作。

（3）执行部分的作用是根据逻辑部分做出的决定执行保护任务（发出信号、跳闸指令等）。

2. 继电保护的分类

（1）按继电器的动作原理可分为：①电流保护，包括无时限电流速断保护、限时电流速断保护、方向过电流保护、复合电压闭锁过电流保护、零序电流保护；②阻抗保护，包括相间距离保护、接地距离保护；③差动保护，包括纵联差动保护、横联差动保护、高频保护。

（2）按继电保护的类型可分两大类：①传统型，如电磁型、整流型等；②微机保护，微机继电保护装置的可靠性更高，保护装置更加灵活，保护装置具有远程控制功能。

四、继电保护装置的运行规定

1. 运行的一般规定

（1）二次回路各元件、电缆及其标志、连接走向应符合设计规范要求。

（2）值班人员每天应对中央信号进行试验，不能随意停用中央信号系统。因为中央信号系统直接反映变电站设备的运行状态，中央信号系统一旦失灵，运行值班人员将对运行设备失去监视。因此，必须保证中央信号系统时刻处于完好状态，不得随意退出运行。对于无人值班变电站，其监控端也应每日核查受控站上传的监控信息。

（3）继电保护及安全稳定自动装置回路的双向投入连接片应与继电保护及安全稳定自动装置的运行位置相对应。

（4）若二次回路中的电源熔断器熔断，经查找无明显故障，可试送一次，若再次熔断，未查明原因前不得再试送。因为二次回路中的熔断器可能因为回路故障熔断，也可能因为回路中的短时波动电流熔断，还可能因为运行老化而熔断。变电站运行值班人员应判明熔断器熔断原因，做出对应的处理。如更新后熔断器再次熔断，则可排除系统波动和熔丝老化等原因。

（5）发生断路器越级跳闸或二次回路引起的误动作跳闸，应考虑将无故障部分恢复供电；未跳闸断路器误跳闸，断路器及相应二次回路保持原状，待查明原因，再行处理。因为越级跳闸造成停电范围扩大，根据缩减事故影响的原则，应考虑尽快查明原因，隔离故障设备，将无故障设备恢复送电。如确因二次回路工作中的“误碰”造成断路器跳闸，则应在排除其他因素后，尽快恢复送电。

（6）继电保护及安全稳定自动装置应有《变电站现场运行规程》。

（7）继电保护装置在运行中出现异常信号且不能复归，应报告调度申请将异常装置退出运行。因为继电保护装置出现“非正常运行信号”或是《变电站现场运行规程》中未特别说明的装置信号，且经试验复归仍不能返回时，运行值班人员可认定继电保护装置本身发生故障。出现“装置异常”信号，经现场复归可以返回时，运行人员也应与专业人员联系。

2. 对系统保护的要求

（1）线路两侧的纵联保护必须同时投入跳闸或信号位置。任一侧纵联保护的收发信机及通道出现异常时，或任一侧断路器代路时纵联保护通道不能临时切换至代路断路器时，应将两侧该套纵联保护退出运行。

因为线路两端的纵联保护装置及连接两端装置的通信通道共同构成一组纵联保护。不论何种纵联保护装置皆是依靠采集线路两端电压、电流、相位、波形等信号进行比较来判定保护区间内是否存在故障的。线路两端的纵联保护装置、通信通道三个环节构成纵联保护，缺少任何一个环节，该保护装置都不能运行。

（2）线路停电时，纵联保护可以不停。值班人员应对专用保护通道进行对试。通道对试出现不正常情况时，必须立即报告调度，申请将该保护装置停用。

因为在线路停电或纵联保护装置停用时间内，即使纵联保护通道受损，运行值班人员无法发现，纵联保护装置可能失效。另外，线路停电时往往伴有输电线路及通信通道的维护及处理工作，此类工作如施工措施不当，可能影响纵联通道运行。

（3）恶劣天气下应加强纵联通道的对试，并做好记录。

(4) 接于母线电压互感器的距离保护装置采集的电压，必须与一次设备在同一母线上；一次设备倒母线时，必须保证所采集的电压与被保护设备在同一母线上。

(5) 振荡闭锁或负序增量元件动作不返回或反复动作时，可不将该距离保护改投信号位置，但应立即报告调度和相关部门。

(6) 双回线停一回时，双回线平衡保护一般可不退出运行，但断路器检修除外。

(7) 双回线（包括带有双T接负载的双回线）当其中一回线的一侧断路器短开运行时，应将双回线平衡保护退出运行。

(8) 双回线当一侧用母联断路器或旁路断路器代路时，应将代路侧的双回线平衡保护停用。

3. 对元件保护的要求

(1) 运行中变压器本体、有载调压的重气体保护应投入跳闸位置。

(2) 运行中禁止两套差动保护装置同时退出运行，禁止重气体保护和差保护同时退出。

(3) 母差保护停运校验，必须先退出各路跳闸连接片、失灵启动连接片和重合闸放电连接片。

(4) 母差保护与失灵保护有共用回路时，在失灵保护回路上工作，应将失灵、母差保护退出。

(5) 倒闸操作后或巡视检查时，应认真检查电压互感器电压切换继电器的指示与隔离开关所在母线相一致。

(6) 全电流比较原理的母线差动保护允许断开母联断路器运行。

(7) 母联兼旁路断路器代线路时，应将母差保护倒单母线运行，并将代路断路器启动失灵保护连接片及跳闸连接片投入。专用旁路断路器代线路时应将该断路器的启动失灵保护连接片及跳闸连接片投入。

(8) 失灵保护装置本身有工作时，必须将失灵保护本身的连接片全部退出。某断路器的保护装置回路有停电工作时，必须将本回路启动失灵保护的连接片退出，防止断路器失灵保护误动。

(9) 当一条母线运行，另一条母线停运时，失灵保护电压不能自动切换的应将停运母线对应的失灵保护电压闭锁连接片退出。

(10) 失灵保护动作后应断开拒动断路器的直流电源，检查其连接母线；若无电压，拉开拒动断路器的母线侧隔离开关，退出失灵保护连接片，并报告调度。

(11) 正常运行方式短引线保护不投入时，其跳闸连接片应打开。

五、继电保护运行维护

1. 继电保护的检查

交接班时，值班负责人应对继电保护及自动装置进行全面检查。在继电保护工作后，应详细了解继电保护工作情况及保护接线的变更情况。运行方式改变后，应掌握保护相应的变动情况。检查时，注意以下项目：

(1) 继电器盖子是否有破损，铅封是否良好。

(2) 信号继电器是否有掉牌，运行监视灯指示是否正确。

(3) 保护装置是否有异音、异味。过热或剧烈振动等异常现象。

(4) 保护连接片的投退位置是否正确，各种小刀闸、保险及试验端子是否与运行方式要求相符合。

(5) 电流回路接线端子有无松动、烧红现象。

2. 保护的投入和退出

(1) 保护的投入和退出，需根据调度命令，且至少由两人执行。操作时应迅速，并只能采用断开或投入保护连接片的方式。操作后，将执行情况汇报调度员，并做好运行记录。(注明操作时间、调度员姓名、哪些保护投入或断开及其原因)。

(2) 投入保护连接片前，值班人员应用万用表250V直流电压挡检查连接片两端确无电压后，方可投入连接片。

3. 继电保护运行注意事项

(1) 值班人员应定期清理保护装置及继电器外壳。清理时，应谨慎小心，防止因振动使保护装置发生误动。

(2) 运行中的电气设备，不允许无保护运行。若因工作需要，需停用运行设备的部分保护时，必须经当值调度批准。

(3) 以下情况允许不停电对设备的保护装置进行检查：①该线路可由装设保护的旁路开关旁带或母联开关串带供电；②以临时保护装置取代检修保护；③有两套以上主保护，在保证其中一套可靠投入运行时。

(4) 值班人员不允许私自打开继电器或保护装置的盖子，更不准改动运行设备的二次接线（需开盖方能复归信号及改变保护方式者除外）。

(5) 更换灯具或直流保险时，应选用和原规范一致的元件，以免因参数不符合造成开关误动。更换中，注意防止造成直流接地或短路。

(6) 保护人员来站工作，在办理工作许可手续前，值班人员应了解工作人员为防止“三误”所制定的措施。为防止走错间隔，应在工作盘两侧悬挂标有“运行中”字样的红布旗，并在工作处挂“在此工作”标志牌。

(7) 保护工作后，保护人员应在“继保和自动装置工作记录簿”上详细写明工作情况，包括定值及回路接线有无改变，装置及二次回路是否正常等。值班人员如有疑问时，应向保护人员询问清楚。否则不准恢复保护运行。

(8) 在办理工作终结手续前，值班人员还应检查：①保护装置外罩是否完整，是否已全部盖好；②保护连接片及保护方式是否恢复到工作开始前状态；③临时外接线已拆除，各部分接线良好，各种开关保护完好；④在一次开关未停用的交流回路上工作后，还应到设备区检查 TA 有无异常音响，以确证 TA 无开路现象；⑤保护传动试验正常；⑥核对工作记录、图纸和保护定值。

(9) 新投或在主变差动保护及方向保护的电流和电压回路上工作后，必须用负荷电流和母线工作电压做相量检查。经检查相量正确后，方可投入运行。

(10) 新投入的保护装置及运行中的保护装置改变定值，值班人员和保护人员应共同按照调度下达的通知单进行核对。无误后，由值班人员和当值调度核对。保护定值通知单一式两份，上联应交值班人员保留在运行现场。

课题二　线　路　保　护

一、学习目标

了解电流、接地、距离和高频保护的工作原理，掌握电流、接地、距离和高频保护的运行规定。

二、不同电压等级保护的配置

(1) 10kV 继电保护配置。对于 10kV 一般配备三段式过电流保护及带有方向元件的过电流保护。

(2) 66kV 继电保护配置。对于 66kV 一般配备三段式电流保护及带有方向元件的过电流保护和距离保护。对于平行线路配备横联差动方向保护。

(3) 220 kV 继电保护配置：图 12-2 为 220kV 输电线路敞开式设备典型的保护配置图。①环网运行的 220kV 变电站的 220kV 双侧电源线路，一般配置由不同原理构成的双高频保护作为线路的主保护。对于 220kV 电缆线路，由于无法配置高频保护，则配置两套不同原理构成的纵差保护作为线路主保护。220kV 新线路考虑投资原因也可装线路纵差保护，以便对全线范围内多种类型的故障能速动动

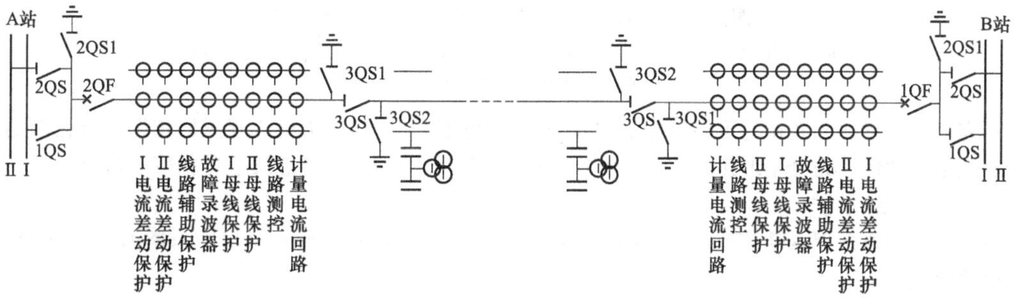

图 12-2　220kV 输电线路敞开式设备典型的保护配置图

作。还要配置反应相间故障的三段式相间距离保护和反应单相接地故障的二段式段或三段式接地距离保护及三段式或四段式方向零序电流保护作为本线的近后备保护和相邻线路的远后备保护。此外，为了自动重合闸的配置原则、种类、实现重合的方式与继电保护的配合，要根据电网的要求，变电站的接线与系统的运行方式、设备情况等确定。电力部门根据不同情况分别配置了单重和三重两种方式的综合重合闸装置；②对单侧电源的220kV线路，一般仅本置反应相间故障的相间距离保护和反应单相接地故障的方向零序电流保护，如果零秒动作的Ⅰ段保护不能保护全线的话，那么，还应配置能全线速动的一套高频保护（一般是高频闭锁）作为主保护。自动装置则配置反应单相故障的“三重”方式的综合重合闸装置；③对于220kV旁路，只配置相间距离、接地距离和方向零序电流保护及综合重合闸装置。保护装置能和线路高频闭锁用收发信机经过切换构成旁路的高频保护。

(4) 500kV继电保护配置。500kV线路一般配备有两套高频距离保护，二、三套零序电流方向保护、两套短线保护，两套振荡闭锁，两套三相不一致保护和一套过电压保护。

三、电流保护

1. 定时限过电流保护

(1) 动作原理。在输电线路上发生短路故障时，线路电流大大地增加。过电流保护就是当短路电流大于保护装置的动作电流时，保护装置就动作，保护的动作时限是固定的，与短路电流的大小无关的一种保护装置。

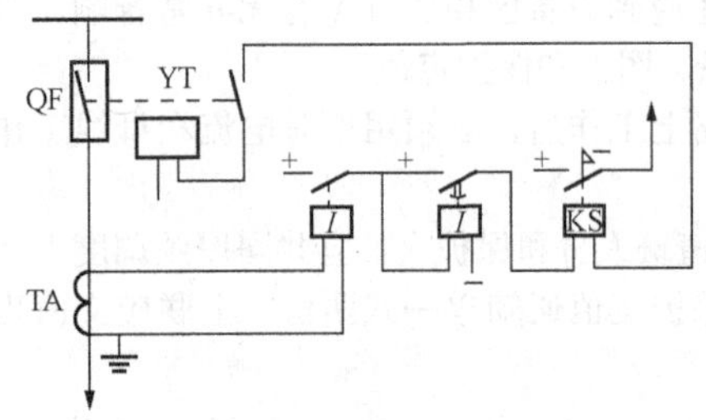

图12-3 定时限过电流保护
KS—信号继电器；QF—断路器；TA—电流互感器；YT—跳闸线圈

为了保证单电源辐射形电网中过电流保护的选择性要求，保护装置动作时间的选择需按照阶梯原则进行，即保护装置动作时间从线路最末端向电源侧依次增大一个延时Δt。根据断路器及继电器的类型不同，Δt取0.3～0.7s，一般取0.5s。

(2) 定时限过电流保护装置的组成元件。定时限过电流保护一般由两个主要元件组成，即启动元件和时间元件，见图12-3。

启动元件就是电流继电器，用来判断保护范围内是否发生了故障。当被保护线路发生短路故障，短路电流超过保护装置动作电流时，电流继电器启动。

时间元件就是时间继电器，用来建立适当的延时，以保证保护动作的选择性。

(3) 过电流保护装置的接线方式。作为线路相间短路的过电流保护，其电流继电器与电流互感器的连接方式主要有三种（见图12-4）。

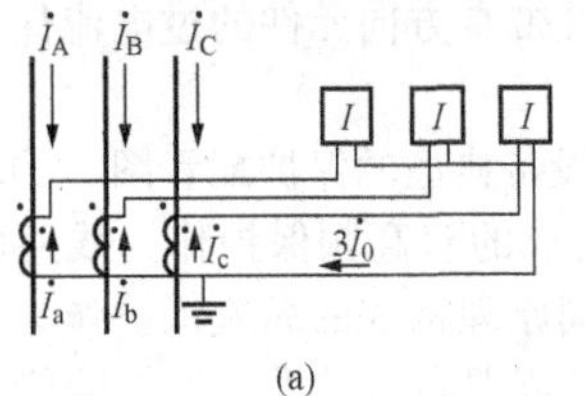

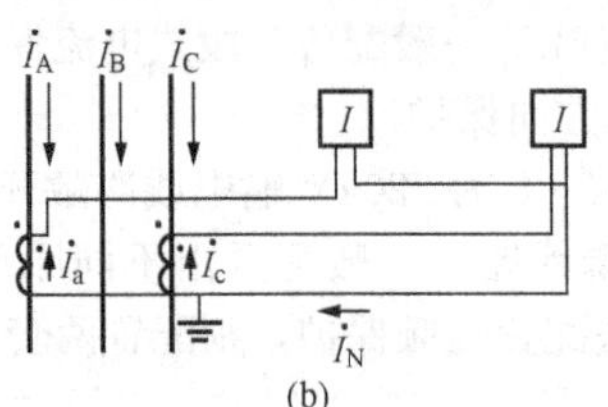

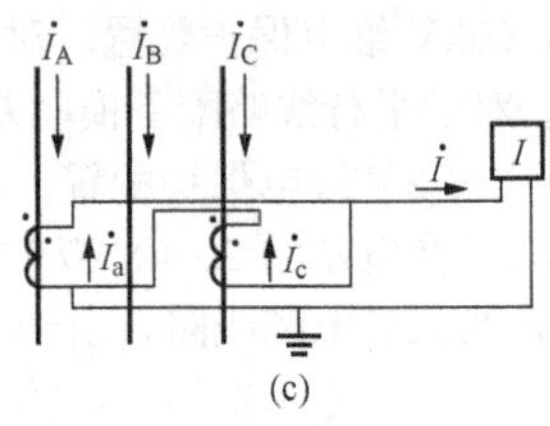

图12-4 电流继电器与电流互感器的连接方式
(a) 三相三继电器的完全星形接线；(b) 两相两继电器的不完全星形接线；
(c) 两相一继电器的两相电流差接线

不完全星形接线和两相电流差接线能够反应各种相间短路，但在无电流互感器相发生单相短路时，保护装置不会动作。完全星形接线不仅能够反应任何相间短路，而且能够反应单相接地短路。

2. 电流速断保护

定时限过电流保护选择性好，但是动作不迅速，为了迅速切除故障，可以装设瞬时电流速断和限时电流速断。

(1) 瞬时电流速断保护。电流速断保护是按照被保护设备的短路电流来整定的，它并不依靠上、下级保护的整定时间差别来求得选择性，因此可以实现快速跳闸，切除故障。

电流速断保护为了防止越级动作，其动作电流要选得大于被保护设备（线路）末端的最大短路电流，因此在被保护设备的末端有一段保护不到的死区。这时就必须依靠过电流保护作为后备。

(2) 限时电流速断保护。瞬时电流速断保护运作迅速，但不能保护线路的全长；过电流保护能保护线路的全长，但动作不能迅速。特别是当被保护线路本来就不长，如果再去掉一段死区，速断保护所能保护的范围就很小，这就失去了存在价值。如果这时过电流保护的时间又较长，则为了实现快速切除故障，可以采用带时限的电流速断保护——限时电流速断保护。带时限电流速断保护的动作时限比下一段线路瞬时动作的速断保护大一个时间阶差，一般取不超过 0.5s。其动作电流应大于下一段线路瞬时速断保护的动作电流。其整定电流一般取下一段线路的瞬时电流速断的 1.1～1.5 倍，并在本线末端故障最小短路电流时，可靠动作。

3. 三段式电流保护

由瞬时电流速断、限时电流速断及定时限过电流保护共同构成的保护装置整体即为三段式电流保护。

其中瞬时电流速断和限时电流速断分别为保护的第Ⅰ段和第Ⅱ段，它们共同构成线路故障时的主保护。定时限过电流保护作为第Ⅲ段，它既是下一线路保护或断路器拒动时的远后备，又是本线路主保护拒动时的近后备。

三段式电流保护各段的保护范围及时限配合情况，如图 12-5 所示，线路 L-1 的第Ⅰ段保护为瞬时电流速断，它保护线路的一部分，其动作时限为 $t_{1Ⅱ}$；，由继电器的固有动作时限决定。线路 L-1 的第Ⅱ段保护是限时电流速断，它保护线路的全长并延伸到下一级线路L-2的一部分，其动作时限 $t_{1Ⅱ}$ 比相邻线路 L-2 的第Ⅰ段的动作时限大 Δt（0.5s）。线路L-1的第Ⅲ段保护是定时限过电流保护，它保护线路的全长和相邻线路 L-2的全长，其动作时限比相邻线路 L-2 的定时限过电流保护的动作时限 $t_{1Ⅱ}$ 大 Δt（0.5s）。

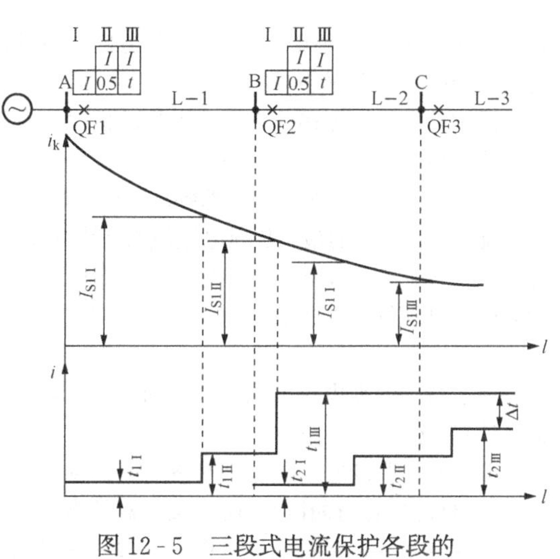

图 12-5　三段式电流保护各段的保护范围及时限配合

4. 方向过电流保护

在双侧电源供电网，如图 12-6（a）所示，线路两端均装有断路器及相应的过电流保护。按一般过电流保护的要求，当 K_1 点短路时，应使 $t_6>t_5>t_4>t_3>t_2$

当 K_2 点短路时，则要求 $t_1>t_2>t_3>t_4>t_5$。

由此可见，上述动作时限要求相互矛盾。图 12-6（b）为单电源环网，情况也完全一样。这说明仅靠时限整流来满足选择性的要求是不行的，为此又提出了方向过电流保护。

方向过电流的保护原理接线如图 12-7 所示。电流继电器 3、5 是启动元件，功率方向继电器 4、6 是方向元件，采用 90°接线（即 $U_{bc}I_a$ 及 $U_{ab}I_c$）。各相电流继电器的触点和对应功率方向继电器触点串联，以达到按相启动的作用。时间继电器 7 是使保护装置获得必要的动作时限，其触点闭合，经信号继电器 8 发出跳闸脉冲，使断路器 QF 跳闸。

由于加装了功率方向继电器，因此线路发生短路时，虽然电流继电器都可能动作，但只有流入功率方向继电器的电流与功率方向继电器规定的方向一致时（当规定指向线路时，即一次电流从母线流向线路时），功率方向继电器才动作，从而使断路器跳闸。而当流入功率方向继电器的电流与功率方向继电器规定的方向相反时（即一次电流从线路流向母线时），功率方向继电器不动作，将方向过电流保护闭锁。

在正常运行时，负荷电流的方向也可能符合功率方向继电器的动作方向，其触点闭合，但此时电流继电器未动作，所以整套方向过电流保护仍被闭锁不动作。

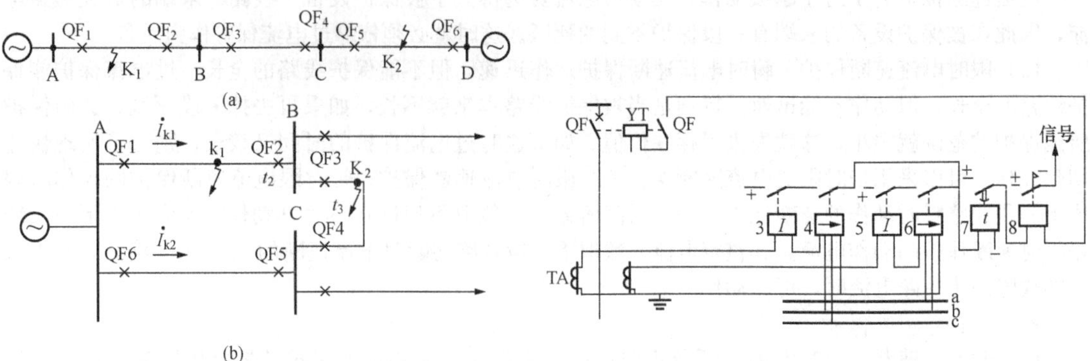

图 12-6　方向过电流保护双侧电源供电网　　　　图 12-7　方向过电流原理接线图

方向过电流保护的动作时限是将动作方向一致的保护，按逆向阶梯原则进行整定的。

5. 线路电流保护的运行

(1) 保护整定值与连接片投入或退出的情况，应符合运行方式要求。

(2) 巡视检查线圈应无过热、焦味、异常声音。观察继电器触点状态应正常、无抖动。

(3) 为防止过负荷跳闸，应根据各出线定时过电流（第Ⅲ段）的整定值算出各出线所允许流过的最大负荷电流，并将允许的最大负荷电流值用红线标在该出线的电流表上（可按保护整定值的 70%计算）。对重要负荷线路应加强监视，当接近允许的最大负荷电流时，应向调度员汇报，请求采取限负荷措施。

(4) 改变电流继电器的整定值时，应特别注意流线圈的串、并联关系，以防止整定值减少或增大一倍。

(5) 在运行中改变电流继电器线圈的串、并联以前，应先将该保护的二次电流端子短路，以防造成电流互感器开路。

(6) 改变 GL 型过电流继电器的整定值，应先将备用插头插到新定值的插孔上，然后将原定值的插头取出，再插到备用插孔上，防止交流器开路。

(7) 事故跳闸后，运行人员可根据三段式电流保护的保护范围迅速判断出故障发生的大致范围。各种信号（掉牌、光字、闪光、声响）应记录完全准确。速断动作，故障多发生在出线的近端。限时速断动作，故障一般发生在本线路或远端。定时过电流动作，则有以下两种情况：①本线路范围内故障，速断及限时速段拒动；②相邻线路故障，相邻线路主保护拒动或相邻线路断路器拒动。

(8) 应配合停电进行保护模拟动作试验。

(9) 进行本路保护试验时，应注意对其他保护或开关的影响，例如本保护联跳其他开关或进行保护一次大电流试验时，对母线差动保护等的影响。

(10) 继保人员工作后，应注意复核定值，了解变动、编号等情况，是否与“保护记录簿”相符。

四、零序电流保护

1. 基本知识

(1) 作用。零序电流保护是大接地电流系统中，反映线路接地短路故障的保护。保护作用于跳闸。

零序电流保护广泛采用阶段式，一般是三段，有时可用四段。零序Ⅰ段为瞬时零序电流速断，只保护线路的一部分；零序Ⅱ段为限时零序电流速断，可保护线路全长，并与相邻线路保护相配合；零序Ⅲ段为后备段，作为本线和相邻线路的后备保护。

(2) 零序电流保护的整定。瞬时零序电流速断（零序Ⅰ段），一般取保护线路末端接地短路时，流过保护装置 3 倍最大零序电流 $3I_{0m}$的 1.3 倍，保护范围不小于本线路全长的 15%～25%。

零序Ⅱ段的整定电流，一般取下一级线路的零序Ⅰ段整定电流的 1.2 倍，保证本线末端单相接地时，可靠动作。

零序Ⅲ段的整定电流可取相邻线路零序Ⅱ段（或Ⅲ段）整定的 1.2 倍，或大于三相短路的最大不平衡电流，其灵敏性要求下一级末端故障时，能可靠动作。

2. 运行

线路零序电流保护在运行中一般不得停用，在有高频保护运行条件下，如天气良好，可短时停用。如要在该线路上作业或调试时，须停用该线路或该线路用旁路开关带出后方可进行。

五、距离保护

1. 距离保护的基本知识

(1) 作用。距离保护是反应保护安装处至故障点的距离（或阻抗），并根据距离的远近而确定动作时间的一种保护装置。

(2) 原理。距离保护（阻抗保护）是指利用阻抗元件来反应短路故障的保护装置，阻抗元件的阻抗值是接入该元件的电压与电流的比值：$U/I=Z$，也就是短路点至保护安装处的阻抗值。因线路的阻抗值与距离成正比。当测量阻抗 Z_J 小于阻抗继电器的整定值时，阻抗继电器就动作。

(3) 保护时限。距离保护的时限特性是指距离保护的动作时间和保护安装处至故障点距离的关系。一般在高压线路上广泛采用三段式距离保护。

Ⅰ段整定值按线路全长的 80%整定，也就是在 80%以内区域发生故障时，保护动作跳闸，超出 80%Ⅰ段不动作。

Ⅱ段计算时按线路末端短路有一定的灵敏度考虑，它能保护全线路，整定阻抗和时间与下级线路保护相配合，并对下级线路出口近区故障有后备保护的作用。

Ⅲ段整定计算时是按最大负荷电流计算的动作阻抗，既是本线路Ⅰ段、Ⅱ段的后备保护，又是下级线路的后备保护；整定阻抗和时间要与上下级保护配合。

(4) 特点。由于距离保护的测量阻抗的数值不随运行方式而变。因此在采用电流、电压保护不能满足继电保护选择性、快速性、灵敏性的高压线路上，距离保护得到了广泛的应用。

2. 距离保护运行规定

(1) 距离保护在运行中应有可靠的电源，使阻抗继电器工作。应避免运行的电压互感器向备用状态的电压互感器反充电，使运行的电压互感器二次熔断器熔断，若恰好在此时断线闭锁装置失去作用，距离保护会因失压而误动作。

(2) 终端变电站低压侧无电源线路的距离保护装置停用。

(3) 在距离保护失去电压或装置“总闭锁”动作来信号后，运行值班人员应立即停用距离保护，然后报调度并立即组织处理，严禁在距离保护停用前拉、合直流电源。因失压而停止运行的距离保护，只有在电压恢复无误后才允许将距离保护重新投入运行。

(4) 在下列情况下不必立即停用距离保护，应通知继电人员尽快处理并上报调度：①振荡闭锁频繁启动或启动不复归；②相电流闭锁元件频繁启动或启动不复归。

(5) 线路距离保护。在有零序和高频保护运行条件下可以短时停用，但应及时通知继电人员并上报调度。

(6) 运行值班人员应加强对线路输送潮流的监视，当一路输送的有功、无功潮流接近线路最大潮流时，应立即向调度报告，并按规定停用相应的距离保护段。

(7) 由于电力系统运行方式的需要或者平衡负荷的需要，将输电线路从一条母线倒换到另一条母线上运行时，随之应将距离保护使用的电压也换到另一条母线上的电压互感器供电。在切换过程中，必须保证距离保护不失去电压；在断开电压的过程中，必须首先断开直流电源。距离保护就不会误跳闸。

六、纵联保护

对于高压电网，其稳定性要求比较突出，故必须要求继电保护实现全线速动。在目前的条件下采用纵联保护来实现这一要求。

(1) 纵联保护基本原理：将输电线路两端的保护装置，利用通信通道进行纵向连接，并将两端的电气量传送到对端进行比较，以判断是否为区内故障和区外故障，区内故障时保护动作切除被保护线路。

(2) 纵联保护分类：主要有纵联距离保护、纵联方向保护、纵联电流差动保护等，也可按允许式纵联保护和闭锁式纵联保护进行分类。

允许式纵联保护：允许式在保护判断为正方向故障时，向对端发允许信号，允许对侧跳闸。对端接收到允许信号，在本端也判断为正方向的情况下，保护动作切除被保护线路。

闭锁式纵联保护：区内故障时，两端保护装置判断为正方向故障，不向对端发闭锁信号，即不闭锁对端保护动作跳闸，此时两端保护均接不到对端闭锁信号，保护则动作切除被保护线路。区外故障时，一端保护装置判断为正方向故障，不向对端发闭锁信号，另一端保护装置判断为反方向故障，并向对端发闭锁信号，此时，判断为正方向故障端，收到对端闭锁信号，保护不动作跳闸，判断为反方向故障端，虽没有收到对端闭锁信号，但保护判断的反方向故障，本侧保护也不动作跳闸。

(3) 纵联保护采用的通信通道方式：主要采用光纤通道、微波及传统的载波通道、导引线等。

1) 电力线路载波通道。由收发信机和通道组成。电力线的主要功能是传输工频电流，要使它兼作传输高频信号的通道，就必须使工频电流和高频电流分开，这就需要一套加工结合设备。图 12-8 即为加工结合设备的构成图，也即电力线载波通道的构成图。

高频阻波器是一个电感、电容并联谐振电路，其主要作用是分离工频和高频电流，它对工频信号，呈现阻抗很小，不影响工频电流的传输；对高频信号呈现极大阻抗，使它不能穿越到相邻的线路上去，而只能在指定的载波通道内传输。

耦合电容器接于电力线和连接滤波之间，耐压高、电容量小，它对工频信号呈现很大阻抗，对地泄漏电流很小，而对高频信号呈现阻抗很小，高频信号可以顺利传输。

高频电缆的作用是把户外的带通滤波器和户内保护屏上的收发信机连接起来，并屏蔽干扰信号。收发信机是发送和接收高频信号的设备。

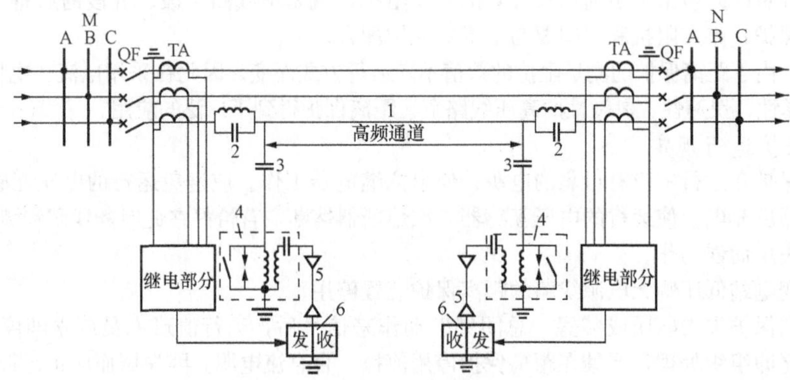

图 12-8 电力线载波通道构成图

1—电力线（一相导线）；2—高频阻波器；3—耦合电容器；4—连接滤波器；5—高频电缆；6—高频收发信机

2) 光信号或微波信号连接方式，主要有复用方式和专用方式两种。复用连接方式如图 12-9；专用连接方式如图 12-10。

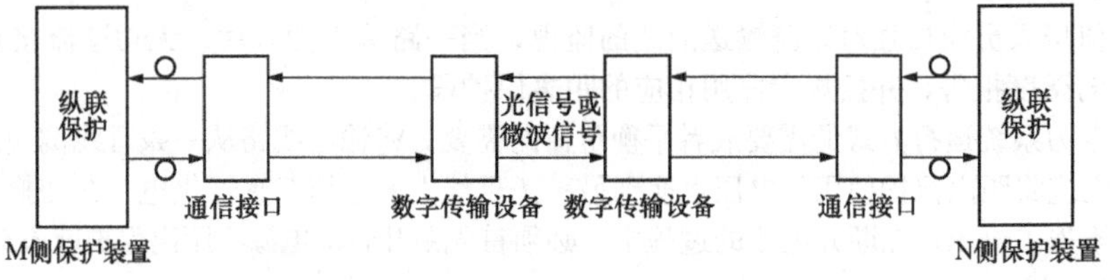

图 12-9 复用连接方式

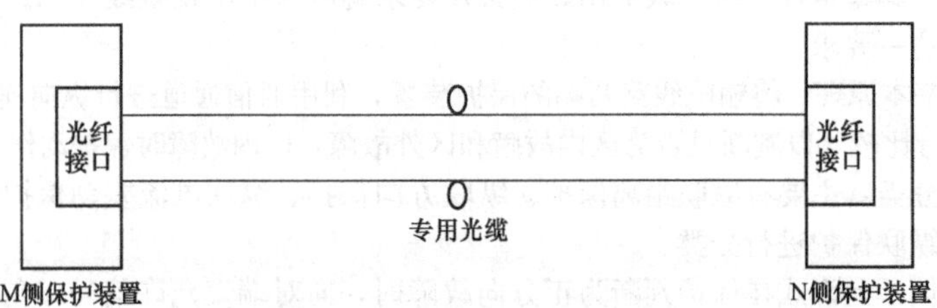

图 12-10 专用连接方式

(4) 纵联保护的保护范围：为该线两侧保护用电流互感器间的一次电气设备，即保护本线路全长，可无时限地切除本线路保护范围内的各种类型故障。如单相接地、相间短路、相间接地短路等故障。

(5) 纵联距离保护。纵联距离保护配置有纵联方向距离和纵联零序方向元件，纵联方向距离元件包括接地方向距离元件和相间方向距离元件。纵联零序方向元件灵敏度较高，可作为高阻接地故障时对纵联方向距离元件在灵敏度上的补充。

(6) 纵联方向保护。纵联方向保护装置配有纵联突变量方向元件和纵联零序方向元件、纵联方向距离保护。纵联突变量方向元件具有灵敏度高、方向性好的特点，可快速切除多相故障和单相接地故障。纵联零序方向元件灵敏度较高，可作为高阻接地故障时对纵联方向保护在灵敏度上的补充。

(7) 纵联电流差动保护。纵联电流差动保护配有分相式电流差动保护和零序电流差动保护，用于快速切除各种类型故障。

线路两侧保护根据本侧和对侧电流计算差动电流和制动电流，并根据计算结果判别区内还是区外故障，为此，两侧保护须借用通信通道双向传输电流数据，供两侧保护计算。

数字电流差动保护系统的构成。见图 12-11 所示。

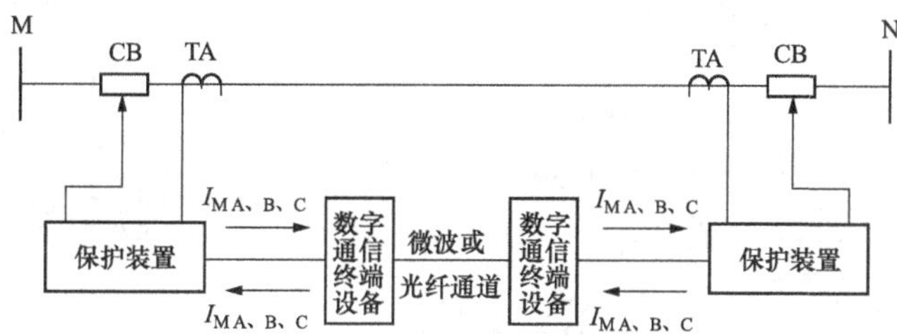

图 12-11　电流差动保护构成示意图

(8) 纵联保护的运行。

1) 正常巡视时，应检查保护装置各信号指示、监视灯运行正常，无异常及保护启动、动作信号，保护通道无异常告警情况。

2) 保护装置如有信息应及时检查，确认后及时复归，如复归不了应及时上报处理。

3) 当电压回路断线时，电流差动保护不必停用，闭锁式、允许式纵联保护需停用。

4) 纵联保护的"投入"或"停用"需两侧同时进行，运行中的纵联保护不允许单独一侧将其所接的直流电源断开。

5) 装有闭锁式纵联保护装置的线路，当线路发生故障、断路器跳开后，不论重合闸成功与否，两侧应进行交换信号。

6) 带有电力载波收发信机的纵联保护通道，正常运行时每天须按预定时间进行交换信号一次（人工或自动交换）。

7) 电力线路载波通道用的户外结合滤波器的接地隔离应在断开位置。

课题三　电力变压器保护

一、学习目标

掌握不同类型变压器配备保护的种类及继电保护基本工作原理。

二、变压器应装设的保护装置

根据部颁 GB/T 14285—2006《继电保护及安全自动装置技术规程》的规定，变压器应装设以下继电保护装置。

(1) 反映变压器油箱内部各种短路故障和油面降低的气体保护。

(2) 反映变压器的绕组线引出线相间短路、中性点直接接地系统绕组和引出线的单相接地短路及绕组匝间短路的纵差保护。

(3) 反映变压器外部相间短路并作为气体保护和差动保护后备的过电流保护（或复合电压启动的

过电流保护或负序过电流保护）。

（4）反映中性点直接接地系统中变压器外部接地短路的零序电流保护。

（5）反映变压器对称过负荷的过负荷保护。

（6）反映变压器过励磁的保护。

如图 12-12 所示，为典型的三绕组主变压器保护配置图。

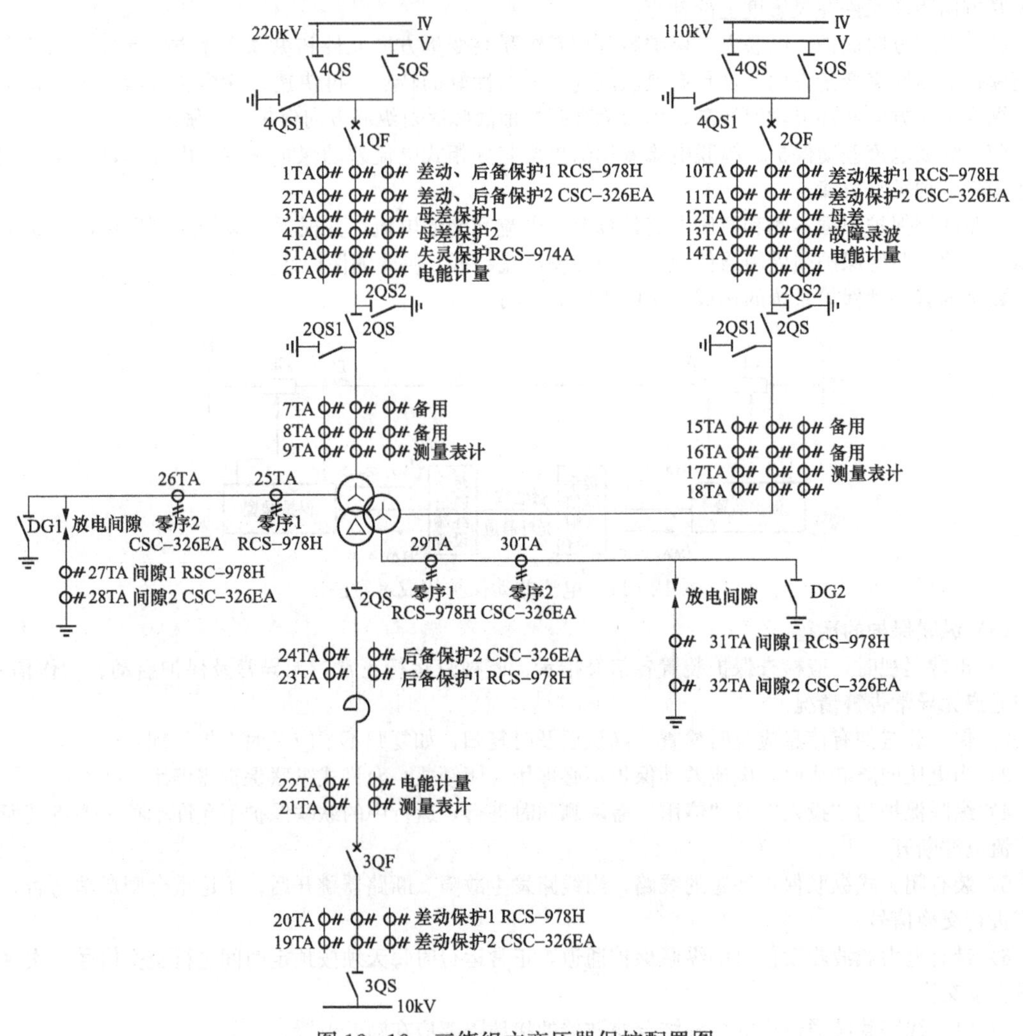

图 12-12 三绕组主变压器保护配置图

三、变压器的保护装置的作用与原理

（一）气体保护

1. 作用

气体保护是变压器本体内部故障的主保护，它是反映变压器油箱内部各种短路故障时气体数量、油流速度和油面降低的保护。

2. 基本工作原理

气体保护有轻气体保护和重气体保护。变压器内部故障时，故障点局部高温使变压器油温升高，体积膨胀，油内空气被排出而形成上升气体。若故障点产生电弧，则变压器油和绝缘材料将分解出大量气体，这些气体自油箱流向储油柜上部，故障程度越严重，产生的气体越多，流向储油柜的油流速度越快。由于排出气体的数量和油流速度直接反映了变压器故障的性质和严重程度，故少量气体和气流速度较小时，经气体保护动作于信号；故障严重、油流速度高时，重气体保护瞬时动作于跳闸。

以 QJ1 - 80 型开口杯挡板式气体继电器为例，说明气体继电器的工作原理。

(1) 正常运行时，如图 12 - 13 所示，开口杯 5 中充满了油，由于没自身重力产生的力矩小于重锤 6 产生的力矩，所以在开口杯向上倾，干簧触点 15 断开。

(2) 当变压器油箱内发生轻微故障时，少量气体将聚集在继电器的顶部，迫使油面下降，于是，顶部气体及杯内产生的力矩使开口杯 5 随油面下降。当固定在开口杯 5 上的永久磁铁 4 随着开口杯下降到接近于干簧触点 15 时，该触点闭合发了"轻气体保护动作"信号。当变压器漏油，使油面下降时，继电器也会在开口杯下降到一定位置时，闭合其干簧触点，发出"轻气体保护动作"信号。

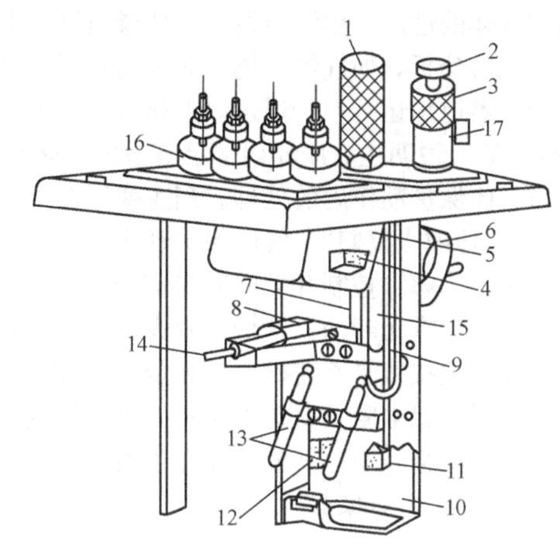

图 12 - 13　QJ1 - 80 型气体继电器结构图

1—罩；2—顶针；3—气塞；4、11、12—永久磁铁；5—开口杯；6—重锤；7—指针；8—开口销；9—弹簧；10—挡板；13、15—干簧触点；14—调节杆；16—套管；17—排气口

(3) 当油箱内发生严重故障时，就会产生大量的气体并伴随油流冲击挡板 10。气体和油流速度达到继电器速定值时，挡板被冲到一定位置，固定在挡板上的永久磁铁 11 就接近干簧触点 13（由双干簧触点串联使用，以防止因振动而误动），使该触点闭合，该触点闭合动作于断路跳闸，并发出"重气体保护动作"信号。

3. 气体保护的二次回路

气体保护的二次回路如图 12 - 14 所示。回路分信号回路和跳闸回路。

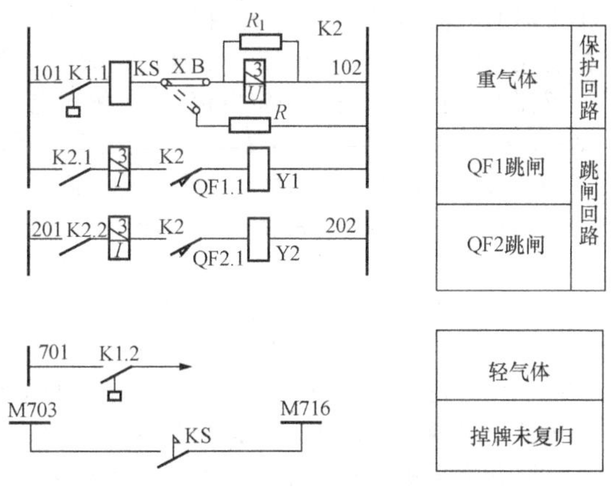

图 12 - 14　气体保护二次回路图

在变压器内部故障时，气流速度虽大但不稳定，此时干簧继电器触点有可能抖动，影响断路器的可靠跳闸。为了保证可靠跳闸，变压器保护出口继电器采用具有自保护（电流）线圈的中间继电器。自保持作用由断路器动合辅助触点来解除。

4. 气体保护的运行

(1) 主变压器投运前，应检查气体继电器有无残留气体、轻气体保护触点能否准确地动作于信号、气体继电器是否漏油、二次回路的绝缘电阻是否符合要求，试验重气体保护触点能否动作于主变压器各侧断路器跳闸。

(2) 新投产或大修后的主变压器投入运行后，重气体保护只动作于信号，待试运了规定的时间后，投入跳闸位置。

(3) 主变压器正常运行时，轻气体保护应投入信号，重气体保护应投入跳闸。

(4) 主变压器停运时，轻气体保护不应退出，以便发现变压器油面的降低。

(5) 主变压器在运行中加油、滤油以及在强迫油循环装置油路系统进行检修和试验时，应征得调度同意后，将重气体保护改投信号位置。工作完毕后，应每隔 12h 释放 1 次气体继电器内部的气体，当连续释放两次，油中无气体放出时，方可将重气体保护投入跳闸位置。

(6) 轻气体保护动作后的处理。当主变压器轻气体保护动作时，主控制室警铃响，"掉牌未复归""轻气体保护动作"光字牌亮，此时值班人员应做如下处理：①报告值班调度；②复归信号；③检查主变压器有无不正常现象（油温、油位、声响），查明气体继电器信号动作的原因是不是因空气侵入变压器内或油面降低或由于二次回路故障引起；④如主变压器外部检查不能找出不正常现象，应鉴定气体继电器内部气体的性质；用注射器从气体继电器上取气体两支，一支用于现场检查，看气体是否可燃，另一支用于化验分析，如气体无色、无臭而且不可燃，则主变压器仍可继续运行；如果气体是可燃的，必须将主变压器退出运行；⑤通过以上检查不能查明原因时，应检查油质闪光点，如闪光点的温度较过去记录低5℃，说明主变压器内部已有故障，必须将主变压器退出运行。

(7) 重气体保护动作后的处理。当主变压器重气体保护动作跳闸后，主控制室里喇叭响，控制开关绿灯闪光，“掉牌未复归”“气体保护动作”光字牌亮，主变压器各侧表计指示为零。此时值班人员应做如下处理：①解除控制开关的闪光信号；②报告值班调度和领导；③复归信号；④对主变压器进行外部检查，注意有无喷油、冒烟、着火，有无严重漏油，检查油色、油位、油温变化等情况；⑤检查气体继电器二次接线是否正确；⑥检查气体继电器内的气体性质分析判断故障原因，并进行处理；⑦测量主变压器绝缘电阻及直流电阻；⑧以上检查未发现异常现象，经值班调度同意后，可将主变压器投入运行，并加强监视；⑨取油样作色谱分析，进一步判断故障性质。

(二) 变压器差动保护

1. 作用

变压器纵差保护是变压器本体内部、套管和引出线故障的主保护，它是反映变压器绕组引出线相间短路、中性点直接接地侧的单相接地短路及绕组匝间短路的保护。差动保护动作应瞬时断开各侧断路器。

2. 基本原理

图12-15所示为双绕组变压器纵差保护的单线原理图。变压器两侧分别装设电流互感器TA1和TA2。

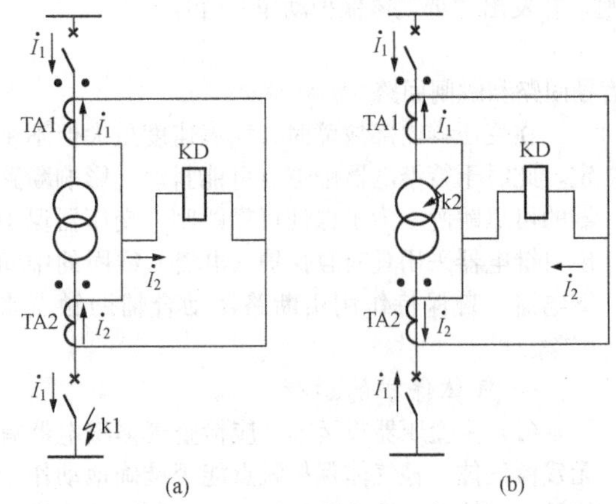

图12-15 双绕组变压器纵差保护单线原理图
(a) 正常运行或外部故障时；(b) 内部故障时

(1) 正常运行或外部故障时，如图12-15 (a) 中k1点，差动继电器KD中的电流等于两侧电流互感器二次电流之差，要使这种情况下流过差动继电器的电流为零。应恰当选择两侧电流互感器的变比。由于二次额定电流一般为5A，所以电流互感器的变比为：一次额定电流/二次额定电流，即$U_N/5$。忽略变压器的励磁电流，则在正常运行或外部故障时，流入差动继电器的电流为零。

(2) 当变压器内部故障时，如图12-15 (b) 中k2点，流入差动继电器的电流为变压器两侧流向短路点的短路电流（二次值）之和。

由于变压器在结构和运行上具有一些特点，实际在保护范围内没有故障时，也有较大的不平衡电流流过继电器。所以在保护装置上增设了减小和躲开不平衡电流的措施，保证了差动保护的正确动作。

3. 差动保护的运行

(1) 差动保护在第一次投入运行时，应作空载合闸试验，以检验其躲励磁涌流的性能。

(2) 在差动回路上工作时，应将差动保护退出。

(3) 新投产的和二次差动回路经过工作改动后的差动保护，应带负荷做六角图试验，证明二次回路变比、极性正确以及差压满足要求，然后方可将差动保护投入运行。

(4) 差动回路断线后，应将差动保护退出运行。

(5) 差动保护动作后应进行事故处理。主变压器差动保护动作后，主控制室的喇叭响，主变压器各侧断路器跳闸，各侧表计指示为零，“掉牌未复归”“差动保护动作”光字牌亮，此所值班人员应做如下处理：①解除控制开关的闪光信号；②复归保护动作信号；③检查变压器本体有无异常现象、套管有无闪络、引出线及绝缘子有无故障痕迹；④根据跳闸时表计、信号等现象，判断保护动作是否因系统发生穿越性故障所引起；⑤检查主变压器油温、油位、油色是否正常；⑥检查二次回路有无断线、短路，直流回路是否有两点接地、二次接线端子是否有松动；⑦测量主变压器绝缘电阻和直流电阻；⑧若气体保护和差动保护同时动作，必须对主变压器进行全面检查和试验，否则不得将主变压器投入运行；⑨若经检查差动保护是由于差动回路接线错误引起的，但一时无法消除，可经调度同意后，将主变压器投入运行，差动保护暂时退出；⑩若差动保护动作是由于外部短路引起的误动，则必须对此保护进行检验，合格后，方可将主变压器投入运行。

（三）过电流保护（一般指复合电压启动的过电流保护）

变压器的过电流保护一般包括带低电压启动的过电流保护、复合电压启动的过电流保护、负序过电流保护及低阻抗保护等。它是为了防止变压器外部短路时引起变压器绕组的过电流，同时作为变压器内部故障的后备保护。动作于跳闸，跳开变压器一、二次主断路器。

（四）变压器的零序保护

1. 变压器的零序电流保护

零序电流保护也是变压器的后备保护，它反映三相系统中性点直接接地运行的变压器外部单相接地故障引起的过电流的状况。动作于跳闸，跳开一、二次主断路器。

保护装置根据选择要求也可装设方向元件（即方向零序过电流）。双绕组、三绕组变压器的零序电流保护接在中性点电流互感器上。自耦变压器的零序电流保护接在高、中压侧电流互感器的零序回路上。当自耦变压器二次侧运行中内部接地故障、零序电流保护灵敏度不满足要求时，在中性点增设零序电流保护。

2. 零序过电压保护

低压侧有电源的变压器，中性点可能接地运行或不接地运行时，对外部单相接地引起的过电流以及因失去接地中性点引起的过电压除设零序电流保护外，还应增设零序电压保护，该保护动作经一个延时断开各侧断路器。

对于分级绝缘变压器，中性点装设放电间隙时，除自设零序电流保护外，还应增设零序电压保护和间隙放电电弧的零序电流保护。

（五）变压器过负荷保护

如果变压器过负荷运行时间过长，势必影响绕组绝缘的寿命。因此装设过负荷保护来反映变压器过负荷的状况。在大多数情况下，变压器过负荷是对称的，因此变压器过负荷保护只用一个电流继电器，接于任一相电流之中，经延时作用于信号。

过负荷保护安装侧的选择应能反映所有绕组的过负荷情况，如双绕组降压变压器的过负荷保护应装在高压侧。若单电源的三绕组变压器三侧绕组容量相同，过负荷保护仅装在电源侧；若三绕组容量不同，则在电源侧和容量较小侧分别装设过负荷保护。双侧电源的三绕组降压变压器或联络变压器，三侧均应装设过负荷保护。

（六）后备保护的运行

(1) 当主变压器中、低压侧后备保护动作时，应检查有无越级跳闸及各出线保护的动作情况。若查明是某一线路保护或断路器拒跳造成，则应断开该线路断路器，然后合上主变压器断路器，恢复对其他线路的供电，若各出线均未查出问题，应检查母线有无故障痕迹，对于双母线，可转移到正常母线供电；对分段单母线，则通过调度转移负荷，停用故障母线，非故障段母线带重要负荷。

(2) 若后备保护动作使主变压器各侧断路器均跳闸，而外部无故障，则应检查主变压器主保护是否正常，检查主变压器本体有无异常，套管引出线有无放电痕迹。不查清原因不许对主变压器试送电。

四、自耦变压器的保护

由于自耦变压器高、中压侧不仅有磁的联系，而且有直接的电的联系，与普通变压器有所不同，因此虽然装设的保护类型相同，但在以下几个方面却是不同的。

1. 接地保护

由于自耦变压器高、中压侧有直接的电的联系，有共同的接地中性点，当系统发生接地故障时，零序电流由电网的一侧流向另一侧，其流经接地中性点的电流大小及相位将随系统运行方式和短路点的不同有较大的变化。因此，自耦变压器的零序电流保护不能接到中性线回路的电流互感器上，而应接到本侧的零序电流滤过器上。只有这样，各侧零序电流保护才能正确反映该侧零序电流的变化，并使保护装置正确动作。

由于自耦变压器高、中侧绕组存在直接的电的联系，当一侧发生接地故障时，零序电流将从电网的一侧流入另一侧，因此应在高、中压侧加装方向元件，以保证其选择性。

2. 过负荷保护

装于自耦变压器各侧的过负荷保护往往不能反映公共绕组的过负荷情况，在某种运行方式下，可能出现高、低压侧负荷电流大于额定电流，而公共绕组出过负荷的现象，因此，自耦变压器过负荷保护应根据具体的运行方案具体分析。其配置原则如下：

(1) 仅高压侧有电源的降压自耦变压器，过负荷保护一般只在高、低压侧装设。

(2) 对高、中压侧均有电源的降压自耦变压器，一般在高、低压侧及公共绕组上均装设过负荷保护。

(3) 对升压自耦变压器，一般在高、低压及公共绕组上的均装设过负荷保护。

(4) 对于大容量的升压自耦变压器，它的低压绕组处于高压绕组与公共绕组之间。当低压侧断开时，变压器的附加损耗增大，可能出现局部过热现象，此时，应限制其传送容量不超过 0.7 倍额定容量，为了在这种情况下能发出过负荷信号，应增设特殊的过负荷保护，在低压侧断开时投入运行，它的整定值按允许通过的容量确定。

3. 零序差动保护

由于自耦变压器高、中压侧间的阻抗比普通变压器小，而中、低压侧间的阻抗又比普通变压器大。因此，在某些情况下，当低压侧发生接地故障时，反映相间短路的纵差保护的灵敏性往往不能满足要求。

自耦变压器的纵差保护与普通三绕组变压器的纵差保护相同，由于高、中压侧的电流互感器均按三角形接线，不能反映高、中压侧内部接的零序电流。为了提高变压器的同部接地故障时的灵敏性，可装设零序差动的保护。

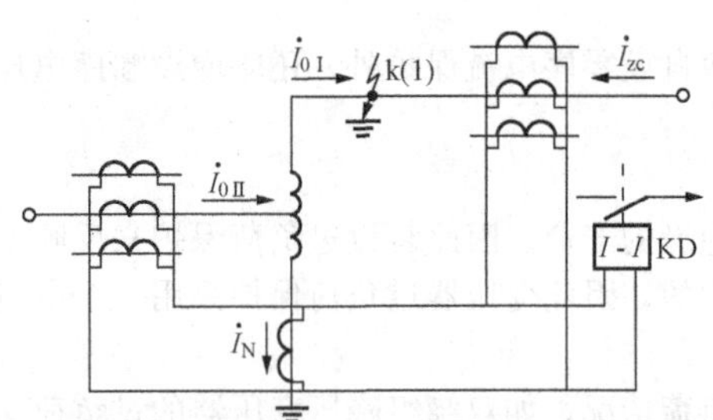

图 12-16 自耦变压器零序差动保护原理图

利用高、中压侧的零序电流滤过器和中性线的电流互感器即可构成零序差动保护，其原理图如图 12-16 所示。零序电流差动保护反映的是自耦变压器三侧零序电流相量之和，为减小零序电流差动回路的不平衡电流，各侧电流互感器的变比要相同，否则可有自耦变流器或用速饱和变流器的平衡线圈进行补偿。

课题四 母线及断路器失灵保护

一、学习目标

了解母线及失灵保护基本工作原理，掌握运行规定。

二、母线保护

(一) 母线保护的作用与基本要求

母线故障较线路故障的概率小很多，但是由于母线故障后果特别严重，所以装设专门的母线保护，有选择性地迅速切除母线故障。如图 12-17 所示，母线保护的对象是母线，它在母线内部故障时动作，在正常负荷状态下和母线外部故障时均不动作。

为使母线保护正确动作，母线保护必须满足如下要求：

(1) 母线差动保护要能快速、有选择性地切除故障，对于 220kV 系统母线故障切除时间要求不大于 0.1s，一般认为如果超过 0.15s 系统将会失去稳定。

(2) 母线差动保护要十分可靠，并有足够的灵敏度。

(3) 在各种运行方式下，包括不正常情况（如电压、电流二次回路断线，保护本身故障等）以及

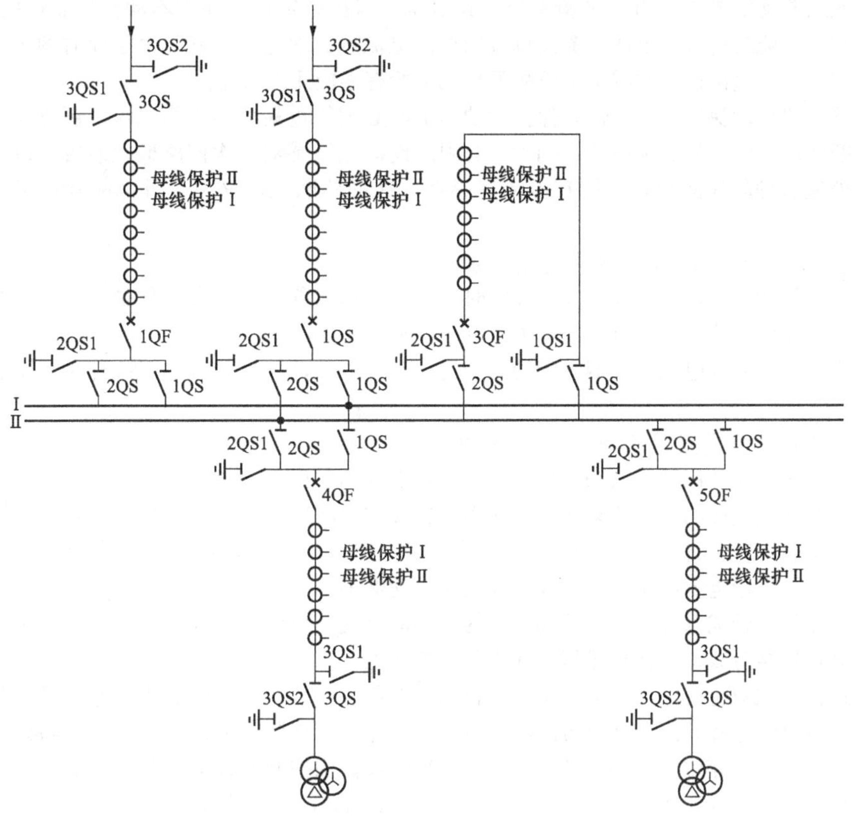

图 12-17　母线保护配置图

外部故障时，母线差动保护应不误动作。

（4）不受电流互感器变比的影响。

（5）不受母线泄漏电流的影响。

（6）不受电流互感器饱和的影响。

（二）比较式母线差动保护基本原理与要求

1. 单母线的完全差动保护

母线上的连接元件虽然很多，但实现差动保护的基本原理是一样的，都是按环流法原理构成的。母线上所有的引出线上必须装设相同变比和相同特性的电流互感器，并将其所有二次绕组的同极性端子互相连接，然后接入差动继电器，流入差动继电器的电流是所有电流互感器二次电流之和，其原理接线图如图 12-18 所示。

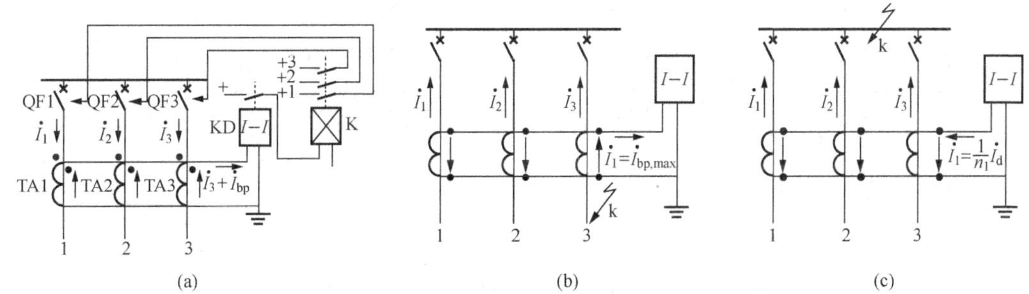

图 12-18　单母线完全差动保护原理接线图

（a）单相原理图；（b）外部短路时；（c）内部短路时

正常运行和外部故障时，流进母线和流出母线的一次侧电流之和等于零，由于电流互感器的励磁特性不同，流入差动继电器的为不平衡电流，其值小于保护整定值，保护不动作。而在内部故障时，流入差动回路的电流为所有供电线路流向母线的短路电流（二次值）之和，由于此时的电流很大，差动保护将动作，并通过出口中间继电器将故障母线上所有连接元件断开。

为了保证母线差动保护的选择性，保护的动作电流必须躲过最大不平衡电流，还应躲过电流互感器二次回路断线流过保护的最大线流。同时，必须装设电流互感器二次回路监视装置，以便运行人员及时发现并处理这种断线故障，否则在电流互感器二次回路断线后又发生外部故障，保护装置将误动作。

2. 各元件电流相位比较的母线差动保护

采用比较相位的原理，当母线上发生故障时，各元件电流接近于同相，保护动作。而当母线外部故障时，流入母线的电流与流出母线的电流接近于反相，保护不动。

此保护不要求各元件电流互感器有相同的变比。对于 3/2 断路器接线的母线保护，不宜采用此种保护。

3. 电流相位比较式双母线电流差动保护

(1) 对双母线的差动保护有两条要求：一是能区别区内故障和区外故障，二是能区别是哪一组母线故障。双母线固定连接的母线差动保护，在固定连接方式破坏后，选择元件无法保证动作的选择性，当任一母线发生故障时，将无选择性地把两组母线同时切除，这在系统中往往不能满足运行的要求，在这种情况下，可采用电流相位比较式双母线电流差动保护。

(2) 电流相位比较式双母线电流差动保护的基本原理是：电流相位比较式双母线电流差动保护克服了双母线固定连接母线差动保护运行方式不灵活的缺点。

电流相位比较式双母线电流差动保护是比较母线联络（简称母联）断路器与总差动电流相位的关系。不管哪一组母线故障，总差动电流的相位不变，但母联断路器回路的电流相位却随故障母线而变，利用母联断路器电流的相位关系来判断是哪一组母线故障。保护的原理接线图如图 12 - 19 所示，它的主要元件是启动元件 KD 和选择元件 LXB。启动元件 KD 接于所有引出线（不包括母联断路器回路）的差动电流，各元件电流互感器变比相同。当母线区外故障时，流入启动元件 KD 的电流仅为不平衡电流；当母线区内故障时，流入启动元件 KD 的电流是所有引出线流向母线电流（二次值）之和。启动元件通常采用 BCH - 2 型差动继电器，以避开母线区外故障时差动回路不平衡电流的影响。选择元件 LXB 的两个线圈分别接入母联断路器回路的电流和总差动回路的电流，通过比较这两个回路电流的相位来获得选择性。在不同的母线短路时，母联断路器回路的电流正好改变了 180°。选择元件 LXB 有两个线圈：极化线圈 WI 与启动元件（差动继电器）KD 串联于差动回路中；工作线圈 WZ 接于母联断路器回路的电流互感器的二次回路中。从图 12 - 19 中可以看出，无论各连接元件接于哪一组母线上，也无论是哪一组母线故障，KD 及 LXB 极化线圈中总是流过故障点总短路电流（二次值），而且方向不变。但是，不同的母线发生故障时，LXB 工作线圈中的电流恰好相反。因此，利用 LXB 可以选择故障母线。

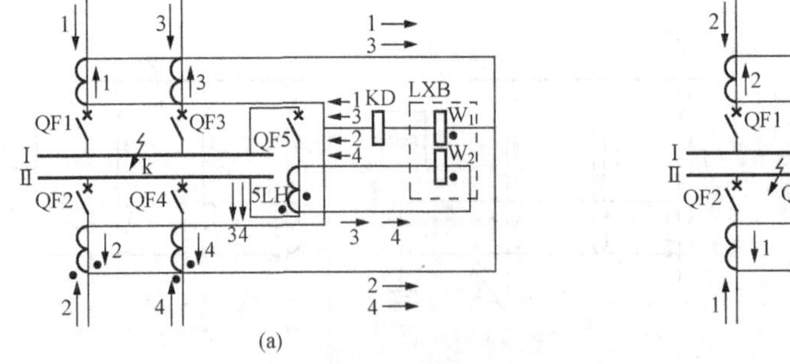

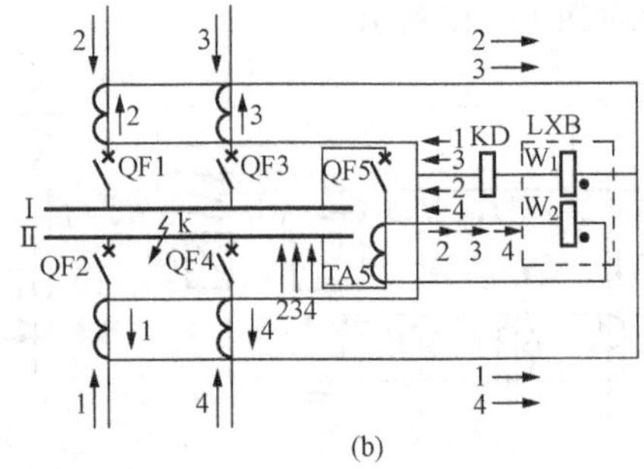

图 12 - 19 电流相位比较式双母线电流差动保护原理图

(a) 母线Ⅰ故障时；(b) 母线Ⅱ故障时

4. 电流相位比较式母线差动保护的运行

母线差动保护的投运与退出应按值班调度员的命令执行。运行值班人员当班期间，除对母差保护屏面是否整洁、铅封是否完好、有无异常音响信号、信号显示是否正确、二次回路端子有无松动过热现象等进行正常的巡视检查以外，还要针对不同运行方式注意以下几点：

（1）母线差动保护投入是否与一次设备的运行方式相对应，如单母运行或交流电压二次回路切换到单一的电压互感器供电时，母线差动保护屏后的非选择性三极隔离开关要合上。

（2）母线差动保护投入运行后，带电运行的断路器跳闸回路连接片及自动重合闸放电连接片应在备用位置。

（3）运行方式变更后或某台断路器投入运行时，均应检测不平衡电流。检测方法是：停用不平衡电流检测连接片，按下测量按钮，读取屏面表头数据。检测完毕后，加用不平衡电流检测连接片。

（4）任何间隔检修，如需在电流互感器两侧接地时，均应将该间隔母线差动保护用电流互感器二次回路与差动回路脱开，并应做好记录，以便检修后及时恢复。

（5）任何间隔检修试验，如需在电流互感器一次侧通大电流时，应将回路母线差动保护用电流互感二次回路与差动回路脱开，同时采用防止二次侧开路的措施，试验完毕后，及时恢复。

（6）当用母联断路器给一组母线充电时，母线差动保护只投入跳母联断路器的连接片，同时启用母联断路器的充电过电流保护，充电完毕，再将母线差动保护恢复正常运行方式，并停用母联断路器充电保护。

（7）当利用母联断路器带出线断路器运行时，应合上非选择性三极刀开关，并将母联断路器电流回路切换至差动回路。

（8）当将某一回路断路器由一组母线倒换到另一组母线时，先合上非选择性三极刀开关，后停用母线差动保护跳母联断路器连接片，倒换完毕后，拉开非选择性三极刀开关，再投入跳母联断路器。

（9）双母线分开运行时，应退出母线差动保护。当发生下列异常时，应及时汇报当值调度员，将母线差动保护退出运行，并通知保护专业人员及时处理：①“交流电流回路断线”光字牌亮，按一次复归按钮复归不了；②检测的不平衡电流大于规定的数值（20mA）；③“直流电源消失”光字牌亮；④“交流电压回路断线”光字牌亮，母线差动保护未动作，母线上也确实没有故障，二次回路的故障未排除。

（10）母线差动保护动作后的处理：①母线差动保护正确切除故障母线，应保持无故障母线的正常运行。同时，将故障母线上的断路器倒换至正常母线供电，并投入母线差动保护非选择性三极刀开关，对电压闭锁回路作相应的切换；②当母线差动保护误动作时，经检查，母线确无故障，应立即停用母线差动保护，并尽快恢复送电。

（三）比率式母线差动保护

1. 比率式母线差动保护的构成与原理

比率式母线差动保护由启动元件、选择元件、断线闭锁元件、直流逻辑部件等组成，并兼做断路器失灵保护。为满足双母线元件任意连接时，保护动作均具有选择性，本装置专门设置了由元件隔离开关辅助触点控制的自动切换回路，在元件由一条母线倒至另一条母线时，切换回路能对其二次电流回路、母差跳闸回路与断路器失灵启动回路自动进行切换，使其与元件所在母线相对应。此种母差保护动作速度快，动作灵活。

差动回路是由一个母线大差动和几个各段母线小差动所组成的。母线大差动是除母联断路器和分段断路器以外的母线上所有其余支路电流所构成的差动回路。某段母线小差动是指与该段母线上连接的各支路电流构成的差动回路，其中包括了与分段母线相关联的母联断路器和分段断路器。

保护装置通过母线大差动判别区内和区外故障，通过各段小差动来选择故障母线。一般情况下，母线大差动的构成不受母线运行方式变化的影响，而各段母线小差动则是根据各支路的隔离开关位置由母线运行方式自适应环节来自动、实时地进行组合。

以双母线为例，母线差动回路的逻辑关系如图 12-20 所示。

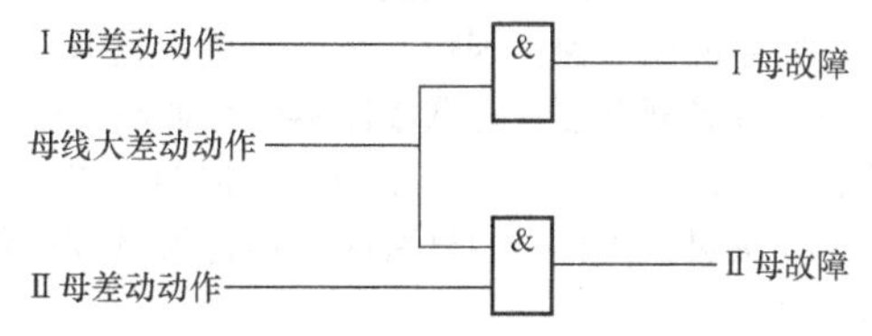

图 12-20　母差回路逻辑关系

2. 比率式母线差动保护的运行

（1）双母线通过母联开关并列运行，双母线分裂运行时，装置能自动“有选择”跳闸。

（2）母线倒闸操作，隔离开关双跨两条母线；单母线运行时，装置能自动“无有选择”跳闸。

三、断路器失灵保护

1. 作用

当系统发生故障，故障元件的保护动作，而其断路器操作失灵拒绝跳闸时，通过故障元件的保护作用于同一变电站相邻元件断路器使之跳闸的保护，称为断路器失灵保护。

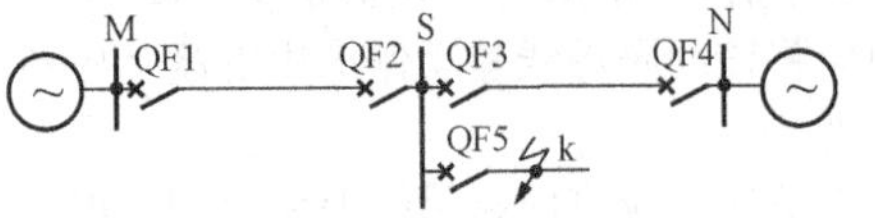

图 12-21 失灵保护说明图

在图 12-21 所示的电力系统中，当 k 点发生短路时，若断路器 QF5 拒动，则装于变电站 S 的断路器失灵保护应动作，以较短的时间断开 QF2 和 QF3，将故障切除。以免影响到 M、N 系统的运行。

失灵保护主要用于 220kV 及以上电压等级的电力系统。因为在 220kV 电压等级以上的系统中，线路输送功率大、距离远，为了提高线路的输送能力与稳定的需要，要求能够快速切除故障，保证电网的安全运行。然而由于保护断路器等存在的种种原因，往往出现故障线路断路器不能及时跳开将故障切除的情况，也就是需要失灵保护快速动作，将变电站一母线上的元件全部跳开，达到尽快消除故障点，保证电网安全运行的目的。

2. 失灵保护的组成及基本工作原理

失灵保护由启动回路、时间元件、出口跳闸回路、信号回路和防误动复合电压闭锁回路组成。

当线路（元件）发生故障，继电保护发出跳闸脉冲，而断路器失灵，此时线路（元件）保护出口继电器不返回，通过相电流判别断路器拒动相别并启动失灵保护，经复保电压闭锁把关，失灵保护先以相对较短的时间跳开母联及分段断路器，然后以相对较长的时间跳开失灵断路器所在母线上的其他断路器。

（1）启动回路。①线路启动回路：由线路保护出口继电器动合触点与相电流判别继电器动合触点串联组成，旁路断路器启动失灵保护回路与线路启动回路相同，此回路在线路操作屏或常规综重屏上。②变压器启动回路：主变压器保护中设有专用失灵保护启动回路。由变压器出口中间继电器 BCJ 动合触点与相电流判别继电器动合触点串联组成，此回路在主变压器保护屏上。③母联断路器启动回路：由母联母差保护启动的出口继电器动合触点与相电流判别继电器动合触点串联组成。

（2）时间元件。失灵保护中时间元件的作用是为了保证失灵保护在正常线路保护后再动作，如在时间元件整定的时间 Δt 达到后，断路器仍能跳开将故障切除，则认为是断路器拒动，失灵保护先以相对较短的时间跳开母联及分段断路器，然后以相对较长的时间跳开失灵断路器所母线上的其他断路器。

（3）出口跳闸回路。出口跳闸回路必须能够反映失灵的断路器运行在哪组母线上，并与复合电压闭锁启动的重动继电器动合触点串联出口跳闸。

（4）防误动复合电压闭锁回路。同母差保护所述。

3. 断路器失灵保护的运行

断路器失灵保护的投入或退出应按值班调度员的命令执行，投入和退出程序要正确。值班员除进行正常的巡视检查外，重点是非正常运行方式的处理，具体如下：

（1）当某断路器由旁路断路器替代而停电检修时，应将该断路器失灵保护的连接片及启动连接入退出，投入旁路断路器相应连接片。

（2）某断路器保护因特殊情况停用，应退出失灵保护，以防止误动作。

（3）在各断路器或母联断路器保护回路作整组动作试验时，应停用该断路器所对应的失灵保护启动连接片和跳闸连接片，防止失灵保护误动作。

（4）失灵保护作整组试验时，运行人员应将各断路器跳闸连接片及启动连接片退出，试验完毕后恢复。

（5）“直流电源消失”字样光字牌亮时，应停用失灵保护，跳各断路器的跳闸连接片，处理完毕后恢复。

断路器失灵保护动作后，应查明是哪个断路器拒动引起的、该回路什么保护装置动作，并恢复非故障回路的运行，如果保护误动，应停用误动保护，并恢复供电，通知保护专业人员处理。

四、3/2断路器接线方式保护装置简介

3/2断路器接线方式的特点是：线路停检操作简单，没有隔离开关倒闸操作，母线短路故障，输电线路也可照常运行。线路短路故障，即使断路器失灵拒动，除故障线路不能运行外，至多增加一个电气设备（或线路）被断开，不致造成全站停电。

1. 3/2断路器接线方式线路保护技术性能

(1) 线路保护按线路为单元装设；重合闸装置、三相重合闸的电压检定和同期检定，分相操作继电器箱，断路器失灵保护等按断路器为单元装设。

(2) 线路保护具有两套独立的选相跳闸逻辑装置，且分别受控于线路不同的两套保护装置，并按故障类型发出单相或三相跳闸命令。

(3) 线路各套保护均应能分别投停、调试，不影响线路其他保护的正常运行。

(4) 断路器具有两组跳闸线圈，线路保护动作时分别作用其中一组跳闸线圈。

(5) 各套保护的跳闸输出触点应该是独立的空触点。

(6) 短引线保护装置装在母线侧断路器操作屏上。正常不投入运行，只有在输电线路停运后，且该串断路器均运行时才投运。

(7) 中间断路器失灵保护应配备双套远方跳闸发信装置。

(8) 线路保护按接用线路电压互感器考虑，不考虑交流电压切换到母线电压互感器上。

(9) 重合闸能实现单相重合闸方式、三相重合闸方式、综合重合闸方式及停用重合闸方式。两组断路器可分别按要求使用相同或不相同的重合闸方式。

2. 3/2断路接线的断路器失灵保护

3/2断路器接线失灵保护按断路器为单元设置，断路器失灵保护动作后应先瞬时作用于本相拒动断路器的两个跳闸线圈使之跳闸，再经一短延时跳该拒动断路器三相及有关断路器。靠近两母线侧的断路器失灵保护应启动各自母线保护出口继电器，使该母线上的所有断路器跳闸，并使中间断路器也跳闸。中间断路器失灵保护使靠近两母线的断路器跳闸，并均应能提供启动两套远方跳闸发信装置，远跳线路对侧断路器。

3. 短引线保护

短引线保护是3/2断路器接线方式所特需的，当输电线路（发电机—变压器、高压备用变压器等其他连接元件）停电进行检修时，线路（或发电机—变压器、高压备用变压器等其他连接元件）隔离开关被断开后，而3/2断路器接线中该断路器仍保留在运行中，此时该串两电流互感器之间的短引线发生短路故障时，原线路的各保护装置因使用线路出口上的电容式电压互感器而不能动作跳闸，故必须装设短引线保护。

短引线保护为简单的三相式电流差动保护，在输电线路正常运行时，该保护直流电源被断开不投入运行。当输电线路停电，线路隔离开关被断开后，该保护的直流电源被接入，将短引线保护投入运行。

4. 远方跳闸装置

图12-22所示为远方跳闸装置示意图。

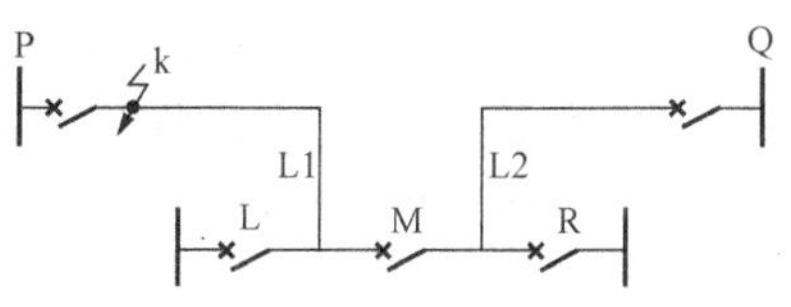

图12-22　远方跳闸装置示意图

当任一线路L1（或L2）终端发生短路故障，线路L1（或L2）两端的保护装置动作跳开P（或Q）及本端L（或R）和M处断路器。此时若M处的断路器本身拒动，则M处断路器失灵保护动作可以跳开R（或L）处断路器，但短路故障仍然存在，需要跳开相邻线L2（或L1）对端Q（或P）处的断路器。一般Q（或P）处保护对相邻线路端短路的灵敏度不足而不能跳闸。因此在M处必须装设由断路器失灵保护启动发信装置发跳闸命令，Q（或P）处装设收信装置，在接收对端M处发来的跳闸命令时将Q（或P）处断路器跳闸。

课题五　并联电容器组、并联电抗器和同步调相机的保护

一、学习目标

掌握并联电容器组继电保护的配置与原理、了解并联电抗器和同步调相机继电保护的配置。

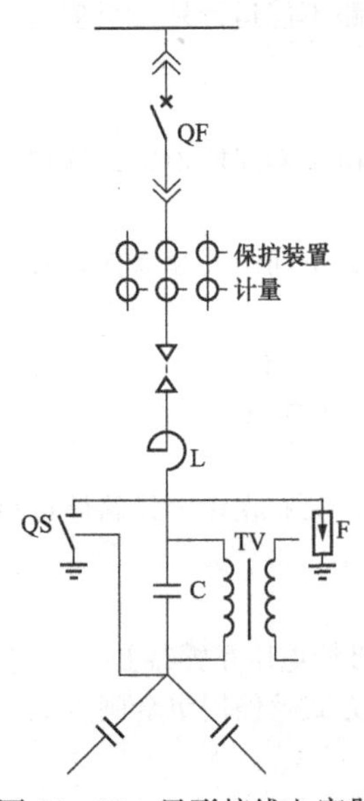

图 12-23　星形接线电容器保护接线装置图

二、并联电容器组、并联电抗器和同步调相机的保护配置与功能

1. 并联电容器组的保护配置与功能

电力电容器组的一次接线有星形、三角形两种接线方式，图 12-23 为星形接线电容器组的保护配置图。

并联电容器组保护的配置有：①并联电容器组与断路器之间连线的短路保护；②单台电容器内部极间短路保护；③并联电容器组多台电容器故障保护；④并联电容器组过负荷保护；⑤过电压保护；⑥低电压保护；⑦串联电抗器保护等。各种保护的功能如下：

(1) 并联电容器组与断路器之间连线的短路保护。对并联电容器组与断路器之间连接线、电流互感器、串联电抗器等设备发生相间短路，或并联电容器组内部故障，其保护拒动而发展成的相间短路，宜装设带延时的过电流保护，动作于跳闸。

(2) 单台电容器内部极间短路的保护。单台电容器内部绝缘损坏而发生极间短路保护常用的方法是对每台电容器装设专门的熔断器，其熔断器的额定电流可取电容器额定电流的 1.5～2 倍。

(3) 并联电容器组多台电容器故障的保护。大容量的并联电容器组是由许多单台电容器串、并联组成。一台电容器故障，由其专用的熔断器切除。当多台电容器故障并切除后，就可使留下来继续运行的电容器过载或过电压，因此需要考虑以下保护措施。

1) 零序电压保护。当电容器组为三相星形接线时，可以采用零序电压保护，其原理图如图 12-24 所示。

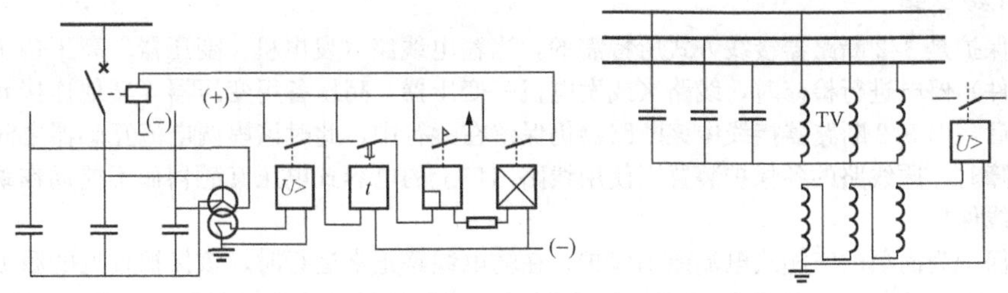

图 12-24　电容器组零序电压保护原理图

正常运行时，由于三相容抗相等，外施电压三相平衡，所以中性点无位移，开口三角形两端无电压。当任意一台电容器有故障，即内部串联元件有一部分被击穿时，其电容量增大，三相容抗不相等，中性点产生位移，开口三角形两端出现零序电压。当零序电压大于电压继电器的动作电压时，保护装置动作，将整组电容器从母线上切除。保护应带一定的延时，以躲过合闸引起的不平衡电压，一般为 0.2～0.5s。

2) 中性线电流平衡保护，当电容器组为星形接线时，通常采用中性线电流平衡电流（横差）保护，其原理接线图如图 12-25 所示。

若每个星形接法的电容器组的三相电容量相等，中性线中无电流，则当任一台电容器故障时，三相电容量不平衡，中性点上将有不平衡电流流过，当不平衡电流大于电流继电器的动作电流时，保护装置动作。

中性线电流平衡保护具有灵敏性高，外部短路、母线电压波、高次谐波侵入时均不发生误动作等

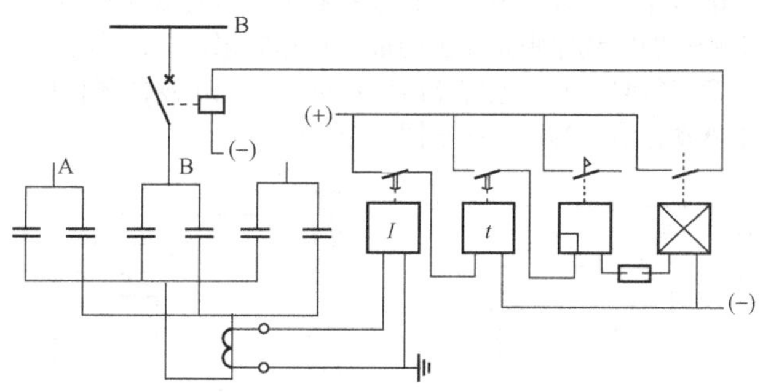

图 12-25　补偿电容器中性线电流平衡保护原理图

优点。保护的动作延时以 0.2s 为宜。

3）零序电流保护，当电容器组接成单三角形时，可采用零序电流保护，其原理接线如图 12-26 所示。

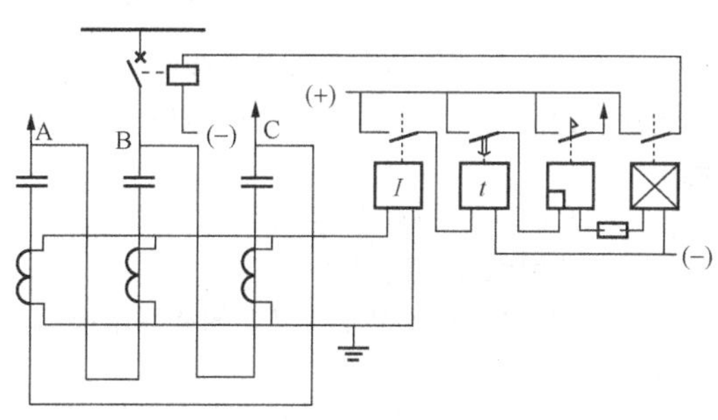

图 12-26　补偿电容器组的零序电流保护原理接线图

正常运行时，三相电容量相等，三相电流对称，三相电流相量和等于零，所以电流继电器中无电流通过。当某相中一台电容器发生故障时，故障相电流增加，引起三相电流的不对称，这时三相电流相量和不为零，有零序电流通过电流继电器，当此电流达到电流继电器的动作电流时，保护动作，将该组电容器从母线上切除，其动作延时应躲过合闸涌流持续时间，一般不应大于 0.5s。

零充电流保护适用于总容量较小的电容器组。

4）横差电流保护。横差电流保护适用于双三角形接线的补偿电容器组，其原理接线图如图 12-27 所示。横差电流保护是基于比较双三角形两对应臂的相电流之差的原理构成的。安装时，若对应两臂的电容调整得基本相等，正常运行时差电流就很小。当其中一台电容器故障，差电流变大，保护装置动作，因横差电流保护不受合闸电流的影响，故可采用速断方式。

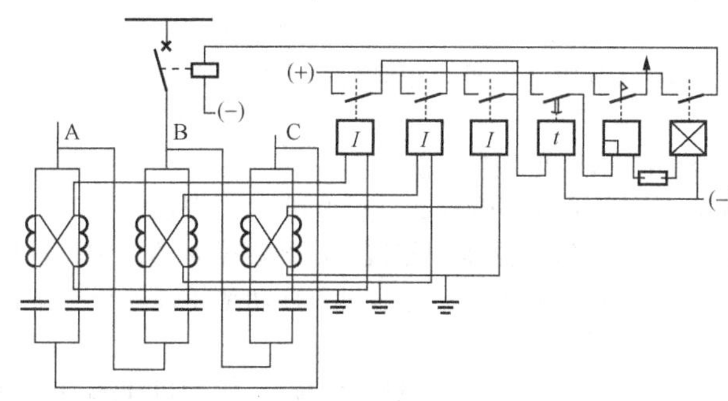

图 12-27　补偿电容器的横差电流保护原理

（4）并联电容器组过负荷保护。并联电容器过负荷是由系统过电压及高次谐波引起，按规定，电容器应能在有效值为 1.3 倍额定电流下长期运行，对于电容量具有最大正偏差的电容器，过电流值允许达到 1.43 倍额定电流。

由于按规定，并联电容器组必须装设反映母线电压稳态升高的过电压保护，并且容量电容器组一般需装设抑制高次谐波的串联电抗器，故可以不装设过负荷保护，仅当系统中高次谐波含量较高或并联电容器组投运后经过实测，在其回路的电流超过允许值时，才装设过负荷保护。过负荷保护带延时动作于信号。为了与并联电容器的过负荷特性配合，过负荷保护宜采用反时限特性的继电器。

（5）过电压保护。并联电容器组允许在 1.1 倍额定电压下长期运行，当系统母线电压升高时，为保护串联电容器组不致损坏，应装设过电压保护，保护延时动作于信号或跳闸，其动作时限应躲过电网可能发生的瞬时过电压。当并联电容器组装有以电压为判据的自动投切装置时，可不装过电压保护，过电压保护原理接线图如图 12-28 所示。

(6) 低电压保护。低电压保护装置必须在并联电容器组所接母线失压后，带短延时将其切除。其动作延时应大于该母线上所接馈电线路短路保护的最长动作时限，又应小于电源侧自动重合闸动作时限。其动作电压应小于正常运行时，并联电容器组所接母线可能出现的最低电压值，一般取 0.5～0.6 倍额定电压为低电压继电器动作值。其原理接线图如图 12-29 所示。

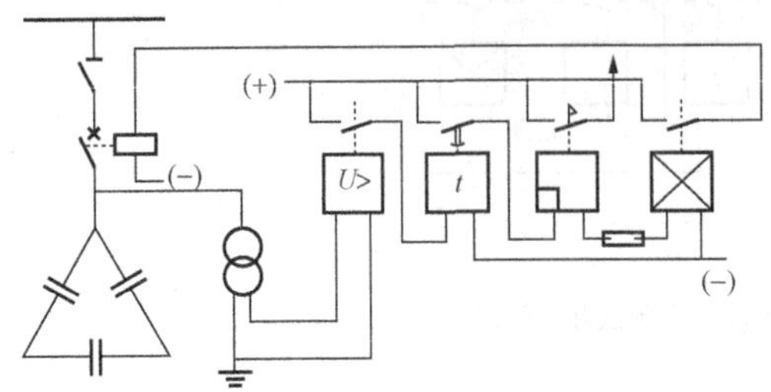

图 12-28 并联电容器组过电压保护原理图

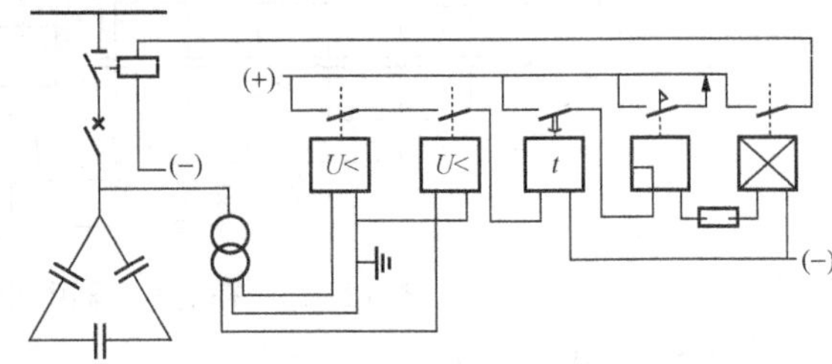

图 12-29 补偿电容器纸组电压保护原理接线图

(7) 串联电抗器保护。大容量并联电容器组都接有串联电抗器，以抑制高次谐波电压，串联电抗器多为油浸式，因其容量较小，一般装设气体保护，轻气体或油面降低动作于信号，重气体保护动作于跳闸。

2. 并联电抗器的保护配置

并联电抗器的保护设置如下：

(1) 对容量为 100MVA 及以上的并联电抗器，为保护电抗器内部线圈，套管及引出线短路宜装设差动保护。

(2) 对容量为 100MVA 以下的并联电抗器，因电流速断保护的范围很小，故宜装设过电流保护，动作时间为 1.5s。

以上保护动作于跳闸。

(3) 作为差动保护的后备，应装设过电流保护，带一定延时动作于跳闸。过电流保护可用两相三继电器接线。

(4) 当母线电压升高时，可能引起并联电抗器过负荷，应装设过负荷保护，延时动作于信号。

(5) 对于油浸式并联电抗器，应装设气体保护，轻气体保护动作于信号，重气体保护动作于跳闸。

3. 同步调相机的保护

同步调相机是电力系统很重要的无功功率电源，确切地说，是一种不带机械负载的同步电动机。它经常处于过励磁运行状态，向系统供给无功功率，将系统电压调高，在系统电压偏高时，也可欠励运行（较少的运行状态）吸收系统多余的无功功率将系统电压调低，也就是能双向、连续地调节无功功率。

以定子绕组为星形连接的调相机为例说明调相机应装设的主要保护。

(1) 纵差动保护。纵差动保护是调相机相间故障的主保护，它能无延时地切除内部故障。

(2) 匝间短路保护。对于定子绕组具有并联分支的大容量同步调相机，应装设横差动保护，以反映调相机匝间短路，但具有 5%以上死区。没有并联支路的调相机，可装设负序功率闭锁转子二次谐波电流的匝间短路保护，也可装设负序功率闭锁零序电压保护。

(3) 低电压保护。当电压消失时，调相机将停止运行。为防止当电压恢复时，调相机在无启动电抗器的情况下再次启动，低电压保护动作后，要将停止运行的调相机从系统中切除，或使自动灭磁开关跳闸并投入启动电抗器，使调相机处于准备自动启动状态。调相机的自动启动一般在无人值班的自动化变电站才考虑采用。低电压保护的动作电压为 0.4 倍额定电压，动作时限为 9s。

(4) 过负荷保护。在电压长期降低的情况下，由于调相机电压调节器和强行励磁装置的作用，调相机可能出现长时间的过负荷，故应装设信号的过负荷保护，为防止调相机启动时，过负荷保护误动作，应将其暂时退出运行，过负荷保护的动作电流通常采用 1.4 倍的额定电流。

(5) 有功方向保护。为避免外来电源消失后，调相机反馈有功功率，并能使与调相机接在同一母线上的低频减负荷装置误动作，就装设有功方向保护，该保护动作后从系统切除调相机。对于多电源的变电站，则不一定需要。

(6) 定子绕组单相接地保护。当单相接地电容电流不小于5A时，应装设此保护。

(7) 励磁回路一点接地保护。励磁回路一点接地故障，对调相机无直接危险，但它有可能发展成两点接地，因此需要装设该保护，通常保护动作于信号，并带有1.5～3s的延时。

(8) 失磁保护。调相机失磁后，要从系统吸收大量无功，影响系统运行。为此，应装设由无功方向元件、低电压元件组成的失磁保护。当无功反向且电压低于允许值时，保护动作于跳闸；当无功反向且高于电压允许值时，保护动作于信号。为防止振荡、短路或电压回路断线等引起保护误动作，还应装设必要的闭锁元件。

三、并联电容器组、并联电抗器和同步调相机的保护运行要求

1. 并联电容器组保护的运行

(1) 由于并联电容器组的保护种类很多，正常情况下，要加强巡视检查，各继电器均应处于不动作的良好状态。

(2) 并联电容器组运行中要经常对其电压、电流进行监视，使其不过电压、过电流，但也不能低于规定的电压运行。

(3) 保护动作后，应查明原因，排除一次或二次系统故障后才能恢复运行。

(4) 若发现异常状态，应及时报告上级，必要时，并联电容器组退出运行。

2. 低压并联电抗器保护的运行

对于油浸式并联电抗器，其保护运行与同容量的变压器运行类似，此处不赘述。

3. 同步调相机保护的运行

(1) 检查各保护的连接片投、退情况是否与调度的命令相符。连接片上、下端头是否接触可靠。

(2) 检查各继电器外壳是否清洁完整，有无损坏及异常现象，保护的定值是否正确。

(3) 对投入运行的保护，检查各继电器的触点状态是否正常。

(4) 当出现“交流电流回路断线”信号时，应停用差动保护跳闸连接片，并及时上报。待检查处理排除故障后，测量跳闸连接片无脉冲后，再投入差动保护。

(5) 当出现“交流电压断线”信号时，应停用低电压保护跳闸连接片，并及时上报。检查是否因电压互感器二次熔丝熔断、松动或低压断路器跳闸。故障排除后，测量跳闸连接片无脉冲后，再投入低电压保护。

(6) 调相机保护动作后的处理：①解除音响信号；②根据光字牌、红绿灯闪光等信号及仪表指示，判明故障原因，把控制开关旋至相应的位置；③在保护屏L检查保护的动作情况，做好详细记录、复归信号继电器，并及时向上级汇报；④根据保护的动作情况做相应的处理，如差动保护动作后，应对调相机及差动保护范围做全面检查，若判断一次无故障，则应对保护和二次回路做全面检查，不查明原因不得将调相机投入运行。

课题六　自动重合闸

一、学习目标

掌握重合闸装置的基本工作原理及有关运行规定。

二、自动重合闸的作用与特点

(1) 作用。自动重合闸的采用是电力系统安全经济运行的客观要求。使用自动重合闸有两个目的：一是为了保证系统稳定；二是为了恢复瞬时故障线路的运行，从而恢复整个系统的正常运行状态。

(2) 特点。在110kV及以下的电网中使用的重合闸都是三相式的，即不论输电线发生单相接地故障还是相间故障，都由继电保护动作把断路器的三相一起跳开，然后由自动重合闸装置再次三相投入。

220kV及以上线路的故障大部分是瞬时性单相接地故障，而且相当一部分相间故障也是由单相接地故障发展而成的。220kV以上的断路器，都是可以分相操作的。因此，当发生单相接地故障时，只把故障相的断路器跳开，而未发生故障的其余两相仍继续运行。这样，不但可以提高供电的可靠性和系统并列运行的稳定性，而且还可以减少相间故障的发生。所以，在220kV及以上的电网中，广泛使

用单相自动重合闸，即单相短路→单相跳闸→单相自动重合，若为永久故障则三相跳闸。

三、重合闸的重合方式

按重合闸作用于断路器的方式可分为单相重合闸、三相重合闸和综合重合闸。

(1) 单相重合闸方式。线路上发生单相故障时，实行单相自动重合闸，当重合到永久性故障时，跳开三相并不再进行自动重合。线路上发生相间故障，则跳开三相并不再进行重合。

(2) 三相重合闸方式。线路上发生任何形式的故障，均实行三相自动重合闸，当重合到永久性故障时，跳开三相并不再进行自动重合。

(3) 综合重合闸。综合重合闸适用于大电流接地系统，并具有三相重合闸和单相重合闸两种性能的重合闸装置。在相间短路时，保护切除三相断路器后进行三相重合闸；在单相接地短路时，保护只切除故障相，然后进行单相重合闸。综合重合闸装置具有单相重合闸、三相重合闸、综合重合闸及重合闸停用四种运行方式。

在综合重合闸装置，为了满足与各种保护之间的配合，一般设有四个端子，即 M、N、Q、R 端子。

M 端子接非全相运行中可能误动的保护，如距离Ⅰ、Ⅱ段和零序电流保护Ⅰ、Ⅱ段，在非全相运行中当不采取其他措施时，应将它们闭锁。

N 端子接非全相运行仍然继续工作的保护，如相差高频保护。

Q 端子接入的保护无论什么类型的故障都必须切除三相，然后进行三相重合的保护。

R 端子接入的保护是只要求直跳三相断路器而不进行重合闸的保护，如长延时的后备段保护。

(4) 停用方式。线路上发生任何形式的故障均跳开三相并不进行自动重合。

四、双端电源线的三相一次重合闸的配置

双端电源的线路，除在线路两侧均装设重合闸装置外，在线路一侧还装设检定线路无电压的继电器，另一侧装设检定电压同步的继电器。当线路故障，两侧断路器跳闸时，检定线路无电压的一侧，重合闸首先动作合闸；如重合不成功，断路器再次跳闸，此时，线路另一侧无电压，检定电压同步的继电器不动作，该侧重合闸也不启动，断路器重合，线路恢复运行。

这样，检定线路无电压的一侧断路器如重合不成功，就要两次切断短路电流，工作条件较恶劣，为了解决这个问题，通常在线路每侧都装设检定线路无电压的继电器和检定电压同步的继电器，定期切换，使两侧断路器轮流使用这两种检定方式，使两侧断路器工作的条件接近相同。

检定线路无电压的重合闸一侧，当其断路器在正常运行情况下由于某种原因而跳闸时，若对侧未跳闸，线路上有电压，则不能实现重合。为了解决这个问题，通常都是在检定无电压的一侧同时投入同步检定继电器。

五、自动重合闸的运行规定

(1) 重合闸的使用：①一般的三相重合闸，多用于电网联系紧密、稳定性较好的中短线路上；②区分故障类型的三相重合闸，用于电网联系紧密、有稳定问题的中短线路上；③综合重合闸，用于中长线路上。综合重合闸装置有单相重合方式、三相重合方式、综合重合方式、停用方式四种运行方式，由专用的切换把手控制。

(2) 为防止非同期重合或电势角过大重合，根据系统的具体要求，在三相重合闸中增加检线路无电压或检同期等附加控制元件。

(3) 重合闸的使用方式与启、停由调度根据运行方式和系统稳定的有关要求作出具体规定，各厂、站运行人员严格按调度的有关规定执行。

(4) 对线路（含旁路代）有两套重合闸的，两套重合闸把手和重合闸时间连接片位置必须一致，只投一套重合闸的合闸连接片（若有高频保护的两套装置，若两套均有高频保护，则可投任意一套）。若一套重合闸装置异常，处理时可按该装置保护运行规定执行。

(5) 重合闸装置在下列情况下应停用：①由于运行方式的临时改变，无附加控制元件的三相重合闸可能出现非同期重合或电势角过大重合时，应停用三相重合闸；②受附加元件控制的三相重合闸装置，在其控制元件失效时，应停用三相重合闸；③用旁路断路器代送或母联断路器代送时，旁路断路器或母联断路器不具备与代送设备相同的控制元件时，应停用三相重合闸；④断路器遮断容

量不足；⑤线路断路器连续切断故障电流，超过规定次数；⑥终端变电站的主变压器差动保护或重气体保护停用、主变压器断路器检修；⑦空充线路或线路变压器组时；⑧重合后能引起系统稳定破坏；⑨线路有带电作业人员作业；⑩装置异常。

课题七　按频率自动减负荷装置

一、学习目标

掌握按频率自动减负荷装置的作用、基本工作原理和运行注意事项。

二、按频率自动减负荷装置的作用

当发电机发出的总功率大于用户的总功率时，系统频率升高；当系统中发出的功率不足时，系统频率将下降，功率缺额越大，频率下降越严重。对大多数用户来说，工作的机械是电动机，当频率下降时，不仅电动机出力下降，而且会影响产品质量。对电力系统来说，频率下降，汽轮机和电气设备的安全经济运行都受到了极为严重的影响。

当系统发生故障时，一般受端频率下降，有可能导致电网失步，系统瓦解，为此，必须装设自动按频率减负荷装置。

按频率自动减负荷装置（简称 ZPJH 装置）根据频率下降的程序，自动地断开一部分不重要负荷，阻止频率下降，进而使频率迅速恢复正常值。装设 ZPJH 装置可以保证对重要用户的供电，还可以避免由于频率下降引起的系统瓦解事故。

三、ZPJH 装置的工作原理

ZPJH 装置由反映频率变化的低频率继电器、时间继电器、中间继电器和信号继电器组成，其接线如图 12 - 30 所示。

当系统频率低至低频率继电器的整定值时，低频率继电器动作，启动时间继电器，时间继电器的延时动合触点闭合，启动中间继电器，断开相应的负荷，同时闭锁跳闸断路器的重合闸装置（图中未画出）。

各级低频率继电器整定值由调度部门统一计算，根据系统的特点确定应切除的负荷量。

时间继电器的整定时限应按躲过电动机负荷的反馈时间来整定。

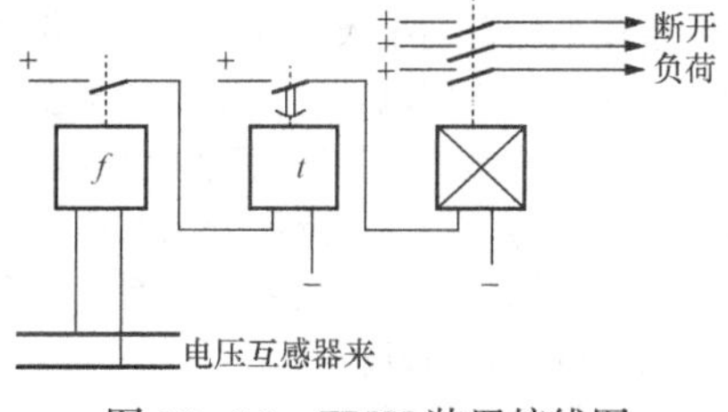

图 12 - 30　ZPJH 装置接线图

四、实现按频率减负荷的基本原则

(1) ZPJH 装置的配置及切除负荷的容量应根据各种运行方式下事故时，整个系统或其他各级可能发生最大功率缺额来定。

(2) 为提高供电的可靠性，应尽可能少地切除负荷。因此，切除负荷的总值应根据频率下降的程度及负荷的重要程度分级，最不重要的负荷安排在第一级，频率降低时首先切除，较重要一些的负荷安排在第二级，依次类推。

(3) ZPJH 装置第一级动作频率的确定要兼顾系统运行的稳定性和供电的可靠性。

(4) ZPJH 装置最后一级的动作频率是由系统允许的最低频率确定的。

(5) ZPJH 装置各级的动作应有选择性，即前一级动作后，不能制止频率继续下降，后一级才动作。

(6) ZPJH 装置各级动作后，频率恢复，其稳定值与切除负荷的多少有关，为了不过多切除负荷，切除负荷后的频率不一定恢复到额定值，进一步恢复可由调度指挥运行人员处理。

(7) 为了防止 ZPJH 装置在系统振荡或系统电压急降时误动作，一般 ZPJH 装置带有 0.5s 的动作时限。

五、ZPJH 装置的运行

(一) 防止 ZPJH 装置误动的措施

(1) 加速自动重合闸或备用电源自动投入装置的动作时间，缩短供电中断时间，从而使频率降低得少些。

(2) ZPJH 装置的动作时限要大于从反馈电压频率降低到 ZPJH 装置动作值时起，至反馈电压降低到额定电压的 15%之间的时间。

(3) 加电流闭锁或加电压闭锁。

(4) 采用按频率自动重合闸来纠正。

(二) 运行注意事项

(1) 启用 ZPJH 装置时，应先投入交流电源，后投入直流电源。停用时顺序与此相反。

(2) 切换电压互感器时，应先停用 ZPJH 装置，切换完毕后再投入。

(3) ZPJH 装置在投入或退出某断路器跳闸连接片时，应同时投入或退出重合闸闭锁连接片（即重合闸放电连接片）。

(4) 停用低频减载装置时，只打开跳闸连接片，不打开放电连接片是不行的。因为在停用低频减载装置期间，如果线路有故障，保护动作使断路器跳闸而重合闸装置中的电容器已经被低频减载装置的触点所短路，无法发出合闸脉冲，断路器不能重合，将会延长发生瞬时性故障线路的停电时间。

(5) 巡视检查时应检查二次电压回路是否完好，工作指示灯指示是否正常，应投入的连接片是否已投入。

课题八 备用电源自动投入装置

一、学习目标

掌握备用电源自动投入装置的基本工作原理和投入装置的运行。

二、备用电源自动投入装置的作用与投入方式

备用电源自动投入装置就是当工作电源因故障被断开后，能自动、迅速地将备用电源投入工作或将用户切换到备用电源上，使用户不至于停电的一种装置，简称 BZT 装置。

变电站的 BZT 装置一般装设在：①变电站的站用电；② 由双电源供电的变电站，其中一个电源经常断开作为备用；③降压变电站内有备用变压器或互为备用的母线段。

常用备用电源自动投入方式有以下几种：

(1) 变压器自动投入。

(2) 线路自动投入。

(3) 线路和变压器综合自动投入。

(4) 母联断路器自动投入。

三、自动投入装置的原理

1. 备用变压器自动投入装置的原理

图 12-31 所示为备用变压器自动投入装置原理接线图。图中工作电源与备用电源都带额定电压；工作变压器 T1 运行，QF1、QF2 合闸，变压器 T0 备用，QF3、QF4、QF5 断开；闭锁开关 SA 处于连锁位置，电压互感器 TV1、TV2 投入运行。

该装置分两个部分：

(1) 低电压启动部分。其作用是当母线因各种原因失去电压时，断开工作电源，主要包括闭锁开头 SA，两个低电压继电器 KV1、KV2，过电压继电器 KV，过电压重动继电器 K2 和出口中间继电器 K3。正常运行时，SA 单数触点接通，KV1、KV2 动断触点断开，KV 动合触点闭合，K2 动合触点闭合，为启动做好准备。

(2) 自动重合闸部分。其作用是当工作电源的断路器断开后，将备用电源的断路器投入。自动重合闸部分由中间继电器 K4 与 K1 组成。闭锁中间继电器 K4 具有瞬时动作、延时返回的特点。正常运行时，K4 线圈经 QF2 辅助动合触点 2-2 带电，当其线圈失电后，触点经 0.5～0.8s 才断开。

QF2 断开后，K4 失电，但在 K4 触点打开之前，由 QF2 辅助动断触点启动自动合闸中间继电器 K1，K1 启动后，其动合触点闭合，分别合上 QF3、QF4。

因系统故障，高压工作电源消失，虽然母线失压，但 QF1、QF2 均未断开，这时由低电压继电器

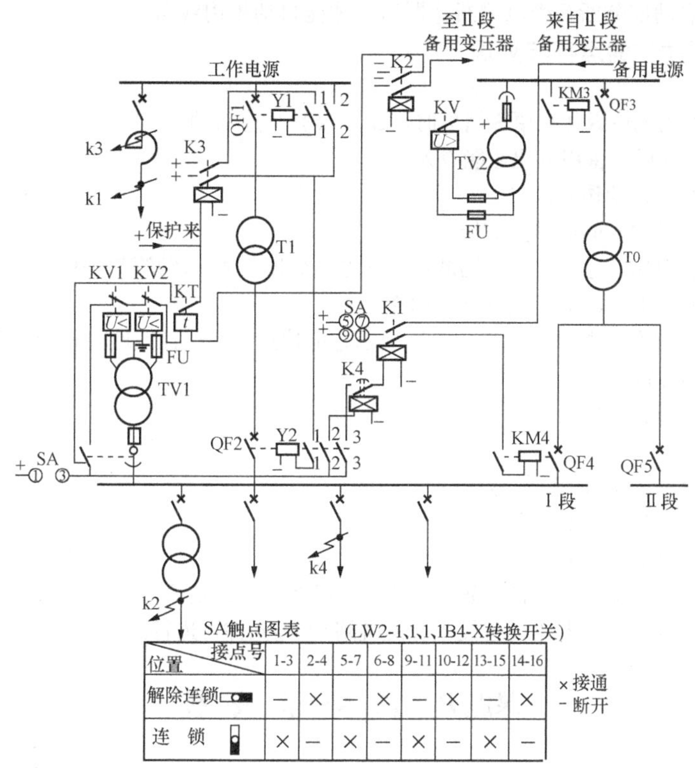

位置 \ 接点号	1-3	2-4	5-7	6-8	9-11	10-12	13-15	14-16
解除连锁	—	×	—	×	—	×	—	×
连　锁	×	—	×	—	×	—	×	—

图 12-31　备用变压器 BZT 装置原理接线图

启动，经一定延时，启动出口中间继电器 K3，断开 QF1、QF2。

如果 BZT 装置将备用变压器自动投入到永久故障上，则由 QF4 的保护动作，切除故障。由于 K4 线圈在 QF2 重新合闸以前是断开的，所以保证了 BZT 装置只动作一次。

闭锁开关 SA 用于手动投入或解除 BZT 装置。

两个低电压继电器线圈按 V 形连接于相间电压上，其触点串接是为了防止一个熔断器熔断时，BZT 装置误动作。

监视备用电源电压的触点 K2 直接串接于低电压启动电路，保证只当备用母线有电压时，低压电压启动部分才能动作。

低电压启动的时限应尽量短，KR 一般整定在 1～1.5s，以便躲过直配线近端故障保护切除故障的时间。

2. 母线分段断路器的 BZT 装置

图 12-32 所示为母线分段器 BZT 装置原理接线图。正常运行时，两台变压器 T1、T2 同时运行，分段断路器 QF3 断开，T1、T2 互为备用。

当变压器 T1 发生故障时，继电保护装置动作，断路器 QF2 断开后，BZT 利用 QF2 辅助触点和延时返回中间继电器 K4 的触点，向分段断路器 QF3 发出短时合闸脉冲，QF3 合闸，于是Ⅰ段母线原负荷就由变压器 T2 继续供电。同理，变压器 T2 故障，保护切除 T2，一样可以实现备用电源自动投入。

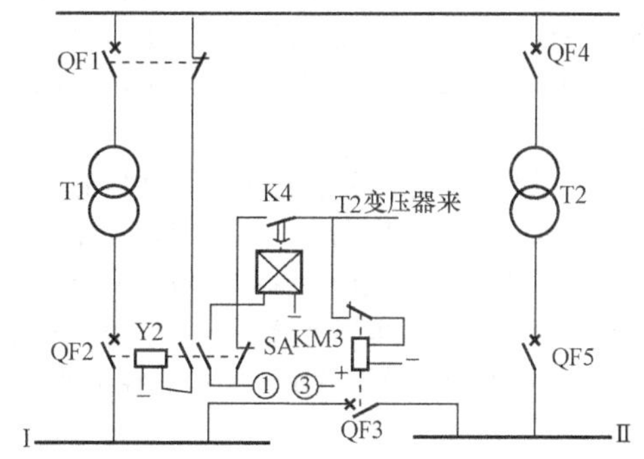

图 12-32　母线分段断路器 BZT 装置原理接线图

由于Ⅰ、Ⅱ段母线由同一电源供电，故省去了低电压启动部分，但双回互为备用的线路的 BZT 装置，则不能省去低电压启动部分，这是因为一条线路故障时，受电端的断路器往往不能跳闸，这时必须依靠低电压启动部分断开受电侧断路器后，才能自动投用线路。

四、BZT装置动作的运行与处理

1. 运行

(1) 工作母线电压无论因什么原因消失时，BZT装置均应启动。

(2) 工作电源断开后，备用电源才能投入。

(3) BZT装置只允许动作一次。

(4) BZT装置的动作时间应尽量缩短。

(5) BZT装置在电压互感器二次回路断线（熔断器熔断）时，不应该动作。

(6) 备用电源无电压时，BZT装置不应动作。

(7) 若BZT装置动作后投在故障点上，则要求它能快速，有选择性地将投入的备用电源断开，以确保无故障设备继续运行。

(8) BZT装置运行方式应灵活。

2. 处理

(1) 解除音响信号，复归掉牌信号。

(2) 把断路器控制开关旋至对应位置。

(3) 做好记录，向调度汇报。

(4) BZT动作后，密切监视负荷，防止变压器或某些设备过负荷。

(5) BZT动作不成功（即备用设备投入后又跳闸），不允许再进行试送。

课题九 故障录波器

一、学习目标

掌握故障录波器的启动、录波量和运行。

二、故障录波器的作用

故障录波器的作用就是当电网中某一输电线路发生故障时，利用装设在该线路上的装置可记录下该线路故障全过程的三相电流、三相电压（均含零相）的波形。由此看出故障时保护的动作状态、高频保护收发信情况，电流和电压的幅值与相位、本侧保护动作时间以及线路两侧高频保护收发信机发信和停信的时间、断路器分合时间等。当线路两侧装有自动重合时，同时可以看出线路两侧自动重合闸动作的全过程。总之，利用录波器可以正确地分析事故，评价保护，发现保护和断路器存在的问题，最大限度地减少原因不明事故。

三、故障录波器的启动和录波量

(1) 故障录波器的启动元件。装设在电网电气设备上的微机故障录波器正常情况下只作数据采集，只有当它的启动元件接收到故障时才进行录波。为了保证故障录波器可靠动作，要求故障录波器有良好的灵敏度，启动元件一般采用负序电压、低电压、过电压、零序电压、过电流和保护动作信号，开关跳闸信号。

(2) 录波器的输入及输出量。录波器的输入量有模拟量（所属于电气设备的交流电流、电压、高频信号）及开关量（所属电气设备保护动作与返回信号）两种。故障录波器的模拟量如前所述，交流电流输入回路一般与该设备保护的电流回路共用一组电流互感器，也有的单独用一组电流互感器。它的交流电压回路接线电压互感器（对于单、双母线）或线路电压互感器（对3/2断路器接线的出线元件）。这些输入量（模拟量及开关量）经录波器变换和处理以后就加工成录波器的输出量，打印成波形输出。

四、故障录波器运行规定

(1) 故障录波器（简称录波器）是分析电力系统事故、发现设备隐患、提高电力系统安全运行水平的重要装置，是保护装置的重要组成部分，故所有66kV及以上的线路、母线均应配置数量足够的录波器。

(2) 正常情况下录波器必须始终投入运行，并处于良好工作状态。因故停用时，必须经调度批准。

(3) 录波器的通道排列按调度下发的定值通知单严格执行，其振幅比例尺应以调度下发的各发电厂、变电站母线短路参数计算书为依据进行适当选择。

(4) 在装有微机录波器的现场，应备有软盘、绘图纸或打印纸，运行人员应根据现场装置运行规定，能进行更换软盘及装纸等操作。

(5) 对具有远传功能和对钟装置的微机录波器，运行人员应每季度进行一次后台机开机运行30min，并观察时间精确度，以防止时间偏差太大和微机电池充电不足等问题发生。

(6) 凡属直接录波的设备故障时，应在规定时间内尽快以电话汇报录波情况。不属直接录波的设备故障，但有保护动作、断路器跳闸或其他特殊需要时，在接到调度电话通知后，也应尽快向调度汇报录波结果。有条件的单位可先用电传报调度，各单位必须为继电保护人员及时前往变电站汇报录波结果提供必要的交通工具。

(7) 故障时，直接录波的单位或调度通知上报录波结果的单位，事故后应将各电气量测量数据、分析结果、保护动作情况及故障部位等填写录波报告表上报调度继电保护处，如录波失败，在录波报告表的照片粘贴处填写录波失败的空白表格上报，录波完好的统计以收到“录波报告表”为准。

(8) 运行值班人员必须按规定对运行的录波器进行巡视检查，当装置运作信号表示时，应记录动作时间及系统有无事故或操作。

思 考 题

1. 继电保护装置运行的一般规定和注意事项有哪些？
2. 什么是三段式电流保护？
3. 方向过电流保护的原理是什么？
4. 什么是距离保护？其运行有哪些规定？
5. 什么是高频保护？其运行有哪些规定？
6. 变压器气体保护的基本工作原理是什么？其运行有哪些规定？
7. 变压器差动的基本工作原理是什么？其运行有哪些规定？
8. 什么是变压器复合电压启动的过电流保护？
9. 母线保护的工作原理是什么？
10. 断路器失灵保护的运行有哪些规定？
11. 并联电容器组、并联电抗器和同步调相机继电保护的配置有哪些？
12. 简述微机型继电保护的特点。
13. 重合闸装置的基本工作原理及有关运行规定是什么？
14. 按频率自动减负荷装置的作用、基本工作原理和运行注意事项是什么？
15. 备用电源自动投入装置的基本工作原理是什么？
16. 什么是故障录波器的启动和录波量？运行的要求是什么？

模块四　设备的巡视检查与验收

第十三单元　设备巡视

课题一　正常巡视

一、学习目标

掌握设备巡视种类、方法、安全注意事项和正常巡视的内容。

二、巡视的规定

1. 巡视的种类

变电站设备的巡视检查分为例行巡视（含交接班巡视）、全面巡视、专业巡视、熄灯巡视和特殊巡视。

(1) 例行巡视是指对站内设备及设施外观、异常声响、设备渗漏、监控系统、二次装置及辅助设施异常告警、消防系统及安防系统完好性、变电站运行环境、缺陷和隐患跟踪检查等方面的常规性巡查，具体巡视项目按照现场运行规程执行。

(2) 全面巡视是指在例行巡视项目基础上，对站内设备开启箱门检查，记录设备运行数据，检查设备污秽情况，检查防火、防小动物、防误闭锁等有无漏洞，检查接地网及引线是否完好，检查变电站设备厂房等方面的详细巡查。

(3) 专业巡视指为深入掌握设备状态，由运维、检修、设备状态评价人员联合开展对设备的集中巡查和检测。

(4) 熄灯巡视指夜间熄灯开展的巡视，重点检查设备有无电晕、放电、接头过热现象。

(5) 特殊巡视指因设备运行环境、方式变化而开展的巡视。

2. 巡视周期

(1) 有人值守变电站分为例行巡视、全面巡视、熄灯巡视和特殊巡视。

1) 例行巡视、特殊巡视，按本单位《变电运行现场规程》规定执行。

2) 全面巡视、熄灯巡视每周应进行一次。

站长应每月进行一次巡视，严格监督、考核各班的巡视检查质量。

(2) 无人值守变电站分为例行巡视、全面巡视、专业巡视、熄灯巡视和特殊巡视。

1) 例行巡视。一类变电站每2天不少于1次，二类变电站每3天不少于1次，三类变电站每周不少于1次，四类变电站每两周不少于1次。配置智能机器人巡检系统的变电站可降低例行巡视频次。

2) 全面巡视。一类变电站每周不少于1次，二类变电站每15天不少于1次，三类变电站每月不少于1次，四类变电站每两月不少于1次。

3) 专业巡视。一类变电站每月不少于1次，二类变电站每季不少于1次，三类变电站每半年不少于1次，四类变电站每年不少于1次。

4) 熄灯巡视每月不少于1次。

5) 特殊巡视检查的内容，按本单位《变电运行现场规程》规定执行。

3. 巡视的一般要求

(1) 变电站生产现场应具备完善的安全措施和标识，施工区域必须与运行区域可靠隔离。

(2) 现场巡视用具应合格、齐备，变电站设备区应具备完善的照明。

(3) 例行巡视、全面巡视和专业巡视时，运维人员应持标准化巡视作业指导书（卡），巡视项目和标准按照各单位审定的标准化巡视作业指导书（卡）执行。

(4) 对于不具备可靠自动监视和报警系统设备的无人值班变电站，应适当增加巡视次数。

三、巡视设备时应遵守的安全规定

(1) 经本单位批准，允许单独巡视高压设备的人员，巡视高压设备时不准进行其他工作，不准移开或越过遮栏。

(2) 雷雨天气需要巡视室外高压设备时，应穿绝缘靴，并不准靠近避雷器和避雷针。

(3) 地震、台风、洪水、泥石流等灾害发生时，禁止巡视灾害现场。灾害发生后，如需要对设备进行巡视，应制订必要的安全措施，得到设备运维管理单位批准，并至少两人一组，巡视人员应与派出部门之间保持通信联络。

(4) 高压设备发生接地时，室内人员应距离故障点 4m 以外，室外人员应距离故障点 8m 以外。进入上述范围人员应穿绝缘靴，接触设备的外壳和构架时，应戴绝缘手套。

(5) 巡视室内设备，应随手关门，防止大幅振动。进入 SF_6高压室应提前进行通风 15min。

(6) 高压室的钥匙至少应有 3 把，由运维人员负责保管，按值移交。1 把专供紧急时使用，1 把专供运维人员使用，其他可以借给经批准的巡视高压设备人员和经批准的检修、施工队伍的工作负责人使用，但应登记签名，巡视或当日工作结束后交还。

四、巡视的基本方法

设备的巡视检查顺序应严格按照所辖变电站设备巡视标准作业指导书的巡视路线图来制订，主要方法如下：

(1) 眼看。用双目观察设备外表变化来发现异常现象，是巡视检查最基本的方法，如设备漆色的变化、裸金属色泽变化，充油设备油色变化、渗漏，设备破损裂纹、污秽等。

(2) 耳听。带电运行的设备，无论是静止的还是旋转的，在交流电压的作用下，有很多都能发出表明其运行状况的声音。如变压器正常运行时，会发出平稳、均匀、低沉的“嗡嗡的声音，这是交变磁场反复作用的振动的结果。值班人员随着经验和知识的积累，遇有异常时，就能通过声音的高低、节奏的变化判断出电气设备的运行情况。

(3) 鼻嗅。嗅觉功能因人而异，但对于电气设备有机材料过热所产生的气味，正常人都是可以识别的。值班人员在巡视过程中，一旦嗅到绝缘烧损的焦糊味，应立即寻找发热元件的具体部位，辨别其严重程度，如是否冒烟、变色，有无异音、异状，从而对症查处。

(4) 使用仪器检查。电气设备绝缘故障大多是在带电状态下由于过热老化引起的，利用红外线测温仪对设备各强流部位进行测试，可以及时发现过热异常情况。

五、设备巡视的具体内容

(一) 变压器（消弧线圈）及其附件的巡视

1. 变压器日常巡视

(1) 变压器的油温和温度计应正常，储油柜的油位应与温度相对应，各部位无渗漏油。

(2) 套管油位应正常，套管外部无破损裂纹、无严重油污、无放电痕迹及其他异常现象；套管渗漏油时，应及时处理，防止内部受潮损坏。

(3) 变压器声响均匀、正常。

(4) 各冷却器手感温度应相近，风扇、油泵、水泵运转正常，油流继电器工作正常，特别注意变压器冷却器潜油泵负压区出现的渗漏油。

(5) 水冷却器的油压应大于水压（制造厂另有规定者除外)。

(6) 吸湿器完好，吸附剂干燥。

(7) 引线接头、电缆、母线应无发热迹象。

(8) 压力释放器、安全气道及防爆膜应完好无损。

(9) 有载分接开关的分接位置及电源指示应正常。

(10) 有载分接开关的在线滤油装置工作位置及电源指示应正常。

(11) 一般情况下，气体继电器内应无气体。

(12) 各控制箱和二次端机构箱应关严，无受潮，温控装置工作正常。

(13) 干式变压器的外部表面应无积污。

(14) 变压器室的门、窗、照明应完好，房屋不漏水，温度正常。

(15) 现场规程中根据变压器的结构特点补充检查的其他项目。

2. 变压器的定期检查

(1) 各部位的接地应完好；并定期测量铁芯和夹件的接地电流。

(2) 强油循环冷却的变压器应作冷却装置的投切试验。

(3) 外壳及箱沿应无异常发热。

(4) 水冷却器从旋塞放水检查应无油迹。

(5) 有载调压装置的动作情况应正常。

(6) 各种标志应齐全明显。

(7) 各种保护装置应齐全、良好。

(8) 各种温度计应在检定周期内，超温信号应正确可靠。

(9) 消防设施应齐全完好。

(10) 室（洞）内变压器通风设备应完好。

(11) 储油池和排油设施应保持良好状态。

(12) 检查变压器及散热装置应无任何渗漏油。

(13) 电容式套管末屏有无异常声响或其他接地不良现象。

(14) 变压器红外测温。

3. 气体继电器的巡视检查

变压器气体继电器分为浮子式和挡板式两种。

(1) 气体继电器连接管上的阀门应在打开位置。

(2) 变压器的呼吸器应在正常工作状态。

(3) 气体保护连接片投入正确。

(4) 检查储油柜的储油柜在合适位置，继电器应充满油。

(5) 气体继电器防水罩应牢固。

4. 运行中潜油泵的巡视检查

(1) 应按变压器的正常巡视周期对潜油泵巡视检查。

(2) 轴承在正常下，暂定寿命为5000h，如发现声音异常和轴体温度偏高时，应加强监视，必要时更换轴承。

(3) 电源电压偏离额定电压±5%或一相断电时，应停机检查。

(4) 发现绝缘电阻过低（一般不应低于0.5MΩ）、电流过大或泵流量减小等情况时，均应停机检查。

(5) 新装泵在最初几天可能有杂物堵塞油路，应检查一次过滤器。

(6) 清洗尾端滤网时，应先停止运转，并关闭油泵前后蝶阀，取出滤网刷净后，再用变压器油洗毕回装。高寒地区气温过低时，应将停用的油泵和冷却器中的油排出，以免冻坏。

(二) 断路器、操动机构、隔离开关的巡视

1. SF_6 断路器的巡视检查项目

(1) 检查环境温度，若温度下降超过允许范围，应启用加热器，防止 SF_6 气体液化，驱潮电热应经常投入。

(2) 检查断路器各部位有无渗漏油现象，放油阀应关闭紧密。

(3) 检查断路器应无放电和其他异常声音。

(4) 断路器金具连接点和接头处应无过热及变色发红现象，金具无异常。

(5) 断路器实际分、合位置与机械、电气指示是否一致。

(6) 检查操动机构内应无异常，液压机构油位应正常，压力指示应正常，箱内应无渗漏油现象，活塞杆及微动开关（压力开关）位置正常，油泵打压次数应在规定范围内，弹簧机构应储能正常，加热器应能根据环境温度变化按照规定投入和退出。

(7) 断路器端子箱内端子连接良好，无锈蚀和严重受潮现象，各熔断器和小断路器无熔断和自动跳闸。

(8) 瓷质绝缘完好，无破损、裂纹、严重污秽和打火现象。

2. 空气断路器的巡视检查项目

(1) 检查压缩空气的压力是否正常。空气断路器储压筒气压应保持在（20±0.5）MPa气压范围

内，若超过允许气压范围，则应及时调整减压阀开度，使其达到允许工作压力。若工作气压过低，将降低断路器的灭弧能力；工作气压过高，将使断路器的机械寿命缩短。

(2) 空气系统的阀门、法兰、通道及储气筒的放气螺栓等应无明显漏气。如有漏气，可以听到“嘶嘶”的响声，同时耗气量增加，空气压力降低。

(3) 检查断路器的环境温度，应不低于5℃，否则应投入加热器。

(4) 检查充入断路器内的压缩空气的质量是否合格，要求其最大相对湿度应不大于70%。

(5) 检查各接头接触处是否接触良好，有无过热现象。

(6) 检查瓷套管有无放电痕迹和脏污。

(7) 检查绝缘拉杆是否完整，有无断裂现象。

(8) 检查空气压缩垫及其管路系统的运行，应符合正常运行方式，空气压缩机运转无其他异常声音。此外，空气压缩机缸外壳强度不得超过允许值，各级气压应正常，且应定期开启各储压罐的放油水阀门，检查有无水排出。排污时，应直到水排空为止。检查运转中的空气压缩机定期排污装置是否良好，排污电磁阀能否可靠开启和关闭及电磁线圈有无过热现象。

3. SF_6 断路器的巡视检查项目

(1) 检查环境温度。若温度下降超过允许范围，应启用加热器，防止 SF_6 气体液化，驱潮电热应经常投入。

(2) 检查 SF_6 气体压力应正常。其压力值按各厂家设备掌握，一般为0.4～0.6MPa、20℃。

(3) 检查断路器各部分通道有无异常（漏气声、振动声）及异味，通道连接头是否正常。

(4) 检查其绝缘套、瓷柱有无损伤、裂纹、放电闪络痕迹和脏污现象。

(5) 检查断路器触点、触头处有无过热及变色发红现象。

(6) 检查断路器分、合位置与机械、电气指示位置是否一致。

(7) 检查断路器的运行声音是否正常，断路器内有无噪声和放电声。

(8) 检查控制、信号电源是否正常，断路器控制柜内的“远方—就地”选择开关是否在远方的位置。

(9) 液压机构箱的油位是否正常，有无渗漏油现象。

(10) 气动机构的气体压力是否正常。

(11) 油泵的打压次数是否正常。

(12) 机构箱内的加热器是否按规定投入或退出。

4. 真空断路器的巡视检查项目

(1) 检查绝缘瓷柱有无破裂损坏、放电痕迹和脏污现象。

(2) 检查绝缘拉杆，应完整无裂纹，各连杆应无弯曲现象；断路器在合闸状态时，弹簧应在储能状态。

(3) 检查接头接触处有无过热现象，引线弛度是否适中。

(4) 检查分、合闸位置指示是否正确，并与当时实际运行情况相符合。

5. 操动机构的正常巡视检查项目

(1) 检查机构箱门是否关好；断路器在分闸状态时绿灯应亮，在合闸状态时红灯应亮；断路器的实际位置与机械指示器及红绿灯指示应相符。电磁式操动机构还应检查合闸熔断器是否完好。

(2) 对液压机构（气压）式操动机构，检查压力表指示，应在规定的范围（液压式还应检查传动杆行程和液压油的位置），外部通道应无漏油、漏气现象，电动机电源回路应完好，油泵启动次数在规定的范围内。

(3) 电磁式操动机构应检查直流合闸母线电压，其值应符合要求。当合闸线圈通电流时，其端子的电压应不低于额定电压的80%，最高不得高于额定电压的110%。分、合闸线圈及合闸接触器线圈应完好，无冒烟和异味。

(4) 弹簧式操动机构应检查弹簧状况。当其在分闸状态时，合闸弹簧储能。

(5) 根据环境气温情况，投退机构箱中的加热器或干燥灯。

(6) 机构箱内各电源小开关、熔断器、继电器应正常，合闸计数器、跳闸计数器及其他计数器计数应在规定的范围内。

（7）机构箱内二次接线及端子排应无松动和异常现象。

6. 断路器在操作时应重点巡视检查的项目

（1）根据电流、信号及现场机械指示检查断路器的位置。

（2）有表计（实时监控）的断路器应逐相检查负荷和电流情况。

（3）检查动力机构是否正常。

（4）发现异常情况时，应立即通知操作人员和专业人员，并进行有关的处理。

7. 隔离开关正常巡视检查项目

（1）应接触良好、不偏斜、不振动、不打火、触头不污脏、不发热、不锈蚀、无烧痕，弹簧和软线不疲劳、不锈蚀、不断裂。

（2）绝缘瓷质应清洁、无放电现象、无裂纹、不破损。

（3）隔离开关拉开断口的空间距离应符合规定。

（4）机构联锁、闭锁装置应良好，联动切换触点位置应正确，接触良好。

（5）转轴、齿轮、框架、连杆、拐臂、十字头、销子等零部件应无开焊、变形、锈蚀、位置不正确、歪斜、卡涩等不正常现象。

（6）操作箱密封良好，无损伤、下沉和倾斜。

（三）互感器、避雷器的巡视

1. 电压互感器的巡视检查项目

（1）油位、油色应正常，无异常气味，外表应清洁，无渗漏油现象。

（2）瓷质部分应清洁，无破损、裂纹、放电现象和放电闪络痕迹。

（3）呼吸器内硅胶应不变色。

（4）高、低压熔丝及小开关应接触良好，无断路、短路和异声。

（5）内部应无放电声和其他异声、异味。

（6）接地应良好，各部连接应牢固，无松动、过热现象。

（7）表计指示应正常，无异常信号。

2. 电流互感器的巡视检查项目

（1）瓷质部分应清洁、完整无损、无裂纹、不放电、无电晕声或放电痕迹。

（2）干式（树脂）电流互感器外壳无裂纹，无碳化脆皮发热熔化现象，无烧痕和冒烟现象，无异常气味。

（3）充油式电流互感器的油位、油色应正常，呼吸器完整，内部吸潮剂不潮解。

（4）应无异常声响（正常运行中声音均匀、极小或无声）。①“嗡嗡”声较大，可能铁芯穿芯螺栓夹得不紧，硅钢片松弛，也可能是因一次负载突然增大或过载等。②“嗡嗡”声很大，可能是因二次回路开路所致。③内部有较大“噼啪”放电声，可能是线圈故障。

（5）一次导线接头应无过热现象。

（6）二次回路一点接地应良好，各连接端子应紧固，二次线路和电缆无腐蚀和损伤，各种表计指示正确，无开路现象。

（7）外壳应清洁，无渗漏油、严重锈蚀、过热，基础应牢固，外壳接地应良好。

（8）一般不允许过载。如过载应加强监视，并详细记录过载时间、电流。

（9）电流互感器二次回路开路的检查可根据下列现象进行综合分析：①内部有“吱吱”放电声，交流互感声变大，并有振动感。②二次回路接线端子排可能有打火、烧伤或烧焦现象。③电流表或功率表指示为零，电能表不转动且伴有“嗡嗡”声。④差动保护、零序电流保护，由于开路后产生不平衡电流可造成误动。开路相一次发生故障时，相应的继电保护不动作，引起越级跳闸。⑤二次电压升高，可能引起放电，严重时会将绝缘击穿。⑥因互感器铁芯严重饱和而过热，使外壳温度升高，严重时会烧坏互感器。

3. 避雷器巡视检查项目

（1）瓷质应清洁无裂纹、破损，无放电现象和闪络痕迹。

（2）避雷器内部应无响声。

（3）放电计数器应完好，内部不潮湿，上下连接线完好无损。检查计数器是否动作，每月抄录一次计数器动作情况。

（4）引线应完整，无松股、断股。接头连接牢固，且有足够的截面积。导线不过紧过松，不锈蚀，无烧伤痕迹。

（5）底座牢固，无锈蚀，接地完好。

（6）安装不偏斜。

（7）均压环无损伤，环面应保持水平。

（四）电抗器、并联容器、耦合电容器、阻波器的巡视

1. 高压电抗器的巡视检查项目

（1）各部位有无严重积灰、污垢及渗漏油现象。

（2）运行声音正常，无异常的振动及放电声，必要时测量噪声不应大于 80dB（离油箱 0.3m 处）。

（3）温度计指示应正常，可进行互相比较或用手触摸外壳的同等环境温度相鉴别，温度计中应无潮气。

（4）储油柜及套管的油位应正常，高压套管如上浮球处于顶部则油位太高，下浮球处于底部则为缺油，如储油柜油位过高或过低时还应检查油位计有无故障，油箱有无严重漏油，呼吸是否畅通等，储油柜油位计中应无潮气。

（5）高压及中性点套管的瓷件表面应无污垢、破损、裂纹、闪络及放电声。

（6）套管连线接头应无松动、无发红、无冒水气、无冰雪融化等过热等现象，外壳及铁芯接地良好。

（7）硅胶应干燥（呈蓝色），硅胶受潮后则呈粉红色，受潮超过硅胶量的 70%左右时应进行更换处理；硅胶呼吸油杯、油面应正常，如过低，则应添变压器油，油已污染应更换；硅胶呼吸器的呼吸应畅通，在油封杯油中应有气泡翻动。

（8）底座固定块应无移位。

（9）压力释放装置应无漏油，如有喷油的痕迹或黄色指示棒伸出顶部则视为已动作过。

2. 低压电抗器的巡视检查项目

（1）电抗器各接头是否接触良好，有无过热现象。

（2）电抗器周围是否清洁无杂物，有无磁性物体。

（3）电抗器支持瓷绝缘子是否清洁无裂纹，安装是否牢固。

（4）电抗器室内空气是否流通、电抗器运行中环境温度不超过 35℃；电抗器室有无漏水，门栅关闭是否良好。

（5）运行声音正常，无异常振动、噪声和放电声。

（6）线圈无过热变色，绝缘材料及包扎物无变色、冒烟现象。

（7）各引线、连接桩头应接触良好，夜间无发红，雪天应无积雪融化过快现象。

（8）电抗器经检修后，在送电前需测量绝缘电阻（用 2500V 绝缘电阻表分相测量，其结果应不低于 1MΩ/kV）。

（9）在正常运行中，通过电抗器的工作电流不应超过其额定电流。

每次发生短路故障后要进行特殊巡视检查：检查电抗器是否有位移、支持绝缘子是否松动扭伤、引线有无弯曲、水泥支柱有无破碎、有无放电声及焦臭味等。

3. 并联容器的巡视检查项目

（1）电容器使用电压和运行电流不应超出厂家规定；投切应按调度提供的电压曲线确定。

（2）电容器箱体应无鼓肚、喷油、渗漏油，内部应无异声等现象；示温片不熔化。户内电容器的门窗应完整，关闭应严密，通风装置良好。

（3）瓷质部分应清洁、完整，无裂纹、电晕和放电现象，无松动和过热现象。

（4）引线不应过紧、过松，接头不应过热。

（5）与之相关的电抗器、放电电压互感器、熔断器、避雷器、引线等均应良好，接地应完好。

4. 耦合电容器（线路侧电容式电压互感器）的巡视

(1) 瓷质部分应清洁、完整、无裂纹、放电痕迹、放电现象。

(2) 引线应牢固，无松股、散股、断股，接地应良好，接地开关应完好，位置正确。

(3) 无渗油现象，无异声。

(4) 二次电压抽取装置的放电氖灯无放电（不应发亮)。

(5) 结合滤波器完整严密不漏雨。

5. 阻波器的巡视检查项目

(1) 检查导线有无断股，接头是否发热，螺栓是否松动。

(2) 安装应牢固，不准摇摆。

(3) 上部与导线间的绝缘子应清洁，销子、螺栓应紧固。

(4) 阻波器上不应有异物，构架应牢固。

(5) 支持绝缘子应牢固、清洁、无裂纹、无闪络痕迹及破损，底架接地应良好。

（五）母线、金具及绝缘子的巡视检查项目

1. 软母线巡视检查项目

(1) 软母线的表面应无断股，表面光滑整洁，无裂纹、麻面、毛刺、灯笼花，颜色应正常，无发热、变色、变红、锈蚀、磨损、变形、腐蚀、损伤或闪络烧伤。运行中应无严重的放电响声和成串的荧光，导线上无搭挂的杂物。

(2) 母线的连接部位接触应紧固，无松动、锈蚀、断裂、过热现象，发红放电不严重，无悬挂物。耐张绝缘子串连接金具应完整良好，无磨损、锈蚀、断裂。

(3) 母线无过紧过松现象，导线无剧烈振动现象。

2. 硬母线巡视检查项目

(1) 表面相色漆应清晰，无开裂、起层和变色现象，各部位示温片无熔化。

(2) 伸缩节应完好，无断裂、过热现象。

(3) 运行中不过负荷，无较大的振动声。

(4) 支持绝缘子应清洁，无裂纹、放电声及放电痕迹。

(5) 母线各连接部分的螺栓应紧固，接触良好，无松动、振动、过热现象。

(6) 各部位发热的判断：①检查示温片；②检查色漆变色情况；③检查雨后局部干燥和蒸汽情况；④导线接头变色与相邻设备比较鉴别；⑤检查霜雪融化情况；⑥用绝缘棒、蜡杆带电测试有无过热；⑦用测温仪带电测量温度。

3. 金具的巡视检查项目

(1) 检查导线，铜、铝排和连接用金具的连接部分接触是否良好，应无断股、散股现象。

(2) 检查线夹有无发热现象。

1) 检查方法。观察变色漆或示温蜡片有无变色和熔化，用远红外测温仪或半导体测温计进行测试。

2) 各接头温度要求。一般接头不超过70℃；当其接触面处有可靠锡覆盖层时，不超过85℃；当接触面有可靠银覆盖层时，不超过95℃；闪光焊接时，不超过100℃。

(3) 母线伸缩接头是否有裂纹、折皱或断股现象。

4. 绝缘子在运行中的正常巡视检查项目及要求

(1) 检查绝缘子本体应完好、无损坏和裂纹。

(2) 检查绝缘子瓷质部分不应被尘土或其他污染物污秽，金属部分无严重锈蚀和严重磨损，充油式瓷套管应无渗漏油现象，充膏式瓷套管应无流膏现象。

(3) 检查绝缘子有无闪络痕迹。

（六）电力电缆的巡视检查项目

1. 电缆一般巡视检查项目

(1) 电缆终端绝缘子应完整、清洁、无裂纹和闪络痕迹，支架牢固、无松动锈蚀、接地良好。冷缩工艺铰链电缆终端无开裂现象。

(2) 外皮无损伤、过热现象，无漏油、漏胶现象，金属屏蔽皮接地良好。

(3) 根据负荷、温度、电缆截面积判断是否过负荷。

(4) 检查电缆有无异味。

(5) 接头连接应良好，无松动、过热现象。

(6) 检查充油式电缆油压是否正常。

(7) 电缆隧道及电缆沟内支架必须牢固，无松动或锈蚀，接地应良好。

2. 对安装在隧道竖井和电缆沟内的电缆的巡视检查

对于安装在隧道、竖井和电缆沟内的电缆，每三个月进行一次巡视检查，其项目和要求如下。

(1) 电缆沟盖板应完好无缺。对于敷设在地下的电缆，应检查其所经过的路面有无挖掘工程及其他损坏覆盖层的施工作业，路线标桩是否完整无缺等。

(2) 电缆隧道及电缆沟支架必须牢固、无松动和锈蚀现象，接地应良好。

(3) 电缆隧道及电缆沟内不应积水或堆积杂物和易燃品，防火设施应完善。

(4) 电缆标示牌应无脱落，电缆铠甲和保护管应完整、无锈蚀。

(5) 电缆线路上不能堆置瓦石、矿渣、建筑材料、笨重物件、酸碱性排放物或砌堆石灰垢等。

(6) 充油电缆油压应正常，报警装置应处于完好状态，压力箱、阀门和管道等处应无漏油。

(7) 多根电缆并列要检查电流分配情况。

3. 对电缆头的巡视检查

对室内电缆头每日检查一次，对室外电缆头每周或每月检查一次，其检查内容如下：

(1) 电缆终端头绝缘子应完整、清洁、无闪络放电现象。外露电缆的外皮应完整，支撑应牢固，外皮接地应良好。

(2) 电缆终端头应无漏油、溢胶、变形等现象，铅包及封铅应无裂纹等现象。

(3) 引出线的连接线夹应紧固，应使用带电测温仪测量其温度，要求不超过70℃。

(4) 电缆头上应无杂物，如鸟巢等。

(5) 电缆终端头接地线必须良好，无松动、断股和锈蚀现象，相序色应明显。

(6) 电缆中间头应无变形和过热。

(七) GIS设备与调相机的巡视

1. GIS设备巡视检查项目

(1) 检查并记录好各气室的SF_6气体压力及当时环境温度。

(2) 注意辨别各种异常声音，如放电声、励磁声等。

(3) 注意辨别外壳、扶手端子等处温升是否正常，有无过热变色，有无异常气味。

(4) 检查法兰、螺栓、接地导体的外部连接部分有无生锈。

(5) 检查操动机构联板、联杆有无脱落下来的开口销、弹簧、挡圈等连接部件。

(6) 检查压缩空气系统和油压系统中储气（油）罐、控制阀、管路系统密封是否良好，有无漏气、漏油痕迹，油压和气体是否正常。

(7) 检查结构是否变形、油漆是否脱落、气体压力表无生锈和损坏、SF_6气体管路和阀门有无变形、导线绝缘是否完好。

(8) 检查SF_6气体监控箱（GMB）门是否关紧，箱内有无受潮、生锈等情况。

(9) 检查动作计数器的指示状态和动作情况。

(10) 检查合、分指示器及指示灯显示是否正确。

(11) GIS设备盘面检查：①继电器。检查各保护有无动作指示灯亮。②压力表。检查各断路器、隔离开关及母线气室、电压互感器气室等压力表指针是否在正常范围内。③检查断路器、隔离开关等设备的位置指示是否处于正常状态位置。④检查断路器分、合闸机构是否加挂保安锁，各仓位面板是否关紧，仓位前后密封是否良好，应防止有小动物进入。

2. 调相机的巡视检查项目

(1) 定子电压、电流、温度及转子主励的电压、电流及温度应正常。各运行参数不应超过规定的额定值。

(2) 轴瓦温度及轴承的进出油油温、油压、流量均应正常，轴头无甩油现象。

(3) 集电环、整流子及电刷应清洁，无冒火、过热、变色等异常现象。

(4) 从窥视孔观察线圈应无流胶、变色、冒烟等异常现象。

(5) 机组各处振动、摩擦声音应正常，并应定期进行测量。

(6) 水泵（包括深井泵）和油泵的温度、压力、流量及转动声音正常，轴承不过热，无异声，不甩油，振动正常。管道阀门不漏油、漏水，开闭位置正确。

(7) 风控及空气冷却器不漏水，低温时不结露。

(8) 机组风道不漏风，进出风温、风量应正常，风道不阻塞。

(9) 冷却水池干净，无青苔和杂草等污物，水面不过低，各滤水网应不堵塞。

(10) 保护装置齐全，信号和自动装置仪表指示正确，不报警，无异状。

(11) 调相机引线及励磁回路接头不过热。

(12) 油箱、水箱液面正常。

(13) 水、油冷却器运行应正常，各部位的油压、水压、流量、温度应合格。

(14) 主机、附属设备、管道、上下平台应清洁。

（八）二次设备的巡视检查项目

1. 直流系统巡视检查的内容

(1) 直流母线电压应正常。

(2) 直流盘。①表计及信号灯检查，判断直流系统运行是否正常；②各控制开关、隔离开关等状况及位置应正确，试验正常；③熔断器良好，熔丝配置应合理。

(3) 蓄电池。①检查、测量单个电池电压、密度（对非密封铅酸蓄电池）；②电池极板状况，电池底部脱落物；③容器外观及液面在允许范围内；④各电池连接部分连接牢固无腐蚀。

(4) 蓄电池室。①室内温度在允许范围内；②室内照明、通风及其他附属设备完好。

(5) 充电设备。①整流变压器无过热、整流元件运行良好；②在规定运行位置稳压运行良好。

2. 主控制室、继电保护室内及10（6）kV配电室内设备正常巡视检查项目

(1) 无异声和焦味。

(2) 所有仪表、信号、指示灯均应与运行状况相一致，指示正确。

(3) 保护连接片位置正确（应与实际相符合）。

(4) 系统三相电压平衡（近似），并在规定的范围内。

(5) 电源联络线、变压器主断路器的三相电流表应近似平衡。

3. 二次回路及继电保护、自动装置的巡视检查项目

(1) 检查模拟盘各元件的位置指示是否与实际运行工况一致。

(2) 检查中央信号是否正常。

(3) 检查控制屏（监控系统各运行参数）各仪表指示是否正常，有无过负荷现象；母线电压三相是否平衡、正常；系统频率是否在规定的范围内。

(4) 检查控制屏各位置信号是否正常。

(5) 检查变压器远方测温指示和有载调压指示是否与现场一致。

(6) 检查二次回路及继电保护各元件有无异常，接线是否坚固，有无过热、异味、冒烟现象。

(7) 检查交直流切换装置工作是否正常。

(8) 检查继电保护及自动装置的运行状态、运行监视是否正确。

(9) 继电保护及自动装置屏上各小开关、把手的位置是否正确。

(10) 检查继电保护及自动装置有无异常信号。

(11) 核对继电保护及自动装置的投退情况是否符合调度命令要求。

(12) 检查高频通道测试数据是否正常。

(13) 检查记录有关继电保护及自动装置计数器的动作情况。

(14) 检查屏内电压互感器、电流互感器回路有无异常。

(15) 检查屏内照明和加热器是否完好和按要求投退。

(16) 检查主控制室正常照明及事故照明是否正常。

(17) 微机保护的打印机运行是否正常，有无打印记录。

(18) 检查微机录波保护和录波器的定值和时钟是否正常。

4. 对二次回路综合巡视检查项目

(1) 检查二次设备，应无灰尘，绝缘处于良好状态。值班人员应定期对二次线路、端子排、控制仪表盘和继电器的外壳等进行清扫，清扫时要谨慎，严防误碰设备。

(2) 检查表针，指示应正确，无异常（每班抄表时进行）。

(3) 检查监视灯、指示灯应正确，光字牌应良好，保护连接片应在要求的投或切位置（交接班时进行）。

(4) 检查信号继电器是否掉牌（在保护动作后进行）。

(5) 检查警铃、蜂鸣器应良好。

(6) 检查继电器的触点、线圈外观应正常，继电器运行应无异常现象。

(7) 检查保护的操作部件，如熔断器、隔离开关，保护方式切换开关、断路器、连接片，电流、电压回路的试验部件应处在正确位置，并接触良好。

(8) 各类保护的工作电源应正常可靠。

(9) 若断路器跳闸，要检查保护动作情况，并查明原因。试送时必须将所有保护装置的信号复归。

5. 操作把手运行中检查维护项目

(1) 控制把手操作时用力要适当，不得过猛，防止损坏。

(2) 运行中的控制把手应检查与开关位置、灯光、信号、仪表的指示相对应。

(3) 检查控制把手的导线应压接牢固，多股线不应有破股支出。

(4) 检查标号应齐全，并与图纸相符。

(5) 手柄在盘面上组装牢固可靠，使之在操作时灵活。

(6) 手柄应保持清洁，并应标明用途，切换位置也应标志明确，防止操作错误。

(九) 设备外壳接地、基础及构支架、房屋结构及围墙的巡视检查项目

1. 设备外壳接地、基础及构支架

(1) 各设备外壳及构架接地应完好，接地引下线无脱焊，固定牢固。

(2) 设备基础无下沉、冻鼓现象。

(3) 构支架无倾斜，无严重锈蚀。

(4) 混凝土杆无严重裂纹现象。

(5) 电缆沟、排水沟畅通不积水。

2. 房屋结构及围墙的巡视检查项目

(1) 检查房屋及地基有无裂纹、移动、下沉现象，避雷针及其他构架是否良好。

(2) 检查下水道是否清洁及畅通。

(3) 检查大门及护网是否完好。

(4) 检查室内门窗是否完好，有无损坏及漏水现象。

(5) 检查百叶窗及通风窗有无进水，是否飘入雪，地面及墙面有无水渍。

(6) 检查电缆盖板是否齐全完好。

(7) 检查屋顶是否完好，阴沟有无堵塞。

(8) 围墙应无裂纹，走道应畅通。

(9) 环境应清洁，检查变电站围墙外有无堆积草等易吹入有电设备的杂物。

课题二 设备的特殊巡视

一、学习目标

掌握对设备特殊巡视检查的内容及应注意的安全事项。

二、设备进行特殊巡视的规定

1. 对设备需要进行特殊巡视的规定

遇有以下情况，应进行特殊巡视：

(1) 天气变化时，如大风后，雷雨后，冰雪、冰雹、雾天。

(2) 新设备投入运行后，设备经过检修、改造或长期停运后重新投入系统运行后。

(3) 设备缺陷有发展时。

(4) 设备发生过负荷或负荷剧增、超温、发热、系统冲击、跳闸、有接地故障等异常情况。

(5) 法定节假日、上级通知有重要保供电任务时。

(6) 电网供电可靠性下降或存在发生较大电网事故（事件）风险时段。

2. 对变压器进行特殊巡视的规定

在下列情况下应对变压器进行特殊巡视检查，增加巡视检查次数：

(1) 新设备或经过检修、改造的变压器在投运 72h 内。

(2) 有严重缺陷时。

(3) 气象突变（如大风、大雾、大雪、冰雹、寒潮等）时。

(4) 雷雨季节特别是雷雨后。

(5) 高温季节、高峰负载期间。

(6) 变压器急救负载运行时。

3. 天气变化或设备突变时应重点巡视的内容

(1) 天气暴热时，应检查各种设备的温度、油位、油压、气压等的变化情况，检查油温、油位是否过高，冷却设备运行是否正常，油压和气压变化是否正常，检查导线，触点是否有过热现象。

(2) 天气骤冷时，应重点检查充油设备的油位变化情况，油压和气压变化是否正常，加热设备运行情况，触头有无开裂、发热等现象，绝缘子有无积雪结冰，管道有无冻裂等现象。

(3) 大风天气时，应注意临时设施牢固情况，导线舞动情况及有无杂物刮到设备上的可能性，接头有无异常情况，室外设备箱门是否已关闭好。

(4) 降雨、雪天气时，应注意室外设备触点、触头等处及导线是否有发热和冒气现象，检查门窗是否关好，屋顶、墙壁有无漏水现象。

(5) 大雾潮湿天气时，应注意套管及绝缘部分是否有污闪和放电现象，必要时关灯检查。

(6) 雷击后应检查绝缘子、套管有无闪络痕迹，检查避雷器是否动作。

(7) 设备过负荷明显增加时，应检查设备触点触头的温度变化情况，变压器严重过负荷时，应检查冷却器是否全部投入运行，并严格监视变压器的油温和油位的变化，若有异常及时向调度汇报。

(8) 当事故跳闸时，运行人员应检查一次设备有无异常，如导线有无烧伤、断股，设备的油位、油色、油压是否正常，有无喷油异常情况，绝缘子有无闪络、断裂等情况；二次设备应检查继电保护及自动装置的动作情况，事件记录及监控系统的信号情况，微机保护的事故报告打印情况，故障录波器录波情况；所用电系统的运行情况等。

三、特殊状况下对设备进行巡视的内容

（一）变压器的巡视

1. 运行变压器的特殊巡视与检查

(1) 过负荷运行。监视油温和油位变化、触头温度及冷却器的运行，做好异常情况记录，及时汇报，向有关调度请求调正负荷。

(2) 变压器气体下浮子动作跳闸后：①收集气体继电器的气体进行色谱分析。如无气体，应检查二次回路、气体继电器的接线柱及引线绝缘是否良好；②检查油位、油温、油色有无变化；③检查防爆管是否破裂喷油或防爆器红点是否弹出；④检查变压器外壳有无变形，焊缝是否裂开喷油。

(3) 变压器油面过高或有油从储油柜中溢出：①检查变压器负荷和温度是否正常；②是否为环境温度过高引起溢油；③如无以上情况，则可能为呼吸器或油标管堵塞造成假油位。

(4) 变压器过电流保护动作：①检查母线及母线上设备有无短路；②变压器侧保护是否动作，线路保护有无动作或拒动。

(5) 变压器发出异常声音。应检查：①过负荷情况；②系统中是否有接地或短路情况；③系统中有无大电动机启动，使负荷变化较大情况；④个别零件松动，并考虑内部故障。

2. 新装或检修后变压器在投运前的检查

(1) 变压器本体应无缺陷，外表整洁，无渗油和油漆脱落现象。

(2) 变压器绝缘试验应合格，项目齐全，无遗漏项目，各项目试验报告齐全。

(3) 变压器各部油位应正常，各阀门的开闭位置应正确，油的简化试验、色谱分析和绝缘强度试验应合格。

(4) 变压器外壳接地应良好，接地电阻合格，铁芯接地、中性点接地、电容套管接地端接地应良好。

(5) 各侧分接开关位置应放置在调度要求的挡位上，并三相一致。有载调压变压器，电动、手动操作指示均应正常。各挡直流电阻测量应合格，相间无明显差异，与历年测试值比较相差不大于±2%。

(6) 基础应牢固稳定，轱辘应有可靠的制动装置。

(7) 保护、测量、信号及控制回路的接线应正确，保护按整定书校验动作试验正确，记录齐全，保护连接片在正常位置，且验收合格。

(8) 冷却器试运转，自启动信号装置的切换、启动应正常，油泵、风扇转动方向应正确，无异声。

(9) 呼吸器油封应完好、过气畅通、硅胶不变色。

(10) 主变压器引线对地及相间距离应合格，各部导线应紧固良好，无过紧过松现象，35kV (10kV) 侧应贴有示温蜡片。

(11) 防雷保护应符合规程要求。

(12) 防爆管内部应无存油，玻璃应完整，其呼吸小孔螺栓位置应正确。防爆器红点不弹出，动作发信试验正常。

(13) 变压器安装的坡度应合格。沿气体继电器方向的变压器坡度应为1%～1.5%，变压器油箱到储油柜的连接管坡度应为2%～4%。

(14) 接线正确，接线组别能满足电网运行要求。二、三次侧必须与其他电源核相正确，无误后方可并列，相位漆应标示正确、明显。

(15) 温度表指示正确（就地、遥测）。

(16) 套管升高法兰、冷却器顶部和气体继电器各部位应放气。强迫油循环变压器投运前，应启动全部冷却设备并运行较长时间，将残留空气逸出。如气体继电器上浮子动作，则应放气，如连续动作则可能为有漏气点，不得投运。

(17) 变压器上无遗留物，临近的临时设施应拆除，永久设施应布置完毕，现场干净，上下变压器的扶梯应挂“禁止攀登，高压危险!”字样标志牌。

(18) 一、二次安装或大修工作票应全部工作结束，工作人员全部撤离现场。

3. 新投入或大修后变压器的运行巡视

(1) 正常音响为均匀的“嗡嗡”声，如发现响声特大且不均匀或有放电声，应判断为变压器内部有故障。运行值班人员应立即分析并汇报，请有关人员鉴定。必要时将变压器停下来做试验或吊芯检查。

(2) 油位变化情况应正常，包括变压器本体、有载调压、调压套管等油位。如发现假油位应及时按以下几点查明原因：①油标管堵塞；②呼吸器堵塞；③安全气道气孔堵塞；④薄膜保护或储油柜在加油时未将空气排尽。

(3) 用手摸散热器温度是否正常，以证实各排管阀门是否均已打开。手感应与变压器温度指示一致，各部位温度应基本一致，无局部发热现象，变压器带负荷后油温应缓慢上升。

(4) 监视负荷变化，三相表计应基本一致，导线连接点应不发热。

(5) 瓷套应无放电、打火现象。

(6) 气体继电器应充满油。

(7) 防爆玻璃应完整，防爆器红点不弹出，无异常信号。

(8) 各部位应无渗漏油。

(9) 冷却器油泵、风扇运转应良好，无异常信号。

4. 新安装或大修后的有载调压变压器在投入运行前，运行人员对有载调压装置的巡视

(1) 有载调压装置的储油柜油位应正常，外部密封应无渗漏，控制箱防尘良好。

(2) 检查有载调压机械传动装置，用手摇操作一个循环，位置指示及动作计数器应正确动作，极限位置的机械闭锁应可靠动作，手摇与电动控制的连锁也应正常。

(3) 有载调压装置电动控制回路各接线端子应接触良好，保护电动机用的熔断器，其额定电流与电动机容量应相匹配（一般为电动机额定电流的2倍），在主控制室电动机操作一个循环，行程指示灯、位置指示盘、动作计数器指示应正确无误，极限位置的电气闭锁应可靠。

(4) 电动操作两循环紧急停止按钮应可靠。

(5) 有载调压装置的气体保护应接入跳闸。

(6) 检查分接开关电动机构箱安装是否水平垂直、转动轴是否垂直、动作是否灵活。

(7) 在完成冲击合闸时，在主控室正负各调三挡无任何误动作。

(二) 断路器

1. 断路器事故跳闸后的巡视

故障跳闸后除按正常巡视外，还要做如下巡视：

(1) 现场检查三相断路器实际在分闸位置。

(2) 本体各机械部件和瓷套应完好。

2. 断路器切断故障电流跳闸后（包括重合闸）进行的巡视检查项目

(1) 引线及接点有无烧伤和短路现象。

(2) 瓷套有无破损、裂纹或闪络。

(3) SF_6 气体压力是否正常。

(4) 液压机构各连接处有无渗、漏油现象。

(5) 分合闸电气和机械指示装置三相是否一致和正确。

(6) 操动机构压力是否正常和有无渗漏油等异常情况。

(7) 按重合闸装置方式动作，如果不正确，应查明原因。

(8) 断路器操作计数器动作是否正确。

(9) 少油断路器断口有无喷油现象。

(三) 消弧线圈、避雷器特殊巡视

1. 消弧线圈单相接地时的巡视

(1) 油位、油色应正常。

(2) 运行中无异声。

(3) 表计指示应正确。

(4) 温度正常。

(5) 系统单相接地时须加强对消弧线圈的监视，接地运行时间不得超过2h。运行时间如超过2h要及时汇报关调度，并每隔30min检查一次消弧线圈的上层油温，其最高温度不得超过制造厂规定的允许值。

(6) 当系统发生单相接地故障或断线故障时，应检查和记录消弧线圈电感电流、中性点位移、系统三相相电压表的指示及有关继电保护装置的动作情况。还应检查接地线路保护与重合闸动作情况。如无动作，则应检查有关母线及出线，进行试拉以判断故障点，并做好各项记录。

2. 避雷器特殊巡视

(1) 雷雨时不得接近防雷设备，可在一定距离范围内检查避雷针的摆动情况。

(2) 雷雨后检查放电计数器动作情况，检查避雷器表面有无闪络，并做好记录。

(3) 大风天气应检查避雷器、避雷针上有无搭挂物，以及避雷器、避雷针的摆动情况。

(4) 大雾天应检查瓷质部分有无放电现象。

(5) 冰雹后应检查瓷质部分有无损伤，计数器是否损坏。

(6) 雷季应按雷季运行方式要求执行。如电源联络线路无避雷器，则禁止热备用运行，以防止线

路行波过电压击穿断路器套管。

（四）电抗器、并联电容器的巡视

1. 高压电抗器的特殊巡视项目

高压电抗器除了日常的检查巡视外，在大风、大雨等恶劣天气时，每次跳闸后以及其他一些必要的时候，还应对电抗器进行特殊巡视检查。

（1）大风时，检查电抗器附近应无容易被吹动飞起的杂物，防止吹落到电抗器的带电部位，引起短路，同时注意引线的摆动情况。

（2）大雾、小雨、雪天气，检查套管绝缘子应无严重电晕闪络、放电等现象，要注意有无污闪的可能。

（3）大雾、雪天气，引线接头无积雪融化过快和冒气现象，检查气体继电器、油位计、温度计等附件的积雪情况。

（4）雷雨后，检查电抗器避雷计数器的动作情况，以判断电抗器有无遭雷击过电压，检查套管应无破损、裂纹及放电痕迹。

（5）电抗器过电压运行时，应检查油温、线温及运行时间，检查有关连接处有无热现象。

（6）电抗器跳闸后及气体继电器发信号时，要认真仔细地检查各部件有无可疑现象。

（7）电抗器存在缺陷近期有发展时，要加强巡视检查，防止缺陷发展成事故。

2. 新安装的并联电容器在投入运行前的巡视项目

（1）电容器外部检查完好，试验合格。

（2）电容器组接线正确，安装合格。

（3）各部分连接牢固可靠，不与地绝缘的每个电容器外壳及架构均已可靠接地。

（4）放电变压器容量符合要求，试验合格，各部件完好。

（5）电容器保护及监视回路完整并经传动试验良好。

（6）电抗器、避雷器完好，试验合格。

（7）电容器符合要求，经投切试验合格，并且投入前应在断开位置。

（8）接地开关均在断开位置。

（9）室内通风良好，电缆沟有防小动物措施。

（10）电容器设有储油池和灭火装置。

（11）五防连锁安装齐全、可靠。

（五）GIS设备故障后巡视

（1）戴好防毒面具进入发生过严重故障的GIS室，看设备是否完好及保护动作情况。

（2）一般由于电缆故障等引起的断路器跳闸，在主控室观察到断路器跳闸后应到GIS室对主要设备保护动作进行巡视，要看清究竟是哪一类保护动作及断路器是否处在正常分闸位置，以便于判断事故原因及进行事故处理。

（六）金具与绝缘子的特殊巡视

1. 金具的特殊巡视

（1）下雪时，线夹及导线，铜、铝排导电部分可根据积雪情况判断有无发热现象。

（2）大风天气时检查导体有无附着杂物，以及摆动、扭伤、断股等异常情况。

（3）气温较低时检查导线是否存在受力过大的地方。

（4）夜间熄灯检查导线、铜排、铝排及线夹各部位有无发红、电晕或放电现象等。

（5）当导线、铜排、铝排及线夹经过短路电流后，检查导线、铜排、铝排有无熔断、散股、连接部位有无接触不良，导线、铜排、铝排有无变形，线夹有无熔断变形等现象。

2. 绝缘子的特殊巡视

（1）在短路故障后，检查绝缘子瓷质部位是否有放电痕迹和损坏，绝缘子是否发生位移现象。

（2）阴雨、大雾天气，检查绝缘子应无严重的电晕和放电现象，若有较大且频繁的爆破声，应停电处理。

（3）夜间在无灯条件下检查绝缘子表面有无闪络、飞弧等现象。

（4）雷雨后检查瓷质部位有无破坏现象。

（5）冰雹后检查瓷质部位有无破坏现象。

思　考　题

1. 巡视检查的一般方法是什么？
2. 巡视设备时应遵守哪些安全规定？
3. 设备正常巡视检查项目有哪些？
4. 设备特殊巡视的周期有哪些规定？
5. 什么情况下需要进行特殊巡视？
6. 设备特殊巡视的项目有哪些？

设 备 验 收

课题一 验 收 工 作

一、学习目标

掌握设备验收的规定、要求、注意事项，熟悉验收应提交的资料。

二、电气设备验收的规定

电气设备的验收是保证电网运行的重要环节，要求变电站运行值班人员：

(1) 依照 Q/GDW 1799.1—2013 国家电网公司《电力安全工作规程》中“工作间断、转移和终结制度”的要求，结合工作票所列的工作任务，按有关规程规定、技术标准、现场规程以及作业指导书进行验收。

(2) 凡新建、扩建、大小修、预试和校验的一、二次变电设备，必须经过验收。验收合格、手续完备，方可投入系统运行。

三、验收时的主要项目

1. 各种报告

(1) 应有完整的检修报告，包括应消除缺陷的处理情况，并有运行人员签名。

(2) 设备预试、继电保护校验后，应在现场记录簿上填写工作内容、试验项目是否合格、可否投运的结论等，检查无误后，运行人员签名。

2. 设备的检查

(1) 外观检查。①设备铭牌应齐全、正确、清楚；②设备上应无遗留物件，特别是施工时装设的接地线、扎丝等；③瓷套、绝缘子等应清洁、无破损、无裂纹；④外表的涂漆无脱落，相色正确；⑤户外设备应注意引线不过紧、过松，导线无松股等异常现象。

(2) 电气性能检查。①核对一次接线相位应正确无误，配电装置的各项安全净距符合标准；②变压器验收时应检查分触头位置是否符合调度规定的使用挡。

(3) 机械性能检查。①机械的稳定性；②传动的可靠性，断路器、隔离开关等设备除应进行外观检查外，进行分、合操作三次应无异常情况，且联锁闭锁正常；③位置的正确性，检查断路器、隔离开关的状态位置等。

(4) 其他方面检查。①注油设备验收应注意油位是否适当，油色应透明不发黑．外壳应无渗油现象等；②充气设备、液压机构应注意压力是否正常等；③设备触头处示温蜡片应全部按规定补贴齐全。

(5) 二次设备的检查。二次设备验收应使用继电保护验收卡，按照继电保护整定书验收核对继电保护及自动装置的整定值，检查各连接片的使用和信号是否正确，继电器封印是否齐全，运行注意事项是否交代清楚等情况。

(6) 需要接地的地方应可靠接地。

3. 验收应提交的技术文件

(1) 制造厂提供的产品技术文件，主要有技术合同类、试验合格证类、报告类、安装使用说明书类、图纸类、变更设计的证明文件等。

(2) 安装记录、设备安装调整试验记录、质量验收记录等。

(3) 备品备件及专用工具清单等。

四、电气设备验收应注意的事项

(1) 验收设备时应认真阅读检修记录、预防性试验记录或二次回路工作记录的项目及结论，如有不清之处应要求负责人填写清楚；如暂时没有大小修报告，应要求负责人将报告的主要内容及结论写在记录内，并注明补交报告的期限；最后应各自签名。

(2) 验收时应检查核对修试项目确已完成，缺陷确已消除；若未能消除应督促工作负责人消除缺陷。

(3) 设备安装或检修时，需要中间验收，由当值运行班长指定合适值班人员进行，并填写有关修、试、校记录，工作负责人、运行班长在有关记录上签字。设备大小修、预试、继电保护、自动装置、仪表检验后，由有关修试人员将修、试、校情况记入有关记录簿中，并注明是否可投入运行，无疑后方可办理完工手续。

(4) 当验收的设备个别项目未达到验收标准而系统又急需投入运行时，需经公司总工程师批准方可投入运行，并将请示意见、决定记入上级命令记录簿中。对有隐患的设备，运行人员应加强监视。

课题二　一次设备的验收

一、学习目标

掌握设备的验收标准。

二、充油设备的验收标准

1. 变压器、电抗器在试运行前的检查项目和要求

(1) 本体、冷却装置及所有附件应无缺陷，且不渗油。

(2) 设备上应无遗留杂物。

(3) 事故排油设施应完好，消防设施齐全。

(4) 本体与附件上的所有阀门位置核对正确。

(5) 变压器本体应两点接地。中性点接地引出后，应有两根接地引线与主接地网的不同干线连接，其规格应满足设计要求。

(6) 铁芯和夹件的接地引出套管、套管的末屏接地应符合产品技术文件的要求：电流互感器备用二次线圈端子应短接接地；套管顶部结构的接触及密封应符合产品技术文件的要求。

(7) 储油柜和充油套管的油位应正常。

(8) 分接头的位置应符合运行要求，且指示位置正确。

(9) 变压器的相位及绕组的接线组别应符合并列运行要求。

(10) 油温装置指示应正确，整定值符合要求。

(11) 冷却装置应试运行正常，联动正确；强迫油循环的变压器、电抗器应启动全部冷却装置，循环 4h 以上，并应排完残留空气。

(12) 变压器、电抗器的全部电气试验应合格；保护装置整定值应符合规定；操作及联动试验应正确。

(13) 局部放电测量前、后本体绝缘油色谱试验比对结果应合格。

2. 变压器、电抗器试运行时的检查项目

(1) 中性点接地系统的变压器，在进行冲击合闸时，其中性点必须接地。

(2) 变压器、电抗器第一次投入时，可全电压冲击合闸。冲击合闸时，变压器宜由高压侧投入；对发电机变压器组接线的变压器，当发电机与变压器间无操作断开点时，可不做全电压冲击合闸，只做零起升压。

(3) 变压器、电抗器进行 5 次空载全电压冲击合闸，应无异常情况；第一次受电后持续时间不应少于 10min；全电压冲击合闸时，其励磁涌流不应引起保护装置动作。

(4) 变压器并列前，应核对相位。

(5) 带电后，检查本体及附件所有焊缝和连接面，不应有渗油现象。

3. 互感器的验收项目

(1) 高压试验合格，记录完整，结论明确。

(2) 充油互感器的外壳应清洁，油色、油位均应正常，无渗油现象。

(3) 绝缘子套管应清洁、完好、无裂纹。

(4) 一、二次接线应正确，引线接头接触良好，电流互感器末端地应良好；电压互感器二次应可靠接地。

(5) 新安装的和更换的互感器，应检查极性和变比是否符合铭牌和设计。

(6) 外壳接地良好，相色正确、醒目。

三、非充油设备的验收

1. SF_6气体断路器（气体绝缘金属封闭开关设备）验收项目

(1) 断路器（GIS）应安装牢靠、外观清洁完整，动作性能应符合产品技术文件要求。

(2) 螺栓紧固力矩应达到产品技术文件的要求。

(3) 电气连接应可靠、接触良好。

(4) 断路器（GIS中的断路器、隔离开关、接地开关）及其操动机构的联动应正常、无卡涩现象；分、合闸指示应正确；辅助开关及电气闭锁应动作正确、可靠。

(5) 密度继电器的报警、闭锁值应符合规定，电气回路传动应正确。

(6) SF_6气体漏气率和含水量应符合 GB 50150—2016《电气装置安装工程　电气设备交接试验标准》及产品技术文件的规定。

(7) 瓷套应完整无损、表面清洁。

(8) 所有柜箱防雨防潮性能良好，本体电缆防护应良好。

(9) 接地应良好，接地标识应清楚。

(10) 交接试验应合格。

(11) 油漆应完整，相色标志应正确。

(12) SF_6断路器设备引下线连接应可靠且不应使设备接线端子承受超过允许的应力。

(13) GIS室内通风、报警系统应完好，带电显示装置显示应正确。

2. 真空断路器和高压开关柜的验收项目

(1) 真空断路器应固定牢靠，外观应清洁。

(2) 电气连接应可靠且接触良好。

(3) 真空断路器与操动机构联动应正常、无卡涩；分、合闸指示应正确；辅助开关动作应准确、可靠。

(4) 并联电阻的电阻值、电容器的电容值，应符合产品技术文件要求。

(5) 绝缘部件、瓷件应完好无损。

(6) 高压开关柜应具备防止电气误操作的五防功能。

(7) 手车或抽屉式高压开关柜在推入或拉出时应灵活，机械闭锁应可靠。

(8) 高压开关柜所安装的带电显示装置应显示、动作正确。

(9) 交接试验应合格。

(10) 油漆应完整、相色标志应正确，接地应良好、标识清楚。

3. 断路器操动机构的验收项目

(1) 操动机构应固定牢靠、外表清洁。

(2) 电气连接应可靠且接触良好。

(3) 液压系统应无渗漏、油位正常；空气系统应无漏气；安全阀、减压阀等应动作可靠；压力表应指示正确。

(4) 操动机构与断路器的联动应正常、无卡涩现象；开关防跳跃功能应正确、可靠；具有非全相保护功能的动作应正确、可靠；分、合闸指示正确；压力开关、辅助开关动作应准确、可靠。

(5) 控制柜、分相控制箱、操动机构箱、接线箱等的防雨防潮应良好，电缆管口、孔洞应封堵严密。

(6) 交接试验应合格。

4. 隔离开关、负荷开关及高压熔断器的验收标准

(1) 操动机构、传动装置、辅助开关及闭锁装置应安装牢固、动作灵活可靠、位置指示正确。

(2) 合闸时三相不同期值，应符合产品技术文件要求。

(3) 相间距离及分闸时触头打开的角度和距离，应符合产品技术文件要求。

(4) 触头接触应紧密良好，接触尺寸应符合产品技术文件要求。

(5) 隔离开关分合闸限位应正确。

(6) 垂直连杆应无扭曲变形。

(7) 螺栓紧固力矩应达到产品技术文件和相关标准要求。

(8) 合闸直流电阻测试应符合产品技术文件要求。

(9) 交接试验应合格。

(10) 隔离开关、接地开关底座及垂直连杆、接地端子及操动机构箱应接地可靠。

(11) 油漆应完整、相色标识正确，设备应清洁。

5. 避雷器和中性点放电间隙验收项目

(1) 现场制作件应符合设计要求。

(2) 避雷器密封应良好，外表应完整无缺损。

(3) 避雷器应安装牢固，其垂直度应符合产品技术文件要求，均压环应水平。

(4) 放电计数器和在线监测仪密封应良好，绝缘垫及接地应良好、牢固。

(5) 中性点放电间隙应固定牢固、间隙距离符合设计要求，接地应可靠。

(6) 油漆应完整、相色正确。

(7) 交接试验应合格。

(8) 产品有压力检测要求时，压力检测应合格。

6. 干式电抗器与阻波器

(1) 支柱应完整、无裂纹，线圈应无变形。

(2) 线圈外部的绝缘漆应完好。

(3) 支柱绝缘子的接地应良好。

(4) 各部油漆应完整。

(5) 干式空心电抗器的基础内钢筋、底层绝缘子的接地线以及所采用的金属围栏，不应通过自身和接地线构成闭合回路。

(6) 干式铁芯电抗器的铁芯应一点接地。

(7) 交接试验应合格。

(8) 阻波器内部的电容器和避雷器外观应完整，连接应良好、固定可靠。

7. 室内电容器的验收项目

(1) 电容器组的布置与接线应正确，电容器组的保护回路应完整，检验一次接线与具有极性的二次保护回路关系正确。

(2) 三相电容量偏差值应符合设计要求。

(3) 外壳应无凹凸或渗油现象，引出线端子连接应牢固，垫圈、螺母应齐全。

(4) 熔断器的安装应排列整齐、倾斜角度符合设计、指示器正确；熔体的额定电流应符合设计要求。

(5) 放电线圈瓷套应无损伤、相色正确、接线牢固美观；放电回路应完整，接地开关操作应灵活。

(6) 电容器外壳及支架的接地应可靠、防腐完好；支架应无明显变形；支持绝缘子外表清洁、完好无破损。

(7) 串联补偿装置平台稳定性应良好，斜拉绝缘子的预拉力应合格，平台上设备连接应正确、可靠。

(8) 交接试验应合格。

(9) 电容器室内的通风装置应良好。

8. 母线的验收项目

(1) 母线相间及对地应有足够的绝缘距离，室外母线的绝缘子爬距应满足污秽等级的要求。

(2) 导体在长期通过工作电流时，最高温度不得超过 70℃。

(3) 要有足够的机械强度，正常运行时应能承受风、雪、覆冰的作用，人员在母线上作业时应能承受一般工具及人体的作用，流过允许的短路电流时应不致损伤变形。

(4) 导体接头的接触电阻应尽可能小，并有防氧化、防腐蚀、防振的措施。

(5) 硬母线（10m以上）应加装伸缩接头，伸缩接头应无断裂现象。软母线测量弧垂应合格，无断股、松股现象。

(6) 母线相色正确、清楚，接头处接触牢固；母线上无短路线及遗留的任何杂物。

9. 电力电缆验收项目

(1) 检查电缆及终端盒有无渗漏油，绝缘胶是否软化溢出。

(2) 检查绝缘子套是否清洁、完整，有无裂纹及闪络痕迹，引线接头是否完好、紧固，无过热现象。

(3) 电缆的外皮应完整，支撑应牢固。

(4) 外皮接地良好。

(5) 高压充油电缆终端箱压力指示应无偏差，电缆信号盘无异常信号。

课题三　二次设备的验收

一、学习目标

掌握二次盘柜及设备的验收项目，熟悉相关标准。

二、二次设备盘柜的验收

1. 验收项目

(1) 盘、柜的固定及接地应可靠，盘、柜漆层应完好、清洁整齐、标识规范。

(2) 盘、柜内所装电气元件应齐全完好，安装位置应正确，固定应牢固。

(3) 所有二次回路接线应正确，连接应可靠，标识应齐全清晰，二次回路绝缘电阻值不应小于1MΩ，潮湿地区不应小于0.5MΩ。

(4) 小车或抽屉式开关推入或拉出时应灵活，机械闭锁应可靠，照明装置应完好。

(5) 用于热带地区的盘、柜应具有防潮、抗霉和耐热性能，应按现行行业标准规定验收。

(6) 盘、柜孔洞及电缆管应封堵严密，可能结冰的地区还应采取防止电缆管内积水结冰的措施。

2. 验收标准

(1) 盘、柜本体的安装要求。

1) 本体的安装应符合：①基础型钢安装时，不直度、不平度允许偏差水小于1mm/m，5mm/全长；位置偏差及不平行度小于5mm/全长；②基础型钢安装后，其顶部宜高出最终地面10～20mm；手车式成套柜应按产品技术要求执行。

2) 盘、柜安装在振动场所，应按设计要求采取减振措施。

3) 盘、柜间及盘、柜上的设备与各构件间连接应牢固。控制、保护盘、柜和自动装置盘等与基础型钢不宜焊接固定。

4) 盘、柜单独或成列安装时，其垂直、水平偏差及盘、桓面偏差和盘、柜间接缝等的允许偏差应符合表14-1的规定。模拟母线应对齐、完整、安装牢固。

表14-1　　盘、柜安装的允许偏差

项　目		允许偏差（mm）
垂直度（每米）		1.5
水平偏差	相邻两盘顶部	2
	成列盘顶部	5
盘面偏差	相邻两盘边	1
	成列盘面	5
盘间接缝	2	

5) 端子箱安装应牢固、封闭良好，并应能防潮、防尘；安装位置应便于检查；成列安装时，应排列整齐。

6）成套柜的安装应符合下列规定：①机械闭锁、电气闭锁应动作准确、可靠；②动触头与静触头的中心线应一致，触头接触应紧密；③二次回路辅助开关的切换触点应动作准确，接触应可靠。

7）抽屉式配电柜的安装应符合下列规定：①抽屉推拉应轻便灵活，并应无卡涩及碰撞现象，同型号、规格的抽屉应能互换；②抽屉的机械闭锁或电气闭锁装置应动作可靠；③抽屉与柜体间的二次回路连接插件应接触良好。

8）手车式柜的安装应符合下列规定：①机械闭锁、电气闭锁应动作准确、可靠；②手车推拉应轻便灵活，并应无卡涩及碰撞现象，相同型号、规格的手车应能互换；③手车和柜体间的二次回路连接插件应接触良好；④安全隔离板随手车的进、出而相应动作开启灵活；⑤柜内控制电缆不应妨碍手车的进、出，并应固定牢固。

9）盘、柜的漆层应完整，并应无损伤；固定电气的支架等应采取防锈蚀措施。

（2）盘、柜上的电气安装。

1）盘、柜上的电气安装应符合：①电气元件质量应良好，型号、规格应符合设计要求，外观应完好，附件应齐全，排列应整齐，固定应牢固，密封应良好；②电气单独拆、装、更换不应影响其他电气及导线束的固定；③发热元件宜安装在散热良好的地方，两个发热元件之间的连线应采用耐热导线；④熔断器的规格、断路器的参数应符合设计及级配要求；⑤连接片应接触良好，相邻连接片间应有足够的安全距离，切换时不应碰及相邻的压板；⑥信号回路的声、光、电信号等应正确，工作应可靠；⑦带有照明的盘、柜，照明应完好。

2）端子排的安装应符合：①端子排应无损坏，固定应牢固，绝缘应良好；②端子应有序号，端子排应便于更换且接线方便；离底面高度宜大于350mm；③回路电压超过380V的端子板应有足够的绝缘，并应涂以红色标识；④交、直流端子应分段布置；⑤强、弱电端子应分开布置，若有困难，应有明显标识，并应设空端子隔开或设置绝缘的隔板；⑥正、负电源之间以及经常带电的正电源与合闸或跳闸回路之间，宜以空端子或绝缘隔板隔开；⑦电流回路应经过试验端子，其他需断开的回路宜经特殊端子或试验端子。试验端子应接触良好；⑧潮湿环境宜采用防潮端子；⑨接线端子应与导线截面积匹配，不得使用小端子配大截面积导线。

3）二次回路的连接件均应采用铜质制品，绝缘件应采用自熄性阻燃材料。

4）盘、柜的正面及背面各电气、端子排等应标明编号、名称、用途及操作位置，且字迹应清晰、工整，不易脱色。

5）盘、柜上的小母线应采用直径不小于6mm的铜棒或铜管，铜棒或铜管应加装绝缘套。小母线两侧应有标明代号或名称的绝缘标识牌，标识牌的字迹应清晰、工整，不易脱色。

6）二次回路的电气间隙和爬电距离应符合：屏顶上小母线不同相或不同极的裸露载流部分之间，以及裸露载流部分与未经绝缘的金属体之间，其电气间隙不得小于12mm，爬电距离不得小于20mm。

7）盘、柜内带电母线应有防止触及的隔离防护装置。

（3）二次回路接线的要求。

1）二次回路接线应符合：①应按有效图纸施工，接线应正确；②导线与电气元件间应采用螺栓连接、插接、焊接或压接等，且均应牢固可靠；③盘、柜内的导线不应有接头，芯线应无损伤；④多股导线与端子、设备连接应压终端附件；⑤电缆芯线和所配导线的端部均应标明其回路编号，编号应正确，字迹清晰，不易脱色；⑥配线应整齐、清晰、美观，导线绝缘应良好；⑦每个接线端子的每侧接线宜为一根，不得超过两根；对于插接式端子，不同截面积的两根导线不得接在同一端子中；螺栓连接端子接两根导线时，中间应加垫片。

2）盘、柜内电流回路配线应采用截面积不小于2.5mm^2、标称电压不低于450V/750V的铜芯绝缘导线，其他回路截面积不应小于1.5mm^2；电子元件回路、弱电回路采用锡焊连接时，在满足载流量和电压降及有足够机械强度的情况下，可采用截面积不小于0.5mm^2的绝缘导线。

3）导线用于连接门上的电气、控制台板等可动部位时，应符合下列规定：①应采用多股软导线，敷设长度应有适当裕度；②线束应有外套塑料缠绕管保护；③与电气设备连接时，端部应压接终端附件；④在可动部位两端应固定牢固。

4）引入盘、柜内的电缆及其芯线应符合：①电缆、导线不应有中间接头，必要时，接头应接触良好、牢固，不承受机械拉力，并应保证原有的绝缘水平；屏蔽电缆应保证其原有的屏蔽电气连接作用；②电缆应排列整齐、编号清晰、避免交叉、固定牢固，不得使所接的端子承受机械应力；③铠装电缆进入盘、柜后，应将钢带切断，切断处应扎紧，钢带应在盘、柜侧一点接地；④屏蔽电缆的屏蔽层应接地良好；⑤橡胶绝缘芯线应外套绝缘管保护；⑥盘、柜内的电缆芯线接线应牢固、排列整齐，并应留有适当裕度；备用芯线应引至盘、柜顶部或线槽末端，并应标明备用标识，芯线导体不得外露；⑦强、弱电回路不应使用同一根电缆，线芯应分别成束排列；⑧电缆芯线及绝缘不应有损伤；单股芯线不应因弯曲半径过小而损坏线芯及绝缘。单股芯线弯圈接线时，其弯线方向应与螺栓紧固方向一致；多股软线与端子连接时，应压接相应规格的终端附件。

5）在油污环境中的二次回路应采用耐油的绝缘导线，在日光直射环境中的橡胶或塑料绝缘导线应采取防护措施。

（4）盘、柜及二次系统接地的要求。

1）盘、柜基础型钢应有明显且不少于两点的可靠接地。

2）成套柜的接地母线应与主接地网连接可靠。

3）抽屉式配电柜抽屉与柜体间的接触应良好，柜体、框架的接地应良好。

4）手车式配电柜的手车与柜体的接地触头应接触可靠，当手车推入柜内时，接地触头应比主触头先接触，拉出时接地触头应比主触头后断开。

5）装有电气设备的可开启门应采用截面积不小于 $4mm^2$ 且端部压接有终端附件的多股软铜导线与接地的金属构架可靠连接。

6）盘、柜体接地应牢固可靠，标识应明显。

7）计算机或控制装置设有专用接地网时，专用接地网与保护接地网的连接方式及接地电阻值均应符合设计要求。

8）盘、柜内二次回路接地应设接地铜排；静态保护和控制装置屏、柜内部应设有截面积不小于 $100mm^2$ 的接地铜排，接地铜排上应预留接地螺栓孔，螺栓孔数量应满足盘、柜内接地线接地的需要；静态保护和控制装置屏、柜接地连接线应采用不小于 $50\ mm^2$ 的带绝缘铜导线或铜缆与接地网连接，接地网设置应符合设计要求。

9）盘、柜上装置的接地端子连接线、电缆铠装及屏蔽接地线应用黄绿绝缘多股接地铜导线与按地铜排相连。电缆铠装的接地线截面积宜与芯线截面积相同，且不应小于 $4mm^2$，电缆屏蔽层的接地线截面积应大于屏蔽层截面积的 2 倍。当接地线较多时，可将不超过 6 根的接地线同压一接线鼻子，且应与接地铜排可靠连接。

10）电流互感器二次回路中性点应分别一点接地，接地线截面积不应小于 $4mm^2$，且不得与其他回路接地线压在同一接线鼻子内。

11）用于保护和控制回路的屏蔽电缆屏蔽层接地应符合设计要求，当设计未做要求时，应符合下列规定：①用于电气保护及控制的单屏蔽电缆屏蔽层应采用两端接地方式；②远动、通信等计算机系统所采用的单屏蔽电缆屏蔽层，应采用一点接地方式；双屏蔽电缆外屏蔽层应两端接地，内屏蔽层宜一点接地。屏蔽层一点接地的情况下，当信号源浮空时，屏蔽层的接地点应在计算机侧；当信号源接地时，接地点应靠近信号源的接地点。

12）二次设备在接地时：①计算机监控系统设备的信号接地不应与保护接地和交流工作接地混接；②当盘、柜上布置有多个子系统插件时，各插件的信号接地点均应与插件箱的箱体绝缘，并应分别引接至盘、柜内专用的接地铜排母线；③信号接地宜采用并联一点接地方式；④盘、柜上装有装置性设备或其他有接地要求的电气设备时，其外壳应可靠接地。

三、二次设备的验收

1. 继电保护与自动装置的验收项目

（1）继电保护装置校验后的验收项目。

1）检查核对继电保护装置上定值是否已按有关整定书规定设置。

2）运行操作部件（连接片、小开关、熔丝、电流端子等）是否恢复许可时状态。

3）检查继电器铅封是否封好，继电器内应无杂物。

4）询问并检查拆动的小线是否恢复，是否坚固。

5）工具仪表应不遗留在工作现场。

6）工作现场应做到工完料尽场地清，开挖的孔洞应封堵。

7）相应的一相设备（如断路器、隔离开关等）应在断开位置。

8）应有详细填写的工作记录，包括结论、发现问题、处理情况、运行注意事项。

9）接线变动后应在相应图纸上做如实修改。

（2）新装继电保护装置验收项目。新装继电保护装置在校验后的验收项目外应增加以下验收项目：

1）电气设备及线路有关实测参数应完整、正确。

2）全部继电保护装置竣工图纸符合实际。

3）装置定值符合整定通知单要求。

4）检验项目及结论符合检验条例和有关规程的规定。

5）核对电流互感器变比及伏安特性，其二次负载应满足误差要求。

6）屏前、后的设备应整定、完好，回路绝缘良好，标志齐全、正确。

7）二次电缆绝缘良好，标号齐全、正确。

8）用一次负荷电流和工作电压进行验收试验，判断互感器极性、变比及其回路的正确性，判断方向、差动、距离、高频等保护装置有关元件及接线的正确性。

（3）微机保护验收项目。新装继电保护装置竣工后除校验后的验收项目外应增加以下验收项目：

1）对于新竣工的微机保护装置。①继保校验人员在移交前要打印出各CPU所有定值区的字值，并签字；②如果调度已明确该设备将投运时的定值区，则由当值运行人员向继保员提供此定值区号，由继保人员可靠设置；如果当值运行人员未提出要求，则继保人员将各CPU的定值区均可靠设置“1”区；③由运行人员打印出该微机保护装置在移交前最终状态的CPU当前区定值，并负责核对，保证这些定值区均设置可靠。最后，继保与运行双方人员在打印报告上签字。

2）对于以前投运过的微机保护装置。①继保校验人员对于更改整定书和软件版本的微机保护装置，在移交前要打印出各CPU所有定值区的定值，并签字；②继保校人员必须将各CPU的定值区均可靠设置于当初设备停役、值班人员许可工作时的定值区；③验收手续结束后，继保人员不得再从事该设备的任何工作，否则，要重新履行验收手续；④运行人员由于运行方式需要而改变定值区后，必须将定值打印出并与整定书核对。

（4）气体继电器的安装和验收项目。

1）气体继电器必须有校验合格报告，且流速整定的数值要通过检验并且符合运行规定。

2）同气体继电器连接的油管，向储油柜方向应有2%～4%的升高坡度，以保证气体能顺利进入气体继电器内。

3）安装前应检查继电器内是否有临时绑扎带，若发现有绑扎带应予拆除；同时检查紧固件是否松动，干簧触点是否可靠开闭而且开、闭干脆，以及引线有否脱落。继电器的两个触点采用串联还是并联，应当按照本单位的运行实际情况确定。

4）安装气体继电器时，应注意安装箭头指向储油柜，法兰两端的密封垫要放入密封槽内，压紧程度均匀，不渗油。

5）安装完毕后，打开连接管道中的油阀，同时打开放气塞排出气体，并使继电器内充满油。检查探针应涂有明显红色标记。

6）二次接线准确，直流正电源与气体保护跳闸小线必须有一定间距，二次小线的绝缘层应采用耐油材料，防止二次小线因绝缘层被油腐蚀损坏后，造成保护误动。

7）户外装设的变压器，其气体继电器的二次接线盒要加装防止雨水的防雨罩，但防雨罩不能阻挡巡视检查的视线。

2. 综合自动化装置验收项目

（1）遥控屏有关电源指示灯应亮，在具备试操作条件下进行近控及后机远控操作时，检查后台机上相应操作设备变位应正确，报警窗指示变位亦应正确。

（2）检查遥测屏上有关直流电源小开关应合上，电源指示灯亮，无异常情况。

(3) 检查遥信屏上有关直流电源小开关应合上，电源指示灯亮。继电保护做跳试验时，有关保护动作、预告信号应正确指示。

(4) 检查遥调屏（电能表屏）有关直流电源小开关应合上，电源指示灯亮。

(5) 检查后台监控机上相应设备信息是否完备、齐全，一次接线是否正确，数据库是否建立等。

(6) 检查打印机工作是否正常，当有事故或预告信号时，能否即时打印等。

(7) 检查五防装置与后台机监控系统接口是否正常，能否正常操作。

(8) 设备投运后，应检查模拟量显是否正常。

3. 新安装计算机监控系统现场验收项目

(1) UPS、站控层和间隔层硬件检查。在对机柜、计算机设备的外观检查和监控系统所有设备的铭牌检查后，重点检查以下项目：

1) 现场与机柜的接口检查。①电缆屏蔽线接地良好；②接线正确；③端子编号正确；④电压互感器端子熔丝接通良好；⑤各小开关、电源小闸刀电气接触良好。

2) 遥信正确性检查。①断路器、隔离开关变位正确；②设备内部状态变位正确。

3) 遥测正确性检查。①测量电压互感器二次回路压降和角差的测量；②电压、电流、有功功率、无功功率、频率、功角、非电量变送器100%、50%、0%的量程和精度检查。

4) UPS装置功能检查。①交流电源失压，UPS电源自动切换至直流功能检查；②切换时间测量；③故障告警信号检查。

5) 监控单元电源冗余功能检查。①I/O监控单元任一路进线电源故障，监控单元仍能正常运行；②I/O监控单元电源恢复正常，对I/O监控单元无干扰功能检查。

(2) 间隔层功能验收。在与站控层通信正常后，应重点检查以下项目：

1) 数据采集和处理。①开关量和模拟量的扫描周期检查；②开关量防抖动功能检查；③模拟量的滤波功能检查；④模拟量和越死区上报功能检查；⑤脉冲量的计数功能检查；⑥BCD解码功能检查。

2) 断路器同期功能检查。①电压差、相角差、频率差均在设定范围内，断路器同期功能检查；②相角差、频率差均在设定范围内，但电压差超出设定范围同期功能检查；③电压差、频率差均在设定范围内，但相角差超出设定范围同期功能检查；④相角差、电压差均在设定范围内，但频率差超出设定范围同期功能检查；⑤断路器同期解锁功能检查。

3) 监控单元面板功能检查。①断路器或隔离开关就地控制功能检查；②监控面板开关及隔离开关状态监视功能检查；③监控面板遥测正确性检查。

4) 监控单元自诊断功能检查。①输入/输出单元故障诊断功能检查；②处理单元故障诊断功能检查；③电源故障诊断功能检查；④通信单元故障诊断功能检查。

(3) 站控层功能验收。站控层功能的验收项目如下：

1) 操作控制权切换功能。①控制权切换到远方，站控层的操作员工作站控制无效，并告警提示；②控制权切换到站控层，远方控制无效；③控制权切换到就地，站控层的操作员工作站控制无效，并告警提示。

2) 远方调度通信。①遥信正确性和传输时间检查；②遥测正确性和传输时间检查；③断路器遥控功能检查；④主变压器分头升降检查（针对有载调压变压器）；⑤通信故障，站控层设备工作状态检查。

3) 电压无功控制功能。①500/220kV电压在目标范围内，电抗器和电容器投切、主变压器分触头调节功能检查；②500/220kV电压高于/低于目标值，电抗器和电容器投切、主变压器分触头调节功能检查；③500/220kV电压高于/低于合格值，电抗器和电容器投切、主变压器分触头调节功能检查；④电压无功控制投入和切除功能检查；⑤优先满足500kV或220kV功能检查；⑥断路器处于断开状态，闭锁电压控制功能检查；⑦设备处于故障或检修闭锁电压控制功能检查；⑧主变压器分触头退出调节，电抗器和电容器协调控制功能检查；⑨电压无功控制对象操作时间、次数、间隔等统计检查。

4) 遥控及断路器、隔离开关、接地开关控制和联闭锁。①遥控断路器，测量从开始操作到状态变位在CRT正确显示所需要的时间；②合上断路器，相关的隔离和接地开关闭锁功能检查；③合上隔离开关，相关接地开关闭锁功能检查；④合上接地开关，相关的隔离开关闭锁功能检查；⑤合上母线接地开关，相关的母线隔离开关闭锁功能检查；⑥模拟线路电压，相关的线路接地开关闭锁功能检查；⑦设置虚拟检修挂牌，相关的隔离开关闭锁功能检查；⑧主变压器二侧/三侧联闭锁功能检查；⑨联闭锁解锁功能检查。

5）画面生成和管理。①在线检修和生成静态画面功能检查；②在线增加和删除动态数据功能检查；③站控层工作站画面一致性管理功能检查；④画面调用方式和调用时间检查。

6）报警管理。①断路器保护动作，声光报警和事故画面功能检查；②报警确认前和确认后，报警闪烁和闪烁停止功能检查；③设备事故告警和预告及自动化系统告警分类功能检查；④告警解除功能检查。

7）事故追忆。①事故追忆不同触发信号功能检查；②故障前1min和故障后5min时间段，模拟量追忆功能检查。

8）在线计算和记录。①检查电压合格率、变压器负荷率、全站负荷率、站用电率、电量平衡率；②检查变电站主要设备动作次数统计记录；③电量分时统计记录功能检查；④电压、有功功率、无功功率年月日最大、最小值记录功能检查。

9）历史数据记录管理。①历史数据库内容和时间记录顺序功能检查；②历史事件库内容和时间记录顺序功能检查。

10）打印管理。①事故打印和SOE打印功能检查；②操作打印功能检查；③定时打印功能检查；④召唤打印功能检查。

11）时钟同步。①站控层操作员工作站CRT时间同步功能检查；②监控系统GPS和标准GPS间误差测量；③I/O间隔层单元间事件分辨率顺序和时间误差测量。

12）与第三方面的通信。①与数据通信交换网数据通信功能检查；②与保护管理机数据交换功能检查；③与UPS、直流电源监控系统数据传送功能检查。

13）系统自诊断和自恢复。①主用操作员工作站故障，备用的工作站自动诊断告警和切换功能检查，切换时间测量；②前置机主备切换功能检查，切换时间测量；③冗余的通信网络或HUB故障，监控系统自动诊断告警和切换功能检查；④站控层和间隔层通信中断，监控系统自动诊断和告警功能检查。

（4）性能指标验收。检查的项目有：①设备的性能；②打印机即时打印功能；③五防装置与后台机监控系统接口是否正常，能否正常操作；④设备投运后，应检查模拟量显示是否正常。

（5）验收报告。①验收报告主要包括上述所列出的功能；②性能指标验收报告应包括要求的性能参数和测量设备精度；③验收报告至少有测量单位和用户签字认可。

思考题

1. 电气设备验收的规定是什么？有哪几方面内容？验收注意事项有哪些？

2. 变电站一、二次设备验收项目的内容有哪些？

模块五　设备倒闸操作

第十五单元　倒闸操作的基本知识

课题一　倒闸操作的基本步骤及注意事项

一、学习目标

掌握倒闸操作的基本步骤及注意事项。

二、相关知识

(1) 倒闸及倒闸操作的概念。电气设备分为运行、备用（冷备用及热备用）、检修三种状态。将设备由一种状态转变为另一种状态的过程叫倒闸，所进行的操作叫倒闸操作。

(2) 倒闸操作分类。倒闸操作可以通过就地操作、遥控操作、程序操作完成。遥控操作、程序操作的设备应满足有关技术条件。

1) 监护操作。有人监护的操作。监护操作时，其中对设备较为熟悉者做监护。特别重要和复杂的倒闸操作，由熟练的运维人员操作，运维负责人监护。

2) 单人操作。由一人完成的操作。①单人值班的变电站或发电厂升压站操作时，运维人员根据发令人用电话传达的操作指令填用操作票，复诵无误；②若有可靠的确认和自动记录手段，调控人员可实行单人操作；③实行单人操作的设备、项目及人员需经设备运维管理单位或调度控制中心批准，人员应通过专项考核。

3) 检修人员操作。由检修人员完成的操作。①经设备运维管理单位考试合格并批准的本单位的检修人员，可进行 220kV 及以下的电气设备由热备用至检修或由检修至热备用的监护操作，监护人应是同一单位的检修人员或设备运维人员；②检修人员进行操作的接、发令程序及安全要求应由设备运维管理单位审定，并报相关部门和调度控制中心备案。

三、倒闸操作的基本条件

(1) 有与现场一次设备和实际运行方式相符的一次系统模拟图（包括各种电子接线图）。

(2) 操作设备应具有明显的标志，包括命名、编号、分合指示，旋转方向、切换位置的指示及设备相色等。

(3) 高压电气设备都应安装完善的防误操作闭锁装置。防误操作闭锁装置不得随意退出运行，停用防误操作闭锁装置应经设备运维管理单位批准；短时间退出防误操作闭锁装置时，应经变电运维班（站）长或发电厂当班值长批准，并应按程序尽快投入。

(4) 有值班调控人员、运维负责人正式发布的指令，并使用经事先审核合格的操作票。

(5) 下列三种情况应加挂机械锁：①未装防误操作闭锁装置或闭锁装置失灵的隔离开关手柄、阀厅大门和网门；②当电气设备处于冷备用时，网门闭锁失去作用时的有电间隔网门；③设备检修时，回路中的各来电侧隔离开关操作手柄和电动操作隔离开关机构箱的箱门；④机械锁要一把钥匙开一把锁，钥匙要编号并妥善保管。

四、倒闸操作的基本步骤

完成一项倒闸操大致可分以下八个基本步骤。

(1) 接受任务。当值人员在接受调度员预发命令时，要报清站名、互通姓名，明确操作目的、任务、停电范围及运行方式的变更、执行时间等，并复诵，记录下令时间和下令人姓名，如有疑问应询问清楚。接受任务时的电话录音或传真应妥善保管。

(2) 填写操作票。接受调度令后，应将其记录在值班记录簿上，确定操作监护人、操作人，按调度命令填写操作票。操作票要以调度命令票为依据，根据现场运行规程和设备实际运行状态进行填写，不准直接用调度命令票、典型操作票、调用历史票进行操作。

(3) 操作票审核。一张倒闸操作票填写好后，必须进行三次审查：一是由操作票填写人进行自查；二是由操作监护人进行初审；三是由值班负责人（值班长）进行。特别重要的倒闸操作票应由变电站技术负责人审查。

审票人认真检查操作票的填写是否有漏项，顺序、术语是否正确，内容是否简单明了，有无错漏字等。三审后的操作票经值班长签字生效，正式操作待调度下令后执行。

(4) 模拟操作。正式操作前，操作人、监护人应先在模拟图板上按操作票上所列内容和顺序进行模拟操作，最后一次核对检查操作票的正确性。模拟操作也要同正式操作一样，认真执行监护、唱票、复诵制度。

(5) 执行操作。倒闸操作应根据值班调控人员或运维负责人的指令，受令人复诵无误后执行。发布指令应准确、清晰，使用规范的调度术语和设备双重名称。发令人和受令人应先互报单位和姓名，发布指令的全过程（包括对方复诵指令）和听取指令的报告时应录音并做好记录。操作人员（包括监护人）应了解操作目的和操作顺序。对指令有疑问时应向发令人询问清楚无误后执行。发令人、受令人、操作人员（包括监护人）均应具备相应资质。

操作时，必须坚持执行唱票（即宣读操作内容）、复诵制度。必须按调度命令顺序执行，不得无令操作，特别是具体命令票，调度员命令下达到哪一项，就只能操作到哪一项，不得漏项、越项操作。

在操作过程，不得进行交接班，只有操作告一段落时，方可将操作票移交给一个班组；交班值班人员详细交代操作票执行情况和注意事项，接班值班员应重新审核、熟悉操作票。

(6) 检查。每操作一项，应检查一项，检查操作正确性，检查表计、机械指示等是否正确。

(7) 操作汇报。操作结束后，监护人应立即将操作情况汇报发令人。操作时，应每操作一项汇报一项，对于连续项连续操作的，可操作完后一并汇报。

(8) 复查、总结。一张倒闸操作票执行完后，操作人、监护人应全面复查一遍，并总结本次操作情况。

五、倒闸操作的基本要求

(1) 停电拉闸操作应按照断路器—负荷侧隔离开关—电源侧隔离开关的顺序依次进行，送电合闸操作应按与上述相反的顺序进行。禁止带负荷拉合隔离开关（刀闸）。

(2) 现场开始操作前，应先在模拟图（或微机防误装置、微机监控装置）上进行核对性模拟预演，无误后，再进行操作。操作前应先核对系统方式、设备名称、编号和位置，操作中应认真执行监护复诵制度（单人操作时也应高声唱票），宜全过程录音。操作过程中应按操作票填写的顺序逐项操作。每操作完一步，应检查无误后做一个“√”记号，全部操作完毕后进行复查。

(3) 监护操作时，操作人在操作过程中不准有任何未经监护人同意的操作行为。

(4) 远方操作一次设备前，宜对现场发出提示信号，提醒现场人员远离操作设备。

(5) 操作中产生疑问时，应立即停止操作并向发令人报告。待发令人再行许可后，方可进行操作。不准擅自更改操作票，不准随意解除闭锁装置。解锁工具（钥匙）应封存保管，所有操作人员和检修人员禁止擅自使用解锁工具（钥匙）。若遇特殊情况需解锁操作，应经运维管理部门防误操作装置专责人或运维管理部门指定并经书面公布的人员到现场核实无误并签字后，由运维人员告知当值调控人员，方能使用解锁工具（钥匙）。单人操作、检修人员在倒闸操作过程中禁止解锁。如需解锁，应待增派运维人员到现场，履行上述手续后处理。解锁工具（钥匙）使用后应及时封存并做好记录。

(6) 电气设备操作后的位置检查应以设备各相实际位置为准，无法看到实际位置时，应通过间接方法，如设备机械位置指示、电气指示、带电显示装置、仪表及各种遥测、遥信等信号的变化来判断。判断时，至少应有两个非同样原理或非同源的指示发生对应变化，且所有这些确定的指示均已同时发生对应变化，方可确认该设备已操作到位。以上检查项目应填写在操作票中作为检查项。检查中若发现其他任何信号有异常，均应停止操作，查明原因。若进行遥控操作，可采用上述的间接方法或其他可靠的方法判断设备位置。

(7) 继电保护远方操作时，至少应有两个指示发生对应变化，且所有这些确定的指示均已同时发生对应变化，才能确认该设备已操作到位。

(8) 换流站直流系统应采用程序操作，程序操作不成功，在查明原因并经值班调控人员许可后可进行遥控步进操作。

(9) 用绝缘棒拉合隔离开关、高压熔断器或经传动机构拉合断路器和隔离开关，均应戴绝缘手套。

雨天操作室外高压设备时，绝缘棒应有防雨罩，还应穿绝缘靴。接地网电阻不符合要求的，晴天也应穿绝缘靴。雷电时，禁止就地倒闸操作。

(10) 装卸高压熔断器，应戴护目眼镜和绝缘手套，必要时使用绝缘夹钳，并站在绝缘垫或绝缘台上。

(11) 断路器遮断容量应满足电网要求。如遮断容量不够，应用墙或金属板将操动机构与该断路器隔开，应进行远方操作，重合闸装置应停用。

(12) 电气设备停电后（包括事故停电），在未拉开有关隔离开关和做好安全措施前，不得触及设备或进入遮栏，以防突然来电。

(13) 单人操作时不得进行登高或登杆操作。

(14) 在发生人身触电事故时，可以不经许可，即行断开有关设备的电源，但事后应立即报告调度控制中心（或设备运维管理单位）和上级部门。

(15) 同一直流系统两端换流站间发生系统通信故障时，两换流站间的操作应根据值班调控人员的指令配合执行。

(16) 双极直流输电系统单极停运检修时，禁止操作双极公共区域设备，禁止合上停运极中性线大地/金属回线隔离开关。

(17) 直流系统升降功率前应确认功率设定值不小于当前系统允许的最小功率，且不能超过当前系统允许的最大功率限制。

(18) 手动切除交流滤波器（并联电容器）前，应检查系统有足够的备用数量，保证满足当前输送功率无功需求。

(19) 交流滤波器（并联电容器）退出运行后再次投入运行前，应满足电容器放电时间要求。

课题二　倒闸操作票

一、学习目标

掌握倒闸操作票填写的方法、规定及注意事项。

二、倒闸操作票的用途

要完成一项操作任务一般需要进行十几项甚至几十项的操作，对这种复杂的操作，仅靠记忆是办不到也是不允许的。操作票就是把操作项目按照正确的程序规定操作顺序，是进行具体操作的依据。正确地填写和执行操作票制度是防止误操作的重要措施。表 15-1 是倒闸操作票的格式。

表 15-1　倒闸操作票的格式______变电站倒闸操作票　编号：______

<table>
<tr><td colspan="2">发令人</td><td colspan="2"></td><td rowspan="2">（　）调度
指令　　号</td><td rowspan="2">发令时间</td><td colspan="2" rowspan="2">年　月　日　时　分</td></tr>
<tr><td colspan="2">受令人</td><td colspan="2"></td></tr>
<tr><td colspan="2">开始时间</td><td colspan="3">年　月　日　时　分</td><td>终了时间</td><td colspan="2">年　月　日　时　分</td></tr>
<tr><td colspan="8">操作任务：</td></tr>
<tr><td colspan="8"></td></tr>
<tr><td>模拟√</td><td>操作√</td><td>顺序</td><td>指令项</td><td colspan="2">操　作　项　目</td><td>时</td><td>分</td></tr>
<tr><td></td><td></td><td></td><td></td><td colspan="2"></td><td></td><td></td></tr>
<tr><td></td><td></td><td></td><td></td><td colspan="2"></td><td></td><td></td></tr>
<tr><td colspan="8">备注：</td></tr>
<tr><td colspan="6"></td><td colspan="2">转　号</td></tr>
</table>

操作人：　　　　监护人：　　　　值班负责人：　　　　站长（运行专工）：

三、倒闸操作票填写

(1) 操作票应由操作人填写，操作人和监护人应根据模拟图或接线图核对所填写的操作项目，并分别手工或电子签名，然后经运维负责人（检修人员操作时由工作负责人）审核签名。

（2）操作票应用黑色或蓝色的钢（水）笔或圆珠笔逐项填写。用计算机开出的操作票应与手写票面统一；操作票票面应清楚整洁，不得任意涂改。

（3）操作票中填写的操作术语应符合规定，设备名称、编号正确且符合实际。

（4）倒闸操作票填写是根据调度、集控中心（或值长）命令进行的。操作票中填写的操作内容应与操作任务相符，操作顺序不能随意颠倒。

（5）操作任务按设备的双重名称填写（即设备名称和编号）。

（6）一张操作票只能填写一个操作任务。“一个操作任务”是指根据同一个操作命令，且为了相同的操作目的而进行的一系列相互关联并依次进行倒闸操作的过程。例如：①将一种电气运行方式改变到另一种运行方式；②将一台电气设备由一种状态（运行、冷备用、备用、检修）改变到另一种状态；③同一母线上的电气设备依次倒换至另一母线；④一系列相互关联，并按一定顺序进行的操作。

（7）应填入操作票内的项目如下：

1）应拉合的设备（断路器、隔离开关、接地开关等），验电，装拆接地线，合上（安装）或断开（拆除）控制回路或电压互感器回路的空气开关、熔断器，切换保护回路和自动化装置及检验是否确无电压等。

2）拉合设备（断路器、隔离开关、接地开关等）后检查设备的位置。

3）进行停、送电操作时，在拉合隔离开关或拉出、推入手车式开关前，检查断路器确在分闸位置。

4）在进行倒负荷或解、并列操作前后，检查相关电源运行及负荷分配情况。

5）设备检修后合闸送电前，检查送电范围内接地开关已拉开，接地线已拆除。

6）高压直流输电系统启停、功率变化及状态转换、控制方式改变、主控站转换，控制、保护系统投退，换流变压器冷却器切换及分接头手动调节。

7）阀冷却、阀厅消防和空调系统的投退、方式变化等操作。

8）直流输电控制系统对断路器进行的锁定操作。

（8）一个操作任务需填写两页以上的操作票时，在首页备注栏中注明“接下页”，在后续页任务栏中注明“承接上页”字样，操作项目应连续编号，命令号及操作开始时间均应填在第一页上，每页均应有操作人、监护人和值班负责人签名，操作终了时间应填写在最后一页上。

（9）操作票执行完毕，在最后一页加盖“已执行”章。操作票不得漏项、并项，填写检查项目应另列一项。操作票未使用完的空格应从空格第一行起加盖“以下空白”印章。

四、填写倒闸操作票的注意事项

（1）为了使操作票简单明了，操作任务栏中应填写设备的双重名称（设备的名称和编号），发令人应按照双重名称下达操作任务。因此，要求各变电站内的设备编号必须能明显区分而不得有重复编号的情况。

（2）为了保证操作正确无误的进行，除了填写应该拉、合的断路器和隔离开关外，还要求在操作中必须进行必要的检查。操作前认真检查相应断路器和隔离开关的实际运行位置，能有效地防止误操作的发生。

对断路器和隔离开关均可在控制室进行远方操作，且又装设有可靠的防止误操作的闭锁装置者，为避免操作人员过多的往返检查，在不影响下一步操作安全的前提下，可以不履行以上的检查手续，但在操作结束后，应对全部操作设备的操作情况是否良好进行逐项检查。

（3）在操作票上应填写检查接地前相应隔离开关确在断开位置；进行验电；拉、合接地开关的编号；装拆每一组接地线的地点及编号，以防发生带电合接地开关、带电挂地线以及带接地线送电等恶性事故的发生。

（4）为了防止电压互感器发生反送电和设备误动作，对必须拔下或断开的控制回路或电压互感器回路的熔断器名称以及检修结束后将其恢复等操作，均应填入操作票内。

（5）在操作中，因系统运行方式变更而可能出现潮流分布变化时，操作票中还应详细填入继电保护运行方式的变更情况，以防止漏停、漏投而造成保护误动、拒动等，酿成事故。

思 考 题

1. 倒闸操作的基本步骤及注意事项什么？
2. 倒闸操作票填写的方法、规定及注意事项什么？

单 项 操 作

课题一 断 路 器 的 操 作

一、学习目标

掌握断路器操作的步骤、标准与危险点控制措施。

二、断路器的就地操作

（一）操作时携带的用品及使用的安全工器具

（1）按调度指令编写经过预演合格的倒闸操作票。

（2）现场操作防误装置专用工具（钥匙）。

（3）现场操作录音装置。

（4）安全帽。

（二）操作步骤及标准

1. 合闸操作

（1）事先检查液压、气压、弹簧机构储能等均应正常，合闸电源已投入。

（2）监护人宣读操作项目，操作人手指断路器的名称、标示牌进行复诵。

（3）核对无误后，监护人发出“对，可以操作”的执行令，操作人进行解锁。

（4）操作人将远、近控钥匙切至就地位置。

（5）操作人手握开关把手，按正确合闸方向进行操作，将开关把手从分后位置切至预合位置，绿灯不变（或闪光），再将开关把手切至合闸位置，待绿灯灭红灯亮后将开关把手返回合后位置，才可放手。

（6）操作过程中，操作人要检查灯光与表计是否正确。

（7）操作结束，操作人手离开关把手，回答“执行完毕”。

（8）操作后现场检查开关实际位置。

（9）检查操作正确后，操作人将远、近控钥匙切至遥控位置。

（10）监护人核对操作无误后，根据需要盖上闭锁帽或挂牌。

2. 分闸操作

（1）事先检查液压、气压、弹簧机构储能等均应正常，操作电源已投入。

（2）监护人宣读操作项目，操作人手指断路器的名称，标示牌进行复诵。

（3）核对无误后，监护人发出“对，可以操作”的执行令，操作人进行解锁。

（4）操作人将远、近控钥匙切至就地位置。

（5）操作人手握开关把手，按正确分闸方向进行操作，将开关把手从合后位置切至预分位置，红灯不变（或闪光），再将开关把手切至分闸位置，待红灯灭绿灯亮后将开关把手返回分后位置，才可放手。

（6）操作过程中，操作人要检查灯光与表计是否正确。

（7）操作结束，操作人手离开关把手，回答“执行完毕”。

（8）操作后现场检查开关实际位置。

（9）检查操作正确后，操作人将远、近控钥匙切至遥控位置。

（10）监护人核对操作无误后，根据需要盖上闭锁帽或挂牌。

（三）危险点控制措施

（1）检查断路器位置要结合表计、机械位置指示、拉杆状态、灯光、弹簧拐臂等综合判断，严禁仅凭一种现象判断开关位置。

（2）严防走错间隔，造成误拉合运行断路器。

(3) 正常情况下严禁使用万用钥匙操作。

三、断路器的遥控操作

(一) 操作时携带的用品及使用的安全工器具

(1) 按调度指令编写经过预演合格的倒闸操作票。

(2) 现场操作录音装置。

(3) 安全帽。

(二) 操作步骤及标准

(1) 将监控机画面切换至要遥控的断路器所在变电站系统接线图。

(2) 遥控操作开关前检查监控系统、遥信信息、遥测信息应正确。

(3) 监护人宣读操作项目、操作人员手指微机窗口内的断路器符号与编号进行复诵。

(4) 核对无误后，监护人发出“对，可以操作”的执行令。

(5) 操作人进行解锁或解密（再次确定所要遥控操作的断路器名称及编号，输入操作人、监护人密码），等待返校成功后，按正确顺序进行操作。

(6) 操作结束，操作人回答“执行完毕”。

(7) 监护人核对无误后，退出操作界面。

(8) 检查开关位置要结合监控机信息窗口文字或系统图断路器变位指示及表计等情况确定。

(9) 具备条件的现场检查断路器位置要结合机械位置指示、拉杆状态、弹簧拐臂等情况综合判断。

(三) 危险点控制措施

(1) 认真核对监控系统中要遥控设备的名称及编号，防止误拉合其他开关。

(2) 遥控操作必须两人进行，一人操作，一人监护。

(3) 如现场检查断路器位置须戴安全帽。

(4) 检查时严禁仅凭一种现象判断断路器位置。

四、小车开关柜

(一) 操作时携带的用品及使用的安全工器具

(1) 按调度指令经过编写预演合格的倒闸操作票。

(2) 现场操作录音装置。

(3) 安全帽。

(二) 操作步骤及标准

(1) 事先检查弹簧机构储能等均应正常，操作电源已投入。

(2) 监护人宣读操作项目、操作人核对设备名称、标示牌进行复诵。

(3) 核对无误后，监护人发出“对，可以操作”的执行令。

(4) 操作人将远、近控钥匙切至就地位置，按分（合）闸按钮进行操作。

(5) 操作结束，操作人手离操作设备，并回答“执行完毕”。

(6) 操作后检查断路器实际分（合）闸位置及指示灯指示正确。

(7) 检查操作正确后操作人将远、近控钥匙切至遥控位置。

(三) 危险点控制措施

小车开关柜断路器就地分（合）闸操作前严禁打开柜门，在确认断路器已在分（合）位后，方可打开柜门进行下步操作。

课题二　隔离开关的操作

一、学习目标

掌握隔离开关操作的步骤、标准与危险点控制措施。

二、手动操作隔离开关

(一) 操作时携带的用品及使用的安全工器具

(1) 按调度指令编写经过预演合格的倒闸操作票。

(2) 现场操作防误装置专用工具（钥匙）。

(3) 现场操作录音装置。

(4) 安全帽。

(5) 绝缘手套。

(6) 使用相应电压等级的合格绝缘杆（进行调整隔离开关位置）。

(7) 雨天操作室外高压设备时，绝缘杆应有防雨罩，应穿绝缘靴。

(8) 接地网电阻不符合要求的，晴天也应穿绝缘靴。

(二) 操作步骤及标准

(1) 操作隔离开关前必须检查相关断路器在分闸位置（倒母线操作除外）。

(2) 监护人宣读操作项目，操作人手指隔离开关的名称、标示牌进行复诵。

(3) 核对无误后，监护人发出“对，可以操作”的执行令。

(4) 操作人进行解锁，戴好绝缘手套，手握隔离开关把手，按正确拉合方向进行操作。

(5) 操作后检查隔离开关分（合）位置、同期情况、触头接触深度等。

(6) 如隔离开关没有合到位，允许用绝缘杆进行调整，但要加强监护。

(7) 操作结束，操作人手离操作设备，并回答“执行完毕”。

(8) 操作人将操作把手锁上（有闭锁销子的也要锁好，有防雨罩的要罩好）。

(三) 危险点控制措施

(1) 监护人与操作人正确选择站位（躲开绝缘子断裂掉落方向），风天操作尽量选择站在上风口。

(2) 停电操作顺序应先拉开线路侧隔离开关，再拉开电源侧隔离开关。送电顺序相反。

(3) 拉合隔离开关开始时，应先试验隔离开关触头在受力后是否活动自如。

(4) 拉隔离开关时，开始应慢而谨慎，当触头刚分离无问题后应果断，保证迅速灭弧。

(5) 合隔离开关时应迅速果断，在合闸结束时不可用力过猛，避免对绝缘子等产生冲击。

三、遥控电动操作隔离开关

(一) 操作时携带的用品及使用的安全工器具

(1) 按调度指令编写经过预演合格的倒闸操作票。

(2) 现场操作录音装置。

(3) 安全帽。

(二) 操作步骤及标准

(1) 将监控机画面切换至要遥控的隔离开关所在变电站系统接线图。

(2) 遥控操作隔离开关前检查监控系统、遥信信息、遥测信息正确。

(3) 遥控操作隔离开关前必须检查相关开关在分闸位置（倒母线操作除外）。

(4) 监护人宣读操作项目，操作人员手指微机窗口内的隔离开关符号与编号进行复诵。

(5) 核对无误后，监护人发出“对，可以操作”的执行令。

(6) 操作人进行解锁或解密（再次确定所要遥控操作的隔离开关名称及编号，输入操作人、监护人密码），等待返校成功后，按正确顺序进行操作。

(7) 操作结束，操作人手离操作设备，并回答“执行完毕”。

(8) 监护人核对无误后，退出操作界面。

(9) 检查遥控隔离开关位置要结合监控机信息窗口文字或系统图隔离开关变位指示情况确定。

(10) 具备条件的现场检查隔离开关分（合）位置、同期情况、触头接触深度等。

(三) 危险点控制措施

(1) 停电操作顺序应先拉开线路侧隔离开关，再拉开电源侧隔离开关。送电顺序相反。

(2) 检查操动机构箱门电气闭锁回路正常。

(3) 检查电动隔离开关操作电源开关在投入位置。

(4) 操作后检查监控系统隔离开关变位信息正确。

(5) 如现场检查隔离开关位置须戴安全帽。

四、就地电动操作隔离开关

（一）操作时携带的用品及使用的安全工器具

（1）按调度指令编写经过预演合格的倒闸操作票。

（2）现场操作防误装置专用工具（钥匙）。

（3）现场操作录音装置。

（4）安全帽。

（5）绝缘手套。

（6）使用相应电压等级的合格绝缘杆（进行调整隔离开关位置）。

（7）雨天操作室外高压设备时，应穿绝缘靴。

（8）接地网电阻不符合要求的，晴天也应穿绝缘靴。

（二）操作步骤及标准

（1）操作隔离开关前必须检查相关开关确在分闸位置（倒母线操作除外）。

（2）监护人宣读操作项目，操作人手指隔离开关的名称、标示牌进行复诵。

（3）核对无误后，监护人发出“对，可以操作”的执行令。

（4）操作人进行解锁，检查隔离开关机构箱内方式选择开关在“就地”位置，并检查确认手动操动机构箱门锁好（微动开关在合位）。

（5）操作人合上电动隔离开关操作电源开关。

（6）操作人按分（合）闸按钮（旋转把手）进行操作。

（7）操作后检查隔离开关分（合）位置、同期情况、触头接触深度合格。

（8）如隔离开关没有合到位，允许用绝缘杆进行调整，但要加强监护。

（9）操作结束，操作人回答“执行完毕”。

（10）操作结束后拉开电动隔离开关操作电源开关。

（11）操作人将电动隔离开关机构箱门锁好。

（三）危险点控制措施

（1）监护人与操作人正确选择站位（躲开绝缘子断裂掉落方向），风天操作尽量选择站在上风口。

（2）停电操作顺序应先拉开线路侧隔离开关，再拉开电源侧隔离开关。送电顺序相反。

（3）检查操动机构箱门电气闭锁回路正常。

五、小车开关（小车隔离开关）

（一）操作时携带的用品及使用的安全工器具

（1）按调度指令编写经过预演合格的倒闸操作票。

（2）现场操作防误装置专用工具（钥匙）。

（3）现场操作录音装置。

（4）安全帽。

（5）绝缘手套。

（6）小车开关操作（小车隔离开关）专用工具。

（二）操作步骤及标准

（1）操作小车开关（小车隔离开关）前必须检查相关开关确在分闸位置。

（2）操作小车开关（小车隔离开关），监护人宣读操作项目，操作人手指小车开关（小车隔离开关）的名称、标示牌进行复诵。

（3）核对无误后，监护人发出“对，可以操作”的执行令。

（4）操作人使用专用工具，戴好绝缘手套，手握摇把，将小车开关（小车隔离开关）拉至试验位置或推至运行位置。

（5）操作后检查小车开关（小车隔离开关）位置指示灯指示正确。

（6）操作结束，操作人手离操作设备，并回答“执行完毕”。

（三）危险点控制措施

（1）严防走错间隔。

（2）拉出、推入小车开关时要注意掌握小车开关行程，防止损坏小车开关。

（3）小车开关推入前必须检查车体上无遗留物件。

六、PASS 隔离开关操作

（一）操作时携带的用品及使用的安全工器具

（1）按调度指令编写经过预演合格的倒闸操作票。

（2）现场操作录音装置。

（3）戴线手套。

（4）安全帽。

（二）操作步骤及标准

1. PASS 隔离开关合闸操作

（1）操作 PASS 隔离开关前必须检查相关断路器在分闸位置。

（2）操作人将远、近控钥匙切至就地位置。

（3）监护人宣读操作项目，操作人手指 PASS 甲乙隔离开关的名称、标示牌进行复诵。

（4）核对无误后，监护人发出“对，可以操作”的执行令。

（5）操作人将 PASS 甲乙隔离开关合闸红色按钮按下，隔离开关进行合闸动作。

（6）检查 PASS 甲乙隔离开关红色合闸指示灯亮，绿色分闸指示灯熄灭（此时隔离开关处于合闸状态）。

（7）检查 PASS 甲乙隔离开关指示窗口显示合闸位置、机构拐臂、拉杆位置正确。

（8）操作结束，操作人手离操作设备，并回答“执行完毕”。

（9）检查操作正确后操作人将远、近控钥匙切至遥控位置。

2. PASS 隔离开关分闸操作

（1）操作 PASS 隔离开关前必须检查相关断路器在分闸位置。

（2）操作人将远、近控钥匙切至就地位置。

（3）监护人宣读操作项目，操作人手指 PASS 甲乙隔离开关的名称、标示牌进行复诵。

（4）核对无误后，监护人发出“对，可以操作”的执行令。

（5）操作人将甲乙隔离开关分闸绿色按钮按下，隔离开关进行分闸动作。

（6）检查 PASS 甲乙隔离开关绿色分闸指示灯亮，红色分闸指示灯熄灭（此时隔离开关处于分闸状态）。

（7）检查 PASS 甲乙隔离开关指示窗口显示分闸位置、机构拐臂、拉杆位置正确。

（8）操作结束，操作人手离操作设备，并回答“执行完毕”。

（9）检查操作正确后操作人将远、近控钥匙切至遥控位置。

（三）危险点控制措施

（1）PASS 断路器、隔离开关只允许电动操作，严禁手动操作。

（2）只有断路器在分闸状态时隔离开关才能实现动作。

七、GIS 隔离开关操作

（一）操作时携带的用品及使用的安全工器具

（1）按调度指令编写经过预演合格的倒闸操作票。

（2）现场操作录音装置。

（3）戴线手套。

（4）安全帽。

（二）操作步骤及标准

1. GIS 隔离开关合闸操作

（1）操作 GIS 隔离开关前必须检查相关断路器在分闸位置。

（2）监护人宣读操作项目，操作人手指 GIS 隔离开关的名称、标示牌进行复诵。

（3）核对无误后，监护人发出“对，可以操作”的执行令。

（4）操作人将远、近控钥匙切至就地位置。

（5）操作人手握隔离开关旋转把手，按正确合闸方向进行合闸操作。

(6) 操作后检查隔离开关在合位。
(7) 操作结束，操作人回答“执行完毕”。
(8) 检查操作正确后操作人将远、近控钥匙切至遥控位置。
2. GIS 隔离开关分闸操作
(1) 操作 GIS 隔离开关前必须检查相关断路器在分闸位置。
(2) 监护人宣读操作项目，操作人手指 GIS 隔离开关的名称、标示牌进行复诵。
(3) 核对无误后，监护人发出“对，可以操作”的执行令。
(4) 操作人将远、近控钥匙切至就地位置。
(5) 操作人手握隔离开关旋转把手，按正确分闸方向进行分闸操作。
(6) 操作后检查隔离开关在分位。
(7) 操作结束，操作人回答“执行完毕”。
(8) 检查操作正确后操作人将远、近控钥匙切至遥控位置。
(三) 危险点控制措施
(1) 停电操作顺序应先拉开线路侧隔离开关，再拉开电源侧隔离开关。送电顺序相反。
(2) 隔离开关旋转把手在隔离开关完全分合到位后，方可归位松手。

课题三　验　电　操　作

一、学习目标

掌握验电操作的步骤、标准与危险点控制措施。

二、操作时携带的用品及使用的安全工器具

(1) 按调度指令编写经过预演合格的倒闸操作票。
(2) 现场操作录音装置。
(3) 戴安全帽。
(4) 戴绝缘手套。
(5) 使用相应电压等级的合格的验电器。
(6) 对接地电阻不合格或降低的应穿绝缘靴。

三、操作步骤及标准

(1) 装设接地线前要先验电。

(2) 验电前首先必须戴好绝缘手套，在同电压等级的有电设备的导电部分上（应避开有氧化膜的部分）进行试验，验证验电器良好（无法在有电设备上进行试验的，可以用高压发生器等确证验电器完好）。

(3) 验证验电器确实完好后，操作人选择要安装接地线的位置，监护人确认正确。

(4) 执行验电时，监护人宣读操作项目，操作人手指向将要装设接地线的位置（保持相应电压等级的安全距离）进行复诵。

(5) 核对无误后，监护人发出“对，可以操作”的执行令。

(6) 操作人将验电器各节全部拔出，手握在安全挡以下位置，进行验电（组合电器等无法直接接触验电的必须从表计、带电显示装置等综合确认相应设备确无电压）。

(7) 操作人在要装设接地线的相别均验过后，一并回答“确无电压”。

四、危险点控制措施

(1) 使用相应电压等级而且合格的接触式验电器，在装设接地线或合接地开关处对各相分别验电。
(2) 不得用绝缘杆代替验电器。

课题四　接地线（接地开关）的操作

一、学习目标

掌握接地线、接地开关操作的步骤、标准与危险点控制措施。

二、操作时携带的用品及使用的安全工器具

（一）操作时携带的用品及使用的安全工器具

（1）按调度指令编写经过预演合格的倒闸操作票。

（2）现场操作录音装置。

（3）戴安全帽。

（4）戴绝缘手套。

（5）使用相应电压等级的合格的绝缘拉杆。

（6）对接地电阻不合格或降低的应穿绝缘靴。

（7）雨天操作室外高压设备时，绝缘杆应有防雨罩。

（二）接地线操作步骤及标准

1. 装设接地线

（1）装设接地线前要对接地线进行检查，重点检查接地线夹端部牢固、线夹完好。

（2）监护人唱票、操作人手指待装设接地线的位置复诵（验电完成后，应立即在验过电的设备上装设接地线）。

（3）核对无误后，监护人发出"对，可以操作"的执行令。

（4）装设接地线要按照先装接地端，后装导体端，先装中相，后装边相的顺序装设。

（5）线夹装设角度要适当，便于拆下接地线，并要拧紧，不得移动。

（6）接地线要装在被检修设备最近明显之处，如断路器检修，接地线要装在待检修断路器两侧引线上。

（7）电缆及电容器接地前应逐相逐个充分放电；串联电容器及与整组电容器脱离的电容器应逐个放电，装在绝缘支架上的电容器外壳也应放电。

（8）操作结束，操作人回答"执行完毕"。

2. 拆除接地线

（1）拆除接地线时，监护人宣读操作项目，操作人手指向将要拆除的接地线进行复诵。

（2）核对无误后，监护人发出"对，可以操作"的执行令。

（3）拆除接地线要按先拆导体端，后拆接地端的顺序进行。

（4）操作结束，操作人回答"执行完毕"。

（5）核对接地线编号及数量，检查接地线确已拆除。

（三）危险点控制措施

（1）监护人站立位置选择适当，避开可能下落的绝缘杆与接地线。

（2）装设导体端时，要与带电部分保持安全距离，掌握好操作杆的方向与受力，防止带地线的操作杆向导电部分跌落。

（3）对电缆及电容器放电时，应采取措施，保证人身安全。

（4）装设接地线前应检查清理地面杂物，地线举起后不得低头行进或取物，应精力集中。

（5）装好的接地线三相不得缠绕。

（6）母线停电装设接地线前，核对与母线相连的隔离开关全部拉开。

（7）母线送电前，核对与母线相连的隔离开关全部拉开，接地线全部拆除。

三、拉合接地开关

（一）操作时携带的用品及使用的安全工器具

（1）按调度指令编写经过预演合格的倒闸操作票。

（2）现场操作录音装置。

（3）戴安全帽。

（4）戴绝缘手套。

（5）拉合接地开关专用工具。

（6）对接地电阻不合格或降低的应穿绝缘靴。

（7）雨天操作室外高压设备时，绝缘杆应有防雨罩（进行调整接地开关位置）。

（二）操作步骤及标准

（1）监护人唱票、操作人手指接地开关名称、标示牌复诵。

（2）核对无误后，监护人发出“对，可以操作”的执行令。

（3）操作人进行解锁，戴好绝缘手套，手握接地开关把手（或使用专用工具），按正确拉合方向进行操作。

（4）操作后检查接地开关分（合）位置、同期情况、触头接触深度等。

（5）如接地开关没有合到位，允许用绝缘杆进行调整，但要加强监护。

（6）操作结束，操作人手离操作设备，并回答“执行完毕”。

（7）操作人将接地开关操作把手锁上（有闭锁销子的也要锁好，有防雨罩的要罩好）。

（三）危险点控制措施

（1）操作人特别注意合闸位置是否正确，先慢慢抬起，正确后迅速合入，保证接地良好。

（2）母线停电合上接地开关前，核对与母线相连的隔离开关全部拉开。

（3）母线送电前，核对与母线相连的隔离开关全部拉开，接地开关全部拉开。

课题五 分接开关的操作

一、学习目标

掌握分接开关操作的步骤、标准与危险点控制措施。

二、电动有载操作

1. 操作步骤及标准

（1）在调度指令下，由监护人监护，操作人将要调整分接头的变压器（或消弧线圈）的（远近控钥匙切至遥控位置）。

（2）监护人宣读操作项目，操作人手指调压升（降）按钮的名称，进行复诵。

（3）核对无误后，监护人发出“对，可以操作”的执行令，操作人方可按照操作方向进行分接头调整。

（4）操作时应同时记录时间、电压表和电流表的变化。

（5）核对位置指示器及动作计数器的指示。

（6）现场人员配合操作人检查分接开关位置及外观检查。

（7）操作结束，操作人回答“执行完毕”。

（8）全部操作结束后，核对调整后的电压值与调度指令相符，并填写有载调压开关调整记录。

注：当调整过程中出现电动调压失灵，按下急停按钮，并断开调压装置交流电源，在变压器（消弧线圈）本体处手动调节到临近挡位。

2. 危险点控制措施

（1）调整分接开关操作必须在一个分接变换完成后方可进行第二次分接变换。

（2）有载开关每操作一档后，应间隔 1min 以上时间。

（3）每切换一分接位置记为调节一次，一般应尽可能调节次数不超过 5 次。

三、手动有载操作

（一）操作时携带的用品及使用的安全工器具

（1）现场操作录音装置。

（2）戴安全帽。

（3）戴绝缘手套。

（4）操作专用工具。

（5）对接地电阻不合格或降低的应穿绝缘靴。

（二）操作步骤及标准

（1）在调度指令下，由监护人监护，操作人将要调整分接头的变压器（或消弧线圈）的（远近控钥匙切至就地位置）。

(2) 监护人宣读操作项目，操作人手指向待操作的变压器（或消弧线圈）位置进行复诵。

(3) 核对无误后，监护人发出“对，可以操作”的执行令，操作人方可用专用工具按照操作方向进行分接头调整。

(4) 操作时应同时记录时间、电压表和电流表的变化。

(5) 核对位置指示器及动作计数器的指示。

(6) 操作结束，操作人回答“执行完毕”。

(7) 全部操作结束后，核对调整后的电压值与调度指令相符，并填写有载调压开关调整记录。

(三) 危险点控制措施

当分接开关处在极限位置又必须手动操作时，必须确认操作方向无误后方可进行。

四、消弧线圈无载操作

(一) 操作时携带的用品及使用的安全工器具

(1) 现场操作录音装置。

(2) 戴安全帽。

(3) 戴绝缘手套。

(4) 操作专用工具。

(5) 万用表。

(6) 对接地电阻不合格或降低的应穿绝缘靴。

(7) 使用相应电压等级的合格的绝缘杆。

(二) 操作步骤及标准

(1) 调节消弧线圈分接头必须在系统无接地及相关断路器、隔离开关在分位状态下进行操作。

(2) 验电，装设接地线。

(3) 监护人唱票、操作人手指分接开关位置复诵。

(4) 核对无误后，监护人发出“对，可以操作”的执行令。

(5) 操作人使用专用工具，将分接开关调整到相应的位置。

(6) 操作人用万用表测量该分接开关位置导通良好。

(7) 操作结束，操作人回答“执行完毕”。

(8) 拆除接地线。

(9) 合上相关隔离开关、断路器。

(三) 危险点控制措施

(1) 消弧线圈必须停电，防止操作人员误登带电设备，造成人身感电。

(2) 登高作业采取必要的安全措施，防止造成操作人员高处坠落、摔伤。

课题六 熔断器的操作

一、学习目标

掌握熔断器的操作步骤、标准与危险点控制措施。

二、高压交流熔断器

(一) 操作时携带的用品及使用的安全工器具

(1) 按调度指令编写经过预演合格的倒闸操作票。

(2) 现场操作录音装置。

(3) 安全帽。

(4) 绝缘手套。

(5) 使用相应电压等级的合格的绝缘杆。

(6) 雨天操作室外高压设备时，绝缘杆应有防雨罩，应穿绝缘靴。

(7) 接地网电阻不符合要求的，晴天也应穿绝缘靴。

(8) 装卸高压熔断器应准备护目眼镜、绝缘垫等防护用具。

（二）操作步骤及标准

1. 取下高压交流熔断器

(1) 停用电压互感器熔断器时，根据需要退出相应保护（有备用电源的情况）。

(2) 操作高压熔断器必须在相关断路器、隔离开关在分位状态下进行操作。

(3) 监护人宣读操作项目，操作人手指熔断器名称、标示牌进行复诵。

(4) 核对无误后，监护人发出“对，可以操作”的执行令。

(5) 操作人进行操作，取下高压熔断器应先取下中间相，再取下两边相；风天先拉下风侧，后拉上风侧。

(6) 操作结束，操作人回答“执行完毕”。

2. 装上高压交流熔断器

(1) 操作高压熔断器必须在相关断路器、隔离开关在分位状态下进行操作。

(2) 在装上熔断器前检查熔断器应良好。

(3) 监护人宣读操作项目，操作人手指熔断器名称、标示牌进行复诵。

(4) 核对无误后，监护人发出“对，可以操作”的执行令。

(5) 操作人进行操作，装上高压熔断器先装上两边相，再装上中间相，风天先装上风侧，后装下风侧。

(6) 操作结束，操作人检查熔断器接触良好，回答“执行完毕”。

(7) 投入电压互感器熔断器时恢复相应保护（有备用电源的情况）。

（三）危险点控制措施

(1) 监护人站立位置选择适当，避开可能下落的绝缘杆与熔断器。

(2) 操作高压熔断器时要与带电部分保持安全距离，掌握好操作杆的方向与受力，防止带熔断器的操作杆向导电部分跌落。

三、低压交流熔断器

（一）操作时携带的用品及使用的安全工器具

(1) 按调度指令编写经过预演合格的倒闸操作票。

(2) 现场操作录音装置。

(3) 安全帽。

(4) 线手套、护目眼镜。

(5) 交流熔断器操作专用工具。

（二）操作步骤及标准

1. 取下低压交流熔断器

(1) 停用电压互感器熔断器时，根据需要退出相应保护（有备用电源的情况）。

(2) 监护人宣读操作项目，操作人手指熔断器名称、标示牌进行复诵。

(3) 核对无误后，监护人发出“对，可以操作”的执行令。

(4) 操作人进行操作，取下交流熔断器应先取下中间相，再取下两边相；取熔断器时必须完全取下，不得一端搭接。

(5) 操作结束，操作人回答“执行完毕”。

2. 装上低压交流熔断器

(1) 在装上熔断器前，应先检查熔断器良好。

(2) 监护人唱票、操作人手指熔断器名称复诵。

(3) 核对无误后，监护人发出“对，可以操作”的执行令。

(4) 操作人进行操作，装上交流熔断器时，先装上两边相，再装上中间相，并检查接触良好。

(5) 操作结束，操作人回答“执行完毕”。

(6) 投入电压互感器熔断器时恢复相应保护（有备用电源的情况）。

（三）危险点控制措施

(1) 注意不得接触带电部分。

（2）操作低压熔断器必须戴线手套，防止低压感电，装上熔断器时应戴护目眼镜。

四、直流熔断器

（一）操作时携带的用品及使用的安全工器具

（1）按调度指令编写经过预演合格的倒闸操作票。

（2）现场操作录音装置。

（3）安全帽。

（4）线手套、护目眼镜。

（二）操作步骤及标准

1. 取下直流熔断器

（1）监护人唱票，操作人手指熔断器名称复诵。

（2）核对无误后，监护人发出“对，可以操作”的执行令。

（3）操作人进行操作，取下熔断器时，先取正极，后取负极。

（4）操作结束，操作人回答“执行完毕”。

2. 装上直流熔断器

（1）在装上熔断器前，应先检查熔断器良好。

（2）监护人唱票、操作人手指熔断器名称复诵。

（3）核对无误后，监护人发出“对，可以操作”的执行令。

（4）操作人进行操作，装上熔断器时，先装负极，后装正极，并检查接触良好。

（5）操作结束，操作人回答“执行完毕”。

（三）危险点控制措施

（1）操作直流熔断器必须按正确的操作顺序进行，防止保护误动。

（2）取熔断器时必须完全取下，不得一端搭接。

（3）注意不得接触带电部分。

（4）操作直流熔断器必须戴线手套，防止直流感电，装上熔断器时戴护目眼镜。

课题七 保护装置的操作

一、学习目标

掌握保护装置的操作的步骤、标准与危险点控制措施。

二、常规保护

（一）操作时携带的用品及使用的安全工器具

（1）按调度指令编写经过预演合格的倒闸操作票。

（2）现场操作录音装置。

（3）安全帽。

（4）线手套。

（5）绝缘条件不良的应用绝缘垫等防护用具。

（二）操作步骤及标准

1. 投入

（1）监护人唱票、操作人手指保护连接片名称复诵。

（2）核对无误后，监护人发出“对，可以操作”的执行令。

（3）操作人进行操作，先投保护，后投出口跳闸连接片。

（4）低频保护投入，先投放电连接片，后投出口跳闸连接片。

（5）投入跳闸出口连接片前，必须验明无电压。

（6）操作结束，操作人回答“执行完毕”。

2. 退出操作步骤及标准

（1）监护人唱票、操作人手指保护连接片名称复诵。

(2) 核对无误后、监护人发出“对，可以操作”的执行令。

(3) 操作人进行操作，先停出口跳闸连接片，后停保护。

(4) 低频保护退出，先退出口跳闸连接片，后退放电连接片。

(5) 操作结束，操作人回答“执行完毕”。

(三) 危险点控制措施

(1) 连接片必须拧紧到位。

(2) 保护屏位置或连接片名称核对正确，防止造成误操作。

(3) 连接片遗漏形成隐患。

(4) 跳闸连接片有正电造成保护误动。

三、微机保护

(一) 操作时携带的用品及使用的安全工器具

(1) 按调度指令编写经过预演合格的倒闸操作票。

(2) 现场操作录音装置。

(3) 安全帽。

(4) 万用表。

(5) 绝缘条件不良的应用绝缘垫等防护用具。

(6) 线手套。

(二) 操作步骤及标准

1. 投入

(1) 监护人唱票、操作人手指保护连接片名称复诵。

(2) 核对无误后，监护人发出“对，可以操作”的执行令。

(3) 操作人使用微机保护屏上小键盘进行操作，选择“SET”键投软连接片，输入密码后方可进行操作。

(4) 在投微机保护软、硬连接片时应按“复归”键进行确认。

(5) 投入跳闸出口连接片前，必须验明无电压。

(6) 操作结束，操作人手离操作设备，回答“执行完毕”。

2. 退出

(1) 监护人唱票、操作人手指保护连接片名称复诵。

(2) 核对无误后，监护人发出“对，可以操作”的执行令。

(3) 操作人使用微机保护屏上小键盘进行操作，选择“QUIT”键切连接片，输入密码后方可进行操作。

(4) 在退微机保护软、硬连接片时应按“复归”键进行确认。

(5) 操作结束，操作人手离操作设备，回答“执行完毕”。

(三) 危险点控制措施

(1) 在投退微机保护软、硬连接片时应进行确认的必须进行确认，并检查微机保护显示信息正确。

(2) 跳闸连接片有正电造成保护误动。

四、定值区

(一) 操作时携带的用品及使用的安全工器具

(1) 按调度指令编写经过预演合格的倒闸操作票。

(2) 定值单。

(3) 现场操作录音装置。

(4) 线手套。

(二) 操作步骤及标准

(1) 监护人唱票、操作人手指保护连接片名称复诵。

(2) 核对无误后，监护人发出“对，可以操作”的执行令。

(3) 操作人使用微机保护屏上小键盘进行操作，选择正确的定值区号，按“SET”键确认，输入密码后方可进行操作。

(4) 使用微机保护屏上定值区选择拨轮进行切换。

(5) 打印当前定值区正确，并与调度核对正确。

(6) 要特别注意改变定值区后，液晶显示屏的变位情况，及时复归确认。

(7) 操作结束，操作人手离操作设备，回答“执行完毕”。

(8) 保护定值切换必须打印当前定值单进行核对，由监护人、操作人在定值单上签名、填写操作任务及操作日期，将定值单在专用地点留存备查。

(三) 危险点控制措施

要特别注意改变定值区后，液晶显示屏的变位情况，及时复归确认。

五、电压把手

(一) 操作时携带的用品及使用的安全工器具

(1) 按调度指令编写经过预演合格的倒闸操作票。

(2) 现场操作录音装置。

(3) 线手套。

(二) 操作步骤及标准

(1) 监护人唱票、操作人手指电压切换把手名称复诵。

(2) 核对无误后，监护人发出“对，可以操作”的执行令。

(3) 倒母线操作时，操作人将电压把手切换到运行母线上。

(4) 旁路转带线路时，操作人将线路保护屏电压把手切换到旁路位置。

(5) 旁路转带线路恢复时，操作人将线路保护屏电压把手切换到本线位置。

(6) 操作结束，操作人手离操作设备，回答“执行完毕”。

(三) 危险点控制措施

防止走错间隔，导致误操作。

六、电流端子

(一) 操作时携带的用品及使用的安全工器具

(1) 按调度指令编写经过预演合格的倒闸操作票。

(2) 现场操作录音装置。

(3) 线手套。

(4) 绝缘垫。

(二) 操作步骤及标准

(1) 监护人唱票、操作人手指电流端子名称复诵。

(2) 核对无误后，监护人发出“对，可以操作”的执行令。

(3) 操作人戴好线手套，进行操作。

(4) 旁路带线路操作时，必须先将线路侧电流端子短路，再将旁路侧电流端子投至去保护位置。

(5) 旁路带线路恢复操作时，必须先将旁路侧电流端子短路，再将线路侧电流端子投至去保护位置。

(6) 操作时先倒一层，再倒另外一层，防止电流端子开路。

(7) 操作结束，操作人手离操作设备，回答“执行完毕”。

(三) 危险点控制措施

切换电流互感器切换片时，造成开路。

课题八 低压电气的操作

一、学习目标

掌握低压电气的操作的步骤、标准与危险点控制措施。

二、操作时携带的用品及使用的安全工器具

(1) 按调度或值长指令编写经过预演合格的倒闸操作票。

(2) 现场操作录音装置。

(3) 戴安全帽。

(4) 戴线手套。

(5) 万用表。

三、操作步骤及标准

1. 停电

(1) 操作低压电气元件前，必须核对现场的设备名称，相关低压断路器、隔离开关的分合位置、仪表、灯光等指示。

(2) 监护人宣读操作项目，操作人手指低压电气元件名称、标示牌进行复诵。

(3) 核对无误后，监护人发出“对，可以操作”的执行令。

(4) 低压电气设备停电，应先断开低压断路器，再断开隔离开关或熔断器。

(5) 操作结束，操作人回答“执行完毕”。

2. 送电

(1) 操作低压电气元件，必须核对现场的设备名称，相关低压断路器、隔离开关的分合位置、仪表、灯光等指示。

(2) 监护人宣读操作项目，操作人手指低压电气元件名称、标示牌进行复诵。

(3) 核对无误后，监护人发出“对，可以操作”的执行令。

(4) 低压电气设备送电，应先合上熔断器或隔离开关，再合上低压断路器。

(5) 操作结束，操作人回答“执行完毕”。

四、危险点控制措施

(1) 低压电气元件操作必须戴线手套，防止低压感电。

(2) 低压回路有作业时，不得仅凭拉开低压断路器判断为回路停电，必须经仪表试验无电压后方可进行工作，防止造成人员触电。

课题九 防误闭锁装置

一、学习目标

熟悉防误闭锁装置的特点、掌握防误操作基本措施和使用防误操作的注意事项。

二、相关知识

防误闭锁装置是保证倒闸操作正确实施的主要措施之一。在电力系统中广泛应用防误闭锁装置，为防止电气误操作事故起到了很大的作用。

1. 防误闭锁装置的要求

防误闭锁装置应具备以下五防功能。

(1) 防止误断、误合断路器。

(2) 防止带负荷误拉、误合隔离开关。

(3) 防止带地线或接地开关合闸。

(4) 防止带电持接地线或合接地开关。

(5) 防止误入带电间隔。

2. 防误闭锁分类及其特点

(1) 机械联锁式防误闭锁装置。它主要是利用设备的机械传动部位的互锁来实现的。

(2) 电气联锁式防误闭锁装置。它主要是利用电磁锁和断路器、隔离开关及接地开关的辅助切换开关来实现的，每个电磁锁的控制回路中都串联相关的断路器、隔离开关及接地开关的辅助切换开关的触点，以控制电磁锁的打开与否，从而达到防误的目的。

(3) 机械程序锁式防误闭锁装置。它主要是利用一把钥匙按顺序打开多把锁，或多把钥匙有机组

合按顺序打开多把锁这一原理来实现的。

(4) 微机式防误闭锁装置。它主要是利用微型计算机（或单板机）加外围设备（如继电器、电磁锁等）来实现防误闭锁的。

3. GIS 防误闭锁

GIS 通常有如下防误闭锁功能。

(1) 隔离开关只有在对应断路器分闸时才能操作。

(2) 隔离开关操作未到位，断路器不能操作。

(3) 母线隔离开关在母线接地开关拉开时才能操作。

(4) 母线接地开关必须在所有母线隔离开关全部拉开的情况下才能操作。

(5) 线路隔离开关只有在线路接地开关拉开时才能操作。

(6) 线路开关只有在线路隔离开关拉开时才能操作，若线路有电时，线路接地开关不能合闸操作。

(7) 手动操作隔离开关及接地开关时，电动控制自动解除。

(8) 隔离开关机械锁投入后，手动、电动操作自动解除。

(9) SF_6 气体压力、油压、氮气压力降低至标准以下，断路器将被闭锁。

(10) 辅助电压中断时，所有机械连锁仍起作用。

(11) GIS 装置手动操动机构上可挂锁，由指定人员操作。

(12) 一旦防误闭锁装置失灵，可用专用钥匙解锁。

三、防止误操作的具体措施

(1) 倒闸操作发令、接令或联系操作要正确、清楚，复诵命令，必须做好录音。

(2) 操作前进行“三对照”，操作中坚持“三禁止”，操作后坚持复查。整个操作要贯彻“五不干”。

1) 三对照：①对照操作任务、运行方式，由操作人填写操作票；②对照模拟图审查操作票并预演；③对照设备名称、编号、位置、拉合方向，无误后再操作。

2) 三禁止：①禁止操作人、监护人一齐动手操作，失去监护；②禁止有疑问盲目操作；③禁止边操作，边做其他无关工作（或聊天），分散精力。

3) 五不干：①操作任务不清不干；②应有操作票而无操作票时不干；③操作票不合格不干；④应有监护而无监护人不干；⑤操作中产生疑问，不弄清楚不干。

(3) 预定的重大操作或运行方式将发生特殊的变化，运行专责工程师应提前制订“临时措施”，对倒闸操作工作进行指导，作出全面安排，提出相应要求及注意事项、事故预想等，使值班人员操作时心中有数。

(4) 通过平时培训（考问讲解、事故演习），使值班人员掌握正确的操作方法，并领会规程条文的精神实质。

四、防误闭锁装置的使用

防误闭锁装置对防止电气误操作事故的发生起到很大的作用，在使用中应注意以下问题。

(1) 运行人员必须熟悉本变电站配置的各种防误闭锁装置的结构、原理和所具备的功能，熟练掌握其正确的使用方法。

(2) 操作时，应将防误装置按闭锁装置按要求投入使用，进行操作，不要因怕麻烦，怕费事，则不使用应当使用的防误闭锁装置。

(3) 操作中遇到闭锁装置不开放时，应停止操作，冷静分析原因，绝对禁止盲目解锁，此时应进行的检查如下：

1) 是否走错间隔，操作设备是否有误，有无误操作。

2) 检查断路器有无问题，如开（断）状态是否正常、倒母线时母联断路器是否合上等。

3) 检查操作步骤是否正确，与当时的运行方式对照，是否相符。

4) 确因电气闭锁装置本身有缺陷需要解锁操作时，应经站长或技术负责人同意。

5) 防误闭锁装置使用的专用钥匙（包括紧急解锁钥匙）应妥善保管，不得随意乱放和丢失。

6) 对防误闭锁装置应加强运行维护，户外闭锁装置应定期上油，防止生锈，装置故障或损坏后，应及时修复，尽快投入使用。

思 考 题

1. 断路器的操作步骤、标准与危险点控制措施是什么？
2. 隔离开关的操作步骤、标准与危险点控制措施是什么？
3. 验电的操作步骤、标准与危险点控制措施是什么？
4. 接地线、接地开关的操作步骤、标准与危险点控制措施是什么？
5. 分接开关的操作步骤、标准与危险点控制措施是什么？
6. 熔断器的操作步骤、标准与危险点控制措施是什么？
7. 直流系统接地故障查找的步骤、标准与危险点控制措施是什么？
8. 保护装置的操作步骤、标准与危险点控制措施是什么？
9. 低压电气的操作步骤、标准与危险点控制措施是什么？
10. 防误闭锁装置的特点、掌握防误操作基本措施和使用防误操作的注意事项是什么？

第十七单元

综 合 操 作

课题一 线路的倒闸操作

一、学习目标

掌握线路倒闸操作的原则、方法与步骤以及有关注意事项。

二、操作原则

电气设备的操作要严格按照相关规定执行，以确保倒闸操作正确。即使是操作中发生事故，也要把事故影响限制在最小范围。

(1) 一般线路操作。线路停电操作应先断开线路侧断路器，然后拉开线路侧隔离开关，最后拉母线侧隔离开关。线路送电操作与此相反。

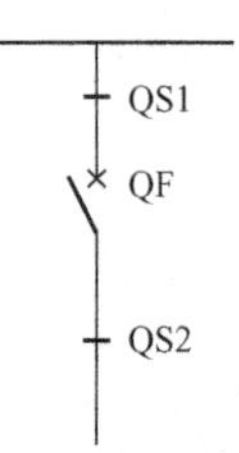

图 17-1 断路器操作顺序示意图

在正常情况下，线路断路器在断开位置时，先拉合线路侧隔离开关或母线侧隔离开关都没多大影响。之所以要求遵循一定操作顺序，是为了防止万一发生带负荷拉、合隔离开关时，可把事故缩小在最小范围之内。如图 17-1 所示，断路器 QF 未断开，若先拉开 QS2 时，发生带负荷拉隔离开关 QS1，发生带负荷拉隔离开关故障，保护动作，将使整条母线上所有连接元件停电，事故范围扩大了。

(2) 3/2 断路器接线。线路停电操作时，先断开中间断路器，后断开母线侧断路器；拉开隔离开关时，由负荷侧逐步拉向母线侧。送电操作与此相反。

正常情况下，先断开（合上）还是后断开（合上）中间断路器都没有关系，之所以要遵循一定顺序，主要是为了防止停、送电时发生故障，导致同串的线路或变压器停电。

(3) 线路并联电抗器，在超高压电网中，为了降低线路电容效应引起的工频电压升高，在线路上并联电抗器，如图 17-2 所示，图中电抗器未装断路器。停、送电操作，应在 W1 线路无电压时，才能拉开或合上 QS1 隔离开关。线路运行时，电抗器 L 一般不退出运行，要退出并联电抗器 L 时，应经过计算，电抗器 L 退出后，线路 W1 运行时的工频电压升高不能超过允许值。

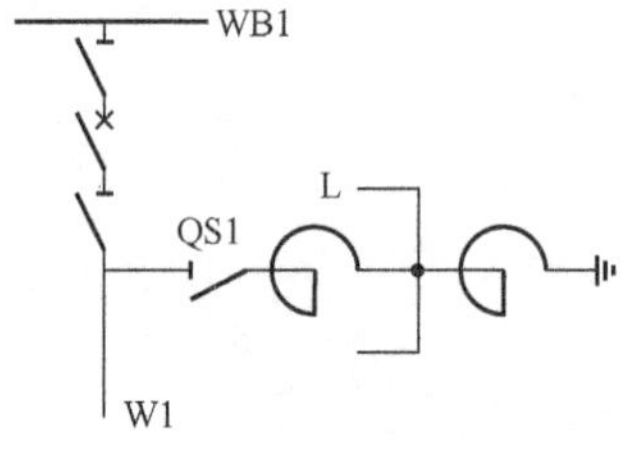

图 17-2 线路上并联电抗图

(4) 线路合环。由多电源或双电源供电的变电站，线路合环时，要经过同期装置检定，并列点电压相序一致，相位差不超过容许值，电压差不得超过下面数值：220kV 线路一般不超过额定电压的 20%；500kV 线路一般不超过额定电压的 10%，最大不超过 20%。频率误差不大小于 0.5Hz。

新投入或线路检修后可能改变相位的，在合环前要进行相位校对。

(5) 双回线路。双回线停、送电时要考虑对线路零序保护和横差保护的影响。

在双回线路变单回线路或单回线路变双回线路时，线路零序保护定值应更改，以免引起零序保护不正确动作。

双回线路改单回线路时装有横差保护的线路，其横差保护要停用。由于横差保护是靠比较两平行线路的电流来反映故障，因此当其中一条线路停电时，就破坏了差动保护原理。

线路停电前，特别是超高压线路，要考虑线路停电后对其他设备的影响。

三、方法与步骤

1. 10kV 线路倒闸操作

10kV 出线单元接线图，如图 17-3 所示。

【操作任务 1】 仿 A 线 511 断路器及仿 A 线线路由运行转检修。

操作步骤如下：

(1) 拉开 511 断路器。

(2) 检查 511 断路器确已拉开。

(3) 拉开 511 - 2 隔离开关。

(4) 检查 511 - 2 隔离开关三相确已拉开。

(5) 拉开 511 - 4 隔离开关。

(6) 检查 511 - 4 隔离开关三相确已拉开。

(7) 在 511 - 4 隔离开关断路器侧验明三相确无电压。

(8) 合上 511 - 47 接地隔离开关。

(9) 检查 511 - 47 接地隔离开关三相确已合好。

(10) 在 511 - 2 隔离开关断路器侧验明三相确无电压。

(11) 合上 511 - 27 接地隔离开关。

(12) 检查 511 - 27 接地隔离开关三相确已合好。

(13) 在 511 - 2 隔离开关线路侧验明三相确无电压。

(14) 合上 511 - 17 接地隔离开关。

(15) 检查 511 - 17 接地隔离开关三相确已合好。

(16) 在 511 - 2 隔离开关操作把手上挂“禁止合闸，线路有人工作”标示牌。

(17) 拉开 511 断路器控制电源小开关。

(18) 拉开 511 断路器储能电源小开关。

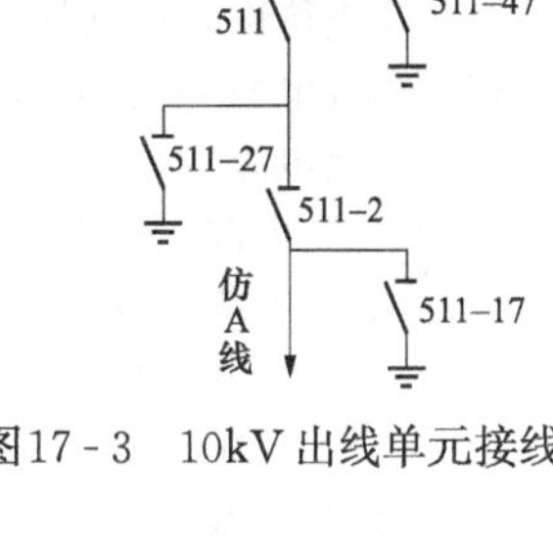

图 17 - 3　10kV 出线单元接线图

【操作任务 2】 仿 A 线 511 断路器及仿 A 线线路由检修转运行。

操作步骤如下：

(1) 合上 511 断路器控制电源小开关。

(2) 合上 511 断路器储能电源小开关。

(3) 拆 511 - 2 隔离开关操作把手上“禁止合闸，线路有人工作”标示牌。

(4) 拉开 511 - 47 接地隔离开关。

(5) 检查 511 - 47 接地隔离开关三相确已拉开。

(6) 拉开 511 - 27 接地隔离开关。

(7) 检查 511 - 27 接地隔离开关三相确已拉开。

(8) 拉开 511 - 17 接地隔离开关。

(9) 检查 511 - 17 接地隔离开关三相确已拉开。

(10) 检查待恢复送电范围内接地线、短路线已拆除。

(11) 检查 511 断路器确已拉开。

(12) 合上 511 - 4 隔离开关。

(13) 检查 511 - 4 隔离开关三相确已合好。

(14) 合上 511 - 2 隔离开关。

(15) 检查 511 - 2 隔离开关三相确已合好。

(16) 合上 511 断路器。

(17) 检查 511 断路器确已合好。

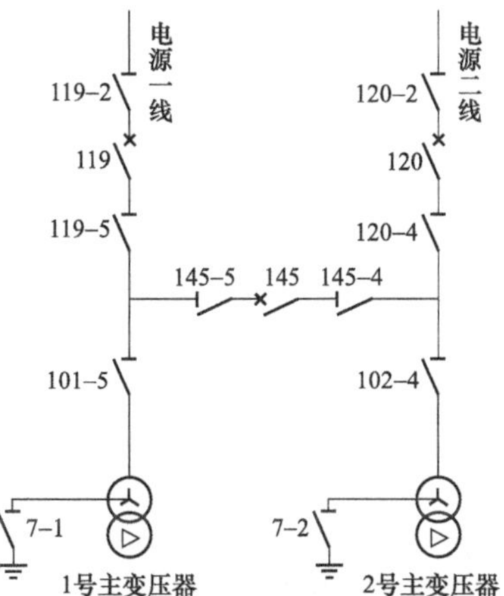

图 17 - 4　内桥接线图

2. 内桥形接线出线的倒闸操作

内桥接线如图 17 - 4 所示。运行方式为 119、120、145 断路器均在运行位置（注此时的运行方式非本接线正常运行方式，设本接线已经在合环方式下运行）。

【操作任务】 电源一线 119 断路器由检修转运行。

操作步骤如下：

(1) 合上电源一线 119 断路器控制电源小开关。

(2) 合上电源一线 119 断路器储能电源小开关。

(3) 拆电源一线 119 - 5 隔离开关断路器侧××号地线。
(4) 检查电源一线 119 - 5 隔离开关断路器侧××号地线已拆除。
(5) 拆电源一线 119 - 2 隔离开关断路器侧××号地线。
(6) 检查电源一线 119 - 2 隔离开关断路器侧××号地线已拆除。
(7) 检查待恢复送电范围内接地线、短路线已拆除。
(8) 检查电源一线 119 断路器确已拉开。
(9) 合上电源一线 119 - 2 隔离开关。
(10) 检查电源一线 119 - 2 隔离开关三相确已合好。
(11) 合上电源一线 119 - 5 隔离开关。
(12) 检查电源一线 119 - 5 隔离开关三相确已合好。
(13) 合上电源一线 119 断路器。
(14) 检查电源一线 119 断路器确已合好。

3. 220kV 双母线接线线路的倒闸操作

如图 17 - 5 所示为双母线系统接线图。仿甲线 2211、仿丙一线 2213 在 5 号母线运行，仿乙线 2212、仿丙二线 2214 在 4 号母线运行。线路断路器配置双跳闸线圈，双套电流差动保护，220kV 母线配置双套母差保护。

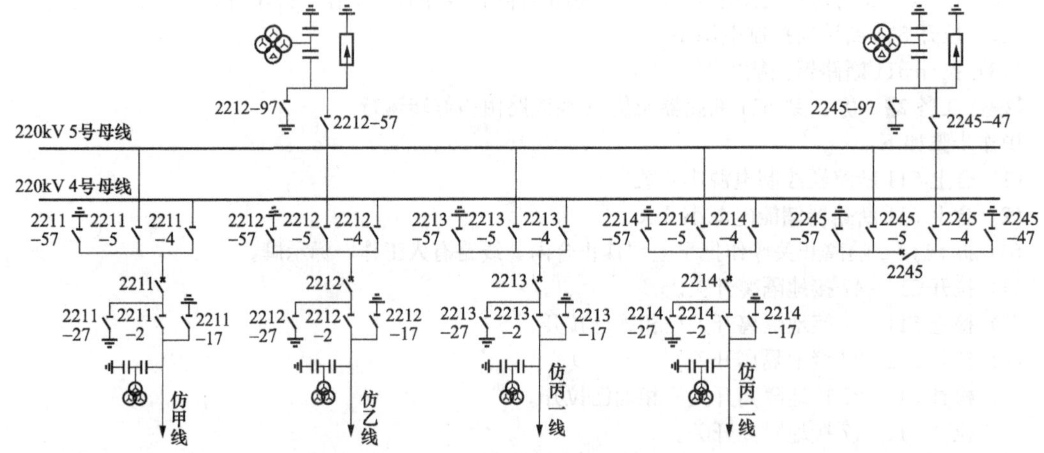

图 17 - 5 220kV 双母线系统接线图

【操作任务】 仿丙一线 2213 断路器由运行转检修。

操作步骤如下：
(1) 拉开仿丙一线 2213 断路器。
(2) 检查仿丙一线 2213 断路器三相确已拉开。
(3) 拉开仿丙一线 2213 - 2 隔离开关。
(4) 检查仿丙一线 2213 - 2 隔离开关三相确已拉开。
(5) 拉开仿丙一线 2213 - 5 隔离开关。
(6) 检查仿丙一线 2213 - 5 隔离开关三相确已拉开。
(7) 检查 220kV 母线保护隔离开关位置信号与实际位置一致。
(8) 在 220kV 母线保护按确认按钮确认隔离开关位置。
(9) 在仿丙一线 2213 - 2 隔离开关断路器侧验明三相确无电压。
(10) 合上仿丙一线 2213 - 27 接地隔离开关。
(11) 检查仿丙一线 2213 - 27 接地隔离开关三相确已合好。
(12) 在仿丙一线 2213 - 5 隔离开关断路器侧验明三相确无电压。
(13) 合上仿丙一线 2213 - 57 接地隔离开关。
(14) 检查仿丙一线 2213 - 57 接地隔离开关三相确已合好。

(15) 拉开仿丙一线 2213 断路器控制电源小开关。

(16) 拉开仿丙一线 2213 断路器储能电源小开关。

(17) 拉开仿丙一线 2213 断路器信号电源小开关。

(18) 退出仿丙一线 2213 电流差动保护 A 相启动失灵连接片。

(19) 退出仿丙一线 2213 电流差动保护 B 相启动失灵连接片。

(20) 退出仿丙一线 2213 电流差动保护 C 相启动失灵连接片。

(21) 退出仿丙一线 2213 电流差动保护三跳启动失灵连接片。

(22) 退出仿丙一线 2213 断路器失灵总启动连接片。

注：本操作为保护双重化配置，上述操作票中的保护和二次的投退只做了相应的操作（只写出一套保护的操作），实际操作中应按照现场继电保护规程进行投退；由于在综合自动化控制系统中断路器有远方控制和就地控制，在操作中应作相应的切换；220kV 及以上隔离开关为电动操作，在操作隔离开关时应先合上隔离开关操作电源小开关，操作完毕后再拉开。

四、线路停、送电操作应注意的事项

（一）线路操作的一般注意事项

(1) 操作隔离开关前首先检查相应回路的断路器在断开位置，防止带负荷拉、合隔离开关。

(2) 单电源线路停电操作，应遵循以下原则进行操作：停电时，按先拉开断路器，再拉开负荷侧隔离开关，最后拉开母线侧隔离开关的顺序依次进行；送电操作顺序与此相反。

(3) 双电源线路停、送电操作，必须根据调度命令执行，做好记录和录音工作。

(4) 隔离开关操作时，应到现场逐相检查其分、合位置，同期情况，触点接触深度等项目，确保隔离开关动作正确。

(5) 有远控装置的隔离开关，当远控失灵时，经有关领导批准，并在现场监护的情况下就地进行电动或手动操作。

(6) 隔离开关、接地开关和断路器之间安装有电气和机械闭锁装置，应按程序操作，当闭锁装置失灵时，应查明原因。经有关领导批准，方可解锁操作。

（二）操作 66～110kV 线路由冷备用转运行时的注意事项

(1) 线路由冷备用转运行，应检查保护按规定或调度命令确已投入。

(2) 线路由冷备用转运行后，应检查电压切换指示与线路所在母线一致，投重合闸后应检查投入正确。

(3) 线路由冷备用转运行后，如母差保护投入运行，应检查母差保护屏上跳该线路断路器的保护连接片投入正确。

(4) 线路断路器的保护出现故障或该保护退出运行调试，而线路又必须运行时，可用母联断路器或旁路断路带送该线路运行。

(5) 母联断路器串带或用旁路断路器串带线路断路器运行时投入的保护，应与原线路断路器保护一致，母差保护方式应作相应改变。

（三）操作 220～500kV 线路的注意事项

(1) 采用 3/2 接线方式的线路，在线路运行转冷备用后，应将电压互感器辅助开关、二次快速开关断开；冷备用转运行前，应将电压互感器辅助开关、二次快速开关合上。

(2) 线路由冷备用转运行后，220--500kV 断路器若闭环运行，应退出该线路保护屏上相应的保护连接片，如将相应的高频闭锁距离、方向的远跳连接片退出，同时应退出两台断路器保护屏上的重合闸出口连接片和启动失灵保护连接片；若开环运行，其启动失灵保护连接片均应退出。

(3) 线路运行，如两台断路器（中间断路器及母线断路器）均运行且重合闸投运，中间断路器保护屏上的“重合闸时间控制”连接片投入，母线侧断路器保护屏上的“重合闸时间控制”连接片退出。

(4) 线路由冷备用转运行，重合闸切换把手按调度命令投入四种（即单相、综合、三相、停用）运行方式中的一种。

(5) 线路隔离开关拉开时，应将短引线保护连接片投入。

(6) 220～500kV 线路保护按调度命令执行：①由运行转冷备用时，装置电源开关断开且出口连接片退出；②由冷备用转运行时，装置电源开关及电压互感器控制开关均合上，且各保护投入连接片及出口连接片均应投入；③由运行转热备用或备用时，只将保护出口连接片退出，其他保护连接片及电源开关均应投入。

课题二 母线的倒闸操作

一、学习目标

掌握母线倒闸操作的原则、方法、步骤与注意事项。

二、操作原则

(1) 母线充电。母线充电必须用断路器进行，不得用隔离开关对母线充电。用母线断路器充电时，其充电保护必须投入，充电正常后应停用充电保护。

(2) 倒母线操作。倒母线操作时，母联断路器应合上，并取下母联断路器的操作电源，这是因为若倒母线过程中由于某种原因使母联断路器分闸，此时母线隔离开关的拉、合操作实质上就是对两条母线进行公平负荷解列、并列操作，在这种情况下，因解列、并列电流较大，隔离开关灭弧能力有限，会造成弧光短路。因此，母联断路器在合上位置并取下其控制电源，可保护倒母线操作过程中母线隔离开关等电位。这是一项重要技术措施。

倒母线操作中，母线隔离开关的操作有两种方法：其一是合上一组备用的母线隔离开关之后，就立即拉开相应一组工作的母线隔离开关；其二是先合上所要操作的全部备用的母线隔离开关之后，再拉开全部工作母线隔离开关。选用哪一种操作方法，各变电站可视具体情况，本着安全、方便的原则而定。所有负荷倒完后，断开母联断路器之前，应再次检查要停电母线上所有设备是否均倒至运行母线上，并检查母联断路器电流表计指示是否为零。

倒母线时，要考虑倒闸操作过程对母线差动保护的影响，并注意有关二次隔离开关的拉合以及保护连接片的切换。

三、方法与步骤

1. 单母线（分段）接线的倒闸操作

单母线（分段）接线如图 17 - 6 所示。线路运行方式：1 号主变压器带 10kV 全部负荷，2 号主变

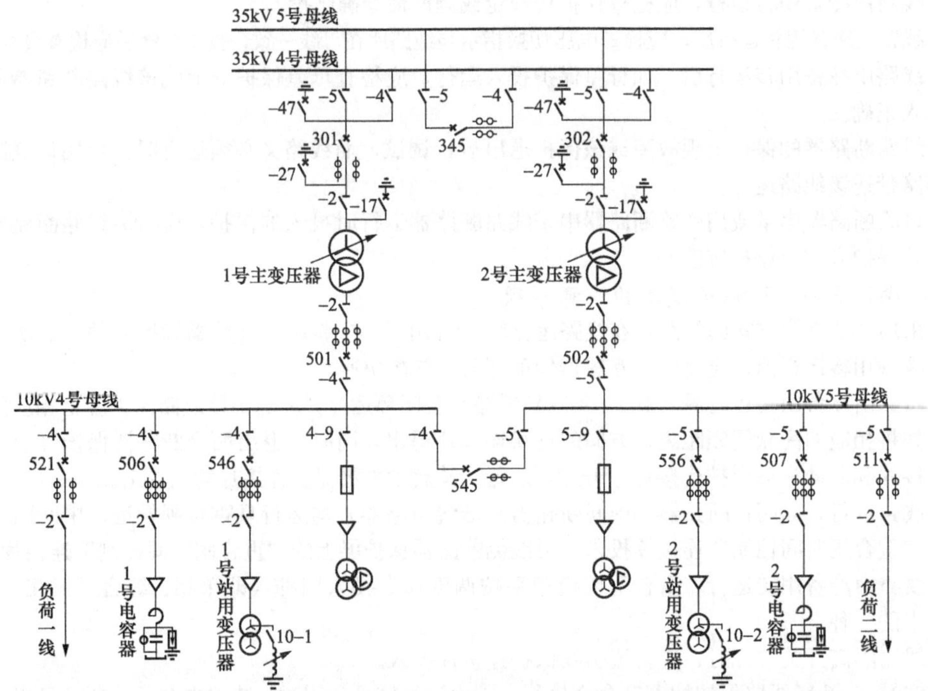

图 17 - 6 单母线（分段）接线

压器热备用，501断路器无备自投，2号站用变压器负荷已由1号站用变压器带出，即2号站用变压器热备用，无备自投。

【操作任务】 10kV 5号母线及分段545断路器由运行转检修。

操作步骤如下：

(1) 拉开2号电容器507断路器。

(2) 检查2号电容器507断路器确已拉开。

(3) 拉开2号电容器507-2隔离开关。

(4) 检查2号电容器507-2隔离开关三相确已拉开。

(5) 拉开2号电容器507-5隔离开关。

(6) 检查2号电容器507-5隔离开关三相确已拉开。

(7) 拉开负荷二线511断路器。

(8) 检查负荷二线511断路器确已拉开。

(9) 拉开负荷二线511-2隔离开关。

(10) 检查负荷二线511-2隔离开关三相确已拉开。

(11) 拉开负荷二线511-5隔离开关。

(12) 检查负荷二线511-5隔离开关三相确已拉开。

(13) 检查2号站用变压器556断路器确已拉开。

(14) 拉开2号站用变压器556-2隔离开关。

(15) 检查2号站用变压器556-2隔离开关三相确已拉开。

(16) 拉开2号站用变压器556-5隔离开关。

(17) 检查2号站用变压器556-5隔离开关三相确已拉开。

(18) 拉开10kV 5号TV电压互感器二次小开关（保护、计量）。

(19) 拉开10kV 5-9隔离开关。

(20) 检查10kV 5-9隔离开关三相确已拉开。

(21) 拉开分段545断路器。

(22) 检查分段545断路器确已拉开。

(23) 拉开分段545-5隔离开关。

(24) 检查分段545-5隔离开关三相确已拉开。

(25) 拉开分段545-4隔离开关。

(26) 检查分段545-4隔离开关三相确已拉开。

(27) 检查2号主变压器502断路器确已拉开。

(28) 拉开2号主变压器502-5隔离开关。

(29) 检查2号主变压器502-5隔离开关三相确已拉开。

(30) 拉开2弓主变压器502-2隔离开关。

(31) 检查2号主变压器502-2隔离开关三相确已拉开。

(32) 在2号主变压器502-5隔离开关母线侧验明三相确无电压。

(33) 在2号主变压器502-5隔离开关母线侧挂××号地线。

(34) 在分段545-5隔离开关断路器侧验明三相确无电压。

(35) 在分段545-5隔离开关断路器侧挂××号地线。

(36) 在分段545-4隔离开关断路器侧验明三相确无电压。

(37) 在分段545-4隔离开关断路器侧挂××号地线。

(38) 拉开分段545断路器控制电源小开关。

(39) 拉开分段545断路器储能电源小开关。

2. 双母线（分段）接线的倒闸操作

图17-7所示为单断路器双母线接线，其在大中型变电站中广泛应用。图中，仿乙线2212、2号变压器2202在220kV 4号母线运行，仿甲线2211、1号变压器2201在220kV 5号母线运行。

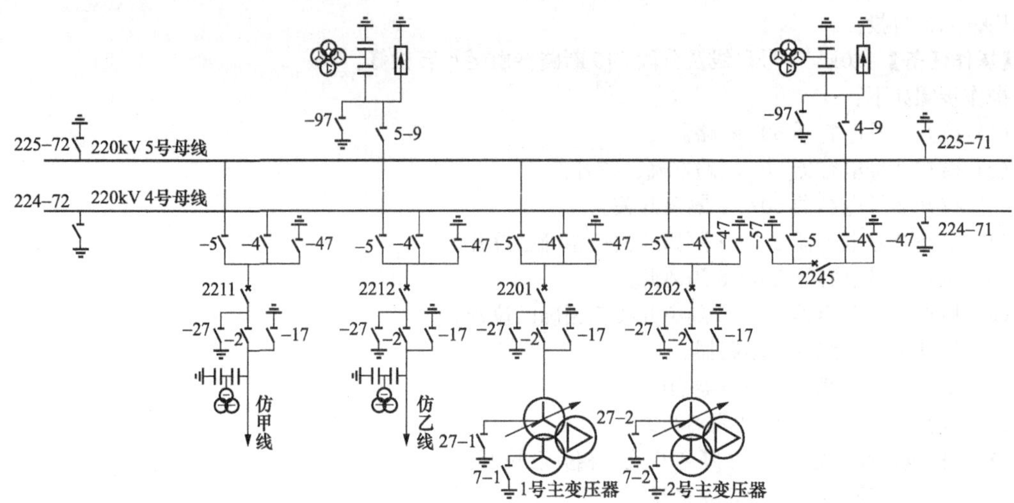

图 17-7 单断路器双母线（分段）接线

【操作任务】 220kV 4 号母线及母联 2245 断路器由运行转检修。

操作步骤如下：

(1) 投入 220kV 母线保护互联连接片（两套保护）。

(2) 投入 220kV 断路器失灵保护互联连接片。

(3) 拉开母联 2245 断路器控制电源小开关。

(4) 合上仿乙线 2212-5 隔离开关。

(5) 检查仿乙线 2212-5 隔离开关三相确已合好。

(6) 拉开仿乙线 2212-4 隔离开关。

(7) 检查仿乙线 2212-4 隔离开关三相确已拉开。

(8) 合上 2 号变压器 2202-5 隔离开关。

(9) 检查 2 号变压器 2202-5 隔离开关三相确已合好。

(10) 拉开 2 号变压器 2202-4 隔离开关。

(11) 检查 2 号变压器 2202-4 隔离开关三相确已拉开。

(12) 检查 220kV 母线保护隔离开关位置信号与实际位置一致。

(13) 在 220kV 母线保护按确认按钮确认隔离开关位置。

(14) 合上母联 2245 断路器控制电源小开关。

(15) 退出 220kV 母线保护互联连接片（两套保护）。

(16) 退出 220kV 断路器失灵保护互联连接片。

(17) 拉开 220kV 4 号电压互感器二次小开关（保护、计量）。

(18) 拉开母联 2245 断路器。

(19) 检查母联 2245 断路器三相确已拉开。

(20) 拉开母联 2245-4 隔离开关。

(21) 检查母联 2245-4 隔离开关三相确已拉开。

(22) 拉开母联 2245-5 隔离开关。

(23) 检查母联、2245-5 隔离开关三相确已拉开。

(24) 拉开 220kV 4 号电压互感器 4-9 隔离开关。

(25) 检查 220kV 4 号电压互感器 4-9 隔离开关三相确已拉开。

(26) 在 224-71 接地隔离开关母线侧验明三相确无电压。

(27) 合上 224-71 接地隔离开关。

(28) 检查 224-71 接地隔离开关三相确已合好。

(29) 在 224 - 72 接地隔离开关母线侧验明三相确无电压。

(30) 合上 224 - 72 接地隔离开关。

(31) 检查 224 - 72 接地隔离开关三相确已合好。

(32) 在母联 2245 - 4 隔离开关断路器侧验明三相确无电压。

(33) 合上母联 2245 - 47 接地隔离开关。

(34) 检查母联 2245 - 47 接地隔离开关三相确已合好。

(35) 在母联 2245 - 5 隔离开关断路器侧验明三相确无电压。

(36) 合上母联 2245 - 57 接地隔离开关。

(37) 检查母联 2245 - 57 接地隔离开关三相确已合好。

(38) 退出母联 2245 断路器失灵总启动连接片。

(39) 拉开母联 2245 断路器控制电源小开关。

(40) 拉开母联 2245 断路器储能电源小开关。

(41) 拉开母联 2245 断路器信号电源小开关。

四、操作中的注意事项

(一) 单母线停电的操作

1. 单母线停电备用

(1) 断开接至该母线上的所有断路器 (先断开负荷侧，后断电源侧)。

(2) 可不拉开母线电压互感器和接至该母线上的所有用变压器侧隔离开关，但必须取下电压互感器低压侧熔断器 (或低压断路器)，拉开站用变压器低压侧隔离开关。

2. 母线停电检修

(1) 断开接至该母线上的所有断路器。

(2) 拉开所有断路器两侧的隔离开关，将母线电压互感器和接至该母上的站用变压器从高、低压侧断开。

(3) 在母线上工作地点验电、装设接地线。

(二) 双母线的操作

1. 倒母线时断路器的操作

在运行中，双母线接线切换母线的操作称为倒母线。倒母线时，断路器及其隔离开关的操作应注意以下事项：

(1) 应将母线保护的选择元件退出 (合上三极隔离开关)，避免在转移电路的过程中，可能因某种原因造成联络断路器误跳闸而引起事故。

(2) 倒母线前必须检查两条母线确在并列运行状态，这是实现等电位操作倒母线必备的重要安全技术措施。另外，为防止母联断路器在倒母线过程中自动跳闸而引起带负荷拉、合隔离开关，还应将母联断路器的直流操作熔断器取下。

(3) 倒母线操作时，母线侧隔离开关的操作可采用两种倒换方式：①逐一单元倒换方式，即合上一组备用母线的母线侧隔离开关后，就立即拉开相应一组工作母线的母线侧隔离开关；②全部单元倒换方式，即把全部备用母线的母线侧隔离开关合上后，再拉开全部工作母线的母线侧隔离开关。

由于第一种操作方式费时、费力，并且也不安全，尤其是半高层布置方式的两组隔离开关一上一下。如在倒母线操作中，母联断路器因故跳闸，则在拉开、合上隔离开关时，即会造成弧光短路。若采用第二种方法，则只有在合第一个隔离开关和拉最后个隔离开关时，才会造成弧光短路，相对而言短路的概率要小得多。因此，在倒母线操作中，若无特殊情况，都应采取第二种操作方式。

(4) 要注意断路器电压回路切换和母差失灵保护出口连接片的切换。采用隔离开关重动继电器自动切换的，要注意检查重动继电器状态，防止重动继电器不励磁或不返回：①重动继电器应励磁而不励磁时，会使保护、仪表、自动装置二次电压供电中断，还会使母差失灵保护动作后断路器拒动；②重动继电器应返回而不返回 (不失磁) 时，会使两母线电压互感器二次并列运行。如果二次回路发生故障，则会使两台电压互感器二次熔断器均熔断，中断两条母线上所有设备的保护、仪表及自动装置的供电电压。当母线停电时，会通过二次并列点向停电母线反充电，同样会使两台电压互感器二次熔断器熔断。

(5) 注意有关保护，主要是母差保护运行方式的改变。倒母线完毕后，若一次接线不满足母线差动保护比相元件的正常工作条件，则其母线差动保护三极隔离开关就不再拉开，若一次接线能够满足比相元件工作条件，则母线差动保护三级隔离开关应再拉开。

2. 双母线同时工作时，一条母线停电的操作

(1) 倒母线：将所有断路器倒换在另一条工作母线上供电。其操作与倒母线时断路器的操作相同。

(2) 将欲退出的母线停电：①母线上无工作，可不拉开母线上电压互感器高压侧隔离开关，但必须断开电压互感器二次则低压断路器（或取下其二次熔断器）；②母线上有工作时，应拉开电压互感器高压侧隔离开关，并在工作地点附近验电接地。

课题三 变压器的倒闸操作

一、学习目标

掌握变压器倒闸操作的原则、方法、步骤与注意事项。

二、操作原则

变压器是电力系统重要的电气设备。投入或退出运行对系统影响较大，操作变压器要考虑以下几个问题。

(1) 变压器并列运行必须满足下列条件：连接组别必须分别相同；变比相等，容许相差5%；短路电压相等，容许相差10%。

在变比和短路电压不相等时，如经过计算在任何一台变压器不会过负荷的情况下，允许并列运行。

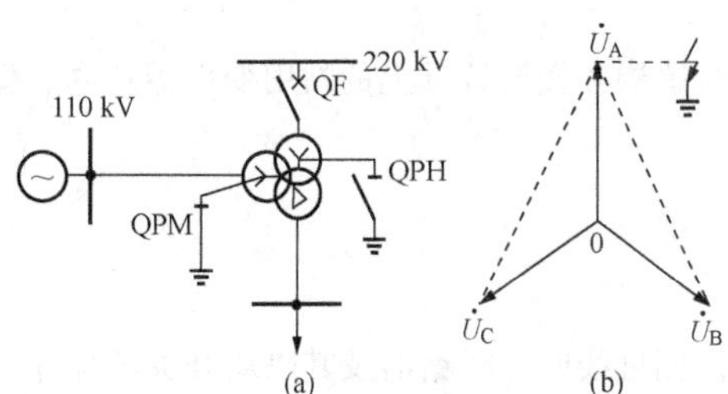

图 17-8 变压器中性点直接接地

(a) QPH拉开时中压侧运行示意图；

(b) A相对地短路时相量图

(2) 变压器在充电状态下及停、送电操作时，必须将其中性点接地开关合上。中性点接地开关合上的主要目的是防止单相接地产生过电压和避免产生某些操作过电压。如图17-8 (a) 所示，变压器接线组别为YNyn0d11，中压侧运行，高压侧断路器Q断开。当高压侧中性点接地开关QPH拉开，高压侧A相绕组出线端发生单相接地故障时，无短路电流，则变压器差动保护、零序电流保护均不能动作，这时高压侧中性点电压为相电压，B、C相对地电压为线电压，如图17-8 (b) 所示，在此过电压作用下，变压器可能因绝缘击穿而损坏。当QPH接地开关合上时，若发生单相接地，一方面不会产生过电压，另一方面因有故障电流，使变压器差动保护和零序电流保护动作，将故障点切除，所以变压器在充电状态下必须合上中性点接地开关。

(3) 变压器送电时，先合电源侧断路器，停电时先断开负荷侧断路器。500kV联络变压器，一般在220kV侧停（送）电，在500kV侧解（合）环。

在多电源情况下，按上述顺序停送电，可以防止变压器反充电。如图17-9所示，变压器T1带负荷运行，T2停电待送。变压器主保护及后备保护大部分装在电源侧，当变压器T2从负荷侧充电，且其内部有故障时，变压器T2部分保护（如过电流保护）将不能动作。另外，从负荷侧送电加重了变压器T1处满负荷时，从负荷侧充电将导致T1过负荷。而从电源侧对变压器T2充电，遇有故障时，对负荷侧运行设备影响较小，变压器保护均可动作。

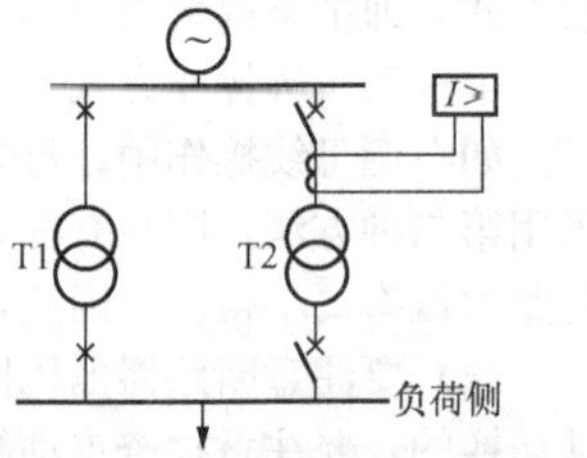

图 17-9 变压器T1带负荷运行、T2停电待送示意图

(4) 两台变压器并联运行，在倒换中性点接地开关时，应先将原未接地的中性点接地开关合上，再拉开另一台变压器中性点接地开关，并考虑零序电流保护的切换。如图17-10 (a) 所示系统，变压器操作时，当中性点接地开关同时断开，线路上任意一点（设k点）发生单相接地时，电网零序电压分布如

图 17-10（b）所示，T2、T3 变压器中性点电压 $U=U_0=U_1$，即非故障相对地电压等于线电压，这是变压器 T2、T3 无法承受的。当变压器 T2、T3 任意一组中性点接地开关合上时，若发生单相接地故障，则变压器 T2、T3 中性点电压为零，避免了单相接地过电压。

（5）新投入或大修后变压器有可能改变相位，合环前都要进行相位校核。

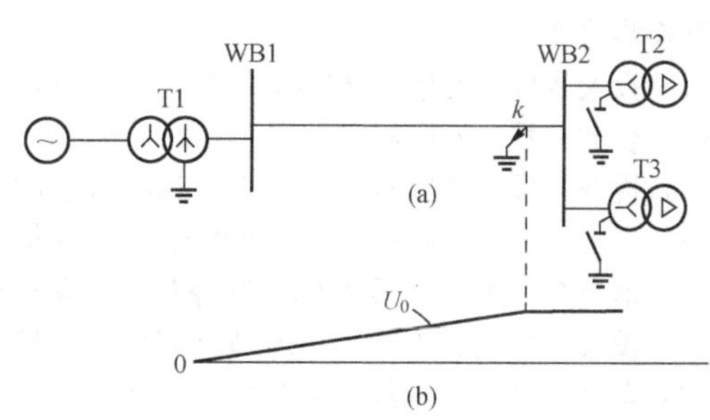

图 17-10　变压器 T2、T3 运行示意图及零序电压分布图

（a）变压器 T2、T3 运行示意图；（b）零序电压分布图

三、方法与步骤

图 17-11 为 220kV 变电站主接线。

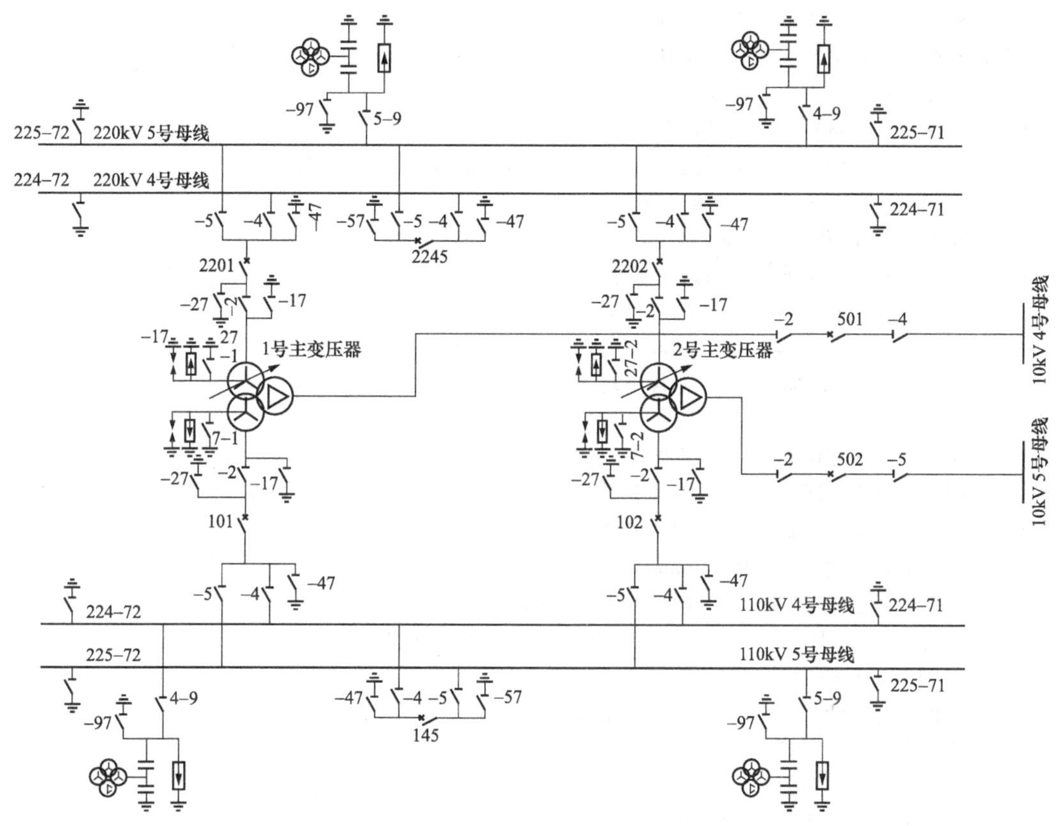

图 17-11　220kV 变电站主接线图

1. 运行方式

2201 运行于 220kV 5 号母线，2202 运行于 220kV 4 号母线；2245 母联运行，1 号、2 号主变压器并列运行；7-1、27-1 在合闸位置，7-2、27-2 在分闸位置；101 运行于 110kV 5 号母线，102 运行于 110kV 4 号母线，145 运行；501 运行于 10kV 4 号母线，502 运行于 10kV 5 号母线。

2. 保护配置

（1）主变压器保护Ⅰ装置配置 RCS-978H 型主变压器保护装置、LFP-974BR 型电压切换装置。

（2）主变压器保护Ⅱ装置配置 CST33A 型主变压器保护装置、CST230B 型主变压器后备保护装置、YQX-31J 型电压切换装置。

（3）主变压器辅助装置配置 csi-101c 型失灵启动及三相不一致保护装置、CSR22B 型主变压器非电气量保护装置、FCX-12TJ 型分相操作箱、SCX-11J 型三相操作箱。

【操作任务】 1 号主变压器由运行转检修（已将 10kV 4 号母线以下设备转备用）。

操作步骤如下：

(1) 投入2号主变压器220kV零序过电流保护连接片。

(2) 合上2号主变压器中性点27-2接地隔离开关。

(3) 检查2号主变压器中性点27-2接地隔离开关已合好。

(4) 退出2号主变压器220kV间隙过电流保护连接片。

(5) 退出2号主变压器220kV间隙过电压保护连接片。

(6) 投入2号主变压器110kV零序过电流保护连接片。

(7) 合上2号主变压器中性点7-2接地隔离开关。

(8) 检查2号主变压器中性点7-2接地隔离开关确已合好。

(9) 退出2号主变压器110kV间隙过电流保护连接片。

(10) 退出2号主变压器110kV间隙过电压保护连接片。

(11) 拉开1号主变压器501断路器。

(12) 检查501断路器三相确已拉开。

(13) 拉开1号主变压器101断路器。

(14) 检查101断路器三相确已拉开。

(15) 检查1号主变压器101断路器、2号主变压器102断路器负荷分配。

(16) 拉开1号主变压器2201断路器。

(17) 检查2201断路器三相确已拉开。

(18) 检查1号主变压器501断路器确已拉开。

(19) 拉开1号主变压器501-4隔离开关。

(20) 检查1号主变压器501-4隔离开关三相确已拉开。

(21) 拉开1号主变压器501-2隔离开关。

(22) 检查1号主变501-2隔离开关三相确已拉开。

(23) 检查1号主变压器101断路器确已拉开。

(24) 拉开1号主变压器101-2隔离开关。

(25) 检查1号主变压器101-2隔离开关三相确已拉开。

(26) 拉开1号主变压器101-5隔离开关。

(27) 检查1号主变压器101-5隔离开关三相确已拉开。

(28) 检查110kV母线保护隔离开关位置信号与实际位置一致。

(29) 在110kV母线保护按确认按钮确认隔离开关位置。

(30) 检查1号主变压器2201断路器三相确已拉开。

(31) 拉开1号主变压器2201-2隔离开关。

(32) 检查1号主变压器2201-2隔离开关三相确已拉开。

(33) 拉开1号主变压器2201-5隔离开关。

(34) 检查1号主变压器2201-5隔离开关三相确已拉开。

(35) 检查220kV母线保护隔离开关位置信号与实际位置一致。

(36) 在220kV母线保护按确认按钮确认隔离开关位置。

(37) 在1号主变压器501-2隔离开关主变压器侧验明三相确无电压。

(38) 在1号主变压器501-2隔离开关主变压器侧挂××号地线。

(39) 在1号主变压器101-2隔离开关主变压器侧验明三相确无电压。

(40) 合上1号主变压器101-17接地隔离开关。

(41) 检查1号主变压器101-17接地隔离开关三相确已合好。

(42) 在1号主变压器2201-2隔离开关主变压器侧验明三相确无电压。

(43) 合上1号主变压器2201-17接地隔离开关。

(44) 检查1号主变压器2201-17接地隔离开关三相确已合好。

(45) 退出1号主变压器保护跳2245连接片。

(46) 退出 1 号主变压器保护跳 145 连接片。

(47) 拉开 1 号主变压器冷却电源小开关。

(48) 拉开 1 号主变压器有载调压电源小开关。

四、操作中的注意事项

(1) 空载拉、合主变压器，应先将主变压器 110kV 及以上系统侧的中性点接地开关合上，以防止出现操作过电压，危及变压器绝缘。

(2) 主变压器送电时，应先从电源侧充电，再送负荷侧。当两侧或三侧均有电源时，应先从高压侧充电，再送低压侧。从电源侧（或高压侧）充电具有以下优点：

1) 送电的变压器若有故障，保护动作的灵敏性较高，能够可靠动作。

2) 便于判断事故、处理事故。例如，在合变压器电源侧断路器时，保护动作跳闸，说明故障在变压器上。在合变压器负荷侧断路器时，保护动作跳闸，说明故障在线路上。虽然都是保护跳闸，但故障范围的层次清楚，判断、处理事故比较方便。

3) 利于监视。电流表都是装在电源侧，先合电源侧，如有问题可以从表上看到反应。

(3) 停电操作时，应先停负荷侧，后停电源侧。当两侧或三侧均有电源时，应先停低压侧，后停高压侧。

(4) 根据调度令投入或退出有关保护。

课题四 电压互感器的操作

一、学习目标

掌握互感器停送电的操作原则、操作方法和注意事项。

二、电压互感器停送操作原则

(1) 电压互感器停电时，先拉开二次熔断器或二次开关，然后拉开电压互感器一次高压隔离开关。送电操作与此相反。

(2) 电压互感器二次并列时，必须一次先并列，二次后并列，防止电压互感器二次对一次进行反充电，造成二次熔断器熔断或二次开关跳闸。

(3) 只有一组电压互感器的母线，一般情况下电压互感器和母线同时进行停送电。单独停用电压互感器时，应考虑保护的变动情况。

(4) 两组母线形式接线，电压互感器各接在相应的母线上，正常运行情况下二次不并列；当其中一组检修时，其负荷可由另一组母线的电压互感器暂代。

三、电压互感器的操作

【操作任务 1】 10kV 4 号母线电压互感器由运行转检修。

10kV 系统图如图 17 - 12 所示。

线路运行方式：10kV 单母线分段，分段备自投投入，分段 545 断路器热备用（注：两台主变压器由同一电源代）。

操作步骤如下：

(1) 退出 10kV 分段断路器备自投连接片。

(2) 合上 10kV 分段 545 断路器。

(3) 检查 10kV 分段 545 断路器确已合好。

(4) 检查 501、502 断路器负荷正常。

(5) 将 10kV 4 号、5 号母线电压互感器并列切换开关由“分列”改投“并列”。

(6) 拉开 10kV 4 号母线电压互感器二次小开关（保护、计量）。

(7) 将 10kV 4 - 9 小车拉至冷备用位置。

(8) 取下 10kV 4 - 9TV 二次插件。

(9) 将 10kV 4 - 9 小车拉至检修位置。

(10) 取下 10kV 4 - 9TV 一次熔断路。

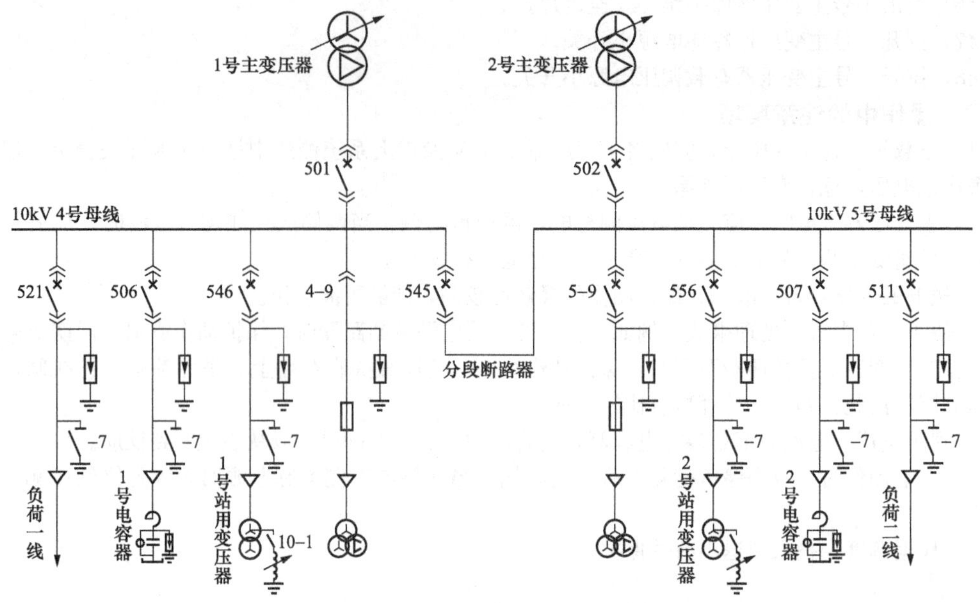

图 17-12 10kV 系统接线图

【操作任务 2】 35kV 单元电压互感器由检修转运行（不需要考虑二次所带保护）。

35kV 电压互感器单元如图 17-13 所示。操作步骤如下：

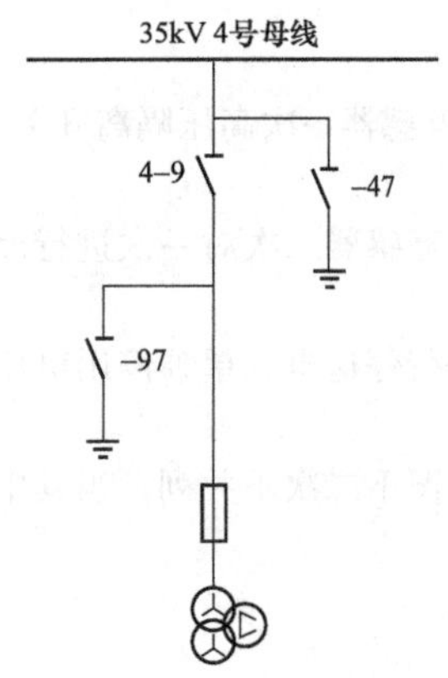

图 17-13 电磁式电压互感器单元接线图

（1）拉开 35kV 4-97 接地隔离开关。

（2）检查 4-97 接地隔离开关三相确已拉开。

（3）检查待恢复送电范围内接地线、短路线已拆除。

（4）合上 35kV 4-9 隔离开关。

（5）检查 35kV 4-9 隔离开关三相确已合好。

（6）合上 35kV 4-9TV 二次空气小开关（保护、计量）。

（7）检查 35kV 4 号母线电压正常。

四、注意事项

（1）严禁用隔离开关或摘下熔断器的方法拉开有故障的电压互感器。

（2）停用电压互感器时，应先断开接入电压互感器二次回路中可能误动的保护或自动装置，或者进行二次电压切换，后断开二次开关或熔断器，再断开一次侧隔离开关。并须考虑对继电保护装置、自动装置及电能计量回路的影响。

（3）启用电压互感器时，先合高压侧隔离开关，后合二次开关或熔断器。如双母线运行，并经与已运行的电压互感器核相并列后，在转接所在母线上回路的二次电压负荷时，应保证这种切换转接负荷的可靠性，不致引起保护装置失压误动。

（4）两段母线接线形式需要并列，应一次系统先并列，二次回路再并列，减小电压差。

课题五 电容器装置的操作

一、学习目标

掌握电容器的一般停送电的操作原则、方法和注意事项。

二、低压电容器的操作原则

（1）停电时，先断开断路器，后拉开元件侧隔离开关，再拉开母线侧隔离开关。

（2）送电时，先合上母线侧隔离开关，后合上元件侧隔离开关，最后合上断路器。

（3）严禁空母线带电容器运行。

三、操作方法与步骤

【操作任务 1】 10kV 1 号电容器由运行转检修。

系统运行方式：10kV 侧单母线分段接线，中置式小车断路器柜，2 号电容器运行。

如图 17 - 14 所示。操作步骤如下：

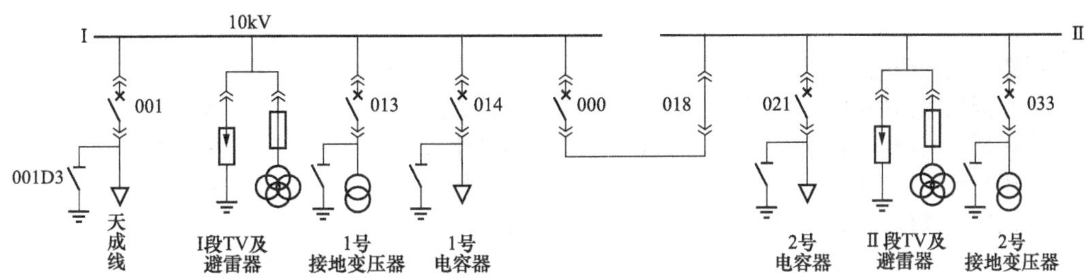

图 17 - 14　10kV 系统接线图

(1) 拉开 1 号电容器 014 断路器。
(2) 检查 1 号电容器表计读数正确。
(3) 检查 1 号电容器 014 断路器确已拉开。
(4) 将 1 号电容器 014 小车断路器拉至试验位置。
(5) 检查 1 号电容器 014 小车断路器确已拉至试验位置。
(6) 取下 1 号电容器 014 小车断路器二次插头。
(7) 将 1 号电容器 014 小车断路器拉至检修位置。
(8) 检查 1 号电容器 014 间隔线路侧带电显示灯灭（或在 1 号电容器侧验明确无电压）。
(9) 合上 1 号电容器 014D3 接地隔离开关。
(10) 检查 1 号电容器 014D3 接地隔离开关确已合好。
(11) 取下（或拉开）1 号电容器 014 断路器的操作和信号保险（二次开关）。

【操作任务 2】 1 号电容器及 311 断路器由检修转运行。

系统如图 17 - 15 所示。操作步骤如下：

(1) 合上 1 号电容器 311 断路器控制电源小开关。
(2) 合上 1 号电容器 311 断路器储能电源小开关。
(3) 拆除 1 号电容器与电抗器之间××号地线。
(4) 拆除 1 号电容器 311 断路器与电抗器之间××号地线。
(5) 拉开 1 号电容器 311 - 27 接地隔离开关。
(6) 检查 1 号电容器 311 - 27 隔离开关三相确已拉开。
(7) 检查待恢复送电范围内接地线、短路线已拆除。
(8) 检查 1 号电容器 311 断路器确已拉开。
(9) 合上 1 号电容器 311 - 4 隔离开关。
(10) 检查 1 号电容器 311 - 4 隔离开关三相确已合好。
(11) 合上 1 号电容器 311 断路器。
(12) 检查 1 号电容器 311 断路器确已合好。

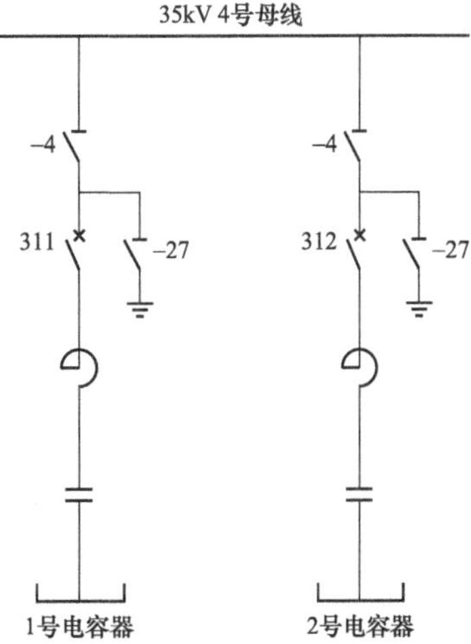

图 17 - 15　电容器接线图

四、注意事项

(1) 电容器送电操作过程中，如果断路器没合好，应立即断开断路器，间隔 3min 后，再将电容投入运行，以防止出现操作过电压。

(2) 有电容器组运行的母线停电操作时，应先停运电容器组，再停运母线上的其他元件；母线投运时，先投运母线上的其他元件，最后投运电容器组。

(3) 无失压保护的电容器组，母线失压后，应立即断开电容器组的断路器。

(4) 电容器停用时应经放电线圈充分放电后才可合接地隔离开关，其放电时间不得少于5min。

对于外壳非绝缘的电容器，除将电容器的电极进行放电外，必要时再将电容器外壳进行放电。在进行外壳放电前，工作人员不得触及外壳。

思 考 题

1. 线路倒闸操作的原则、方法与步骤以及有关注意事项是什么？
2. 母线倒闸操作的原则、方法、步骤与注意事项是什么？
3. 变压器倒闸操作的原则、方法、步骤与注意事项是什么？
4. 电压互感器操作的原则、方法、步骤与注意事项是什么？
5. 补偿装置操作的原则、方法、步骤与注意事项是什么？

模块六　变电运行异常与事故的处理

第十八单元　设备异常与事故的处理

课题一　事故处理的基本要求

一、学习目标

掌握事故处理的原则和自行处理的项目。

二、事故及异常的概念

电力系统中的事故，可分为电气设备事故和电力系统事故两大类。电气设备事故，可能发展为系统事故，影响整个系统的稳定性；而系统性事故又能使某些电气设备损坏。因此，变电站运行人员的主要任务就是保证设备正常运行，尽量减少和避免事故的发生。而一旦发生事故，应以最快的速度处理，尽可能多地保留送电范围。

(1) 电气设备的正常运行状态。电气设备在规定的外部环境下（额定电压、额定气温、额定海拔高度、额定冷却条件、规定的介质状况等），保证连续（或在规定的时间内）正常地达到额定工作能力的状态，称之为额定工作状态。

对于每个电气设备及设备间的连接部分来说，如导线、铝排、电缆等都有一个规定的、长期工作的正常工作状态。

(2) 电气设备的异常状态。电气设备的异常状态，即不正常的工作状态，是相对于设备的正常工作状态而言的。

设备的异常状态是指设备在规定的外部条件下，部分或全部失去额定的工作能力状态。例如：①设备功率达不到铭牌要求，变压器不能带额定负荷，断路器不能通过额定电流或不能切断规定的事故电流，母线不能通过额定电流等；②设备不能达到规定的运行时间，变压器带额定负荷不能连续运行，电流互感器长时间运行本身发热超过允许值等；③设备不能承受额定电压，瓷件受损的电气设备在额定电压下形成击穿，变压器绕组绝缘破坏后在额定电压下造成匝间短路、层间短路等。

(3) 事故。事故本身也是一种异常状态。通常，事故是指异常状态中比较严重的或已经造成设备部分损坏、引起系统运行异常、中止了对用户供电的状态。

三、处理事故的主要任务

(1) 尽速限制事故发展，判明和消除事故的根源并解除对人身和设备的危险。

(2) 用一切可能的方法保持设备继续运行，以保证对用户的供电。

(3) 尽速对已停电的用户恢复供电。

(4) 调整电力系统的运行方式，使其恢复正常。

四、事故处理应遵循的规则

(1) 根据表计、信号指示及当时的其他现象正确判断事故的性质。

(2) 限制事故发展，消除事故根源，并迅速切除对人身和设备安全有严重威胁的设备。

(3) 迅速切除故障，对继电保护和自动装置未动作的设备，应立即手动执行。

(4) 调整未直接受到影响的系统及设备的运行方式，尽力保持设备继续运行，以保证对用户的正常供电。

(5) 检查保护掉牌、光字信号及故障录波器的动作情况，并做好文字记录，而后恢复信号，进一步判断事故的范围及性质。

(6) 对无故障象征，属于保护装置误动、人为误碰或限时后备保护越级动作而跳闸的设备，在向当值调度汇报后，按当值调度命令进行倒闸送电。

(7) 尽快恢复站用电和因故停电的重要用户的供电。在整个事故处理过程中，应确保站用电的安全可靠运行。

(8) 检查故障设备，判明故障点及其故障程度。

(9) 将故障设备停电，并通知检修人员进行修复。

(10) 恢复系统的正常运行方式及设备的额定运行工况。

(11) 对有关设备全面系统地进行检查，详细记录事故发生的现象及处理的过程。

五、在事故处理中允许值班员不经联系自行处理的项目

(1) 将直接威胁人身安全的设备停电。

(2) 将损坏的设备脱离设备。

(3) 根据运行规程采取保护运行设备措施。

(4) 拉开已消失电压的母线所连接的断路器。

(5) 恢复站用电。

(6) 继电器有异声、过热、冒烟等异常情况并有误动危险时可将该保护退出。

六、事故处理的一般规定

(1) 电力系统及设备的事故处理应在值班调度的统一指挥下，运行值班长是事故处理现场负责人，领导指挥全班人员进行事故处理，应对事故处理的正确和迅速负责。值班长应组织事故处理时，根据班内每个人的业务水平适当分工，分别负责事故现场的检查。

(2) 系统发生事故或异常情况时，值班人员应迅速正确地向有关调度报告发生的所名、时间、现象、设备名称及编号，断路器跳闸情况、继电保护及自动装置动作情况和频率、电压、潮流的变化及设备状况等。

(3) 发生事故后，值班人员应迅速回到控制室进行事故处理，无关人员应自觉撤离控制室及事故现场，只允许与事故处理有关的领导以及工作人员留在控制室内。非事故单位不应在事故当时向调度询问事故情况，以免影响事故处理。

(4) 事故处理中不得进行交接班。交接班时发生事故，应由交班人员负责处理，接班人员可在当值班长的要求下协助处理，在事故处理告一段落并征得调度同意后，方可进行交接班。

(5) 事故处理时，必须严格执行接令、汇报、复诵、录音及记录制度，必须使用统一调度术语、操作术语，汇报内容应简明扼要。

(6) 事故处理时，必须认真严格执行调度命令，并对操作正确性负责。发现调度命令和指挥有错误时，有权向调度提出意见，但当调度员坚持原命令时，值班人员应执行，后果由调度负责，事后应上级行政领导报告。若命令有威胁人身或设备安全时，则应拒绝执行，并报告上级领导。

(7) 事故处理中，必要时高一级调度可越级发调度操作命令。

(8) 发生任何大小事故，在事故处理告一段落后应及时向主管部门（工区）、公司汇报，并应向有关上级调度汇报。

(9) 在处理事故时，对系统运行方式有重大影响的操作（改变电气接线方式等），均应得到值班调度命令或许可后才能执行，除在事故处理中允许值班员不经联系自行处理的项目之外。

(10) 事故现场隔离后，可否试送电、断路器跳闸次数的限额以及重合闸能否再用，应由调度值班人员提供可靠的依据，并应做好记录。

(11) 强送电的断路器要完好，继电保护装置要完备。可否强送电应由调度值班人员确定。

(12) 调整未直接受到损害系统及设备的运行方式时，应尽力保持其正常工作状况。

(13) 如果发生火灾事故，应由正值负责救火工作及现场指挥（报火警 119 并说明火灾原因）。

七、现场事故处理报告内容的编写

事故处理完后，运行人员必须将事故处理全过程进行汇总，编写出详细的现场事故报告，并快速传递上级调度或有关部门，以便专业人员对事故进行分析。现场事故报告应包括以下内容：

(1) 事故现象，包括发生事故的时间、中央信号、当时的负荷情况等。

(2) 断路器跳闸情况。

(3) 保护及自动装置的动作情况。

(4) 事件打印情况。

(5) 现场检查情况。

(6) 事故的初步分析。

（7）事故的处理过程，包括操作、安全措施等。

（8）故障录波图、事件打印、微机保护报告等。

将上述汇总资料打印成书面资料，汇总资料要完整、准确、明了、整洁。

课题二　变压器异常与事故的处理

一、学习目标

掌握变压器运行中的异常分析与事故处理原则和方法。

二、变压器事故跳闸的处理原则

（1）检查相关设备有无过负荷问题。

（2）若主保护（气体保护、差动等）动作，未查明原因消除故障前不得送电。

（3）如只是过电流保护（或低压过电流）动作，检查主变压器无问题后可以送电。

（4）装有重合闸的变压器，跳闸后重合闸不成功，应检查设备后再考虑送电。

（5）有备用变压器或备用电源自动投入的变电站，当运行变压器跳闸时应先考虑备用变压器或备用电源，然后再检查跳闸的变压器。

（6）如因线路故障，保护越级动作引起变压器跳闸，则故障线路断路器断开后，可立即恢复变压器运行。

（7）变压器跳闸后应首先确保站用电的供电。

（8）变压器跳闸后应立即停止油泵。

三、变压器运行中的异常分析

电力变压器在运行中一旦发生异常情况，便将影响系统的运行方式及对用户的正常供电，甚至大面积停电。对异常运行的分析和防止事故及其扩大，可及时地采取预防措施。变压器运行的异常，一般有以下几种情况。

1. 声音异常

（1）正常状态下变压器的声音。变压器虽属静止设备，但运行中会发现轻微的连续不断的“嗡嗡”声，这种声音是运行中电气设备的一种固有特征，一般称为“噪声”。若均匀连续，则视为正常；而不均匀的间断响声为不正常。产生这种噪声的原因如下：

1）励磁电流的磁场作用使硅钢片振动。

2）铁芯的接缝和叠层之间的电磁力作用引起振动。

3）绕组的导线之间或线圈之间的电磁力作用引起振动。

4）连接在变压器上的某些零部件松动引起的振动，正常运行变压器发生的“嗡嗡”声是连续的、均匀的。如果产生的声音不均匀或有特殊的响声，应视为不正常现象。判断变压器的声音是否正常，可借助于“听音棒”等工具进行。

（2）变压器声音大，且均匀。变压器声音比平时增大，声音均匀，则有以下几种原因：

1）电网发生过电压。电网发生单相接地或产生谐振过电压时，都会使变压器的声音增大，出现这种情况时，可结合电压表计的指示进行综合判断。

2）变压器过负载，将会使变压器发出沉重的“嗡嗡”声。

（3）变压器有杂声。声音比正常时增大且有明显的杂声，但电流、电压无明显异常时，则可能是内部夹件或压紧铁芯的螺钉松动，使硅钢片振动增大所造成。

（4）变压器有放电声。若变压器内部或表面发现局部放电，声音中就会夹杂有“劈啪”放电声，发生这种情况时，若在夜间或阴雨天气下，看到变压器套管附近有蓝色的电晕或火花，则说明瓷件污秽严重或设备线卡接触不良；若是变压器内部放电，则是不接地的部件静电放电，或是分接开关接触不良放电。这时，应对变压器做进一步检测或停用。

（5）变压器有水沸腾声。声音夹杂有水沸腾声，且温度急剧变化，油位升高，则应判断为变压器绕组发生短路故障，或分接开关因接触不良引起严重过热，这时应立即停用变压器进行检查。

（6）变压器有爆裂声。声音中夹杂不均匀的爆裂声，则是变压器内部或表面绝缘击穿，此时应立即将变压器停用检查。

(7) 变压器有撞击声或摩擦声。若变压器的声音中夹杂有连续的、规律的撞击声或摩擦声，则可能是变压器外部某些零件的摩擦声，或外来高次谐波源所造成，应根据情况予以处理。

2. 油温异常

变压器在各种超额定电流方式下运行，若顶层油温超过105℃时，应立即降低负载。在正常负载和冷却条件下，变压器温度不正常并不断上升，则认为变压器已发生内部故障，应立即将变压器停运。导致温度异常的原因。

(1) 内部故障引起温度异常。变压器内部故障，如绕组匝间或层间短路、线圈对围屏放电、内部引线接头发热、铁芯多点接地使涡流增大过热、零序不平衡电流等漏磁通与铁件油箱形成回路而发热等因素引起变压器温度异常。发生这些情况，还将伴随着气体保护或差动保护动作。故障严重时，还可能使防爆管或压力释放阀喷油，这时变压器应停用检查。

(2) 冷却器运行不正常引起温度异常。冷却器运行不正常或发生故障。如潜油泵停运，风扇损坏，散热顺管道积垢，冷却效果不良，散热器阀门没有打开，温度计指示失灵等因素引起温度升高，应对冷却系统进行维护或冲洗，提高冷却效果。

油温异常应检查：

1) 检查校验温度测量装置。

2) 检查变压器冷却装置或变压器室的通风情况及环境温度。

3) 检查变压器的负载和绝缘油的温度，并与相同情况下的数据进行比较。

3. 油位异常

(1) 假油位。如变压器温度变化正常，而变压器油标管内的油位变化不正常或不变，则说明是假油位。运行中出现假油位的原因有以下几方面：

1) 油标管堵塞。

2) 储油柜呼吸器堵塞。

3) 防爆管通气孔堵塞。

(2) 油面过低。油面过低应视为异常。因油位低到一定限度时，会造成轻气体保护动作，若为浮子式继电器，还会造成重气体保护跳闸。严重缺油时，变压器内部线圈暴露在空气中，会使其绝缘降低，甚至造成因绝缘散热不良而引起损坏事故。处于备用的变压器，如严重缺油，也会吸潮而使其绝缘降低。造成变压器油面过低的原因有以下几方面：

1) 变压器严重漏油。

2) 修试人员因工作需要多次放油后未做补充。

3) 气温过低且油量不足，或储油柜容积偏小不能满足运行要求。

4. 外表异常

(1) 防爆管防爆膜破裂。防爆管防爆膜破裂会引起水和潮气进入变压器内，导致绝缘油乳化及变压器的绝缘强度降低。其原因有下列几方面：

1) 防爆膜材质选择处理不当。当材质未经压力试验验证，玻璃未经退火处理，受到自身内应力的不均匀导致裂面。

2) 防爆膜及法兰加工不精密平正，装置结构不合理，检修人员安装防爆膜时工艺不符要求，紧固螺丝受力不匀，接触面无弹性等所造成。

3) 呼吸器堵塞或抽真空充氮情况下不慎受压力而破损。

4) 受外力或自然灾害袭击。

5) 变压器发生内部短路故障。

(2) 压力释放阀的异常。当变压器油在超过一定标准时，压力释放阀便开始动作进行溢油或喷油，从而减小油压保护了油箱，如属变压器的油量过多、气温高而非内部故障发生溢油现象，压力释放阀便自动复位。

(3) 套管闪络放电。套管闪络放电会造成发热导致老化，绝缘受损甚至引起爆炸，常见的原因有以下几方面：

1）套管表面过脏，如粉尘污秽等在阴雨天就会发生套管表面绝缘强度降低，容易发生闪络事故，若套管表面不光洁在运行中电场不均匀会发生放电异常。

2）高压套管制造不良，未屏接地，焊接不良，形成绝缘损坏，或接地未屏出线的绝缘子心轴与接地螺套不同心，接触不良，或未屏不接地，也有可能导致电位提高而逐步损坏。

3）系统出现内部或外部过电压，套管内存在隐患而导致击穿。

(4）渗漏油。渗漏油是变压器常见的缺陷，渗与漏仅是程度的区别，要求渗油两滴间隔时间应大于5min，并从根本上消除漏油。渗漏油常见的具体部位及原因如下：

1）阀门系统、蝶阀胶垫材质和安装不良，放油阀精度不高，螺纹处渗漏。

2）胶垫接线桩头、高压套管基座电流互感器出线胶垫桩头不密封、无弹性，小绝缘子破裂渗漏油。

3）胶垫不密封渗漏，一般胶垫压缩应保持在2/3，有一定的弹性，随运行时间、温度、振动易老化龟裂失去弹性，或本身材质不符要求，位置偏心。

4）设计制造不良，高压套管升高座法兰、油箱外表、油箱底盘大法兰等焊接处材质太薄、加工粗糙，形成渗漏油。

5. 颜色、气味异常

变压器的许多故障常伴有过热现象，使得某些部件或局部过热，因而引起一些有关部件的颜色变化或产生特殊臭味。

(1）线头（引线）、线卡处过热引起异常。套管接线端部紧固部分松动，或引线头线鼻子滑牙等，接触面发生氧化严重，使接触处过热，颜色变暗失去光泽，表面镀层也遭到破坏。连接处接头部分一般温度不宜超过70℃，可用示温蜡片检查（一般黄色熔化为60℃、绿色70℃、红色80℃），也可用红外线测温仪测量，温度很高时同时产生焦臭味。

(2）套管、绝缘子产生的臭氧味。套管、绝缘子污秽或有损伤严重时发生放电、闪络，产生一种特殊的臭氧味。

(3）呼吸器硅胶变色。呼吸硅胶一般正常干燥时为蓝色，其作用为吸收空气进入储油柜胶袋、隔膜中的潮气，以免变压器绕组受潮。当硅胶中蓝色变为粉红色表明受潮而且硅胶已失效，一般当硅变色部分超过2/3时，应予更换。硅胶变色过快的原因主要有以下几方面：

1）如长期天气阴雨空气，湿度较大，吸潮变色过快。

2）呼吸器容量过小，如有载开关采用0.5kg的呼吸器变色过快是常见现象，应更换较大容量的呼吸器。

3）硅胶玻璃罩罐有裂纹及破损。

4）呼吸器下部油封罩内无油或油位太低，起不到良好油封作用，使湿空气未经油封过滤而直接进入硅胶罐内。

5）呼吸器安装不良，如胶垫龟裂不合格，螺栓松动安装不密封受潮。

(4）附件、电源线或二次线产生异常气味。附件、电源线或二次线的老化损伤，造成短路产生的异常气味。

(5）电动机、接触器、热继电器产生焦臭味。冷却器中电机短路、分控制箱内接触器、热继电器过热等烧损，产生焦臭味。

四、变压器故障的处理

（一）变压器过负荷处理方法

1. 处理原则

(1）有严重缺陷的变压器和薄绝缘变压器不准超过额定电流运行。

(2）超额定电流方式下运行时，若顶层油温超过105℃时，应立即降低负载；应将过负载的数值、持续时间、顶层油温和环境温度以及冷却装置运行情况报告调度并记入变压器技术档案。

(3）各类负载状态下的电流和温度限制，应遵守制造厂有关规定，若无制造厂规定时，可按DL/T 572—2010《电力变压器运行规程》相关规定执行。

(4）变压器过负载运行时，应检查并记录负载电流，检查油温和油位的变化，检查变压器声音是否正常、接头是否发热、冷却装置投入量是否足够、运行是否正常，防爆膜、压力释放器是否动作过。

2. 处理方法

(1) 运行中的变压器发出过负荷信号时，或运行中发现变压器负荷达到相应调压分接头额定值90%及以上，应立即向调度汇报，并做好记录。

(2) 根据变压器允许过负荷情况，及时做好记录，并派专人监视主变压器的负荷及上层油温和绕组温度。

(3) 按照变压器特殊巡视的要求及项目，对变压器进行特殊巡视。

(4) 过负荷期间，变压器的冷却器应全部投入运行。

(5) 过负荷结束后，应及时向调度汇报，并记录过负荷结束时间。

(二) 油变化故障

1. 变压器油温指示异常时，值班人员应按以下步骤检查处理

(1) 检查变压器的负载和冷却介质的温度。并与在同一负载和冷却介质温度下正常的温度核对。

(2) 核对温度测量装置。

(3) 检查变压器冷却装置或变压器室的通风情况。

(4) 若温度升高的原因是冷却系统的故障，且在运行中无法修理者，应将变压器停运修理；若不能立即停运修理，则值班人员应按现场规程的规定调正变压器的负载至允许运行温度下的相应容量。

(5) 在正常负载和冷却条件下，变压器温度不正常并不断上升，应查明原因，必要时应立即将变压器停运。

(6) 变压器在各种超额定电流方式下运行，若顶层油温超过105℃时，应立即降低负载。

2. 引起变压器油位异常的原因及处理方法

变压器的油位是与油温相对应的，生产厂家应提供油位与温度曲线。当油位与温度不符合油位—温度曲线时，则油位异常。

(1) 引起油位异常的主要原因如下：

1) 指针式油位计出现卡针等故障。

2) 隔膜或胶囊下面储积有气体，使隔膜或胶囊高于实际油位。

3) 呼吸器堵塞，使油位下降时空气不能进入，油位指示将偏高。

4) 胶囊或隔膜破裂，使油进入胶囊或隔膜以上的空间，油位计指示可能偏低。

5) 温度计指示不准确。

6) 变压器漏油使油量减少。

7) 大修后注油过满或不足。

8) 变压器长期在大负荷下运行。

(2) 油位异常的处理如下：

1) 变压器中的油因低温凝滞时，应不投冷却器空载运行，同时监视顶层油温，逐步增加负载，直至投入相应数量冷却器，转入正常运行。

2) 当发现变压器的油面较当时油温所向有的油位显著降低时，应查明原因。补油时应遵守相关规定，禁止从变压器下部补油。

3) 变压器油位因温度上升有可能高出油位指示极限，经查明不是假油位所致时，则应放油，使油位降至与当时油温相对应的高度，以免溢油。

3. 变压器油流故障的现象及处理方法

(1) 变压器油流故障的现象如下：

1) 变压器油温不断上升。

2) 风扇运行正常，变压器油流指示器指在停止的位置。

3) 如果是管路堵塞（油循环管路阀门未打开），将会发油流故障信号，油泵热继电器将动作。

(2) 油流故障的原因如下：

1) 油流回路堵塞。

2）油路阀门未打开，造成油路不通。

3）油泵故障。

4）变压器检修后油泵交流电源相序接错，造成油泵电动机反转。

5）油流指示器故障（变压器温度正常）。

6）交流电源失压。

（3）处理方法。油流故障告警后，运行人员应检查油路阀门位置是否正常，油路有无异常，油泵和油流指示器是否完好，冷却器回路是否运行正常，交流电源是否正常，并进行相应的处理。同时，严格监视变压器的运行状况，发现问题及时汇报，按调度的命令进行处理。若是设备故障，则应立即向调度报告，通知有关专业人员来检查处理。

4. 分析油样发现油已劣化的处理方法

油质劣化，含有杂质或颗粒，会导致油的绝缘性能降低，部分颗粒由于电压作用会在绕组之间搭成“小桥”，可能造成变压器相间短路或绕组与外壳发生击穿现象。在这种情况下，应立即停用该台变压器，以免事故发生，烧毁变压器。

（三）冷却器故障

1. 冷却装置故障时的运行方式和处理要求

（1）油浸（自然循环）风冷和干式风冷变压器，风扇停止工作时，允许的负载和运行时间，应按制造厂的规定。油浸风冷变压器当冷却系统部分故障停风扇后，顶层油温不超过65℃时，允许带额定负载运行。

（2）强油循环风冷和强油循环水冷变压器，在运行中，当冷却系统发生故障切除全部冷却器时，变压器在额定负载下允许运行时间小于20min。当油面温度尚未达到75℃时，允许上升到75℃，但冷却器全停的最长运行时间不得超过1h。对于同时具有多种冷却方式（如ONAN、ONAF或OFAF），变压器应按制造厂规定执行。冷却装置部分故障时，变压器的允许负载和运行时间应参考制造厂规定。

2. 当一台风扇故障或运行声音异常时的处理方法

冷却器在运行中出现一台风扇故障或运行声音异常的现象很普遍，此时，若热继电器未动作（没有造成一组冷却器全停故障），则可按以下方法进行处理：

（1）手动启动备用冷却器。

（2）停用工作冷却器。

（3）断开工作冷却器的动力电源开关。

（4）若需将两组冷却器（只有两组的情况下）都投入运行时，可解下故障风扇的电源，复归热继电器。合上电源开关将两组冷却器投入运行。

3. 强油循环风冷变压器发生“备用冷却器投入”信号时的检查处理方法

强油循环风冷变压器发生“备用冷却器投入”信号时，值班人员应立即到现场检查。

（1）将备投冷却器转至运行位置。

（2）停用故障冷却器并检查，将其他冷却器做适当调整。

（3）检查热继电器动作情况，分清是潜油泵故障还是风扇故障，并着手复归热继电器（注意应有3～5min间隔时间，防止接点损坏）。

（4）手动复归正常后，试投冷却器正常方可投入运行。

（5）手动复归失灵时，应报有关修试部门进行修理。

4. 一组冷却器全停时的处理方法

（1）迅速投入备用冷却器（若风扇或潜油泵的热继电器动作使该组冷却器停运时，则自动启动备用冷却器运行）。

（2）检查冷却器电源是否正常，有无缺相和故障。

（3）若冷却器热耦开关自动跳闸，应检查冷却回路有无明显故障。若无明显故障，运行人员可将热耦开关试合一次。若再跳闸，则将其退出运行，通知检修人员处理。

（4）若一组冷却器运行，另一组冷却器故障退出运行，则运行人员应严格按照有关运行规程规定，监视主变压器的电流和油温不得超过规定数值。否则应立即向调度报告，采取相应的措施。

(5) 若一台风扇热继电器动作退出运行，则可按单台风扇异常运行进行处理。

5. 强油循环风冷变压器发生“冷却器全停”信号后的检查处理方法

强油循环风冷变压器发生“冷却器全停”信号后，值班人员应立即检查断电原因，尽快恢复冷却装置运行。首先检查备用电源不能自动投入的原因，然后检查运行电源的故障原因。

备用电源应检查：

(1) 三相电压是否平衡。

(2) 控制回路是否接通；如未接通，可用绝缘物将工作电源Ⅰ（Ⅱ）接触器强行励磁，恢复冷却器运行。

(3) 控制回路继电器运行是否正常。

(4) 冷却装置是否严重故障。

同时加强油温的监视，做好倒负荷的准备。若在规定的时间内不能恢复冷却装置的运行时，应申请停止变压器的运行，防止变压器因超过规定的无冷却运行的时间，造成绕组、绝缘过热烧坏。

(四) 压力释放阀动作后检查和处理方法

1. 压力释放装置动作的原因

(1) 内部故障。

(2) 变压器承受大的穿越性短路。

(3) 压力释放装置二次信号回路故障。

(4) 大修后变压器注油过满。

(5) 负荷过大，温度过高，致使油位上升而向压力释放装置喷油。

2. 检查及处理

(1) 检查压力阀是否喷油。

(2) 检查保护动作情况、气体继电器情况。

(3) 主变压器油温和绕组温度、运行声音是否正常，有无喷油、冒烟、强烈噪声和振动。

(4) 是否是压力释放阀误动。

(5) 在未查明原因前，主变压器不得试送。

(6) 压力释放阀动作发出一个连续的报警信号，只能通过恢复指示器人工解除。

(7) 若仅压力释放装置喷油但无压力释放装置动作信号，则可能是1的 (4)、(5) 所致。

(五) 有载调压变器在改分接头时的故障

1. 发生连续调整

(1) 本来每按一次按钮只调一个分接头，如果电气制动回路、操作回路失灵，或电动机电源接触器铁芯卡滞，就可能发生连续调整，将分接头加到最大或减到最小，并使母线电压大幅度波动。

(2) 处理方法。调压装置在电动调压过程中发生“连动”时应立即拉开装置电源，如分接开关在过渡状态，可手动摇至就近的分接开关挡位。

2. 调整机构失灵

(1) 在调压过程中发现分接指示器变化，而电压无变化时，禁止进行调压操作。

(2) 单相有载调压变压器其中一相分接开关不同步时，应立即在分相调压箱上将该相分接开关调至所需位置，若该相分接开关拒动，则应将其他相调回原位。

3. 快速机构动故障

快速机构动作时间变长或切换到中途不动作，烧毁限流电阻。

(六) 变压器出现强烈而不均匀的噪声且振动很大时的处理方法

变压器出现强烈而不均匀的噪声且振动加大，是由于铁芯的穿芯螺栓夹得不紧，使铁芯松动，造成硅钢片间产生振动。振动能破坏硅钢片间的绝缘层，并引起铁芯局部过热。如果有“吱吱”声，则是由于绕组或引出线对外壳闪络放电，或铁芯接地线断线造成铁芯对外壳感应而产生高电压，发生放电引起。放电的电弧可能会损坏变压器的绝缘，在这种情况下，运行或监护人员应立即汇报，并待采取措施。如保护不动作则应立即手动停用变压器，若有备用变压器则先投入备用变压器，再停用此台变压器。

五、变压器事故处理

（一）变压器自动跳闸的处理

当变压器的断路器自动跳闸后，调度及运行人员应采取下列措施：

（1）若有备用变压器，应立即将其投入，以恢复向用户供电，然后查明故障变压器的跳闸原因。

（2）若无备用变压器，则一方面尽快转移负载，改变运行方式；另一方面查明何种保护动作。在查明变压器跳闸原因时，应查明变压器有无明显的异常现象，有无外部短路，线路故障过负载，明显的火光、异声、喷油等。当确实证明变压器各侧断路器跳闸不是由于内部故障引起的，而是由于过负载、外部短路或保护装置二次回路误动时，则变压器可不经内部检查重新投入运行。

如果不能确定变压器跳闸是上述外部原因造成的，则应进一步对变压器进行事故分析，如通过电气试验、油化分析等以往数据比较分析，如经检查判断为变压器内部故障，则需要对变压器进行吊芯壳检查，直到查出故障为止。

（二）保护动作的处理

1. 轻气体器保护动作后的处理

气体保护信号动作时，应立即对变压器进行检查，查明动作的原因，是否因积聚空气、油位降低、二次回路故障或是变压器内部故障造成的。如气体继电器内有气体，则应记录气量，观察气体的颜色及试验是否可燃，并取气样或油样做色谱分析，可根据有关规程和导则判断变压器的故障性质。

若气体继电器内的气体为无色、无臭且不可燃，色谱分析判断为空气，则变压器可继续运行，并及时消除进气缺陷。

若气体是可燃的或油中溶解气体分析结果异常，应综合判断确定变压器是否停运。

2. 重气体动作后的处理

气体保护动作跳闸时，在查明原因消除故障前不得将变压器投入运行。为查明原因应重点考虑以下因素，作出综合判断：

（1）是否呼吸不畅或排气未尽。

（2）保护及直流等二次回路是否正常。

（3）变压器外观有无明显反映故障性质的异常现象。

（4）气体继电器中积集气体量，是否可燃。

（5）气体继电器中的气体和油中溶解气体的色谱分析结果。

（6）必要的电气试验结果。

（7）变压器其他继电保护装置动作情况。

3. 气体的取样方法与判别

（1）气体继电器内取气的操作步骤如下：

1）先准备好有关用具和工具，取气时应有两人进行，一人监护，一人操作取气。

2）操作时须注意人与带电体之间的安全距离，不得越过专设的遮栏。

3）在气体继电器内取气的部位应正确，用具需采用密封的容器（如针筒）从气体继电器内抽取气体。取气装置应严密，所取得的气体不得泄漏。因为气量多少也是判别故障性质之一。

（2）直观判断其性质：

1）无色、无味、不可燃的气体是空气。

2）黄色、不可燃的是木质故障。

3）灰白色、有强烈的臭味、可燃的是纸质或纸板故障。

4）灰色、黑色、易燃的是油质故障。

（3）变压器油质气相色谱分析。为了进一步判明变压器内部故障性质，将气（或油）样进行气相色谱分析及电试分析，判断设备故障类型。如果发现变压器有内部故障特征，则需进行吊芯（壳）检查。

4. 差动保护动作的处理

运行中的变压器，若差动保护动作，引起断路器跳闸，则运行人员应采取以下措施：

（1）向调度及上级主管领导汇报，并复归事故音响信号。

(2) 立即停用潜油泵的运行（避免把内部故障部位产生的炭粒和金属微粒扩散到别处，增加修复难度）。

(3) 检查变压器本体有无异常，检查差动保护范围内的绝缘子是否有闪络、损坏、引线是否有短路。

(4) 气体继电器及压力释放阀动作情况。

(5) 如果变压器差动保护范围内的设备无明显故障，应检查继电保护及二次回路是否有故障，直流回路是否有两点接地。变压器其他继电保护装置的动作情况。

(6) 经以上检查无异常时，应在切除负荷后立即试送一次，试送后又跳闸，不得再送。

(7) 如果是因继电器或二次回路故障、直流两点接地造成的误动，应将差动保护退出，将变压器送电后，再处理二次回路故障及直流接地。

(8) 必要的电气试验及油、气分析。

5. 重气体与差动保护同时动作的处理

重气体与差动保护同时动作跳闸，则可认为是变压器内部发生故障，不经内部检查和试验，故障未消除前不得将变压器投入运行。

6. 电流速断保护动作的处理

电流速断保护动作跳闸时，其处理过程参照差动保护动作的处理。

7. 定时过电流保护动作的处理

定时过电流保护为后备保护，可做下属线路保护的后备，或做下属母线保护的后备，或做变压器主保护的后备。所以，过电流保护动作跳闸，应根据其保护范围、保护信号动作情况、相应断路器跳闸情况、设备故障情况等予以综合分析判断，然后分别进行处理。

(1) 检查失电母线上各线路保护信号动作情况，若有线路保护信号动作，属线路故障，保护动作断路器未跳闸，造成的越级，则应拉开拒跳的线路断路器。切除故障线路后，将变压器重新投入运行，同时恢复向其余各级路送电。

(2) 经检查，若无线路保护信号动作，可能属线路故障，因保护未动作断路器不跳闸，造成的越级，则应拉开母线上所有的线路断路器，将变压器重新投入运行，再逐路试送各线路断路器，当合上某一线路断路器，又引起主变压器断路器跳闸时，则应将该线路断路器改冷备用后，再恢复变压器和其余线路的送电。

(3) 由于下属母线设备发生故障，主变压器侧断路器跳闸，造成母线失电。220kV 变电站各电压等级和母线基本上都设有单独的母线保护及过电流保护。若母线上的设备发生故障，首先有母线保护动作于跳闸，因此过电流保护动作的概率是很小的。

110kV 及以下变电站各电压等级的母线，一般都没有单独的母线保护，由过电流保护兼作母线保护，若母线上的设备发生故障，仅靠过电流保护动作跳闸。因此，当过电流保护动作跳闸后，需查母线及所属母线设备。检查中若发现某侧母线或所属母线设备有明显的故障特征时，则应切除故障母线后，再恢复送电。

(4) 过电流保护动作跳闸，主变压器主保护如气体保护也有动作反应，则应对主变压器本体进行检查，若发现有明显的故障特征时，不可送电。

（三）变压器的紧急停运

变压器有下列情况之一者应立即停运，若有运用中的备用变压器，应尽可能先将其投入运行：

(1) 变压器声响明显增大，很不正常，内部有爆裂声。

(2) 严重漏油或喷油，使油面下降到低于油位计的指示限度。

(3) 套管有严重的破损和放电现象。

(4) 变压器冒烟着火。

(5) 干式变压器温度突升至 120℃。

（四）变压器着火的处理

(1) 变压器着火处理时，不论何种原因，应首先断开故障变压器的各侧断路器、隔离开关，停止交直流电源，并做好安全措施。

（2）对装有水自动灭火装置的变压器，应先启动高压水泵，将水压提高到0.7～0.9MPa，再打开电动喷雾阀门喷雾灭火。

（3）如变压器内部着火严禁放油，以防变压器爆炸，采取恰当的灭火措施，使用干粉灭火剂等灭火。

（4）必要时报告消防队。

课题三　高压断路器的异常与事故的处理

一、学习目标

掌握高压断路器异常与事故的处理原则与方法。

二、断路器、气体绝缘金属密封电器异常与故障的处理原则

1. 断路器异常及故障的处理原则

（1）断路器有下列情况之一，应报告调度并采取措施退出运行：

1）引线接头过热。

2）套管有严重破损和放电现象。

3）油断路器严重漏油，看不见油位。

4）少油断路器灭弧室冒烟或内部有异常声响。

5）空气、液压机构失压，弹簧机构储能弹簧损坏。

6）SF_6 断路器本体严重漏气，发出操作闭锁信号。

7）油断路器的油箱内有异声或放电声，线卡、接头过热。

（2）SF_6 气体压力突然降低，发出分、合闸闭锁信号时，严禁对该断路器进行操作；进入开关室内应提前开启排风设备，必要时应佩戴防毒面具。

（3）真空断路器合闸送电时，发生弹跳现象应停止操作，不得强行试送。

（4）当断路器所配液压机构打压频繁或突然失压时应申请停电处理，必须带电处理失压的断路器时，在未采取可靠防范措施前，严禁手动启动油泵。

2. 气体绝缘金属密封电器处理

（1）有下列情况之一者应立即报告调度，申请停运：

1）设备外壳破裂或严重变形、过热、冒烟。

2）防爆隔膜或压力释放器动作。

（2）运行中发生 SF_6 气体泄漏时，应进行如下处理：

1）以发泡液法或气体检漏仪对管道接口、阀门、法兰罩、盆式绝缘子等进行漏气部位查找。

2）确认有泄漏，将情况报告调度并加强监视。

3）发出“压力异常”“压力闭锁”信号时，应检查表计读数，判断继电器或二次回路有无误动。

4）如确认气体压力下降发出“压力异常”信号，应对漏气室及其相关连接的管道进行检查；在确认泄漏气室后，关闭与该气室相连接的所有气室管道阀门，并监视该气室的压力变化，尽快采取措施处理。如确认气体压力下降发出“压力闭锁”信号且已闭锁操作回路，应将操作电源拉开，并锁定操动机构，立即报告调度。

（3）SF_6 气体大量外泄，进行紧急处理时的注意事项如下：

1）工作人员进入漏气设备室或户外设备10m内，必须穿防护服、戴防护手套及防毒面具。

2）室内开启排风装置15min后方可进入。

3）在室外应站在上风处进行工作。

（4）储能电动机有下列情况之一，应停用并检查处理：

1）打压超时。

2）压缩机超温。

3）机体内有撞击异声。

4）电动机过热、有异声、异味或转速不正常。

3. 开关柜异常及故障处理

(1) 发生下列情况应立即报告调度，申请将断路器停运：

1) 电流互感器故障。

2) 电缆头故障。

3) 支持绝缘子爆裂。

4) 接头严重过热。

5) 断路器缺相运行。

6) 油断路器严重缺油、SF_6 断路器严重漏气、真空断路器灭弧室故障。

(2) 开关柜发生故障时，应及时对高压室进行事故排风。

(3) 开关柜内负载增长引起内部温升过高时，应加强监视、做好开关柜的通风降温，必要时应减负载。

三、断路器分、合故障的处理

(一) 断路器拒绝合闸的故障判断与处理

发生“拒合”情况，基本上是在合闸操作和重合闸过程中，拒合的原因主要有两方面：一是电气方面故障；二是机械方面故障。处理断路器拒合的一般方法如下。

1. 判定合闸的正确性

用控制开关再重新合闸一次，目的检查上一次拒合闸的原因是否是因操作不当引起的。

2. 判定电气回路引起故障原因及故障部位查找

检查拒合原因与故障部位是否是电气回路一般故障。其方法如下：

(1) 检查合闸控制回路，如绿灯亮，可将控制开关切至“合闸”位置，如绿灯闪光，合闸电流表指示剧增，合闸铁芯动作，但仍不能合闸时，说明是机械性故障。若合闸铁芯不动作，则表示是合闸回路不通的电气故障。

(2) 若绿灯不亮（灯泡如良好），则应检查合闸控制电源是否正常，合闸控制熔断器是否断开，合闸熔断器接触是否良好。合闸接触器触点是否正常（如电磁机构）；对于液压机构、弹簧机构应检查合闸线圈是否带电等电气回路断开或接触不良故障。

电气方面故障应重点检查以下项目：

(1) 若合闸操作前，绿灯指示灯不亮，应检查指示灯泡和灯具是否良好，或控制回路是否断开及操作电压是否过低。

(2) 如从事操作前绿灯亮，不能合闸，则应检查合闸控制回路是否断开（或防跳继电器动断触点接触不良，或控制开关触点未接通）。

(3) 当操作合闸后，红灯不亮，绿灯闪光，且事故喇叭响，说明操作手柄位置和断路器位置不对应，断路器未合上，其主要原因如下：

1) 合闸回路熔断器的熔断或接触不良。

2) 合闸接触器未动作。

3) 合闸线圈发生故障。

(4) 当操作断路器合闸后，绿灯熄灭，红灯亮，但瞬间红灯又灭，绿灯闪光，事故喇叭响，说明断路器合上后又自动跳闸，其原因可能是断路器和故障线路上造成保护动作跳闸。

(5) 操作手柄返回过早。

(6) 合闸操作时，断路器出现“跳跃”现象，多属断路器由于多次分、合闸动作使动断辅助触点打开过早，但有时合闸次数多，合闸线圈过热，也会产生“跳跃”现象，或防跳继电器动断触点粘通所致。

(7) SF_6 断路器气体压力过低，密度继电器闭锁了操作回路。

3. 判定机械回路故障及查找

如果电气回路正常，断路器仍不能合闸，则说明机械方面故障。当一时不能排除时，应汇报调度，必要时可以旁路断路器代送电，同时报告工区，将拒合断路器停用，待检查处理。

机械方面应查找以下项目：

(1) 传动机构连杆松动脱落。

(2) 合闸铁芯卡涩。

(3) 断路器分闸后机构未复归到预合位置。

(4) 跳闸机构脱扣。

(5) 液压机构压力低于规定值，合闸电路被闭锁。如压力降为零时，应先对断路器机构采取“防慢分”措施和进行停用处理，禁止人为启动油泵打压。

(6) 液压机构合闸电磁铁动作电压太高，使一级合闸阀打不开。

(7) 弹簧操动机构合闸弹簧未储能，或未储足（检查牵引杆位置），或分闸连杆未复归，分闸锁扣未钩住。

(8) 分闸四连杆机构调整未越过死点，而不能保持合闸。

(9) 机构卡死，连接部分轴销脱落，使机构空合。

（二）断路器运行中发生拒绝跳闸的处理

运行中断路器的“拒跳”对系统安全运行威胁很大，一旦某一单元发生故障，断路器拒动，将会造成上一级断路器跳闸，称“越级跳闸”，甚至有时会造成系统解列，扩大事故范围。对“拒跳”断路器的判别处理方法如下。

1. 断路器拒跳特征

根据保护动作信号掉牌、位置指示灯、表计指示值变化等事故现象，判定属断路器“拒跳”事故其特征为：

(1) 表计指示明显变化，电流表值剧增，电压表值大为降低，功率表指示晃动。

(2) 继电保护动作，光字牌亮，信号掉牌，显示某种保护动作，确定该断路器“拒跳”引起越级跳闸时，则应立即用控制开关拉开故障线路断路器。合上越级跳闸的断路器，再报告调度。

(3) 主变压器发出大负载沉重嗡嗡异常响声，表示故障断路器仍处在合闸位置（即“拒跳”）。

2. 拒跳断路器的判断

(1) 当尚未判明具体故障断路器之前，若主变压器电源低压侧电压显著降低，电源断路器电流表值达最大，则故障在低压侧，应先拉开主变压器低压侧断路器，以防烧坏主变压器。

(2) 对“拒跳”断路器的寻找。若查明低压侧各分断路器继电保护未动作（可能保护同时拒掉牌），逐一试合各分路的断路器送电，如又再重复上述“拒跳”现象，则判明刚合上的该分路断路器即为“拒跳”故障断中，应立即手动拉开，停用检查处理，同时报告调度，将该分路是否倒闸改用旁路（或母联）断路器代送电，若中压侧线路断路器发生故障“拒跳”，则处理方法类似。

3. 断路器拒跳的处理

对运行中断路器“拒跳”原因的分析及故障的查找处理方法是应先查明是继电保护拒动及具体原因，还是断路器及操作动机构本身拒动原因，再判别是电气回路（元件）故障，还是机械性故障。对简单的电气故障（如回路中熔断器接触不良，熔断器熔断，触点接触不良等造成控制回路断开）除能迅速排除外，对其他一时难以处理的电气或机械性故障，均应汇报工区，停用并进行如下检查处理：

(1) 对“拒跳”断路器如能用控制开关分闸，且操作前红灯亮，表示跳闸回路完好，一般属继电保护拒动。这时应检查电流互感器二次是否开路、或保护接线是否错误，或整定值不当，或保护回路断线，保护连接片接触不良，跳闸继电器有故障或电压回路断线等。此外，需通过保护动作试验。

(2) 如用控制开关分闸仍“拒跳”且操作前红灯不亮，当灯泡、灯具良好时，跳闸铁芯不动，表示跳闸回路故障，此时应检查以下项目：

1）跳闸电源的电压是否过低。

2）是否控制回路的熔断器熔断，熔断器接触不良，控制开关触点或断路器动合辅助触点接触不良，或跳闸线圈断线、烧坏，使跳闸回路不通。

3）若跳闸电源正常，跳闸铁芯动作无力（有卡涩现象），多为机械性故障，可能同时伴有电气故障。

(3) 若继电保护动作、信号掉牌，用控制开关分闸时，断路器“拒跳”，操作前红灯亮（跳闸铁芯动作良好），则属机械性故障。

(4) 对已投运的断路器，在正常操作控制开关分闸时“拒跳”，若红灯不灭或闪光，而绿灯不亮，表示断路器仍处在合上位置，则可能属机械性故障“拒动”。可按2所述拉闸检查。

(5) 机械方面“拒动”的原因通常有触头焊接或机械卡住，传动部分（如销子脱落等）机械失灵，或弹簧机构铁芯卡住，或液压机构分闸阀系统有故障等。

(三) 当断路器发生分、合闸闭锁现象时的处理

1. 分闸闭锁的处理

断路器分闸闭锁时，首先应查明分闸闭锁的原因，再进行处理。断路器分闸闭锁的原因有：①操动机构压力下降至分闸闭锁压力；②分闸弹簧未储能；③SF_6压力低于分、合闸闭锁压力；④控制直流熔断器熔断。

分闸闭锁的处理方法如下：

(1) 如果是油泵电机交流失压引起，运行人员应用万用表检查电机三相交流电源是否正常，复归热继电器，使电机打压至正常值，若是电机烧坏或机构问题应通知专业人员处理。

(2) 如果是弹簧机构未储能，应检查其电源是否完好，若属于机构问题应通知专业人员处理。

(3) 如果灭弧介质压力降低至合闸闭锁值，则应断开路器的跳闸电源，通知专业人员补气至正常值。

(4) 如果是SF_6或机构压力下降至分闸闭锁且经检查无法使闭锁消除时，则应按下列情况进行处理：

1) 断开断路器跳闸电源小断路器或取下跳闸电源熔断器。

2) 停用重合闸。

3) 取下断路器液压机构油泵电源熔断器或断开油泵电源小断路器（以液压机构为例）。

4) 220kV断路器闭锁时，可用旁路断路器代闭锁断路器运行（注意：当两台断路器并联运行后应断开旁路断路器的跳闸电源，拉开故障断路器两侧隔离开关，操作完后，将旁路跳闸电源小断路器合上）。

5) 对于220kV系统未装旁路断路器时，可倒换运行方式，用母联断路器串代闭锁断路器。

6) 对于3/2接线母线的故障断路器在环网运行时可用其两侧隔离开关隔离。

7) 对于母线断路器可将某一元件两条母线隔离开关同时合上，再断开母联路器的两侧隔离开关。

8) 对“Ⅱ”型接线，合上线路外桥隔离开关使“Ⅱ”接改成“T”接，停用闭锁断路器。

(5) 若是控制回路存在故障，应重点检查分闸线圈、分相操作箱继电器、断路器控制把手，在确定故障后应通知专业人员进行处理。

(6) 若是断路器辅助触点转换不良，应通知专业人员进行处理。

(7) 若是“远方—就地”把手位置在就地位置，应将把手放在对应的位置，若是把手辅助触点接触不良，应通知专人员进行处理。

(8) 分闸电源不正常或未投入，应尽快恢复。

2. 断路器出现合闸闭锁的处理

断路器出现合闸闭锁时，首先要判断合闸闭锁的原因，找出故障范围。断路器合闸闭锁的原因有：

(1) 操动机构压力下降至合闸闭锁压力。

(2) 合闸弹簧未储能。

(3) SF_6压力低于分、合闸闭锁压力。

(4) 500kV断路器保护动作。

(5) 500kV线路并联电抗器保护动作。

(6) 主变压器主保护动作，闭锁500kV断路器合闸。

(7) 控制直流熔断器熔断。

处理方法如下：

(1) 如果是油泵电机交流失压引起，运行人员应用万用表检查电机三相交流电源是否正常，复归热继电器，使电机打压至正常值，若是电机烧坏或机构问题应通知专业人员处理。

(2) 如果是弹簧机构未储能，应检查其电源是否完好，若属于机构问题应通知专业人员处理。

(3) 如果灭弧介质压力降低至合闸闭锁值，则应断开断路器的跳闸电源，通知专业人员补气至正常值。

(4) 如果是保护动作引起合闸闭锁则待查明原因后，复归保护动作信号接触闭锁，根据调度的命令进行处理。

(5) 如果 SF_6 或机构压力下至合闸闭锁且经检查无法使闭锁消除时，则应按下列情况进行处理：

1) 申请停用单相重合闸。

2) 断开断路器合闸电源小断路器。

3) 对于 220kV 系统，可用旁路断路器带运行。

4) 对于 500kV 合环运行的断路器，当出现合闸闭锁，经检查发现该断路器液压回路严重泄漏，为了防止压力继续下降到分闸闭锁，可申请调度断开故障断路器，也可以在环网的情况下，拉开故障断路器两侧的隔离开关。

(6) 若断路器就地控制箱内“远方—就地”控制把手置于位置或触点接触不良，则可将“远方—就地”控制把手置远方位置或将把手重复操作两次，若触点回路仍不通，应通知专业人员进行处理。

(7) 若是控制回路问题，应重点检查控制回路易出现故障的位置，如同期回路、控制开关、合闸线圈、分相操作箱内继电器等，对于二次回路问题，一般应通知专业人员进行处理。

(8) 某些保护动作闭锁未复归。

(9) 合闸电源不正常或未投入，应尽快恢复。

四、SF_6 断路器和 GIS 漏气的处理

SF_6 气体对断路器和 GIS 非常重要，正常运行中用气压表等监视其压力是否正常。如果压力过低，将对断路器的灭弧和绝缘性能有直接影响。因此，在 SF_6 断路器上装有密度继电器监视，当断路器的气体压力下降到一定值时，红、绿灯熄灭，发生“气压闭锁”光字牌示警信号，自动闭锁分、合闸回路，确保断路器可靠的运行和动作。此时应做到以下几方面。

(1) 值班人员应立即去现场检查，尽量选择“上风”接近设备。若发现 SF_6 气压突然降至零，应立即将该断路器改为非自动（拉开其控制电源），并报告调度和工区，及时采取措施，进行倒闸操作，断开上一级断路器，将该故障断路器停用、检修。

(2) 若运行中 SF_6 断路器发出“补气信号”，红、绿灯未熄灭，值班人员应检查现场，如确实在补气，压力表已降达“补气值”，但同时漏气严重，应立即报告调度和工区，安排停用处理。此时注意，人不应蹲下，须开启排气风扇。若 SF_6 检漏仪报警时，15min 内不准进入开关室。如工作人员进入时，须戴防毒面具、防护手套和穿防护服。

(3) 运行中 SF_6 气室漏气发出“补气信号”，但红、绿灯未熄灭，表示还未到“闭锁压力”，汇报调度。如果系统的原因不能停电时，可在保证安全的情况下（如开启排风扇等），将合格的 SF_6 气体以补气处理，但必须加强监视，在适当时间，安排检查处理。造成漏气主原因有：

1) 瓷套与法兰胶合处，胶合不良。

2) 瓷套与胶垫连接处，胶垫老化或位置未放正。

3) 滑动密封处的密封圈损伤，或滑动杆光洁度不够。

4) 管接头处及自封阀处，固定不紧或有脏物。

5) 压力表，特别是接头处密封垫被损伤。

五、操动机构常见异常、故障的处理

1. 电磁式操动

(1) 电磁操动机构拒分和拒合。操动机构拒分、拒合时应检查以下项目：

1) 分闸回路、合闸回路不通。

2) 分、合闸绕组断线或匝间短路。

3) 转换开关没有切换或接触不良。

4) 机构转换节点太快。

5) 机构机械部分故障。如合闸铁芯行程和冲程不当，合闸铁芯卡涩，卡板未复归或扣入深度过小等，调节止钉松动、变位等。

(2) 电磁式操动机构分、合闸线圈故障。当继电保护自动装置动作后，断路器配用电磁式操动机构出现分、合闸线圈严重过热、有焦味、冒烟时应查找以下项目：

1) 合闸接触器本身卡涩或粘连。

2) 操作把手的合闸触点断不开。

3) 重合闸辅助触点粘连。

4) 防跳跃闭锁继电器失灵或动断触点粘连。

5) 断路器的动断辅助触点打不开或合闸中机械原因铁芯卡住。

为了防止合闸线圈通电时间过长，在倒闸操作中发现合闸接触器“保持”，应迅速拉开操作电源熔断器，或拉开合闸电源。但不得用手直接拉开合闸熔断器，以防合闸电弧伤人。

2. 弹簧机构运行中的异常及处理

(1) 在断路器合闸后瞬间，“弹簧未压紧”光字牌示警瞬时变亮然后熄灭，应查明原因。若常亮或熄灭后又亮，则应迅速切断交流合闸电源，然后查明原因。如熔断器不正常，应设法消除，再予以储能。若无法消除和储能，又要求立即送电，或储能电动机损坏时，均可手动储能将断路器合闸。但合闸后，还应再一次手动储能，供投入重合闸需要。

(2) 手动储能前，应拉开储能电源隔离开关或熔断器，储能完毕，应将手柄取下，报告工区，检查处理。

(3) 断路器在合闸过程中如出现“拒合”(绿灯未闪光、弹簧未释放) 时，应立即拉开操作电源，防止合闸线圈长期通电而烧坏。

(4) 当弹簧机构出现储能终了，合闸锁扣滑扣而空合时，将使弹簧再一次储能，甚至连续储能现象，则应立即拉开电动机电源隔离开关，检查原因。

(5) 断路器在进行维修前，应先拉开储能电源隔离开关，然后进行一次“合—分”操作。将合闸弹簧释能，以保证工作安全 (应在断路器冷备用或检修状态下进行释能)。

(6) 弹簧机构压力不够应检查以下项目：

1) 直流 (交流) 电压是否正常，熔断器是否熔断。

2) 电动机回路是否接触良好，热电偶是否动作，触点是否松动。

3) 电动机是否故障、发热或绕组是否烧坏。

4) 二次回路是否误发信号。

5) 弹簧是否有故障。如果由于弹簧发生故障不能恢复时，应向调度员申请停电处理。

3. 液压机构运行中异常处理

(1) 断路器压力异常的表现及处理。压力异常灯窗显示，压力表指针升高或降低，油泵或气泵频繁启动或油泵启动压力建立不起来等。

压力异常时应立即加强监视，当发现压力升高，油打压不停应尽快停止油泵。当断路器跑油造成压力下降或压力异常，出现“禁分”(即分闸闭锁灯窗显示) 时，应将“禁分”断路器机构卡死，然后再拉开直流电源及脱离保护连接片，再用旁路带出。

(2) 当断路器机构在运行中液压降到零的处理。断路器机构的“零压”是指液压降低到氮气预充压力相等的情况。这时机构压力表指示为零。断路器在运行中液压降到零，运行人员应当：

1) 断开油泵电源熔断器和操作电源。

2) 利用断路器上的机械闭锁装置，将断路器锁紧在合闸位置上。

3) 根据调度命令，改变运行方式 (用旁路断路器代运行，或 3/2 断路器接线开环运行)，用隔离开关开环将断路器退出运行。拉开隔离开关时要短时断开已并联的旁路断路器跳闸电源开关；500kV 系统开环是否断开跳闸电源开关，可按调度命令执行。

4) 申请紧急检修。

(3) 液压机构的断路器发出“跳闸闭锁”信号时的处理。液压机构的断路器发出“跳闸闭锁”信号时，运行人员应迅速检查液压的压力值，如果压力值确实已降到低于跳闸闭锁值，应断开油泵的电源，装上机构闭锁卡板，再退出有关保护的连接片，向当值调度员报告，并做好倒负荷的准备。

(4) 断路器液压回路发生超时打压机构故障时的处理。断路器液压油泵电机热继电器动作；油泵启动运转超过 3min，回路发出“超时打压”的信号处理的方法是：

1）立即到现场检查，注意电动机是否仍然在运行。

2）立即断开油泵电源开关或熔断器，并监视压力表指示。

3）检查油泵三相交流电源是否正常，如有缺相（如熔断器熔断，熔断器接触不良，端子松动等），立即进行更换或检修处理。

4）检查电动机有无发热现象。

5）合上电源开关，这时油泵应启动打压恢复正常。如果三相电源正常，热继电器已复归，机构压力低需要进行补充压力而电动机不启动或有发热、冒烟、焦臭等故障现象，则说明电动机已故障损坏；如果电动机启动打压不停止且无明显异常，液压机构压力表无明显下降，可判明油泵故障或机构油管内有严重漏油现象，应立即断开电机电源。当确定是电动机或油泵故障时，可用手动泵进行打压。

6）发生电动机和油泵故障或管道严重泄漏时，应报紧急缺陷申请检修，并采取相应的措施。

六、断路器二次回路的异常与处理

1. 断路器合闸直流电源消失时的处理

当断路器合闸电源开关跳闸或断开时，将发出“合闸直流电源消失”信号。说明合闸回路有故障或合闸电源开关未合上。

合闸直流电源消失的处理。运行人员应检查合闸回路有无明显故障（如合闸继电器，合闸线圈等）或合闸电源开关未合上的原因。如果未发现明显异常现象，运行人员可将合闸直流电源开关试合一次，如果试合成功，说明已正常。如果再次跳闸，说明直流回路确有问题，应申请调度停用该断路器的重合闸，并通知专业人员进行处理。

2. 断路器跳闸，喇叭不响的原因及查找

（1）断路器故障跳闸后喇叭不响时，应先按事故音响试验按钮，如不响，说明是事故信号装置的故障，应检查以下项目：

1）事故音响冲击继电器及喇叭是否断线或接触不良。

2）事故音响熔断器是否熔断、松动接触不良。

（2）喇叭响，则应检查跳闸回路，该回路包括开关的辅助触点（或 TWJ 接点）、控制开关触点及电阻器等，应检查以下项目：

1）该回路保险器断。

2）断路器辅助触点（或跳闸位置继电器触点）接触不良。

3）控制断路器 KK 把手 1－3、17－19 触点接触不良。

4）该回路电阻断线。

3. 指示断路器位置的红、绿灯不亮的查找

发现指示断路器位置的红、绿灯不亮，应检查以下项目：

（1）先检查指示灯泡是否烧断，检查控制熔断器是否熔断、松动或接触不良。

（2）检查灯具和附加电阻是否接触良好。

（3）检查操作回路各触点的接触情况。

（4）检查跳、合闸接触器线圈是否断线及防跳继电器电流线圈是否断线。

4. 发出“断路器三相位置不一致”信号时的处理

当可进行单相操作的断路器发出“三相位置不一致”信号时，运行人员应立即检查三相断路器的位置，如果断路器只跳开一相，应立即合上断路器，如合不上应将断路器拉开；若是跳开两相，应立即将断路器拉开。

如果断路器三相位置不一致信号不复归，应继续检查断路器的位置中间继电器是否卡滞，触点是否接触不良，及断路器辅助触点的转换是否正常。

5. 综合自动化站断路器遥控操作失灵时的处置

断路器操作时若遥控失灵，根据现场运行规程规定允许进行近控操作，在进行近控操作时，必须进行三相同步操作，不得进行分相操作。

课题四 隔离开关的异常与事故的处理

一、学习目标

掌握隔离开关异常运行及故障与事故的处理方法。

二、隔离开关异常运行及分析

(1) 接触部分过热。正常情况下，隔离开关不应出现过热现象，其温度不应超过70℃，可用示温蜡片检查试验。

运行中隔离开关过热的原因主要有：①隔离开关容量不足或过负荷；②隔离开关操作不到位，使导电接触面变小，接触电阻超过规定值；③触头烧伤或表面氧化，或静刀片压紧弹簧压力不足，接触电阻增大；④隔离开关引线连接处螺栓松动发热；⑤隔离开关动静触头放电或烧熔粘连；⑥隔离开关分流软线烧断或断股严重。

(2) 不能分、合闸。运行中隔离开关不能分、合闸，其主要原因有：①传动机构螺栓松动，销子脱落；②隔离开关连杆与操动机构脱节；③动静触头变形错位；④动静触头烧熔粘连；⑤操动机构锈死或被冰冻结。

(3) 自动掉落合闸。一些垂直开合的隔离开关，在分闸位置时，如果操动机构的闭锁失灵或未加锁，遇到振动较大的情况，隔离开关可能会自动落下合闸。隔离开关自动掉落合闸的主要原因有：①处于分闸位置的隔离开关操动机构未加锁；②机械闭锁失灵，如弹簧销子振动滑出。

(4) 隔离开关绝缘子断裂破损或闪络放电。

三、隔离开关故障与事故的处理

1. 隔离开关触头过热，示温蜡片熔化时的处理

发现隔离开关触头过热、变色，应报告调度。隔离开关的触头及接触部分在运行维护中是关键部分。因在运行中，由于触头拧紧部件松动，接触不良，刀片或刀嘴的弹簧片锈蚀或过热，会使弹簧压力减低。隔离开关在断开后触头是暴露在空气中，容易发生氧化和脏污，隔离开关在操作可能有电弧，会烧伤动、静触头的接触面。各个连动部件会发生磨损或变色，影响接触面的接触。还有在操作过程中，若用力不当会使位置不正，触头压力不足而导致接触不良使桩头过热。因此值班人员在巡视配电装置时对隔离开关触头发热的情况，可根据接触部分的色漆或示温蜡片颜色的变化和熔化程度来判别，也可以根据刀片的颜色变化，甚至有发红、火花等现象来确定。

(1) 用示温蜡片复测或用红外线测温仪测量触头实际温度，若超过规定值（70℃）应查明原因及时处理。

(2) 外表检查导电部分，若接触不良，刀口和触头变色，则可用相应电压等级的绝缘棒进行推足，改善接触情况。但用力过猛，以防滑脱反而使事故扩大。且事后应观察其过热情况，加强监视。如隔离开关已全部烧红，禁止使用该办法。

(3) 如果此时过负荷，则应汇报调度要求减负荷。

(4) 在未处理前应加强监视，通知工区处理。

2. 隔离开关瓷件外损或严重闪络现象

(1) 应立即报告调度员，尽快处理，在停电处理前应加强监视。

(2) 如瓷件有更大的破损或放电，应采用上一级断路器断开电源。

(3) 运行中隔离开关支柱绝缘子断裂时，严禁操作此隔离开关。应迅速将隔离开关隔离出系统，按危急缺陷上报，做好安全措施，等待处理。

3. 隔离开关拒绝拉、合闸的处理

(1) 拒绝拉闸。当隔离开关拉不开时，不得强行操作。特别是母线侧隔离开关，应查明原因后再拉。如操动机构冰冻，机构锈蚀、卡死，隔离开关动、静触头熔焊变形及瓷件破裂、断裂，操作电源是否完好，电动操动机构、电动机失电或闭锁失灵等原因。在未查清原因前应强行拉开，否则可能造成设备损坏事故。此时只有改变运行方式及时向调度申请停电检修。

(2) 拒绝合闸。当隔离开关不能合闸时应及时查明原因，首先检查闭锁回路及操作顺序是否符合

规定，再检查轴销是否脱落，是否有楔栓退出、铸铁断裂等机械故障。对于电动机构应检查电动机是否失电等电气回路故障，查明原因处理后，方可操作。对有些隔离开关存在先天性缺陷不易拉合时，可用相同电压等级的绝缘杆配合操作，但用力应适宜，或申请停电检修。

(3) 操作配制接地开关的隔离开关，当发现接地开关或断路器的机械联锁卡涩不能操作时，应立即停止操作并查明原因。

(4) 隔离开关合上后，触头接触不到位，应采取下列方法处理。属单相或差距不大时，可采用相应电压等级的绝缘棒调整处理；属三相或单相差距较大时，应停电处理。

(5) 隔离开关拉、合闸时如发现卡涩，应检查传动机构，找出原因并消除后方可进行操作。

(6) 隔离开关的电动机电源应在拉、合操作完毕后断开，当电动操作不能进行拉合时应停止操作，查明原因后再操作。

4. 人员误操作，带负荷误拉合隔离开关的处理

(1) 误拉隔离开关是由于运行人员对实况未掌握，或没有认真执行规程而发生的。一旦发生带负荷误拉隔离开关时，如刀片刚离刀口（已起弧），应立即将隔离开关反方向操作合上，但如已误拉开，且已切断电弧时，则不许再合隔离开关。

(2) 误合隔离开关，运行人员失误带负荷误合隔离开关，则不论任何情况，都不准再拉开，如确需拉开，则应用该回路开关将负荷切断后，再拉开误合的隔离开关。

课题五　电流互感器的异常判断和处理

一、学习目标

掌握电流互感器运行中的异常分析与事故处理原则、方法。

二、电流互感器运行中声音不正常或铁芯过热的原因及处理

电流互感器过负荷，二次回路开路以及绝缘损坏铁芯接地点脱落发生的放电等情况，均会造成声音异常。此外，由于局部电晕、夹紧铁芯的螺栓松动，也会产生较大的声音。

在运行中发生上述现象，应仔细观察、判断分析，采取好安全措施，若是过载应予限负荷；若是开路应用旁路代出负荷停止运行，或将负荷降到最低限度进行处理。

三、电流互感器二次回路开路时的现象、危害与处理

电流互感器一次绕组直接串接在一次电流回路中。它的铁芯中一次电流产生的磁通要由二次电流产生的反方向磁通来平衡。当二次开路时，二次电流等于零，而一次电流不变，使铁芯中的磁通剧增达到饱和的程度。这个剧增的磁通在开路的二次绕组中产生很高电压，直接危及人身和设备的安全。

1. 现象

(1) 由负序、零序电流启动的继电保护和自动装置频繁动作，或启动后不能复归。

(2) 有功、无功功率表指示减小，电能表走慢。

(3) 电流互感器有较大“嗡嗡”声。

(4) 开路故障点有火花放电声、冒烟和烧焦等现象。

(5) 差动保护启动或误动作。

(6) 电流表指示不正常，相电流指示减小到零，3/2 的接线断路器按相电流差接线的电表指示小于或大于正常值。

以上现象有些（对保护和仪表的影响）不一定同时都发生，决定于开路的二次绕组供给哪些负载以及开路的具体情况。

2. 危害

(1) 使差动保护误动作。

(2) 使零序电流保护误启动或者误动作。

(3) 使负序电流启动的保护误启动。

(4) 反映突变量的电流保护元件也有误动作可能（不稳定开路时）。

(5) 使电流保护元件失去作用。

(6) 仪表指示不正常。

3. 电流互感器二次开路的处理

(1) 当电流互感器二次回路开路时，应查明开路位置并设法将开路处进行短路，如果不能进行短路处理时，可申请调度停电处理。在进行短接处理过程中，必须注意安全，应注意开路的二次回路有异常的高电压，应戴绝缘手套，使用合格的绝缘工具，在严格监护下进行。

(2) 发现电流互感器二次开路，应先分清故障属哪一组电流回路、开路的相别、对保护有无影响。汇报调度，解除可能误动的保护。

(3) 尽量减小一次负荷电流。若电流互感器严重损伤，应转移负荷，停电检查处理。

(4) 当发现电流互感器二次侧开路时，应设法在该互感器附近的端子处将其短路，并进行分段检查。如开路点在电流互感器出口端，应停电处理。短接时，应使用良好的短接线，并按图纸进行。

(5) 若短接时发现火花，说明短接有效。故障点就在短接点以下的回路中，可以进一步查找。

(6) 若短接时无火花，可能是短接无效。故障点可能在短接点以下的回路中，可以逐点向前变换短接点，缩小范围。

(7) 在故障范围内，应检查容易发生故障的端子及元件，检查回路有工作时触动过的部位。

(8) 对检查出的故障，能自行处理的，如接线端子等外部元件松动、接触不良等，可立即处理。然后投入退出的保护。

(9) 若不能自行处理故障（如继电器内部故障）或不能自行查明故障，应汇报上级派人检查处理，或经倒运行方式转移负荷，停电检查处理。

四、电流互感器自身故障的现象与处理

互感器发生下列情况之一应立即报告调度，停电处理。

(1) 内部发出异声、过热，并伴有冒烟及焦臭味。

(2) 严重漏油、瓷质损坏或有放电现象。

(3) 喷油燃烧或流胶现象。

(4) 金属膨胀的伸长明显超过环境温度时的规定值。

(5) SF_6 气体绝缘互感器严重漏气。

(6) 干式互感器出现严重裂纹、放电。

(7) 经红外测温检查发现内部有过热现象。

应严格防止电流互感器内部故障可能引起的爆炸，或继电保护误动、拒动，而导致的事故扩大。

课题六 电压互感器的事故处理

一、学习目标

掌握电压互感器运行中的异常分析与事故处理原则、方法。

二、35kV 及以下的电压互感器的异常和事故处理

(一) 10kV 或 35kV 母线电压互感器二次侧熔断器熔断

1. 二次侧熔断器熔断现象

(1) 熔断相的相电压及线电压严重下降，有功功率表、无功功率表指示降低，电能表走慢。

(2) 接有故障录波器装置，可能会引起录波器低电压启动动作。

(3) 会引起主变压器 10kV 或 35kV 电压回路和装有电容器的“电压回路断线”光字牌示警。

2. 二次侧熔断器熔断处理

(1) 汇报调度。

(2) 停用该母线上的可能误动跳闸的出口连接片（如低频、低电压保护等）。

(3) 停用接在该母线的故障录波器。

(4) 检查在 10kV 或 35kV 电压互感器二次回路上有否工作人员误碰或有短路情况。

(5) 更换熔断器试送，若不成功，应汇报工区处理。

(二) 10kV 或 35kV 母线电压互感器一次侧熔断器熔断

1. 一次侧熔断器熔断现象

(1) 熔断相的相电压降低或接近于零，完好相电压不变或稍有降低，线电压可有降低，有功功率表、无功功率表指示降低，电能走慢。

(2) 接有故障录波器可能会引起录波器低电压启动动作。

(3) 主变压器 10kV 或 35kV 电压回路断线及装有电容器的电压回路断线，“母线接地”及 35kV 掉牌未复归光字牌示警。

2. 一次侧熔断器熔断处理

(1) 汇报调度。

(2) 停用该母线上的可能会误动跳闸的出口连接片（如低频、低电压保护等)。

(3) 停用该母线上的故障录波器。

(4) 拉开电压互感器隔离开关，取下低压熔断器做好安全措施后，检查外部应无故障，更换相同规格的一次熔断器。若送电时发生连续熔断，此时可能互感器内部有故障，应将该电压互感器停用，并汇报调度及工区查明原因。

(三) 35kV 或 10kV 线路电压互感器一次侧或二次侧熔断器熔断

1. 熔断器熔断现象

线路无电压检定，重合闸电压指示灯熄灭。

2. 熔断器熔断处理

(1) 检查或更换二次熔断器后进行试送。

(2) 停用线路和电压互感器，更换相同规格的一次熔断器并注意与带电部分的安全距离。

(3) 若试送不成，可根据调度命令将无电压检定连接片投入（即回路切出）或将线路重合闸退出。

(四) 三相五柱电压互感器在运行中高压保险熔断经常烧损的原因及消除方法

10kV 三相五柱电压互感器，由于在运行中系统经常发生单相接地故障，尤其在雷雨季节，由于大气放电等原因，都会使电压互感器发生铁芯谐振现象，由此产生的谐振过电压将导致电压互感器高压保险熔断，甚至烧毁互感器。

为了避免烧坏互感器故障，可在互感器的开口三角处并联一只阻尼电阻，一般取 50～60Ω、500W 左右；或者在开口三角线圈的每相接对称负载，减少产生谐振的条件；或者接消振装置。

三、66kV 及以上电压互感器的事故及处理

66kV 及以上的电压互感器一次或二次故障的处理不同于 10kV 及 35kV 的电压互感器故障的处理。因 66kV 以上电压互感器一次侧无熔断器保护，二次侧用低压自动开关来断开二次短流，仅以仪表部分有低压熔断器保护或经隔离开关辅助触点来实现母线电压互感器回路的切换，所以若负载回路中有故障，而使二次熔断器熔断，此时使控制室或控制屏上的电压表、功率表、电能表等指示发生异常，同时将使保护装置的电压回路失压。继电保护及自动装置的光字牌示警。

当仪表提示消失或不正确时，值班人员应保持清醒的头脑，不应盲目调整或进行有关操作，否则将可能会把异常状态扩大为事故。

(一) 66kV 及 110kV 母线电压互感器回路二次侧自动开关脱扣

1. 事故现象

(1) 母线电压表、有功功率、无功功率降为零。

(2) 主变压器 66kV 或 110kV“电压回路断线”，66kV 或 110kV 母线“电压回路断线”，继电保护和自动装置“装置异常”光字牌示警。

(3) 故障录波器可能动作。

2. 事故处理

(1) 汇报调度。

(2) 停用该母线上的线路距离保护连接片。

(3) 停用故障录波器。

(4) 试送电压互感器二次侧自动开关，若不成功应及时汇报工区处理。

(5) 不准以66kV或110kV母线电压互感器在二次侧并列，以免自动引起事故扩大。

(二) 220kV母线电压互感器、电压回路二次侧自动开关脱扣处理

1. 事故现象

(1) 母线电压表、有功功率表、无功功率表降为零。

(2) 主变压器220kV“电压回路断线”，220kV母线差动交流“电压回路断线”，整流型保护（距离）的线路中直流消失及振荡闭锁，晶体管C型保护的线路JJ-12C、JJL-21型装置故障光字牌动作示警，有关的微机保护光字牌动作示警。

(3) 故障录波器可能动作。

(4) 电压互感器二次小断路器跳闸。其原因有：①电压互感器二次回路有短路或接地现象；②运行电压互感器二次向停电的电压互感器反充电。

2. 事故处理

(1) 汇报调度。

(2) 电压互感器二次有多个小断路器，发生二次小断路器跳闸信号时，应首先查明是哪一个小断路器跳闸，然后对照二次图纸查明该回路所带负荷情况，其负荷主要有继电保护和自动装置的电压量回路、故障录波器的录波启动回路、测量和计量回路以及同期回路等。

(3) 当电压互感器二次小断路器跳闸或熔断器熔断时，应特别注意该回路的保护装置动作情况，必要时应立即停用有关保护，并查明二次回路是否短路或故障，经处理再合上电压互感器二次小断路器或更换熔断器，投入有关保护。

(4) 若故障录波器回路频繁启动，可将波器的电压启动回路暂时退出（屏蔽）。

(5) 如果是测量和计量回路，运行人员应记录其故障的起止时间，以便估算电量的漏计。

(6) 同期回路二次小断路器跳闸，不得进行该回路的并列操作。

(7) 如经外观检查未发现短路点，在有关保护装置停用的条件下，允许对小断路器试合一次。如试合成功，然后加用保护。如试合不成功，应进一步查出短路点，予以排除。

(8) 若属220kV母线电压互感器的小断路器跳闸，值班人员必须立即将运行在该母线上各单元有关保护停用，然后向调度汇报，并申请调度试合一次电压互感器小断路器，试合不成功应通知专业人员进行处理，必要时可申请倒母线。

(三) 500kV电压互感器的二次小断路器跳开或熔断器熔断

1. 故障现象

(1) 电压互感器对应的电压回路断线，有关保护发失压信号。

(2) 电压互感器对应的电压表指示偏低或无指示，有、无功表计指示降低或零。

(3) 电压互感器二次小断路器连续跳开（内部的故障可能很大）。

2. 处理

(1) 报所属调度，申请停用有关保护。

(2) 更换熔断器或合上二次小断路器。

(3) 若二次小断路器仍跳开说明二次回路有短路，应通知有关班组处理后方可投入。

四、电压互感器本体出现故障的处理

1. 故障现象

(1) 本体有过热现象或喷油。

(2) 内部声音不正常或有放电声。

(3) 互感器内或引线出口处有严重喷油、漏油或流胶现象（可能属内部故障，由过热引起）。

(4) 内部发出焦臭味、冒烟、着火（说明内部发热严重，绝缘已烧坏）。

(5) 套管严重破裂，套管、引线与外壳之间有火花放电。

(6) 严重漏油至看不到油面（严重缺油使内部铁芯露于空气中，当雷击线路或有内部过电压时，会引起内部因绝缘闪络烧坏互感器）。

2. 处理方法

(1) 立即汇报调度，申请停电处理。

(2) 隔离故障电压互感器，500kV 侧相应的母线或线路必须停用，220、110、66kV 侧将故障电压互感器母线空出，用母联断路器、分段断路器停电串断（禁止用隔离开关就地拉合故障电压互感器），故障侧隔离开关可遥控时，可遥控拉开高压隔离开关进行隔离，35、10kV 电压互感器，可用母联断路器、分段断路器停电串断或按主变压器 35、10kV 总断路器的方法停电。

(3) 二次回路禁止同故障电压互感器二次回路并列。

(4) 电压互感器故障时，应将可能误动的保护停用。

(5) 不得将故障电压互感器所在母线的差动保护停用。

(6) 电压互感器着火时，在切断电源后，应用干粉、1211 灭火器灭火。

五、电压互感器二次断线

1. 电压互感器二次断线的危害

电压互感器二次断线时，所有接入电压量的保护装置都受到影响。没有断线闭锁装置的距离保护、低电压保护和低阻抗保护将会误动作，其他保护装置的低阻抗或低电压元件将拒动，装有电压断线闭锁的保护装置闭锁。

电压互感器一般都有几个二次绕组，以上现象的发生，决定于电压互感器是哪一组二次绕组的回路断线。

2. 电压互感器二次回路断线的原因与现象

电压互感器二次回路断线的原因可能是接线端子松动，接触不良，回路断线、断路器、隔离开关辅助触点转换不良，熔断器熔断，二次小断路器断开或接触不良等。其现象有（决定于哪一绕组二次断线）：

(1) 距离（或低阻抗）保护断线闭锁装置动作，发电压断线、装置闭锁或故障信号。

(2) 二次小断路器跳闸告警。

(3) 电压表指零，功率表指示不正常，电能表走慢或停转。

3. 电压互感器二次断线的处理

(1) 根据信号和故障征象判断是电压互感器哪一组二次绕组回路断线。

(2) 若为保护二次电压断线时，立即申请停用受到影响的继电保护装置，断开其开口回路连片或端子，防止误跳闸。如仪表回路断线，应注意对电能计量的影响。

(3) 检查故障点，可用万用电表交流电压挡沿断线的二次回路测量电压，根据电压有无来找出故障点，参见图 18-1 予以处理。

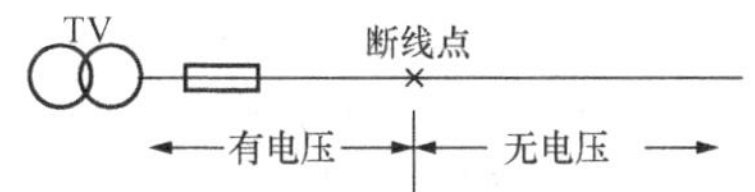

图 18-1　用测量电压法查断线点

(4) 电压互感器一次小断路器跳闸或二次熔断器熔断，可能二次回路有短路故障，应设法查出短路点，予以消除。检查短路点，可在二次电源及正常接地点断开后，分区分段用万用表电阻挡测量相间及相对地电阻，相互比较来判断。如未查出故障点，采用分段试送电时，应在查明有关可能误动的保护（距离、低阻抗等）确已停用后才能进行。

六、电压互感器故障处理

(1) 互感器发生下列情况之一应立即报告调度，停电处理：

1) 瓷套有裂纹及放电。

2) 油浸式互感器严重漏油。

3) 互感器有焦煳味并有烟冒出。

4) 压力释放装置、膨胀器动作。

5) 声音异常，内部有放电声响。

6) SF_6 气体绝缘互感器严重漏气。

7) 干式互感器出现严重裂纹、放电。

8) 经红外测温检查发现内部有过热现象。

9）电压互感器一次侧熔断器连续熔断。

10）电容式电压互感器分压电容器出现渗油。

（2）互感器内部发生异响，大量漏油，冒烟起火时，应迅速撤离现场，报告调度用断路器切断故障，严禁用拉开隔离开关或取下熔断器的办法将故障电压互感器停用。

（3）系统发生单相接地或产生谐振时，严禁就地用隔离开关或高压熔断器拉、合互感器。

（4）严禁就地用隔离开关或高压熔断器拉开有故障的电压互感器。

课题七 母线故障及母线电压消失的处理

一、学习目标

掌握母线故障原因及事故处理。

二、母线故障及其原因

变电站的母线是电力系统中最重要的电气设备之一，这是电源和用户的连接处。所以，当母线上发生故障时，会造成全所停电，可能造成电力系统瓦解，引起大面积停电，或使电气设备遭到严重破坏。引起母线故障的原因有以下几方面。

（1）母线短路或母线保护动作。

1）母线绝缘子和断路器套管的闪络。

2）连接在母线上的电压互感器及装设在断路器和母线之间的电流互感器发生故障。

3）连接在母线上的隔离开关或避雷器、绝缘子的损坏。

4）二次回路故障引起母差保护误动作或自动装置误动使母线停电。

5）由于人员误操作，如带负载拉隔离开关产生电弧而引起的母线故障等。

（2）馈电线路故障引起保护的越级跳闸。

（3）降压变电站受电线路故障或上一级电源故障。

（4）馈电线路故障，保护拒动，失灵保护动作，切除所处故障段母线。

（5）电源侧断路器跳闸。

三、小电流接地系统母线单相接地故障处理

（一）单相接地现象

（1）单相接地后，站内预告警铃响。

（2）接地警告光字牌亮。

（3）消弧线圈动作报警，其电流表有指示。

（4）接地相对地电压降低或等于零，其他两相对地电压升高或可达线电压值。

（二）母线单相接地故障处理

（1）应自行拉开故障系统上的电容器组，判明是否该回路上有接地。

（2）汇报有关调度，并记录接地动作时间、相别、零序电压及消弧线圈电压及电流值。

（3）检查站内接地系统中的设备有无异常情况，检查时应自身做好安全措施，穿绝缘鞋，必要时应戴绝缘手套进行接地巡视。如发现有明显接地时，则不得接近故障点，应设置安全遮栏（室内4m，室外8m）。

（4）解列母联断路器使接地系统不与良好系统并列，以缩小故障区域。若查不到接地点，则应按调度命令，分割系统查找。

（5）拉断路器进行接地选择时，应注意下列事项：

1）检查该线路是否在合环状态运行及有无小发电运行。

2）接地选择时间不宜过长，并注意母线三相电压表及消弧线圈残流变化。

3）无论接地是否消除，选择后应立即手动合上该断路器。

4）在系统接地时，不得拉合消弧线圈隔离开关，不得用隔离开关切除接地故障。

双母线接线的35、66kV系统发生单相接地时，在不停电的情况下，可采用倒母线的方法查找接地线路，操作步骤如下：

1）将母联断路器停用，将两条母线解列，查出故障母线。

2）将母联断路器合上。

3）将有接地母线上的一条线路倒至正常母线上，切合一次母联开关，这样重复进行直至查出接地线路。

（6）若接地发生在主变压器低压侧及其66kV（35kV）断路器以内的回路中，应先汇报调度，并执行命令，转移有关负载等，后拉开主变压器各侧电源。

（7）若判断为线路接地引线，应汇报调度，立即停用故障线路。

（8）10kV接地检测装置发信，寻找接地故障应按现场规程规定处理。

四、大电流接地系统母线故障

（一）事故现象及处理

母差保护范围内的电气设备发生故障，如母线、断路器、隔离开关、电流互感器、电压互感器及避雷器等电气设备元件引起的故障，这时主控制室出现各种强烈冲击现象，并且警铃、喇叭响、部分断路器跳闸的信号灯闪光、光字信号出现，另外有故障引起的声光、冒烟或起火等。值班人员应根据现象判断故障性质，立即汇报有关调度，并自行将故障母线上的未跳闸断路器在15min内全部拉开（因15min后线路对侧可能强送电）。然后检查寻找故障设备，检查范围有：母线及其引线，所有母线隔离开关（包括拉开中的隔离开关），母线上的断路器、电流互感器、电压互感器和避雷器等，并将检查情况报告调度，按以下原则进行处理：

（1）找到故障点，值班员可根据实际情况自行隔离后汇报调度，按其命令对停电母线恢复送电。

（2）找到故障点但不能很快隔离的，按调度命令将非故障线路或主变压器冷倒向运行母线，并恢复送电。220kV母差保护应改为破坏固定连接方式。

（3）若找不到故障点，不准将主变压器或线路冷倒向运行母线，为防止故障扩大至运行母线，而应以调度命令，由线路对侧电源对故障母线进行试送电，此时220kV母差保护必须在固定连接方式或停用。

（二）220kV母线故障处理原则

220kV母线故障停电后，通信中断时，值班人员可按下列原则自行处理：

（1）首先检查或拉开故障母线上的全部断路器（须在15min内完成）。

（2）故障点隔离后，用220kV充电合闸按钮合上220kV旁路断路器或母联断路器（此时即充电保护投入），使母线电压正常，然后对无故障的主变压器恢复送电，220kV母差保护仍应在固定连接方式。

（3）故障点不能很快隔离的，可将确实无故障的主变压器冷倒向运行母线后恢复送电，220kV母差保护应改为破坏固定连接方式。

（4）若故障点发生在220kV主变压器断路器回路内，应迅速将其隔离，在可能情况下，应考虑旁路断路器代替主变压器断路器送电，并注意相应的二次部分的调整。

（5）待通信恢复后，向调度报告处理情况，并按调度命令恢复220kV系统运行方式。

220kV母线失电应区别于变电站母线保护范围内的电气设备，故障性质如上述情况是属于变电站内部的故障性质，但母线失电是由于电源中断引起的，一般属于系统故障，值班人员必须严格把两类故障情况区别开，分别按故障性质处理，母线失电原因有送电线路故障引起越级跳闸、母线保护装置误动、母线电源中断。

（三）220kV送电线路越级跳闸的处理

当线路发生事故后，由于某些原因，送电线路本身保护装置未动作，或断路器拒绝跳闸时，将引起母线后备保护装置动作，使母线失电事故扩大。

220kV母线失电后，值班人员应根据某一线路可能出现的保护掉牌，如断路器失灵保护及主变压器保护动作情况，检查是否系本所断路器拒动，寻找故障点并迅速切除，按下列情况分别处理：

（1）线路故障断路器拒动，此时220kV失灵保护及故障线路保护同时动作，失电母线上的其余线路断路器、主变压器断路器及母联断路器均跳闸，值班人员应将拒动的线路断路器拉开，并检查失电母线上的所有断路器确已断开后，合上220kV母联断路器（以母线充电方式进行），无母联断路器时用旁路断路器（作母联方式）对母线充电。然后汇报有关调度，按其命令恢复主变压器及线路的环网运行。

(2) 若主变压器故障断路器拒动，此时保护动作线路对侧越级跳闸造成220kV全部失电时，值班人员应立即拉开故障主变压器断路器，并于15min内自行拉开220kV母联断路器以及不应保留的电源断路器，然后汇报有关调度，听候处理。

(3) 220kV主变压器断路器拒动，线路对侧越级跳闸造成220kV部分失电（一条母线）时，值班人中应隔离主变压器故障断路器，汇报调度后根据具体运行方式及调度命令把部分线路冷倒至运行母线。

（四）220kV母线保护装置误动作的事故处理

当母线上的电源元件及送电线路在运行中突然跳闸，并伴有“直流接地”或“差动断线”等现象，值班人员应迅速检查是否由于母差保护误动作引起的，并对一次设备进行检查，当检查一次设备无异常现象，应根据下列情况来判断和处理。

1. 事故现象

(1) 该母线的电压表指示和主变压器及线路的有功功率表、无功功率表及电流表指示消失。

(2) 该母线上的主变压器所供的110、66kV（或35kV）母线、线路、站用变压器失电。

(3) 控制室“电压回路断线”预告信号报警、光字牌亮和故障录波器动作光字牌示警等。

(4) 可能伴有“直流接地”或“差动断线”等现象。

2. 事故处理

(1) 拉开失电110、66kV（或35kV）母线上的电容器断路器。

(2) 值班人员应立即向有关调度汇报，并应迅速检查是否由于母差保护误动引起，对一次设备进行检查。

(3) 如检查一次设备无异常，确属母差保护误动，则应拉开母线上的所有断路器，并退出母差保护或故障继电保护装置。

(4) 用母联断路器（或旁路兼母联断路器）对母线充电，当充电成功后即可恢复下一步正常运行方式，并通知继电保护班检查母差保护装置。

(5) 如直流接地引起继电保护误动，应及时查明原因或切除有关保护，恢复送电，若难以解决则用旁路断路器代替线路断路器。

（五）母线失电

母线失电是指母线本身无故障而失去电源，一般是由于系统故障，保护误动，或该跳的断路器拒动引起越级跳闸所致。判别母线失电的根据，是由下列现象同时出现来确定的。

1. 事故现象

(1) 该母线的电压指示为零，失压信号动作。

(2) 该母线的主变压器和各出线负荷全部消失。

(3) 该母线所供站用电变压器失电。

2. 事故处理

(1) 发现母线失电后，值班人员应即汇报调度，并自行完成下列操作：

1) 拉开该母线的主变压器和出线断路器，电压互感器应保持在投入状态。

2) 合上失电主变压器110kV中性点接地隔离开关。

3) 检查拉开该母线110、66kV（或35kV）侧电容器断路器。

4) 环网变电站220kV母线失电，应在15min内按网调规程执行完毕（因15min后对侧可能强送电），具体保留电源断路的回数应订入现场运行规程。

(2) 所有断路器断开后，值班人员应对站内进行认真检查，包括保护动作情况，以确定判断是否站内故障造成。如果确定为本站断路器“拒动”，或保护误动后引起母线失电时，则应立即拉开拒动断路器后（或退出误动保护）恢复送电，再汇报调度。

如有两个及以上电源的变电站，当一个电源因故引起本站母线失电，而检查另一电源确实有电，在通信中断时，可自行将本站主变压器及终端线路倒到另一电源供电（根据现场规定确定），待通信恢复再向调度汇报处理情况，并请求恢复原来运行方式。

（六）全所停电的处理

除按（五）母线失电的原则处理外，尚应注意以下几条：

(1) 监视蓄电池及直流母线电压正常运行，停用不必要的直流负载，确保蓄电池可靠运行。

(2) 变电站有逆变装置的，此时蓄电池供逆变电源的电流较大，待交流电源恢复后，须对蓄电池过充电。

(3) 尽快恢复站用电的供电。

(4) 力求保证通信电源正常，使电话畅通。当通信中断时，值班员应自行合上一路电源断路器等待供电。

五、母线、金具绝缘子异常运行的处理

1. 正常运行要求

(1) 根据污秽等级的变化采取防污闪措施。

(2) 支撑式硬母线瓷质部分应按周期进行耐压、探伤试验。要定期对枢纽变电站支柱绝缘子，特别是母线支柱绝缘子、母线侧隔离开关支柱绝缘子进行检查，以防止绝缘子断裂引起母线事故。在运行电压下检测 66kV 及以上电压等级的零值绝缘子。长棒支柱绝缘子不考虑零值测定的问题。

(3) 支撑式硬母线瓷质部分应满足安装地点短路故障的最大动稳定要求。

(4) 悬式瓷质绝缘子和多元件针式瓷质支持绝缘子应定期监测零值和探伤试验。

针式支柱绝缘子的每一元件和每片悬式绝缘子的绝缘电阻不应低于 300MΩ；500kV 悬式绝缘子不低于 500MΩ；半导体釉绝缘子的绝缘电阻自行规定。要定期检查变电站支柱绝缘子。特别是母线支柱绝缘子、母线侧隔离开关支柱绝缘子，防止绝缘子断裂引起母线事故。

(5) 设备接头在运行中最大允许发热和温升，可按表 18-1 规定的数值执行。

表 18-1 设备接头在运行中允许温度和温升 ℃

接头结构	最大允许发热温度	环境温度为 40℃时的允许温升
铜、铝无镀层	80	40
铜、铝有镀层（搪锡）	90	50
铜镀银	105	65
铜编制线	75	35

2. 异常处理

(1) 硬母线有变形情况时，应找出变形的原因。

(2) 接头温度明显升高，应视为异常，要重点监视，并采取转移负载或申请停电处理。发现有熔断现象时，应报告调度，要求立即停用。

(3) 绝缘子表面有裂纹，应报告调度，并加强监视。

(4) 母线发生短路故障后，应检查母线上各绝缘子、穿墙套管、母线、引线等设备有无异常和放电痕迹，并报告调度。在值班人员初步判断事故类别并向上级主管部门汇报，在确认不带电并做好相应的安全措施后对高压支柱瓷绝缘子引起脱落进行检查。在事故调查人员到来前，严禁攀爬支柱或构架进行检查。

课题八 消弧线圈的异常与事故处理

一、学习目标

要求掌握消弧线圈的异常处理。

二、消弧线圈异常运行及分析

1. 油位、油温、套管或本体内声音异常

(1) 油位异常。造成油位异常的原因有：①渗漏油；②修试人员因工作需要放油后未做补充；

③天气突然变冷，且原来油枕中油量不足。

（2）油温异常。油温过高或从油枕中喷油。造成此种异常的原因主要有：①内部发生故障如匝间短路、铁芯多点接地、分接开关接触不良等；②带接地故障运行时间过长。

（3）套管或本体内声音异常。消弧线圈套管油污灰尘较多，使其表面绝缘降低，产生放电声及放电火花。

2. 系统运行中各种电压不平衡的分析判断

经消弧线圈接地的小电流接地系统（补偿系统）在运行中，相电压不平衡现象发生，因产生的原因不同，不平衡的程度和特点也不尽相同。但总的情况是电网已处在异常状态下运行，相电压的升高、降低或缺相，会使电网设备的安全运行和用户生产受到不同程度的影响。

系统运行中出现相电压不平衡时，多数伴有接地信号，但电压不平衡却并非金属接地，不能盲目地选线，应从以下几方面分析判断。

（1）从相电压不平衡范围查找原因。

1）如电压不平衡仅限于一个监视点且无电压升高相，用户也无缺相反映时，则是本单位电压互感器回路断线，此时只需考虑带电压元件的保护能否误动和影响计量问题。若变电站主变压器、电压互感器回路、配电线路均有缺相反映，是一次电源有断线故障。如某回路有缺相反映时，是包括断路器，隔离开关，电压互感器一、二次引线在内的回路断线。

2）如电压不平衡在系统内各电压监视点同时出现，应检查监视点的电压指示。不平衡电压很明显大于10％额定相电压，且有降低相和升高相、各电压监视点的指示又基本相同、各送电线路末端二次均无缺相反映时，说明系统已接近谐振补偿运行。

（2）根据相电压不平衡的幅度判断原因。如系统运行中各变电站都出现严重的相电压不平衡，说明网内已有单相接地或干线部分单相断线。应迅速调查各电压监视点的各相电压指示情况，作出综合判断。如是单纯的一相接地，可按规定的选线顺序选线查找。从电源变电站发电厂一次变压器出口先选，即“先根后梢”的原则选出接地干线后，再分段选出接地段。

（3）结合系统设备的运行变化判断原因。

1）在电压不平衡前曾操作线路断路器时，可能因断路器原因形成不对称断开，而出现单线的相电压不平衡。

2）如电压不平衡是在电源变电站对空母线充电时出现，且不平衡严重，则会引起铁磁。

3）如在出现相电压不平衡前，已经操作了消弧线圈或停送了线路，应根据中性点位移电压的，决定是否再调整消弧线圈或投切线路。

（4）当出现电压不平衡前，有线路事故跳闸又重合或强投成功，系统可能带上了由短路造成的单相接地或断线线路。

三、消弧线圈的异常处理

消弧线圈投入、停用或分头调整，均由调度掌握，按调度命令进行。

（1）系统发生单相接地时，根据表计指示和上述单相接地时的现象，做出系统接地判断。此时，消弧线圈除声音有变化外，控制屏电流表有读数，并开始记录，其他部分应无异常。此时值班人员应对消弧线圈上层油温加强监视，最多不应超过95℃，带负载运行时间不超过铭牌规定的允许时间（不超过2h）。

（2）三相系统投入消弧线圈运行，各项电压不平衡的异样处理：运行中的消弧线圈，当系统内负载处于低谷，频率和电压的波动较大，出现电压升高时的不平衡，可待不平衡电压自然消失后，与调度联系，再调整消弧线圈分接头以防电网谐振。

（3）消弧线圈发出动作信号或发生谐振时，应记录动作时间，中性点电压、电流，三相电压的变化，并及时汇报调度。

（4）消弧线圈冒烟起火时，应将其退出运行并迅速进行灭火。

（5）发现消弧线圈有下列异常现象时，应报告调度，申请将消弧线圈退出运行：①上层油温超过95℃；②套管严重破损和闪络；③内部有异响和放电声；④防爆门破裂且向外喷油；⑤严重漏油，油位计不见油位，且有异声或放电声音。

以上情况，说明消弧线圈内部已出现严重故障。值班人员应将主变压器与消弧线圈同一侧断路器先拉开，再拉开消弧线圈隔离开关，然后恢复该主变压器的运行。

课题九　避雷器装置异常与事故的处理

一、学习目标

掌握避雷器运行异常现象及需要将避雷器停电的处理。

二、避雷器的异常现象

（1）避雷器的上、下引线接头松脱或折断。

（2）避雷器接地不良、阻值过大。

（3）避雷器瓷套管破裂放电。在工频情况下，避雷器的瓷套管用于保证避雷器必要的绝缘水平，如果瓷套管发生破裂放电，则将成为电力系统或变电站的事故隐患。

（4）避雷器内部有放电声。在工频电压下，避雷器内部是没有电流通过的。因此，不应有任何声音。若运行中避雷器内有异常声音，则认为避雷器、阀片间隙损坏失去了防雷的作用，而且可能会引发单相接地故障。

（5）110kV及以上避雷器的绝缘底部瓷质裂纹。

（6）雷电放电后，连接引线严重烧伤或断裂，或放电动作记录器损坏。

三、阀型避雷器瓷套裂纹的处理

运行中发现避雷器瓷套有裂纹时的处理方法。

（1）如天气正常，应请调度停下损伤相的避雷器，进行更换合格的避雷器。无备件时，在考虑到不致威胁安全运行的条件下，可在裂纹深处涂漆和环氧树脂防止受潮，并安排短期更换。

（2）如天气不正常（雷雨），应尽可能不使避雷器退出运行，待雷雨过后再处理。如果因瓷质裂纹已造成闪络，但未接地者，在可能条件下应将故障相避雷器停用。

四、避雷器需要停电的处理

避雷器有下列情况之一者应立即报告调度，申请退出运行。

（1）发生爆炸或接地时。

（2）绝缘瓷套有裂纹。

（3）内部声响异常或有放电声。

（4）运行电压下泄漏电流严重超标。氧化锌避雷器的泄漏电流值有明显的变化。

（5）避雷器在正常的情况下（系统无内过电压和大气过电压）计数器动作。

（6）引线断损或松脱。

课题十　高压并联电抗器异常与事故的处理

一、学习目标

要求掌握电抗器的事故处理原则。

二、高压电抗器的事故处理的一般原则

（1）高压电抗器保护动作跳闸时，不得对高压电抗器送电，在未查明原因并消除故障前，不得对高压电抗器试送电。

（2）高压电抗器保护动作跳闸时，经查明判断不是高压电抗器内部故障，经有关调度许可后，可以对高压电抗器试送电一次。

（3）高压电抗器故障消除后或查明不是高压电抗器内部故障，恢复送电应按有关操作规定进行，当系统有条件时，可采取零起升压恢复送电。

（4）高压电抗器与线路只有隔离开关连接，当高压电抗器保护与线路保护同时动作时，应按照高压电抗器故障进行处理，未经判明内部无故障时，不得对高压电抗器进行送电。

（5）在未查明高压电抗器保护动作原因并消除故障之前，系统急需送电时，应将高压电抗器退出，

同时必须符合有关线路无高压电抗器运行的规定。

(6) 下列情况应报告调度和有关部门：

1) 电抗器保护动作跳闸。

2) 干式电抗器表面放电。

3) 电抗器倾斜严重，线圈膨胀变形或接地。

4) 电抗器内部有强烈的放电声，套管出现裂纹或电晕现象。

5) 油浸式电抗器轻气体保护动作，油温超过最高允许温度，压力释放阀喷油冒烟。

6) 电抗器振动和噪声异常增大。

7) 并联电抗器过负载时，应报告调度，并记录电抗器电流、系统电压和顶层油温。

三、高压电抗器保护动作后的处理

电抗器运行中发生局部过热。在很多情况下，当还没表现为电气方面的异常时，首先表现出的是油气分解的异常，即油在高温下分解为气体，逐渐集聚在电抗器顶盖上端及气体继电器内，引起气体保护动作。由于电抗器内部故障性质和程度的不同，产气的速度和产气量也不同，因而气体保护也分有轻气体和重气体保护两种，轻气体保护动作发信，重气体保护动作则跳开有关断路器，将故障电抗器退出运行。

1. 轻气体动作后的处理

轻气体动作发信后，值班人员应立即对电抗器进行检查，查明动作原因，通过观察气体继电器动作的次数，间隔时间的长短等，并经过气样分析做出判断，电抗器是否有内部故障。

轻气体保护动作的原因如下：

(1) 非电抗器故障原因。如，因进行滤油、加油或检修等工作造成空气进入电抗器，因温度下降或漏油使油面降低，或因外部穿越性短路电流的影响，油枕空气不畅通以及直流回路绝缘破坏或接点裂化引起的误动作。

(2) 通过气体性质及气相色谱分析检查，确认是由于电抗器内部轻微故障引起的轻气体保护动作，则应将电抗器停运检查。

(3) 如轻气体动作是由于吸入空气的原因造成的，且信号动作间隔时间逐次缩短，将造成跳闸时，应考虑将重气体改接信号，并立即查明原因并消除缺陷。

2. 重气体动作后的处理

重气体保护动作跳闸，如果不是由于保护装置二次回路故障引起保护误动，则说明电抗器内部发生故障，应取气并根据气体的颜色、气味、可燃性等特征来判断故障性质。

为了进一步判明电抗器内部故障的性质，还应进行气相色谱分析及电气试验分析。电抗器经检查分析发现内部故障特征后，应进行吊芯检查。

电抗器重气体保护动作跳闸后，不经详细查明原因并消除缺陷，不得投运。

3. 差动保护动作的处理

运行中的电抗器，若差动保护动作引起跳闸，值班人员应采取以下措施：

(1) 向调度及上级主管领导汇报，并复归事故音响信号，有关光字信号暂不复归。

(2) 立即停用潜油泵，避免把内部故障部位产生的炭粒和金属微粒扩散到各处，增加修复难度。

(3) 对差动保护范围内所有的设备进行检查，是否有明显的故障点和异常现象。

(4) 测量电抗器绝缘电阻，检查有无内部故障。

(5) 查看直流系统有无接地现象。

经过上述检查后，如判断确证差动保护是由于外部原因引起的，而非电抗器内部故障，则电抗器可不经内部检查而重新投入运行。如不能判断为外部原因时，则应对电抗器作进一步的检查、试验、分析以确定保护动作原因及故障性质，必要时作吊芯检查。

4. 差动与重气体保护同时动作的处理

如差动保护与重气体保护同时动作，可认为电抗器内部发生故障，则故障未消除前不得对电抗器送电。

课题十一　电容器异常与事故的处理

一、学习目标

掌握电容器的事故处理。

二、电容器异常运行分析与处理

(1) 异常声响。运行中发生异常声响（“滋滋”声或“咕咕”声）则说明内部或外部有局部放电现象，此时应立即停止运行，查找故障电容器进行更换。

(2) 电容器外壳膨胀。电容器油箱随温度变化膨胀和收缩是正常现象。但是，当内部发生局部放电，绝缘油将产生大量气体，而使油箱壁变形明显，造成电容器的局部放电，主要是运行电压过高或断路器重燃引起的操作过电压以及电容器本身质量低。另外，造成电容器膨胀是因为周围温度超过40℃，特别是在夏季或负载重时，应采用强力通风以降低电容器温度，如果电容器发生群体变形应及时停用检查。

(3) 电容器渗漏油。电容器是全密封装置，密封不严，则空气、水分和杂质都可能侵入油箱内部，其危害极大。因此，电容器是不允许渗漏油的。

当电容器发生漏油时，则应减轻负载或降低周围环境温度，但不宜长期运行。若运行时间过长，如外界空气和潮气将渗入电容器内部使绝缘降低，将使电容器绝缘击穿。值班人员发现电容器严重漏油时，应汇报工区并停用、检查处理。

(4) 电容器过电流。电容器运行中，应维持在额定电流下工作，但由于运行电压的升高和电流电压波形的畸变，会引起电容器的电流过大。当电流增大到额定电流的1.3倍时，应将电容器退出运行，因为电流过大，将造成电容器的烧坏事故。

(5) 电容器的电压过高。电容器在正常运行中，由于电网负载的变化会受到电压过低或过高的作用，当负载大时，则电网电压会降低，此时应投入电容器，以补偿无功的不足，当电网负载小时，则电网的电压升高，如电压超过电容器额定电压1.1倍时应将电容器退出运行。另外电容器操作也可能会引起操作过电压，此时如发现过电压信号报警，应将电容器拉开，查明原因。

(6) 温升过高。电容器组的过电压、过负荷、介质老化（介质损耗增加）、电容器冷却条件变差等原因皆可能使温升过高，从而影响使用寿命甚至击穿，导致事故。运行中必须严密监视和控制环境温度，或采取冷却措施以控制温度在允许范围内，如控制不住则应停电处理。

(7) 瓷绝缘表面闪络。瓷绝缘表面发生闪络的原因是：表面脏污、环境污染、恶劣天气（如雨、雪）和过电压都将产生表面闪络引起电容器损坏或跳闸。

对电容器组应定期清扫，对污秽地区采取防护措施。

三、电容器故障的处理

(1) 遇有下列故障之一者，应停用电容器组，并报告调度和工区：

1) 接头严重过热或电容器外壳示温蜡片熔化。

2) 电容器套管发生破裂并有闪络放电。

3) 电容器严重喷油或起火。

4) 电容器外壳膨胀变形，严重漏油。

5) 三相电流不平衡超过10%。

6) 电容器或电抗器内部有异常声响。

7) 集合式电容器已看不见油位，压力异常。

(2) 电容器熔断器熔断。当发现电容器熔断器熔断后，值班员应向当值调度员汇报，待取得同意更换熔断器后，拉开电容器的断路器和隔离开关，对其进行充分放电，并做好有关接地等安全措施。检查电容器套管有无闪络痕迹，外壳是否变形、漏油，外接汇流排有无短路现象等。最后用绝缘电阻表检查电容器极间和极对地的绝缘电阻值是否合格，若未发现故障征象，可换上符合规格的熔断器后将电容器投入运行。如送电后熔断器仍熔断，则应退出故障电容器，为保证三相电容值平衡，还应退出非故障相的部分电容器。拆除安全措施，然后恢复电容器组的供电。

(3) 电容器断路器跳闸（熔断器未熔断）。电容器开关跳闸后应检查断路器、电流互感器、电力电缆及电容器外部情况，若无异常情况，可以试送一次。否则应对保护做全面通电试验，如仍查不出原因，就需拆开电容器逐个试验。未查明原因之前不得试送。

(4) 电容器爆炸、起火而未跳闸时，应立即将电容器组退出运行。

(5) 自动投切的电容器组，发现自动装置失灵时，应将其停用，改为手动并报告有关部门。

(6) 母线失压时，联切未动作或无联切装置时，应立即手动将电容器组退出运行。

(7) 电容器本身温度超过制造厂规定时，应将其退出运行。

(8) 电容器着火及引线发热。电容器着火，应断开电容器电源，并在离着火的电容器较远一端（如电力电缆配电装置端）放电，经接地后用 1211、干粉灭火剂等灭火。运行中的电容器引线如果发热至烧红，则必须立即退出运行，以免事故扩大。

四、处理故障电容器时应注意的安全事项

在处理事故时，运行人员需注意以下事项：

(1) 应先拉开电容器断路器，后拉各路出线断路器；恢复时，顺序相反。

(2) 事故情况下，全站停电后，必须将电容器的断路器拉开。

(3) 并联电容器组断路器跳闸后，不准强送；保护熔丝熔断后，未查明原因前，不准更换熔丝送电。

(4) 并联电容器组，禁止带电荷合闸；电容器组再次合闸时必须在分闸 3min 之后进行。

(5) 装有并联电阻的断路器不准手动合闸。

(6) 放电。尽管电容器组已内部自行放电，但仍有残余电荷存在，必须人工放电，放电时一定要先将地线接地端接好，而后多次放电直至无火花和声音为止。

(7) 操作时必须戴防护器具（如绝缘手套），应用短路线将两极间连接放电（因为仍可能有极间残余电荷存在）。

课题十二　电力电缆的异常与事故的处理

一、学习目标

掌握电力电缆的异常运行，故障与事故的处理。

二、电缆运行的一般规定

(1) 电缆终端处应有明显的相位标志，并标明电缆线号、起止点。变电站内电缆夹层、竖井、电缆沟（电缆隧道）内的电缆应外包防火阻燃带或使用防火阻燃护套电缆。

(2) 电力电缆不宜过负载运行，必需时可过负载 10%，但持续时间不应超过 1h。

(3) 电缆沟道与站内电缆夹层间应设有防火、防水隔墙。

(4) 电力电缆至开关柜和设备间，穿过楼层或隔墙时应有封堵措施。

(5) 电缆隧道和电缆沟内应有排水设施，电缆隧道、电缆沟内无积水，无杂物。

(6) 配合停电对电缆终端进行清扫。对于污秽严重，可能发生污闪的，应及时停电清扫。

(7) 备用电缆应视停用时间按 DL/T 596—1996《电力设备预防性试验规程》进行试验，合格后方可投入。

三、电力电缆运行中常见的异常处理

电力电缆运行中常见的异常有以下几种：

(1) 电压异常。运行中电力电缆的电压不得超过额定电压的 15%，超过规定值应视为异常，因其容易造成电缆绝缘击穿事故。

(2) 温度异常。运行中电力电缆运行中的长期允许工作温度，不应超过制造厂规定。限制其最高允许温度的原因是电缆过热会加速绝缘老化，缩短使用寿命并可能造成事故。电缆长时间过热会造成以下危害：①电缆终端头外部接触部分损坏；②电缆绝缘降低、老化；③铅包龟裂膨胀、铠装缝隙开裂；④沥青绝缘胶受热膨胀，使电缆端头、中间接头胀裂。

电力电缆运行中的温度高低，主要取决于所带负荷的大小，因此值班人员可以通过监视和控制其

负荷，使电力电缆不致温度过高。

另外，小电流接地系统单相永久性地故障时，该系统上的电缆连续运行的时间最长不超过 2h。

(3) 渗漏油。正常运行的油纸绝缘电缆内部绝缘油有一定的压力，这样可以防止外部潮气侵入。电缆头渗漏油的原因可能是密封不严，或电缆两端头的落差大产生静压力，也可能是电缆芯线温度过高，使电缆内部绝缘油膨胀，压力增大，造成绝缘油从电缆头溢出。电缆内部短路时，温度急剧上升，会引起电缆头爆炸，使铅包（或铝包）内护层损坏。电缆头漏油还会使内部产生气隙、发生游离击穿和绝缘受潮；漏油严重时，将会导致油纸电缆干枯。因此，渗漏油严重的电力电缆，应加强监视，并报告工区尽快处理。

(4) 电缆头发生电晕，套管闪络损坏。产生电晕放电的原因可能是电缆头三芯分叉处距离较小，芯与芯之间形成一个电容，在电场作用下空气发生游离所致。另外，通风不良、空气潮湿、绝缘降低也会导致电晕产生。

电缆头套管闪络破损主要原因有电缆头引线接触不良造成过热，或电缆头制作工艺不良，渗漏油使潮气进入易造成绝缘击穿。发生上述情况，应立即加强监视，并报告工区，将其停用、检修处理。

(5) 机械损伤。如外力伤害使电缆铠装破坏，铅包（或铝包）内护层开裂等应停用。若铠装断裂脱落，而铅包（或铝包）内护层完好，说明内部绝缘未受到伤害，暂可以继续使用，但应加强监视，在适当时检修处理。

发现下列情况应报告调度：

1) 电缆过负载。

2) 电缆终端与母线连接点过热。

3) 充油电缆终端压力异常发出报警信号。

4) 电缆终端接地线、护套损坏或其他外观异常。

5) 电缆终端外绝缘破损或充油电缆终端严重渗漏油。

四、电力电缆头事故处理

(1) 电缆头绝缘破坏。由于制作施工工艺等原因，致使电缆头电压分布不均匀，也有引起电缆头绝缘破坏。如果运行中的电缆头发生破坏（放电严重或电缆头炸裂等），应立即报告工区，并停止运行。

(2) 电缆头渗油、冒烟。运行中的电缆头因线夹接触不良导致严重发热，或引起电缆头渗油、漏油（胶），严重过热可使油分解冒烟。此时，应尽快减少负载，加强监视或停用等候处理。

(3) 电缆头引线过热烧断或折断。电缆引线严重过热，可能将引线或线卡烧断，或因外力而折断时，电缆应退出运行。

(4) 低位置电缆头漏油。垂直装设的电缆，对低位置的电缆头应采取特殊的防漏油措施。如运行中发现漏油，则应视为较严重的缺陷加以记录。同时应注意该电缆另一端的电缆头绝缘情况，以防高位置电缆头由于落差大，产生静压力使低位置油纸电缆内的油严重渗漏，降低了高位置电缆绝缘水平，甚至引起放电击穿。这种情况应加强监视，必要时停用处理。

(5) 户内电缆终端头发生电晕闪络放电故障。对于小手套塑料电缆头、环氧树脂电缆头和尼龙电缆头会产生电晕故障，这类电缆的电晕放电发生三芯之间的间隙形成了一个电容，在电压的作用下，空气游离所致，另外有些户内的电缆头的位置较低，由于电缆沟内有积水及室内通风不良，使室内潮气温度增加也会引起电缆头的电晕放电故障。为防止这类故障，必须采取改进工艺，改善电场分布的措施，并解决室内电缆沟的积水和通风不良问题，以保证设备安全。

(6) 下列情况，应报告调度，申请停运：

1) 电缆出线与母线连接点严重过热。

2) 电缆出线与母线连接点套管严重破裂。

3) 电缆出线与母线连接点大量漏胶或冒烟。

4) 电缆绝缘损坏造成单相接地。

5) 电缆头内部有异响或严重放电。

6) 电缆着火或水淹至电缆终端头绝缘部分危及安全。

7）110、220kV充油电缆油压下降低于规定值。

（7）电缆头爆炸、着火的处理如下：

1）立即切断电源。

2）用干式灭火器进行灭火。

3）室内电缆故障，应立即启动事故排风扇。

4）进入发生事故的电缆层（室）应使用空气呼吸器。

课题十三 二次回路的异常分析与处理

一、学习目标

掌握二次回路的有关规定。

二、二次回路异常及原因分析

二次回路是指变电站的测量仪表、监察装置、信号装置、控制和同期装置、继电保护和自动装置等所组成的电路。继电保护、自动装置和中央信号装置经常会发生的异常如下。

1. 继电器保护装置异常

（1）保护拒动。设备发生故障后，由于继电保护的原因使断路器不能动作跳闸，称为“保护拒动”。拒动的原因如下：

1）电流或电压继电器机械卡死，触点接触不良，引线及焊接线脱开等。

2）保护回路不通，如电流互感器二次侧开路、保护连接片、继路器辅助触点、出口中间继电器触点等接触不良及回路断线。

3）保护电源消失（指控制与保护均独立供电的保护）。

4）电流互感器变比选择不当，故障时电流互感器严重饱和，不能正确反映故障电流的变化。

5）保护整定值计算及调试中发生差错，造成故障时保护不能启动。

6）直流系统多点接地，将出口中间继电器或跳闸线圈短接。

（2）保护误动。保护装置误动是电网一次系统未发生故障，由于继电保护装置发生动作跳闸，称为“保护误动”，主要原因如下：

1）直流系统两点接地，使中间继电器或跳闸线圈带电。

2）延时保护时间元件的整定值变化，使保护动作时间不准，即“越级动作”。

3）整定值计算或调试不正确，或电流互感器、电压互感器回路故障。

4）保护接线错误，或电流互感器二次极性接反。

5）人员误碰或外力造成短路。

2. 自动重合闸装置异常

重合闸装置异常主要是重合闸拒动，其原因主要有如下几方面：

（1）重合闸失掉电源。

（2）断路器合闸回路接触不良。

（3）位置继电器线圈或触点接触不良。

（4）重合闸装置内部时间继电器、中间继电器线圈断开或接触不良。

（5）重合闸装置内部电容故障或充电回路故障。

（6）重合闸连接片接触不良。

（7）防跳跃中间继电器的动断触点接触不良。

（8）合闸熔丝熔断或合闸接触器损坏。

3. 中央信号装置异常

中央信号装置是监视变电站电气设备运行中是否发生了事故和异常的自动报警装置。当电气设备或系统发生事故或异常时，相应的信号装置会有区别地发出有关的灯光及音响信号，以使运行值班人员迅速、准确地判断事故的性质、范围和设备异常的性质与地点，以便正确处理。

中央信号装置按用途可分为事故信号、预告信号和位置信号三类。事故信号包括单响信号和发光信号，例如当断路器跳闸后，蜂鸣器响，通知值班人员有事故发生，同时跳闸的断路器位置指示灯变光，光字牌亮，显示出故障的范围和性质。预告信号包括警铃和光字牌，例如当电气设备发生危及安全运行的情况时，警铃响，同时光字牌显示电气设备异常的内容。位置信号是监视断路器的分、合闸状态及操作把手的位置是否对应。中央信号运行中的异常主要有以下两种。

（1）事故喇叭不响。断路器自动跳闸后，蜂鸣器不能发出音响，原因有：

1）事故喇叭损坏。检查时，可按一下事故信号试验按钮，若喇叭不响则说明事故喇叭已损坏。

2）冲击继电器发生故障。

3）跳闸断路器的事故音响回路发生故障，如信号电源的负检熔丝熔断，断路器辅助触点，控制开关及跳闸位置继电器触点接触不良。

4）直流母线电压太低。

（2）预告信号不动作。电气设备发生异常时，相应的预告信号不动作，原因有：

1）警铃故障。检查时按试验按钮，若警铃不响说明其损坏。

2）冲击继电器故障。

3）预告信号回路不通等。

三、二次回路常见故障的处理

1. 控制、信号回路

（1）熔断器熔丝熔断。有预告信号光字牌亮，出现“控制回路断线、熔断器熔断”信号现象，警铃响（当有音响监视时），此时值班员应尽快更换同样额定电流的熔断器熔丝（备用件）。

（2）端子排联松动。无论二次回路中任何端子排都应安装牢固，接触良好。若发现二次回路端子排连接松动，甚至有发热现象，应立即紧固。注意紧固时，不要误碰其他端子排，更不要造成端子间的短路。

（3）小母线引线松脱。小母线引线松脱是在巡视检查中不易发现的隐患。变电站内小母线很多。因此，对小母线引线接触不良应根据仪表、信号灯、光字牌等出现的现象来分析、判断，及时报告工区安排检修。

2. 直流回路断线

直流二次回路断线，可能影响保护电源消失，控制回路断线，操作电源失压或信号及监视装置失灵，导致设备失去保护，断路器不能跳闸，操作不能进行或运行失去监视，严重威胁安全运行。

发生直流断线时，除按有关要求处理外，应抓紧查明断线点，及时修复。

查直流回路断线点，可用测量电压（电位）法进行。使用较高内阻的直流电压表沿有关回路检查有没有电压；如果有电压应检查该点对地的电位是正还是负，来判断线点。如图 18-2 所示，正常运行时，MP 一段应为正电位，P′N 一段应为负电位。如图中 k 点断线，则图 18-2（a）中 P′k 一段将无电压，图 18-2（b）中 Pk 一段将变成正电位。检查电压（电位）要用较高内阻的电流直压表（万用电表直流电压挡），其内阻宜在 20000V/Ω 或以上，这是为了防止检测中造成直流回路短路或接地，可能使某些继电器误动。检查中要根据正确图纸，认真分析各点正常应具有的电位，注意监护，防止误碰或短路造成事故。

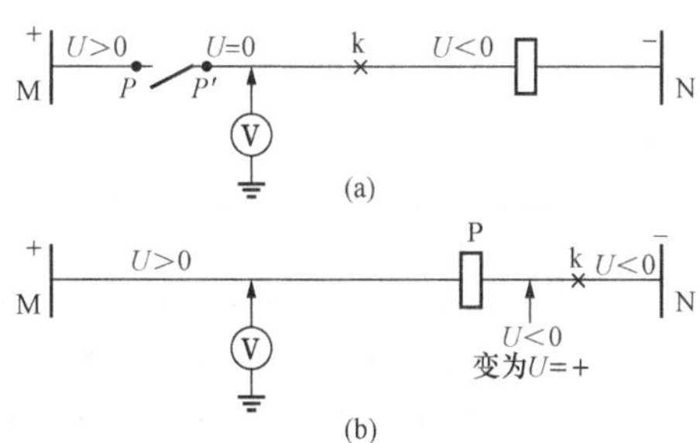

图 18-2　用直流电位法查断线点

（a）P′k 段无电压；（b）Pk 段正电位

课题十四　站用电源异常与故障的处理

一、学习目标

掌握站用电源故障处理的有关规定。

二、站用电源的运行管理

站用电源包括站用低压交流电源和直流电源（蓄电池）。站用电源的正常供电是变电站正常运行必不可少的主要条件。

站用电源中断，可能使继电保护装置失去电源，主变压器冷却设备停转，无功补偿设备冷水中断，倒闸操作不能进行，监视运行的仪表、信号、录波及其他自动装置不能正常工作。

为了保证站用电源正常，运行人员要高度重视站用电源设备的运行管理，包括以下几方面：

(1) 认真做好站用电源设备（包括备用电源设备）的日常巡视、维护工作，定期进行检修试验，及时发现和消除设备隐患。

(2) 站用电源的继电保护装置要正确整定投入，做好定期检验。熔丝规格必须合乎设计和实际负荷的要求，并与继电保护正确配合。

(3) 必须认真做好蓄电池组及其充电设备的管理。蓄电池应当经常处在正确浮充状态，单电池浮充电压应当合乎说明书规定，要定期做好蓄电池的检测、维护和放电工作。

(4) 备用电源要经常处在热备用状态，自动投入装置要经常处在运行状态，定期进行自动投入试验，事故照明设备要经常保持良好。

三、站用电源故障处理

1. 当站用低压交流电源发生故障全部中断

当站用低压交流电源发生故障全部中断（自动投入装置未动作）时，运行人员要迅速弄清情况，按照现场规程规定的步骤，迅速恢复站用电主要回路的供电。

(1) 如果是在夜间，首先投入必要的事故照明。

(2) 手动投入备用电源，为了避免备用电源带全部负荷投入造成过大的电流冲击，可根据具体情况，事先断开一些次要的负荷回路或断开部分分支断路器，待备用电源投入成功后再逐一合上。恢复供电时，应首先恢复包括保护、监视、操作等在内的保安电源，主变压器和无功补偿设备（静止补偿器或调相机）的冷却电源，然后恢复其他回路，恢复的顺序，按现场规程的规定执行。

(3) 全部电源恢复后，应对全部设备进行一次检查，查明所有设备（首先是保护及监视装置和主设备冷却装置）是否确已全部恢复正常运行状态，记录和复归有关信号和掉牌。

站用电源中断过程中，某些设备运行状态可能会发生变化。例如冷却水泵或其他动力设备交流接触器会因电源中断而自动断开，电源恢复后不能自动合上，致使水泵或其他设备停动。又如某些装置（例如有些主变压器冷却设备和下面按第二种方式运行的逆变器等）因电源中断可能自动切换，电源恢复后不能自动返回等。因此电源恢复后运行人员当进行检查，发现类似问题应立即断开的设备重新投入运行，将已自动切换的设备切换回正常运行位置，恢复正常运行状态，并通知通信值班人员进行类似检查。

注意，即使备用电源自动投入成功，也有一个瞬时的断电过程，同样会发生上述变化情况，因此，电源恢复后同样必须进行检查。

(4) 检查备用电源自动投入装置没有动作的原因，及时处理、恢复备用电源的良好备用状态。

2. 站用电备用电源自动投入装置拒动

站用电备用电源自动投入装置拒动的可能原因如下：

1) 装置没有置于“自动投入”位置。

2) 备用电源没有电压（断路器或隔离开关未合、保险未装上、备用电源停电）。

3) 备用电源保护整定值（或熔断器容量）太小，在投入过程中因电源冲击太大又断开。

4) 备用电源自动投入装置内部故障。

(1) 如查明属于上述第1)、2) 种情况，运行人员应立即处理，恢复备用电源的正常备用状态。

(2) 如为自动投入装置本身故障或备用电源保护定值过小，应通知继电保护专业部门进一步检查处理。

3. 站用电源某路熔断器熔断

若站用电源某路熔断器熔断，引起局部停电，在更换熔断器之前，应先将该回路的断路器或隔离开关断开，换上相同容量的熔断器，然后合断路器或隔离开关。不要带负荷换熔断器，以免产生电弧烧伤人。特别是回路可能还有故障时，更是这样。如果回路上有三相电动机，当带电装上第二个熔断器时，电动机两相通电，会产生很大电流使熔断器再次熔断。

站用变压器高压侧断路器跳闸或高压熔断器熔断，应查明故障原因，再恢复送电。

4. 站用变压器出现下列情况，应立即停电处理

(1) 站用变压器冒烟、着火。

(2) 运行中出现严重漏油，油标无油或跑油。

(3) 内部有强烈的放电声或异常噪声。

课题十五　直流电源异常与事故的处理

一、学习目标

掌握直流电源两点接地的分析及接地的查找。

二、直流接地的查找

(一) 发生直流一点接地的原因及两点接地的分析

1. 直流一点接地的原因

变电站二次直流系统一般采用两极都不接地方式运行，直流对地两极都应处在良好的绝缘状态，当某极发生一点接地时，监视装置将发出报警信号，要求运行人员检查处理。如发生两点接地，就有可能产生故障性的后果。

直流系统发生一点接地是常见的异常运行状态，虽不直接产生恶果，但潜在危险性很大。因此规定，当直流系统发生接地后只允许连续运行 2h，以便使值班人员迅速寻找接地点，尽快消除，防止发展成两点接地故障。发生直流（一极）接地告警时，接地的原因可能是：

(1) 户外端子箱、触点盒、操作箱、电磁锁或温度计等密封不良，漏入雨雪水分、有昆虫或其他小动物进入。

(2) 上述设备内部结露潮湿，绝缘受潮。

(3) 控制电缆或接线端子绝缘损坏。

(4) 继电保护元件或二次线绝缘损坏。

(5) 二次回路工作人员不慎，引起接地或短路。

2. 直流系统中发生两点接地时的分析

直流系统中如发生一点接地后，若在同一极的另一点再发生接地时，即构成两点接地短路，此时，虽然一次系统并没有故障，但由于直流系统某两点接地短接了有关元件，可能将造成信号装置误动，或继电保护和断路器的“误动作”或“拒动”，如图 18-3 所示。

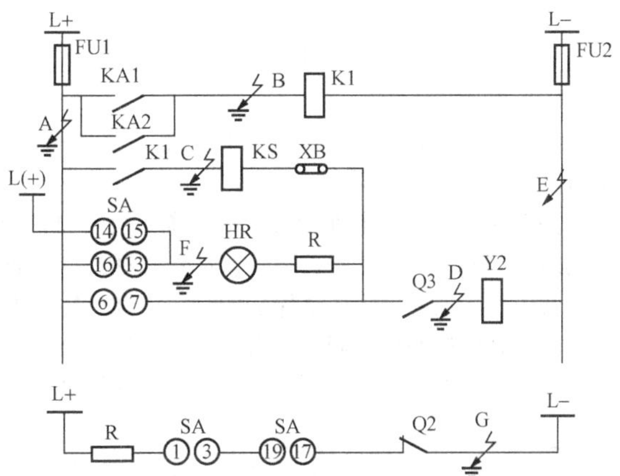

图 18-3　直流系统两点接地情况的分析示图

FU1、FU2—熔断路；KA1、KA2—电流继电器动合触点；K1—中间继电器；KS—信号继电器；XB—连接片；HR—红灯；SA—控制开关；R—电阻；Q2、Q3—断路器辅助触点；Y2—跳闸线圈；L+、L−—直流控制母线

(1) 两点接地可造成断路器误动。当直流接地发生在 AB 两点时，将电流继电器动合触点 KA1、KA2 短接，中间继电器启动，动合触点 K1 闭合，由于断路器在合闸位置，所以直流正电源 L+→K1→XB→Q2→Y2→L−，回路接通使断路器跳闸，造成误动作。当在 A、D 两点及 D、F 两点接地时，都能使断路器跳闸，形成误动作。

(2) 两点接地可能造成断路器“拒动”，如接地点同时发生在 B、E 两点，或 D、E 两点，或 D、E 两点和 C、E 两点，

将跳闸线圈回路短路，此时，若一次系统发生故障，保护动作，但由于跳闸线圈未励磁、铁芯未动作，造成断路器“拒动”，而越级跳闸，以致扩大事故。

（3）当接地点发生在A、E两点时，会引起熔断器熔断，当接地点发生在B、E和C、E两点，保护动作时，不但断路器拒跳，而且熔断器熔断，同时有烧坏继电器的可能。

（4）两点接地可造成“误发信号”，断路器正常运行中，控制开关触点SA①③，SA⑰⑲是接通的，而断路器的辅助触点Q3是断开的，中央事故信号回路不通，不发信号。但当发生A、G两点接地，Q3被短接，事故信号小母线至信号小母线接通，启动中央事故信号回路“误发信号”。

（二）直流系统接地的查找

1. 查找原则

首先，分清直流一点接地的极性。在分析、判断基础上，用拉路查找分段处理的方法，以先信号和照明部分后操作部分，先室外后室内部分为原则。先区分是控制系统还是信号系统接地；其次区分是信号回路还是照明回路系统接地；最后区分是控制回路还是保护回路系统接地。

脱铅丝的顺序，正极接地时，先断（+），后断（−），恢复铅丝时，先投（−），后投（+）。

在切断各专用直流回路时，切断时间不得超过3s，不论回路接地与否，均应合上，当发现某一专用回路有接地时，应及时找出接地点，尽快消除。

2. 查找步骤及标准

（1）查找直流接地至少由两人进行，一人查找、一人监护，并监视接地信息返回情况。

（2）发生直流接地时（现场有直流回路作业工作，应立即停止）值班人员应根据直流控制屏绝缘监察装置反映出的信息，进行分析、判断，确定正极接地还是负极接地，初步分析接地性质与接地原因（经常发生接地的回路）。

（3）对作业回路进行检查，是否由于工作造成直流接地。

（4）变电站各直流回路进行检查用拉路查找分段处理的方法，以先信号和照明部分后操作部分，先室外后室内部分为原则，具体查找顺序为：①事故照明回路；②信号回路；③充电及备用设备控制回路；④试验电源回路；⑤故障录波器等的控制回路；⑥自动化设备回路；⑦检查蓄电池；⑧断路器直流储能回路；⑨户外合闸回路；⑩户内合闸回路；⑪变电站低电压等级的各线控制回路；⑫变电站高电压等级的各线控制回路；⑬变电站低电压等级的各线保护回路；⑭变电站高电压等级的各线保护回路；⑮直流母线和充电机。

（5）确定接地回路后，依次分合二次回路的保险（控制开关）以缩小范围，进一步确定具体接地位置。

（6）确定接地点后，根据现场具体情况布置好安全措施，并通知有关专业人员处理。

3. 查找方法

（1）应先暂断电源负荷性质比较次要的、接地可能性比较大的回路，如未查出故障回路，再去暂断负荷性质比较重要的回路。

（2）短时断开某一为电保护装置的电源，会使设备短时部分或全部失去保护。在断开及接通某些保护电源的瞬间，有时还会使保护装置误动作。在断开位置继电器在直流电源时，有些情况下会影响某些保护的正常工作，或使母线差动保护闭锁。因此，短时断开继电保护装置电源，应当事先得到上级调度部门的同意，并应按照现场规程或有关规定采取防止误跳闸的措施（例如短时断开保护出口回路）。

（3）取下直流配电屏上带有较大负载的直流回路熔断器前，应先断开负载本身的电源开关，恢复时顺序相反。同时，不应使用螺丝起子在端子排上拆开或接上带有负载的直流回路。因为在断接操作过程中产生的电弧，会对保护装置产生干扰，有时会使保护误动作。

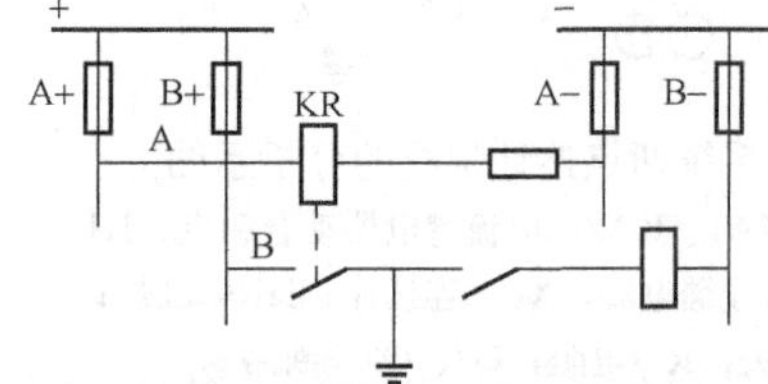

图18-4 断开A回路电源使B回路接地消失

（4）在断开某一回路电源时，有时会引起另一回路的切换，使接地现象消失，实际上接地点并不在所断开电源的回路，而是在被切换的回路上。例如在图18-4中，回路B有接地故障，但当断开回路A的熔断器继电器KR失磁，回路B的接地故障点被断开，直流接地信号消失，造成接地点在回路A

的假象。对这种可能性要注意分析判断。

(5) 在多回路同时接地时，用分回路暂断电源查找的方法往往无效。因为在断开其中一个接地回路时，其他接地回路仍然存在，接地现象并不消失，难以准确判断。

(6) 用试停法，有时找不到直流接地点的原因：①接地点处在充电设备，蓄电池组或直流母线上；②采取环路供电的直流系统未停运环路隔离开关；③寄生回路影响；④同时两点接地；⑤直流系统绝缘不良。

4. 直流接地点查找的注意事项

试停电源法就是在直流配电屏上依次、逐回、短时断开各直流回路的电流（取下分断器或断开分路直流小开关），观察直流接地信号是否消失。如果暂时断开某一回路时直流接地信号消失，说明接地故障可能就在这一回路上。这种方法是检查直流接地最常用的传统方法。查找直流接地故障回路时应注意以下几点。

(1) 接地选择需要试拉控制回路合保护回路或投停保护及自动装置时，必须汇报调度并取得调度同意后进行。

(2) 操作直流熔断器必须戴线手套，防止直流感电。

(3) 取熔断器的顺序，无论哪极接地，在拔下运行设备的直流熔断器时，应先正极、后负极，恢复时先投负极、后投正极，以免由于寄生回路的影响而造成误动作。

(4) 在进行处理时尽量缩短停用直流电源的时间；拉路前应采取必要措施，防止直流失电可能引起的保护及自动装置误动。

(5) 对于信号的返回时间应明确，防止拉路后由于信号的延时返回，影响判断。

(6) 在接地选择过程中，使用万用表进行测量时应由专业人员进行，使用仪表内阻不得低于2000Ω/V。

三、直流母线电压过低、电压过高的处理

直流母线电压过高会使长期带电的电气设备过热损坏，或继电保护、自动装置可能误动；若电压过低又会造成断路器保护动作及自动装置动作不可靠等现象。

(1) 直流系统运行中，若出现母线电压过低的信号时，值班人员应检查并消除。检查浮充电流是否正常，直流负荷是否突然增大，蓄电池运行是否正常等。若属直流负荷突然增大时需及时查明原因，应迅速调整放电调压器或分压开关，使母线电压保持在正常规定值。

(2) 当出现母线电压过高的信号时，应降低浮充电流，使母线电压恢复正常。

四、充电装置的故障处理

(1) 交流电源中断，若无自动调压装置，应进行手动调压，确保直流母线电压的稳定。交流电源恢复，应立即手动启动或自动启动充电装置，对蓄电池进行恒流限压充电—恒压充电—浮充电。

(2) 充电装置控制板工作不正常，应在停机更换备用板后，启动充电装置，调整运行参数，投入运行。

(3) 自动调压装置失灵时，应启动手动调压装置，退出自动调压装置，通知专业人员处理。

(4) 充电装置内部故障跳闸，应及时启动备用充电装置，并及时调整好运行参数。

思　考　题

1. 事故处理的基本要求是什么？
2. 高压断路器的异常与事故的处理的方法是什么？
3. 变压器运行中的异常分析与事故处理原则和方法是什么？
4. 隔离开关异常运行及故障与事故处理的方法是什么？
5. 电流互感器运行中的异常分析与事故处理原则、方法是什么？
6. 电压互感器运行中的异常分析与事故处理原则、方法是什么？
7. 怎样处理母线故障及母线电压消失的异常与事故？
8. 消弧线圈的异常与事故处理的方法是什么？

9. 避雷器装置异常与事故的处理的方法是什么？
10. 高压并联电抗器异常与事故处理的方法是什么？
11. 电容器异常与事故的处理的方法是什么？
12. 电力电缆的异常与事故的处理方法是什么？
13. 二次回路的异常分析与处理的方法是什么？
14. 站用电源异常与故障怎样处理？
15. 直流电源异常与故障怎样处理？

系统异常与事故的处理

课题一 馈电线路发生跳闸后的处理

一、学习目标

掌握馈电线路发生跳闸后的处理原则。

二、馈电线路一般故障及处理原则

电力电缆线路发生故障的概率较小，一旦发生故障，多为永久性故障。架空线路受气候条件的影响较大，容易发生故障，故障大多是由于过电压污闪、绝缘损坏、树障、外力破坏等因素造成的线路单相接地、两相短路接地或两相短路和三相等故障，出现上述永久性故障时，应停电检查处理。

（一）220kV 馈电线路跳闸事故现象及处理

1. 事故现象

220kV 线路发生故障，一般是单相短路较为普遍，若切除较慢也可能发展为相间短路，此时变电站内的反映为事故喇叭响、预告信号动作、线路控制屏电流为零、绿灯闪光、掉闸未复归、光字牌亮，继电保护盘上零序、接地距离、相间距离保护及重合闸启动动作以及有光字显示等。

2. 事故处理方法

(1) 事故发生后，值班人员首先要查清是哪一级保护动作，导致断路器跳闸。同时重合闸动作情况（如只有启动信号，没有合闸信号）也应准确地区别开来。

(2) 复归有关信号，并检查断路器是否已在断开位置且无其他不正常情况。

(3) 馈线故障跳闸时，如重合闸未投，应向调度汇报听候处理；如重合闸未动作，应立即强送一次；若合闸后重复跳闸，或重合闸已重合而重复跳闸的，不再强送。以上均应立即向调度准确报告。

（二）对于具有重合闸装置的单侧电源线路断路器跳闸后的处理

对于具有重合闸装置的单侧电源线路断路器跳闸后，因自动重合闸失灵或重合闸未投入，可以不经检查断路器外部，在 3min 内值班人员可自行强送一次，然后汇报调度，根据现场规定处理。但下列情况不得自行强送电：

(1) 装有自发电或有并网的企业（厂、站），因线路断路器跳闸后，仍可能带有电压时，为防止非同期合闸使事故扩大，未经调度许可不得强送。

(2) 220kV 及以上线路相间故障（此时重合闸不会启动）未经调度同意不得强送。

(3) 220kV 及以上线路环网运行，重合闸未动作造成两相或三相跳闸，未经网调（或省调）同意不得强送，以防止系统发生非同期并列事故，扩大为系统性的振荡或电网瓦解事故。

(4) 因带电作业或其他原因，调度事前申明该断路器跳闸后不得强送。

(5) 具有重合闸装置的线路重合不成功跳闸时，如调度要求强送，应将重合闸停用，并检查断路器外部是否正常，于 3min 后才允许再次合闸。

(6) 低频减载装置动作致使断路器跳闸，不得强送，应得到调度同意后才能送电。

以上情况若强送不成功，或自动重合闸重合后断路器复跳，则应检查继电保护动作情况及一次设备有无问题，并汇报调度员，根据命令进一步处理。

（三）220kV 环网线路发生两相断路器跳闸的处理

220kV 环网线路若发生两相断路器跳闸，按以下情况分别处理：

(1) 线路环网运行时，应立即拉开另一相的运行断路器，然后汇报调度，并确定是否恢复送电。

(2) 220kV 母联断路器运行中，若发生两相或三相断路器跳闸时，应首先拉开母联断路器，然后经网调同意，确知不会发生非同期并列，才准重新合上母联断路器（指双母联并列方式运行时）。

（四）220kV 联络线路、环网线路（包括双回路）事故跳闸的处理方法

(1) 投单相重合闸的断路器单跳、单重成功，值班人员应立即报告省调当值调度。

（2）投单相重合闸的断路器，当单重未动作或单重不成功而三相跳闸时，值班人员应立即将事故情况报告省调当值调度，待令处理。由省调选择某一电源端强送成功，则线路对侧并列或合环。

（五）线路跳闸时的处理方法举例

线路跳闸时，运行人员应当首先查明：

（1）哪些保护或自动装置动作。

（2）断路器是否重合成功。

（3）是单相跳闸（哪一相）还是多相。

（4）该线路是否仍有电压。

（5）有无故障录波。

（6）事件打印、中央信号、保护屏信号是否正确。

（7）微机保护打印是否有报告。

（8）到现场检查断路器的实际位置，无论断路器重合与否，都应检查断路器及线路侧所有设备有无短路、接地、闪络、断线、瓷件破损、爆炸、喷油等现象。

线路跳闸的事故处理：

（1）若查明重合闸重合成功，且本站录波器确已动作，经询问对方断路器和保护动作情况确认是本线路内瞬时故障，可做好记录，复归信号，向调度汇报。

（2）如本站断路器跳闸或重合闸动作重合成功，但无故障波形，且对侧未跳，可能是本侧保护误动或断路器误跳，经详细检查证实是保护误动，可申请将误动的保护退出运行，根据调度命令试送电；若查明是断路器误跳，则待查明误跳原因和确认断路器可以试送后，才能向调度申请试送，但若断路器机构故障，则通知专业人员进行处理。

（3）若线路断路器跳闸，重合闸未投入运行，待查明非本所设备的故障后，可向调度汇报，按照调度命令试送一次。如查明是本站设备故障引起跳闸，应立即报请专业人员抢修。

（4）若线路断路器跳闸，重合闸未成功，应向调度汇报，如查明确非本站设备故障，而系线路故障引起，应向调度报告，听候处理。

（5）如本线路保护有工作（线路未停电），断路器跳闸，又无故障录波，且对侧断路器未跳，则应立即终止保护人员在二次回路上的工作，查明原因，向调度汇报，采取相应的措施后试送（此时可能是保护通道漏退或误碰造成）。

（6）500kV 并联电抗器保护动作跳闸，而对侧未跳（线路有电压）时，应通过调度通知对侧断开线路断路器。

（7）事故处理完毕后，运行人员要做好详细的事故障碍记录、断路器跳闸记录等，并根据断路器跳闸情况、保护及自动装置的动作情况、事件记录、故障录波、微机保护打印以及处理情况整理详细的现场事故报告。

三、越级跳闸

断路器越级跳闸后应首先检查保护及断路器的动作情况。如果是保护动作，断路器拒绝跳闸造成越级，则应在拉开拒跳断路器两侧的隔离开关后，将其他非故障线路送电；如果是因为保护未动作造成越级，则应将各线路断路器断开，再逐条线路试送电，发现故障线路后，将该线路停电，拉开断路器两侧的隔离开关，再将其他非故障线路送电。最后再查找断路器拒绝跳闸或保护拒动的原因。

对 10、35、66、110kV 线路发生故障时断路器拒动，引起变压器断路器越级跳闸事故处理如下。

1. 事故现象

某故障线路控制屏上电流表指示最大值，主变压器连接的母线电压可能降低，主变压器电流增大，过负载动作，瞬时电压下降到零，母线失电，“电压回路断线”光字牌亮，所供主变压器某后备保护动作断路器跳闸，喇叭警铃响，“跳闸未复归”光字牌亮，某故障线路可能保护动作但断路未跳，其他有关所属线路失电，故障录波器动作。

2. 事故处理方法

（1）根据保护动作（信号已表明）断路器未跳的某线路，值班人员应立即手动拉开故障线路断路器及隔离开关。

(2) 合上越级跳闸的主变压器断路器。

(3) 汇报有关调度和工区，要求对拒动断路器进行检查。

四、断路器误合与误跳

断路器误合与误跳，往往造成设备损坏，客户停电，甚至人身伤亡，系统瓦解。万一发生了断路器误合与误跳，必须冷静，正确处理，尽力避免或减轻可能的损失。一般说来，应当注意以下各项：

(1) 错误合上断路器，应立即将其断开。

(2) 错误断开运行中的断路器，应按不同的情况处理。

1) 误断站用电有关断路器，可立即将其重新合上。

2) 3/2 断路器接线方式，当有两串或两串以上合闸运行时，若误断一台断路器，可以立即重新合上。

3) 错误断开运行中的线路断路器，若为对方无电源的线路可以立即重新合上，若为对方有电源的联络线必须检查符合同期条件才能重新合上。合闸前应得到上级调度命令，如果调度规程另有规定，按调度规程执行。

(一) 运行中断路器的误跳闸处理

若系统无短路或接地现象，继电保护未动作，断路器自动跳闸，称断路器“误跳”。对“误跳”的判别与处理如下。

1. 误跳的特征

(1) 在跳闸前表计指示正常，表示无短路故障。

(2) 跳闸后，绿灯连续闪光，红灯熄灭，该断路器回路电流表和有功、无功表指示为零。

2. 误跳的检查和分析

(1) 电气方面故障：①保护误动，可能整定值不当，或电流互感器、电压互感器回路故障；②二次回路绝缘不良，直流系统发生两点接地（跳闸回路发生两点接地）。

(2) 机械方面故障：①合闸维持支架和分闸锁扣维持不住造成跳闸；②液压机构中分闸一级阀和逆止阀处，由于密封不良渗漏油，此时由合闸保持孔供油到二级阀上端以维持断路器在合闸位置。当渗漏油的油量超过补充油量，在二级阀上下两端造成压强不同，当二级阀上部的压力小于下部的压力时，二级阀自动返回。由于二级阀返回，使工作缸合闸腔内高压油泄掉，因此使断路器跳闸。

3. 误跳的处理

(1) 若由于人员误碰、误操作或机构受外力振动，保护盘受外力振动引起自动脱扣的“误跳”。此时对馈线应立即送电：对联络线路，应检查线路是否无电压送电，或线路上有电压时，须经并列合闸。

(2) 对其他电气或机械性故障，无法立即恢复送电的则应联系调度与有关部门将“误跳”断路器暂停用，待检修处理。

(二) 断路器的误合闸处理

若断路器未经操作自动合闸，则属于“误合”。误合一般按如下判别处理。

1. 误合的原因

“误合”的原因可能有以下几方面：

(1) 直流两点接地使合闸控制回路接通。

(2) 自动重合闸断路器动合触点误闭合，或其元件某些故障原因，使断路器合闸控制回路接通。

(3) 合闸接触器线圈电阻过小，动作电压偏低、直流系统发生瞬间脉冲时，引起断路器误合闸。

(4) 弹簧操动机构的储能弹簧锁扣不可靠，在有振动情况下（如断路器跳闸时），锁扣自动解除造成断路器自行合闸。

2. 误合的处理

(1) 经检查未经合闸操作误合。手柄处于“跳后位置”红灯连续闪光，表明断路器已合闸（即“误合”）。拉开误合的断路器。

(2) 拉开后又误合。对“误合”的断路器拉开后中断又再“误合”，说明电气或机械方面有故障。则应取下合闸熔断器，分别检查电气和机械方面的原因，联系调度和有关部门，将断路器停用，待检修处理。

五、66kV及以下线路保护动作断路器跳闸的处理

1. 重合闸拒绝重合的处理

(1) 现象：①系统冲击，电压下降，电流表指示增大；②警报响；③事故线路保护信号有表示，重合闸信号没表示；④事故线路表计指示零；⑤红灯灭，绿灯闪光。

(2) 处理步骤：①检查并记录警报信号表计指示情况；②恢复信号应做记录；③将断路器操作把手拧到切闸位置；④立即强送一次（脱离重合闸）；⑤检查断路器；⑥报告调度和领导。

2. 一次重合良好的处理

(1) 现象：①警报响；②红灯灭，绿灯闪光后，恢复红灯亮；③表计指示正常；④保护及重合闸信号指示。

(2) 处理步骤：①检查保护重合闸信号；②恢复信号；③检查断路器及设备；④冲洗故障录波器胶片或打印微机录波器报告，分析故障；⑤报告调度、领导。

课题二 小电流接地系统单相接地与铁磁谐振的处理

一、学习目标

掌握小电流接地系统接地及过电压的处理方法。

二、单相接地与铁磁谐振的区别

在小电流接地系统中，当发生单相接地、产生铁磁谐振过电压或电压互感器一次侧一相熔断器熔断时，均会发出“单相接地”信号。三者的区别如下。

1. 属于单相接地故障的现象

(1) 一相电压为零；另两相相电压上升为线电压，电压为零的相为接地相，属于单相金属性接地。

(2) 一相电压低，但不为零；另两相电压高，但低于线电压，电压低的相为接地相，适于单相非金属性（或经电弧）接地。

2. 属于谐振过电压的现象

(1) 三相电压同时或依次轮流升高，并超过线电压（不超过2.5倍相电压）表针到头。或三相电压表指针在同范围内低频摆动，属于分频谐振过电压。

(2) 一相电压低，但不为零，两相电压高，超过线电压表针碰足（不超过3倍相电压），或两相电压低，但不为零，一相电压高，表针到头，属于基波谐振过电压。

(3) 三相电压同时升高，远超过线电压（可达4倍相电压），表计指针到头（发生机会很少）属于高次谐振过电压。

3. 不属于电压互感器一次侧一相熔断器熔断的特征

切换各相（如测量C相）电压降低很多，但测量线电压均为正常不属于断相，如表19-1所示。

表19-1 单相接地与一相断开的现象特征比较

故障性质	相别					
	A（对地）	B（对地）	C（对地）	线电压		
				AB	BC	CA
C相接地（一相接地时）	线电压U'_A	线电压U'_B	零	正常U_{AB}	U'_B	U'_A
电压互感器C相一次熔断器熔断（一相断开时）	接近相电压	接近相电压	降低很多	正常U_{AB}	正常U_{BC}	正常U_{CA}

三、单相接地故障的处理

1. 单相接地故障的现象

(1) 警铃响，“系统接地”光字信号出现。

(2) 绝缘监察电压表三相指示值不同，接地电压降低或等于零，其他两相电压升高或为线电压，此时为稳定接地。

(3) 若绝缘监察电压表指针不停地摆动，则视为弧光间歇性接地故障，此时非故障相的相电压有可能升高到额定电压的 2.5～3 倍。

(4) 接地装置动作并发信号。

2. 寻找单相接地的故障点和处理故障的方法

寻找单相接地故障点和处理故障的工作应在值班调度员领导下，由变电站站长或运行值班班长指挥下进行。

(1) 尽快停用可疑的用电设备，如新投入运行就出现系统接地信号的设备及有焦味的设备等。

(2) 对已加装接地自动寻找装置的变电站，如该装置已启动，则应首先观察其寻找情况，若自动装置寻找发生故障的馈电线，则应联系用户停电。

(3) 利用并联电源，转移检查负荷及电源。

(4) 对未加装自动寻找装置或未找出故障之前，可采用分割系统法，缩小接地范围。

(5) 当找出某一部分系统接地时，则可利用自动重合闸装置对送电线路瞬停寻找。

(6) 利用倒换备用母线运行的方法，顺序鉴定电源设备（主变压器、母线及电压互感器等）是否接地。

(7) 找出故障设备后，将其停电，并通知检修人员处理。

3. 处理单相接地故障的注意事项

(1) 寻找接地点的倒闸操作或巡视配电装置都应由两人同时进行，并应穿上绝缘鞋，戴上绝缘手套，不得触及接地金属物。

(2) 寻找接地点的倒闸操作应严格遵守倒闸操作原则，严防非周期并列事故的发生。

(3) 寻找接地点的每一项操作之后，必须注意观察绝缘监察信号及表计的变化及转移情况。

(4) 在采用分割系统寻找接地点时，应考虑到保持功率的平衡、继电保护及自动装置的相互配合以及消弧线圈补偿适当的问题。

(5) 在系统接地时，不得拉合消弧线圈隔离开关，也不得用隔离开关断开接地电气设备。

四、铁磁谐振过电压的限制措施

在小电流接地系统中铁磁谐振现象是经常发生的，特别是由电磁式电压互感器的励磁，电感和网络对地电容在一定参数配合下和某种激发因素的作用下，能够形成基波（工频）、分频谐波和高次谐波。经常发生的是基波（工频）谐振和分频谐波谐振，谐振轻者能使电压互感器一次熔断器熔断，重者能使避雷器爆炸，电压互感器烧毁，发展成系统三相对地短路，甚至损坏母线等，造成大面积停电，使变压器停用而造成极大的损失。

(一) 防止铁磁谐振的一般方法

(1) 在电压互感器开口三角绕组两端连接一适当数值的阻尼电阻 R，一般约为几十欧（$R=0.45X_L$，X_L 为回路归算到电压互感器二次侧的工频励磁感抗）。

(2) 使用电容式电压互感器或在母线上接入一定大小的电容器，使 $X_C/X_L<0.01$，就可避免谐振。

(3) 改变操作顺序。如为避免变压器中性点过电压，向母线充电前，先合上变压器中性点的接地开关，送电后再拉开或先合线路断路器再向母线充电等。

(二) 发生铁磁（基波）谐振的消除方法

当电源向只带电压互感器的空母线突然合闸时易产生基波谐振。基波谐振的现象两相对地电压升高，一相降低，或两相电压降低，一相电压升高。消除方法是改变系统参数。具体办法如下：

(1) 断开充电断路器，改变运行方式。

(2) 投入母线上的线路，改变运行方式。

(3) 投入母线，改变接线方式。

(4) 投入母线上的备用变压器或所用变压器。

(5) 将电压互感器开口三角侧短接。

(6) 投、切电容器或电抗器。

（三）发生分频谐振的现象和消除方法（备用消弧线圈未投入）

当发生单相接地时易产生分频谐振。分频谐振的现象是三相电电压同时或依次轮流升高，三相电压表指针在同范围内低频有节奏地摆动，电压互感器内发出异声。消除方法如下：

（1）立即恢复原系统或投入备用消弧线圈。

（2）投入或断开空线路，事先应进行验算。

（3）电压互感器开口三角绕组经电阻短接或直接短路3～5s。

（4）投入消振装置。

课题三 变电站全停的处理

一、学习目标

掌握事故的处理方法。

二、变电站全停的现象

（1）交流照明灯全部熄灭。

（2）各母线电压表、电流表、功率表等均无指示。

（3）继电保护发出“交流电压断线”信号。

（4）运行中的变压器无声音。

变电站全站停电是指各级电压母线均无电压。对全站停电事故，应根据情况综合判断。不可因失去照明等而误判断。

全站停电事故，若属站内设备发生故障，一般是明显可见。因为离故障点近，能听到爆炸声、短路时响声，能见到冒烟、起火、绝缘损坏等现象。

三、停电的原因

（1）单电源进线的变电站，电源进线故障引起越级跳闸。

（2）本变电站母线故障或出线故障越级使各电源进线跳闸。

四、事故处理

（1）发现全变电站无电时，电压互感器相应保持在投入状态。

（2）对于多电源变电站，当全变电站无电时，应首先断开各电源断路器，母线上只保留一主电源断路器，以防多电源同时来电造成非同期并列而引起事故。

（3）值班人员应对变电站内进行认真检查，并结合停电时变电站内有无异常声、光来判断是否由于变电站内故障造成全变电站停电。若确定是变电站内故障引起全变电站失电，则请示调度员或按现场规定处理。若确定不是变电站内故障引起，则应报告调度员，听候处理。

课题四 系统低频运行的处理

一、学习目标

掌握电网系统非周期振荡的现象与处理措施。

二、系统低频运行产生的原因与危害

（1）产生的原因。保持电力系统的频率平衡是电网运行的主要质量指标，也是输变电质量的标志之一。电力系统的频率标准定为50Hz，其偏差不得超过±0.2Hz。电网频率的变化是由于负荷功率与发电机功率不平衡引起的，当电力系统没有或缺少备用容量，即负荷超过发电厂出力时，电网频率就会下降。系统解裂或电源故障，也会引起电网频率降低。

（2）危害。系统低频运行严重影响对用户的供电质量，造成交流电动机的转速下降，使诸多工业部门产品质量降低等。低频运行对电力系统本身的危害更为严重，低频运行会引起发电机内电动势和端电压的下降，同时减少系统无功设备的出力。若频率不能迅速恢复，系统将失去稳定运行，甚至瓦解。

三、低频运行的处理措施

（1）当系统频率下降至49.8Hz时，值班人员应按调度命令，根据负荷种类按顺序切除部分负荷。

应注意，系统频率偏差超出 1h 以上或系统频率偏差超出（50±1）Hz，延续时间 15min 以上，算作系统事故。

（2）当系统频率低至规定值（按频率自动减负荷装置的整定轮次）时，值班人员应检查按频率自动减负荷装置的动作情况。当该装置在整定频率下没动作时，应立即手动切断送电线路。

（3）按频率自动减负荷装置动作后，值班人员应及时记录切除馈线负荷的时间及频率变化数值，并复归断路器"KK"把手及信号等。

（4）对于因按频率自动减负荷和事故切除的馈线断路器，不得自行恢复送电。

（5）应确保按频率自动减负荷装置处于良好状态，未经调度许可，不得任意拆迁或停电。

课题五　系统非周期振荡的处理

一、学习目标

掌握电网系统非周期振荡的现象与处理措施。

二、基本概念

电力系统应该具备稳定运行的能力，即电网中任一设备的运行状况发生变化（如参数改变、发生故障），都会影响其他设备，这种能力的大小取决于电网结构、设备性能、运行参数以及相应的技术措施等多方面的因素。稳定分静态稳定和动态稳定两种。

电力系统的静态稳定是指发电机稳态运行时，经受某种极其微小的干扰后，能够自动恢复到原来运行状态的能力。

电力系统的动态稳定指的是电力系统在一定大小扰动下的稳定性。这类扰动有元件的切除或投入，例如发电机、变压器、线路、负荷的切除或投入以及短路或断线故障等。

当系统受到某一干扰，系统中的发电机失去稳定运行，各发电机之间失去同步，各发电机的电流、电压、功率等运行参数在某一数值来回剧烈摆动，这一现象成为系统振荡。没有规律的振荡为非周期振荡。

三、引起系统非周期振荡的原因

（1）电力系统静态稳定或动态稳定的破坏。

（2）两电源之间非同期合闸未能拖入同步和发电机失去励磁等。

四、系统非周期振荡的现象

（1）电压、电流、有功功率和无功功率表的指示出现周期性地剧烈摆动，送端系统频率升高，而受端系统频率降低，并略有摆动。

（2）电压波动大，照明忽明忽暗，硅整流可能跳闸。

（3）220kV 主变压器、馈线和联络线有功、无功功率表往复摆动，且主变压器发出周期性的轰鸣声。

五、处理措施

（1）系统出现非周期性振荡时，运行值班人员应立即向当值调度汇报，并对其设备加强监视，听候调度处理。

（2）利用设备过负荷能力提高电压，促使系统迅速恢复稳定。

思　考　题

1. 220kV 送电线路跳闸事故现象及处理方法是什么？
2. 对于具有重合闸装置的单侧电源线路，断路器跳闸后如何处理？
3. 220kV 环网线路若发生两相断路器跳闸如何处理？
4. 220kV 联络线、环网线（包括双回路）事故跳闸的处理方法是什么？
5. 对 10、35、66、110kV 线路发生故障时断路器拒动，引起变压器断路器越级跳闸如何处理？
6. 断路器误合与误跳时怎样处理？

7. 66kV及以下线路保护动作、断路器跳闸，一次重合良好或重合闸拒绝重合的处理方法是什么？
8. 小电流接地系统单相接地与铁磁谐振的处理方法是什么？
9. 变电站全停的现象与处理方法是什么？
10. 系统低频运行的处理方法是什么？
11. 系统非周期振荡的处理方法是什么？

参 考 文 献

[1] 马振良．变电运行．北京：中国电力出版社，2007.
[2] 马振良，吕会成，焦日升．10～500kV变电站事故预想与事故处理．北京：中国电力出版社，2006.
[3] 国家电网公司人力资源部．国家电网公司生产技能人员职业能力培训专用教材：变电运行．北京：中国电力出版社，2010.